深入探索
JVM垃圾回收

ARM服务器垃圾回收的挑战和优化

Inside JVM Garbage Collection

彭成寒 ◎ 著

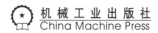

机械工业出版社

China Machine Press

图书在版编目（CIP）数据

深入探索 JVM 垃圾回收：ARM 服务器垃圾回收的挑战和优化 / 彭成寒著 . -- 北京：机械工业出版社，2022.7
（Java 核心技术系列）
ISBN 978-7-111-70877-3

I.①深… II.①彭… III.①JAVA 语言 - 程序设计 IV.①TP312.8

中国版本图书馆 CIP 数据核字（2022）第 091877 号

深入探索 JVM 垃圾回收

ARM 服务器垃圾回收的挑战和优化

出版发行：机械工业出版社（北京市西城区百万庄大街 22 号　邮政编码：100037）

责任编辑：赵亮宇　　　　　　　　　　　　　　责任校对：马荣敏

印　　刷：三河市宏达印刷有限公司　　　　　　版　　次：2022 年 8 月第 1 版第 1 次印刷

开　　本：186mm × 240mm　1/16　　　　　　印　　张：24

书　　号：ISBN 978-7-111-70877-3　　　　　　定　　价：129.00 元

客服电话：（010）88361066　88379833　68326294　　　投稿热线：（010）88379604

华章网站：www.hzbook.com　　　　　　　　　　读者信箱：hzjsj@hzbook.com

这是一本关于垃圾回收（Garbage Collection，GC）的书。为什么要写一本关于垃圾回收的书呢？

首先，垃圾回收对应用影响很大，主要表现在应用停顿时间、吞吐量、资源使用等方面，开发者选择一种语言时考虑的一个重要因素就是该语言是否支持垃圾回收以及支持哪些垃圾回收实现（要综合考虑开发难度、效率和运行效率）。

其次，Hotspot 是最流行的 Java 虚拟机（Java Virtual Machine，JVM。本书使用 JVM 指代 Hotspot 虚拟机），垃圾回收是 Java 虚拟机最重要的组成部分，也是最复杂的部分之一。以 JDK 8 为例，共计支持 5 种垃圾回收实现，提供了超过 800 个可以调整的参数，其中与垃圾回收相关的参数超过 400 个。这么多参数给用户理解和使用垃圾回收算法带来了很大困难。

目前已经有众多书籍和文章介绍 JVM 中垃圾回收的相关知识，为什么还要再写一本与垃圾回收相关的书呢？最主要的原因是笔者希望以实际产品为例，介绍垃圾回收的原理、实现以及使用，帮助读者解决 Java 工程师日常工作中遇到的常见问题。例如：

1）垃圾回收原理过于抽象，原理和实现存在不少差距。不同的虚拟机在实现一款垃圾回收算法时，由于应用场景不同，或者设计目标不同，最终会采用不同的实现方法，而不同的实现方法会给用户正确、合理地使用虚拟机造成影响。

2）垃圾回收调优过于依赖经验。根据资料或者文档，可以通过 JVM 参数调整解决一些问题，但是很少有资料系统化地介绍为什么调整参数能够解决问题，以及调整参数后引起的潜在问题是什么。

3）垃圾回收实现与硬件的关系。垃圾回收算法是通用算法，与具体硬件平台无关。但是 JVM 作为跨平台的实现，需要考虑如何利用不同硬件的特性，最大化地提高应用运行性能。最为典型的代表是部分硬件提供的弱内存顺序模型，需要虚拟机在正确性和性能之间取得平衡，而这也是虚拟机中垃圾回收实现的难点和重点。

本书涉及部分垃圾回收的理论知识，但更关注工程实践。希望通过对实现的分析，让读者了解如何实现一款"令人满意"的垃圾回收器。"令人满意"通常是指满足业务诉求，并且综合考虑停顿时间、吞吐量、资源消耗、实现复杂度、稳定性等性能要求。

本书共分为 4 部分：

- ❑ 第一部分介绍虚拟机执行的基础知识以及垃圾回收的相关知识。
- ❑ 第二部分介绍 JVM 中实现的 6 种垃圾回收算法。
- ❑ 第三部分介绍 JVM 提供的用于控制垃圾回收算法的参数。
- ❑ 第四部分以鲲鹏 920 为例介绍 ARM 服务器以及在 ARM 服务器下如何实现 GC 才能充分发挥硬件性能。

建议读者从第一部分开始阅读，在阅读第二部分相关章节时可以结合第三部分对应章节提供的参数说明理解相关原理、实现，并掌握参数的使用方法。第四部分作为扩展内容，适合对 JVM 实现感兴趣的读者阅读。

本书讨论 JVM 实现的垃圾回收器，介绍了 JVM 在 JDK 8、JDK 11 和 JDK 17 中实现的 6 种垃圾回收器，为了扩展读者的知识，部分章节中增加了扩展阅读内容，并与其他的 Java 虚拟机（例如 OpenJ9、Android Runtime）中的实现做了比较，或者对 JVM 实现中的一些方法进行了总结和整理。在介绍相关原理和实现时，本书使用了较多图示，图示通常与具体的 JDK 版本无关，参考 JDK 8、JDK 11 或者 JDK 17 任意一个版本均可，和版本相关的特殊图示会在正文中说明。

由于编写水平有限，书中难免存在一些疏漏，恳请读者批评指正。你可以通过 https://github.com/chenghanpeng/jdk17/issues 提交 issue，期待能够得到读者朋友们的真情反馈，在技术道路上互勉共进。

在本书的写作过程中，得到了很多朋友及同事的帮助和支持，在此表示衷心的感谢！

感谢机械工业出版社华章分社各位编辑的支持和鼓励，在我写作过程中给出了非常多的意见和建议，并不厌其烦认真地同我沟通，力争使文字清晰、准确、无误。感谢你们的耐心，向你们的专业精神致敬！

感谢我的家人，有了你们的支持和帮助，我才有时间和精力去完成写作。

Contents 目　　录

第二部分　JVM 垃圾回收器详解

第一部分 *Part 1*

Java 虚拟机和垃圾
回收基础知识

根据计算机的工作原理，计算机只能识别由 0 或 1 组成的代码（简称机器码）。机器码非常不利于人类编程，所以人类就发明了汇编语言。汇编语言提供了一系列的助记符以方便编程，然而汇编语言本质上仍然是面向计算机的，汇编语言的编程仍然不符合程序员的工作习惯。所以人类又发明了高级语言，高级语言接近人类的语言，便于人类编程。然而计算机并不认识高级语言，所以高级语言需要转化成目标机器码才能在计算机上执行，转化过程通常需要解释器或者编译器来完成。解释器对高级语言进行解释并在计算机上执行；编译器首先对高级语言进行编译，然后通过链接器对编译后的代码进行链接后再执行。通常来说，解释执行实现简单但执行效率低，编译执行的效率高但实现复杂。

大多数高级语言的执行过程非常类似，例如流行的高级语言 C/C++ 是编译执行，其执行过程非常清晰，涉及编译、加载、链接和执行。而 Java 语言的执行既涉及解释执行也涉及编译执行，解释执行和编译执行都是通过 JVM（Java Virtual Machine，Java 虚拟机）进行的。Java 语言由 JVM 负责解释/编译执行，并由 JVM 内部实现加载、链接、编译和执行，所以理解 C/C++ 的执行过程非常有助于理解 Java 的执行过程。实际上，JVM 在实现 Java 的执行过程中也借鉴了 C++ 语言编译执行的一些实现。

JVM 不仅提供了代码的执行，还提供了 Java 语言运行时内存的管理，因为内存中垃圾对象具有自动释放功能，大大减轻了程序员管理内存的压力，避免了内存泄露、内存越界访问等常见问题，使得 Java 语言成为最流行的编程语言之一。

第一部分主要介绍一些基础知识，分为两章：

第 1 章介绍 Java 代码是如何执行的。在程序的执行过程中，首先通过 C 语言的执行过程介绍编译器和操作系统如何协调执行代码，随后介绍编译器如何支持 C++ 面向对象的功能以及 C++ 是如何执行的，最后介绍 JVM 是如何执行 Java 代码的。本章偏重于介绍计算机的基础知识，如果读者有相关背景，可以跳过本章。

第 2 章介绍 JVM 中垃圾回收涉及的基础知识，主要介绍垃圾回收的基本算法，以及实现垃圾回收需要用到的相关知识。

Java 代码执行过程介绍

正如大家所熟知的，在 Windows 系统上执行一个应用非常简单，直接双击应用就可以执行。然而从源代码到可执行程序（也称为应用）的过程相当漫长，以 C/C++ 语言为例，首先程序员需要根据功能开发相应的代码，待开发完成后需要将代码编译成目标文件，目标文件经过链接形成可执行文件（或应用）。可执行文件是指操作系统（Operation System，OS）可以识别的文件格式，OS 加载文件后就可以运行相应的程序。

而 Java 语言的执行过程和 C/C++ 语言有所不同，主要原因是 Java 代码的执行依赖 JVM。在 Java 程序执行时，JVM 相当于 OS，会负责 Java 程序的加载、链接、编译、执行等工作。

虽然 Java 语言的执行过程不同于 C++ 的执行过程，但是在执行层面两者还是有一些共同点的，主要原因是 C++ 和 Java 都是面向对象语言，都支持封装、继承和多态。本章首先介绍 C 语言是如何执行的，然后介绍编译器在执行层面是如何支持 C++ 语言特性的，最后介绍 JVM 是如何执行 Java 代码的。

1.1 代码执行过程概述

Java 代码是如何被执行的？要回答这个问题并不容易。一般来说，代码的执行有两种模式：解释执行和编译执行。解释执行指的是解释器读取源代码，逐行解释代码，生成目标机器代码并执行；编译执行指的是编译器首先把源代码编译成目标机器代码，然后链接成可执行文件，最后由 OS 负责执行可执行文件。

Java 代码的执行过程更为复杂。Java 代码在执行之前首先编译成字节码[⊖]（ByteCode，

⊖ 称其为字节码的原因是中间语言指令集中所有的指令均使用 1 字节描述。

简称 BC，是一种中间语言表示），然后由 JVM 执行字节码。字节码的执行是一个非常复杂的过程，涉及字节码的解释、编译，以及解释 / 编译代码的执行，这些工作均由 JVM 来完成。为了能够更好地了解 JVM 的工作原理，首先需要了解一下 C、C++ 语言的编译执行过程。

本节主要介绍程序的执行方式，后文再详细介绍不同语言的执行过程。

1.1.1 编译执行

编译执行最典型的代表是 C/C++ 语言。C/C++ 源代码首先由编译器进行编译，不同系统 / 平台的编译器不同，编译器根据代码执行的目标平台产生目标机器文件。

链接器对目标机器文件进行链接，链接包括动态链接和静态链接。链接后形成可执行文件，不同系统有不同的可执行文件格式，如在 Windows 中使用 PE（Portable Executable）格式、在 Linux 中使用 ELF（Executable and Linkable Format）等格式。

执行可执行文件，如在 Windows 中双击 EXE 文件（文件格式为 PE 格式），操作系统会创建新的进程 / 线程执行代码。程序的执行过程涉及程序的加载、链接、执行等工作。

C/C++ 程序执行流程如图 1-1 所示。

图 1-1 编译执行流程

1.1.2 解释执行

采用解释执行的语言也非常多，一些常用的脚本语言（如 Python）就是解释执行。Python 代码被编译成字节码，然后由解释器针对字节码进行解释执行。解释执行和编译执行最大的区别在于是否存在目标机器文件，显然，解释执行中并没有产生目标机器文件。

1.1.3 混合执行

解释执行实现简单，通常启动也比较快，但是性能低下；编译执行需要强大的编译器支持，编译实现复杂，但性能较高。混合执行融合解释执行和编译执行的优点（实际上混合执行还可以引入新的编译优化方式，即大家所熟知的 Just-In-Time 优化），程序在执行过程中既存在解释执行也存在编译执行，最典型的代表就是 Java 语言的执行。Java 的执行过程可以概括为：

1）Java 源代码首先由编译工具 javac 编译成字节码，字节码有固定的文件格式，称为 Class 文件，该类型的文件可以跨操作系统执行。

2）启动 JVM（不同的系统 JVM 不同），JVM 加载字节码，解释执行字节码。在解释执行的过程中如果发现字节码（更准确地说是字节码片段，如一个函数或者一个循环代码）执行频次高，会尝试将字节码直接编译成目标机器代码，待编译完成后使用编译优化后的机器代码替代解释执行。

Java 程序的执行过程如图 1-2 所示。

图 1-2　混合执行流程

比较图 1-1 和图 1-2，可以看到 JVM 做了链接器的工作，还因为 JVM 也做了编译工作，所以实质上它也包含了编译器。另外，JVM 还做了操作系统的部分工作，例如对资源的管理等。

1.2　从 C 代码执行过程看编译器和操作系统协同工作

本节通过一个简单的 C 代码在 Linux 下执行的过程，介绍编译器和 OS 是如何分工、合作完成代码的执行。

1.2.1　从源代码到目标代码

一个简单的 C 示例如下：

```
int global_count = 10;

int add(int i, int j){
    return i + j;
}

main(){
    int i = 3;
    int j = 5;

    int result = add(i, j);
}
```

该示例非常简单，不存在动态链接，编译、链接完成后即可在 OS 中执行。但是程序要在 OS 上执行，需要符合 OS 的执行要求，主要包括：

❏ 产生的可执行文件必须符合格式规范（如 Linux 中必须符合 ELF 格式）。

❏ 可执行文件中内容的组织符合 OS 执行程序的约定规范，例如程序在执行时由数据段（data segment）、代码段（text segment）等组成。

以 Linux 系统为例，上面的源代码和编译生成的可执行文件（ELF 格式）的对应关系如下图 1-3 所示。

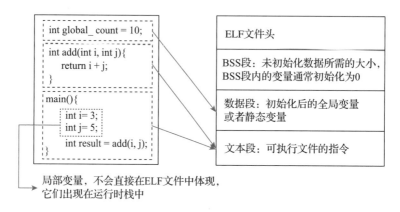

图 1-3　代码和 ELF 格式约定

以 Linux/X86-64 为例，通过 gcc 编译器对上述代码进行编译，产生目标文件。文件格式为 ELF，可以使用 objdump 命令（或 readelf 命令）对编译后的目标文件进行解析。首先可以确认一下数据段的信息，如下所示：

```
Disassembly of section .data:

0000000000600868 <__data_start>:
  600868:        00 00                        add      %al,(%rax)
        ......


000000000060086c <global_count>:
  60086c:        0a 00                        or       (%rax),%al
```

在这个数据段中有两个变量 __data_start 和 global_count，其中 global_count 是代码中定义的全局变量，可以看到该变量占用的空间为 4 字节，初始值为 10；而 __data_start 是 gcc 在链接时创建的一个全局变量，该变量指向数据段开始的位置，该变量的大小也是 4 字节。

编译器除了满足 OS 对于可执行文件的约定规范外，其中一个重要的功能就是针对代码进行编译优化（当然也包含了内存数据的布局等）。接下来看一下代码段的内容。代码段非常长，这里只关注 add 函数的汇编代码，如下所示：

```
0000000000400474 <add>:
  400474:        55                push     %rbp
  400475:        48 89 e5          mov      %rsp,%rbp
  400478:        89 7d fc          mov      %edi,-0x4(%rbp)
  40047b:        89 75 f8          mov      %esi,-0x8(%rbp)
```

```
40047e:      8b 45 f8        mov       -0x8(%rbp),%eax
400481:      8b 55 fc        mov       -0x4(%rbp),%edx
400484:      8d 04 02        lea       (%rdx,%rax,1),%eax
400487:      c9              leaveq
400488:      c3              retq
```

> 注意 在 gcc 编译过程中采用的是默认编译优化级别（默认编译优化级别为 O0），如果采用不同的编译优化级别，生成的代码会略有不同。

在 C/C++ 中，编译优化体现在源代码的编译时间长短不同，同时不同的编译代码执行效率也会不同。在 JVM 的执行过程中也存在同样的问题，并且因为 JVM 在编译代码执行过程中需要先等待编译代码完成后才能执行，所以编译时长会直接影响应用执行的性能。

1.2.2 操作系统如何执行目标代码

OS 首先读取 ELF 文件，按照进程执行时内存的布局把 ELF 文件的信息加载到内存中。在 64 位 Linux 环境下，文件到内存的映射以及加载后内存的布局如图 1-4 所示。

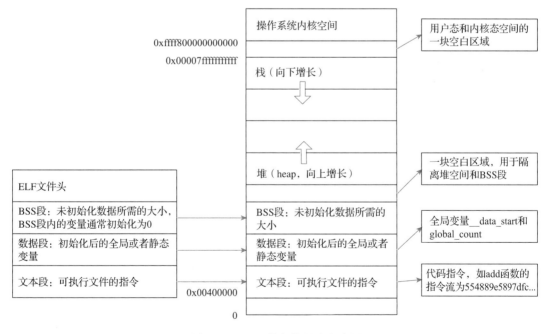

图 1-4 Linux 执行代码内存布局

代码的入口地址位于 0x00400000 处（32 位系统位于 0x08048000），本程序真正执行的地址开始于 0x00400390（可以从 objdump 中看到该信息，此处对 0 进行了省略）。

```
architecture: i386:X86-64, flags 0x00000112:
EXEC_P, HAS_SYMS, D_PAGED
start address 0x0000000000400390
```

该地址对应的代码可以在代码段中找到。汇编代码如下：

```
0000000000400390 <_start>:
  400390:    31 ed                    xor      %ebp,%ebp
  400392:    49 89 d1                 mov      %rdx,%r9
  400395:    5e                       pop      %rsi
  400396:    48 89 e2                 mov      %rsp,%rdx
  400399:    48 83 e4 f0              and      $0xfffffffffffffff0,%rsp
  40039d:    50                       push     %rax
  40039e:    54                       push     %rsp
  40039f:    49 c7 c0 c0 04 40 00     mov      $0x4004c0,%r8
  4003a6:    48 c7 c1 d0 04 40 00     mov      $0x4004d0,%rcx
  4003ad:    48 c7 c7 89 04 40 00     mov      $0x400489,%rdi
  4003b4:    e8 c7 ff ff ff           callq    400380 <__libc_start_main@plt>
  4003b9:    f4                       hlt
```

该代码是 gcc 生成的，它作为入口地址，从此处开始执行。它将通过 glibc 的库函数 _libc_start_main 执行到源代码中的 main 函数中（具体细节可以参考其他书籍）。

在上面的代码示例中，main 函数调用了 add 函数，这里简单演示一下从 main 函数到 add 函数的执行过程，主要关注栈的变化情况。main 函数的汇编代码如下：

```
0000000000400489 <main>:
  400489:    55                       push     %rbp
  40048a:    48 89 e5                 mov      %rsp,%rbp
  40048d:    48 83 ec 10              sub      $0x10,%rsp
  400491:    c7 45 f4 03 00 00 00     movl     $0x3,-0xc(%rbp)
  400498:    c7 45 f8 05 00 00 00     movl     $0x5,-0x8(%rbp)
  40049f:    8b 55 f8                 mov      -0x8(%rbp),%edx
  4004a2:    8b 45 f4                 mov      -0xc(%rbp),%eax
  4004a5:    89 d6                    mov      %edx,%esi
  4004a7:    89 c7                    mov      %eax,%edi
  4004a9:    e8 c6 ff ff ff           callq    400474 <add>
  4004ae:    89 45 fc                 mov      %eax,-0x4(%rbp)
  4004b1:    c9                       leaveq
  4004b2:    c3                       retq
```

从 main 函数到执行 callq 指令之前，栈的情况如图 1-5 所示。

从图 1-5 中可以看到，在调用 add 之前，main 函数需要将参数以及 add 函数后的下一条指令地址入栈（由于此处 add 函数需要传递的参数比较少，因此直接使用寄存器传递。但是需要注意的是 main 函数中仍然有局部遍历 i 和 j，它们也在栈中分配），其中传递的参数被 add 函数使用，返回地址用于 add 函数执行完成后继续返回 main 函数执行。当进入 add 函数中后，栈的情况如图 1-6 所示。

栈帧的变化是 OS 根据芯片的调用约定组织的，不同的芯片有不同的调用约定。在

JVM 编译优化中也需要按照调用约定实现相关的代码。

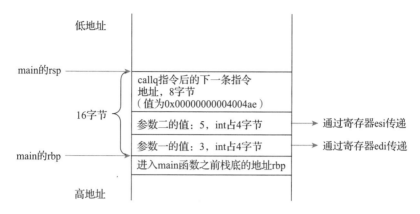

图 1-5　main 函数执行函数调用前的栈帧

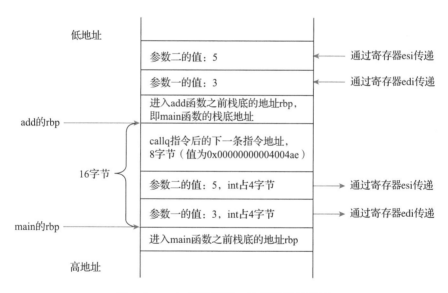

图 1-6　main 函数调用 add 函数后的栈帧

1.3　从 C++ 代码的执行过程看编译器支持面向对象语言

　　大家都知道，Java 语言作为面向对象编程语言中的后来者，吸收了其他高级语言的特点，特别是吸收、借鉴了 C++ 的很多特性。JVM 作为字节码执行器，在对字节码进行编译和解释时也借鉴了 C++ 编译器的实现。与面向过程的语言不同，面向对象的语言有三大特点：封装、继承和多态。下面从一个具体的实例出发，看一下编译器是如何支持这三大特

点的。C++ 的代码示例如下:

```cpp
struct CPoint{
    double xAxis;
    double yAxis;
};

class CShape {
private:
    double xAxis;
    double yAxis;
public:
    void setCenter(double xAxis, double yAxis) {
        this->xAxis = xAxis;
        this->yAxis = yAxis;
    }

    void setCenter(CPoint point) {
        this->xAxis = point.xAxis;
        this->yAxis = point.yAxis;
    }
    virtual string getType() {
            string s("Unknown");
            return s;
    }
};

class CCircle : CShape {
private:
    double radius;
public:
    virtual string getType() {return string("Circle");}
    void setRadius(double radius) {
        this->radius = radius;
    }
};
```

> 注意 C++ 的语法非常复杂,有静态成员函数、多继承、虚继承、模板等。这里只是为了简单演示编译器如何处理面向对象语言,所以仅仅包含了单继承、函数的重载和重写。

1.3.1 封装支持

封装是面向对象方法的重要原则——把对象的属性和行为(数据操作)结合为一个独立的整体,并尽可能地隐藏对象的内部实现细节,外部只能通过对象的公有成员函数访问对象。编译器对于封装的处理相对来说比较简单,只要确定好怎么处理成员函数和成员变量就能正确地处理类。

编译器对于成员函数的处理方法是把成员函数转化成类似于 C 语言中的普通函数，转化之后编译器就能像编译 C 语言的函数一样编译成员函数。转化的规则也非常简单，就是为成员函数增加一个额外的参数。例如我们前面提到的 CShape 类中有一个成员函数 void setCenter(double xAxis, double yAxis)，编译器首先对这个函数进行转化，然后再进行编译。转化后的函数形式为 void setCenter(CShape * const this, double xAxis, double yAxis)，这就解决了成员函数的编译问题。

> 注意　这也是在面向对象语言的成员函数中可以通过 this 指针访问对象成员变量的原因。因为每一个 this 指针实际上指向一个具体的对象，这个对象是成员函数的隐式参数之一。

编译器对成员变量的处理非常简单，直接按照对象的内存布局产生对象即可。比如 CPoint 类实例化的对象布局如图 1-7 所示。

另外需要提到的是，编译器按照对象的成员变量组织对象的内存布局，在这个过程中并不关心对象成员变量的修饰符（如 private、protected 和 public）。也就是说，当内存布局组织好以后，编译器无法控制内存的访问，那么 private 的成员变量可以通过"某些特殊"手段被非本类的成员函数访问。成员变量和成员函数的修饰符的访问规则是编译器在编译过程进行处理，不涉及程序运行时。

因为 CShape 中存在虚函数，所以编译器在实例化对象的时候会增加一个额外指针的空间用于存储虚函数表的地址。虚函数表中存放的是函数的地址，这个指针的目的是支持多态，下面会详细介绍。CShape 类实例化的对象布局如图 1-8 所示。

xAxis
yAxis

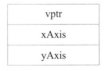

图 1-7　简单对象的内存布局　　　　图 1-8　包含虚函数对象的内存布局

> 注意　vptr 的位置和编译器实现有关，有些编译器将 vptr 放在对象布局的起始位置，有些则将 vptr 放在对象内存布局的最后。

1.3.2　继承支持

继承是面向对象最显著的一个特性，继承是从已有的类中派生出新的类，称为子类。子类继承父类的数据属性和行为，并能根据自己的需求扩展出新的行为，提高了代码的复用性。

编译器对于继承的实现也不复杂。还是从两个方面考虑，继承对于成员函数的处理并不影响，也无关成员函数是不是虚函数。对于成员变量的处理，编译器需要把父类的成员变量全部复制到子类中。在上例中，CCircle 继承于 CShape，CCircle 类实例化的对象布局如图 1-9 所示。

C++ 中还支持多继承，如果多个父类都定义了虚函数，即对象布局可能都需要一个 vptr，大多数编译器会将多个 vptr 合并成一个。当然这也与编译器的实现有关，由于这些内容涉及 C++ 编译器的实现细节，且与本书内容关系不密切，因此不再进一步介绍，有兴趣的读者可以参考其他书籍。

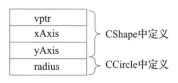

图 1-9　对象继承后的内存布局

1.3.3　多态支持

多态指的是一个接口多种实现，同一接口调用可以根据对象调用不同的实现，产生不同的执行结果。多态有两种形式，一种是静态多态，另一种是动态多态。

静态多态也称为函数重载（overlap）。在早期的 C 语言中，每个函数的名字都不相同，所以可以直接通过函数名唯一地确定函数。例如，在 CShape 中有两个函数名字相同的 setCenter，所以不能通过函数名来唯一地确定函数。编译器采用的方法是对函数名进行编码（称为 name mangling），编码的规则不同，编译器的实现也不同，原则是把函数名、参数个数、参数类型等信息编码成唯一的一个函数名（也称为函数的签名）。在 Linux 中对上述文件进行编译，然后可以通过 nm 命令查看编译后的函数签名。可以得到两个不同的函数签名，分别为：

- ❑ _ZN6CShape9setCenterE6CPoint，对应成员函数 setCenter(CPoint point)。
- ❑ _ZN6CShape9setCenterEdd，对应成员函数 setCenter(double xAxis, double yAxis)。

关于 Name Mangling 的具体编码规则，可以参考其他书籍或文章。

动态多态也称为函数重写（override），该机制主要通过虚函数实现。编译器对于虚函数的实现主要通过增加虚函数指针和虚函数表的方式来实现。编译器会在数据段中增加一个数据空间，称为虚函数表，虚函数表中存放的是编译后函数的地址，同时在类的构造函数中把实例化对象的虚指针指向虚函数表。CShape 示例化对象的布局如图 1-10 所示。

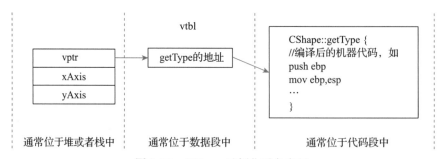

图 1-10　CShape 示例化对象布局

CCircle 示例化对象的布局如图 1-11 所示。

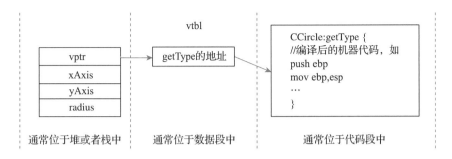

图 1-11　CCirle 示例化对象布局

从编译器的角度来看，当 CCircle 重写了 CShape 的虚函数（此处为 getType），编译器会在 CCircle 对应的虚函数表中修改函数的地址，此函数的地址为 CCircle 中函数的地址。若 CCircle 仅仅继承 CShape 的虚函数，但并没有重写，则 CCircle 的虚函数表中函数的地址仍然指向 CShape 中函数的地址。

另外，在图 1-10 和图 1-11 中都指出虚函数表（vtbl）位于数据段中，这样设计主要是因为使用该数据时只需要读权限，而不需要执行权限。但这并不意味着虚函数表会动态地变化，实际上虚函数表在编译时唯一确定，在程序执行过程中并不会变化。

编译器支持封装、继承和多态的特性以后，也会按照与 C 语言一样的方式生成可执行文件，并且也按照对应的调用约定支持函数调用。

1.4　Java 代码执行过程简介

前面介绍了 C/C++ 代码编译执行的过程，以及 C++ 编译器如何支持面向对象的特征。本节简单介绍 Java 代码执行过程，JVM 在执行 Java 代码时所做的工作，以及 JVM 是如何设计的。Java 代码执行的过程简单可以分为以下几步：

1）Java 代码被编译成字节码。

2）（可选）字节码被 AOT 编译器编译成可执行文件（该功能在 JDK 17 中被废弃）。

3）通过 JVM 执行字节码或者可执行文件。

JVM 作为一个程序，主要包含以下功能：

1）JVM 加载并解析字节码，或者 JVM 加载可执行文件，并解析可执行文件。为了能执行编译后的字节码，JVM 中实现了一套多态处理的机制，类似于 C++ 编译器中的虚指针、虚函数表。在介绍 C++ 编译器时，提到了编译器把虚函数表放在数据段中，代码位于代码段。这些内容在 JVM 中是如何实现的？简单地说，可以认为虚函数表等信息是 Java 类的描述信息，而这些信息只需要保存一份即可，所以 JVM 设计了所谓的 Klass，用于保存 Java 类中的描述信息。

2）JVM 提供了解释执行的方案，其执行方法是把每一条字节码指令翻译成一段目标机器指令，然后执行。

3）JVM 还提供了编译执行的方案，其执行方法是把一个 Java 函数对应的字节码或者字节码片段翻译成一段目标机器指令，在翻译的过程中还进行了编译优化，从而达到高效执行的目的。为了平衡编译时长和执行时长，JVM 提供了两种编译器 C1 和 C2。C1 编译时间短但编译后的代码质量略低，C2 编译时间长但编译质量高。

4）JVM 提供了内存管理的功能，包括对象的快速 / 高效分配、垃圾回收等。

5）JVM 维护和管理线程栈，最主要的原因是存在多种复杂的调用，比如 Java 可以调用 C/C++，Java 可以调用 Java，C/C++ 本地代码也可以调用 Java。

JVM 整体架构图如图 1-12 所示。

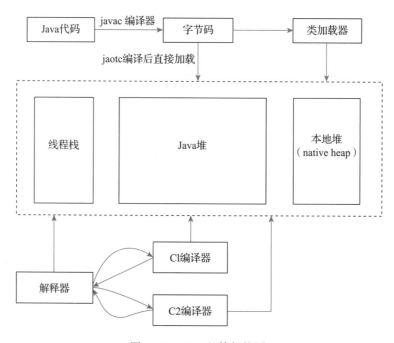

图 1-12　JVM 整体架构图

下面从一个具体的实例出发，看一下 Java 代码是如何执行的。代码如下：

```
public class Example {
    int add(int i, int j){
            return i + j;
        }

    public static void main(String [] args) {
        Example obj = new Example();
        int result = obj.add(1,3);
        }
}
```

1.4.1　Java 代码到字节码

Java 代码编译成字节码由 javac 这个工具完成，编译后生成 class 文件。可以通过 javap 这个工具反编译字节码文件。反编译后整个文件很长，这里仅仅截取 add 函数和 main 函数相关代码片段对应的字节码。如下所示：

```
public class Example {

    // compiled from: Example.java

    // access flags 0x0
    add(II)I
        L0
            LINENUMBER 4 L0
            ILOAD 1
            ILOAD 2
            IADD
            IRETURN
        L1
            LOCALVARIABLE this LExample; L0 L1 0
            LOCALVARIABLE i I L0 L1 1
            LOCALVARIABLE j I L0 L1 2
            MAXSTACK = 2
            MAXLOCALS = 3

    // access flags 0x9
    public static main([Ljava/lang/String;)V throws java/lang/Exception
        L0
            LINENUMBER 9 L0
            NEW Example
            DUP
            INVOKESPECIAL Example.<init> ()V
            ASTORE 1
        L1
            LINENUMBER 11 L1
            ALOAD 1
            ICONST_1
            ICONST_3
            INVOKEVIRTUAL Example.add (II)I
            ISTORE 2
        L2
            LINENUMBER 13 L2
            RETURN
        L3
            LOCALVARIABLE args [Ljava/lang/String; L0 L3 0
            LOCALVARIABLE obj LExample; L1 L3 1
            LOCALVARIABLE result I L2 L3 2
            MAXSTACK = 3
            MAXLOCALS = 3
}
```

在这个字码片段中，add 函数对应一共有 4 个字节码指令（ILOAD 1、ILOAD 2、IADD、IRETURN），JVM 在执行 add 函数时执行的就是这 4 个指令。

1.4.2 JVM 加载字节码

文件加载分为两种情况。第一种情况是 JVM 直接加载字节码文件，按照文件格式进行解析、链接和初始化。关于字节码的加载过程已经有很多文章和书籍介绍过，这里不赘述。

类加载完成后，Java 类的描述信息已经存储在 JVM 的内存空间中。JVM 为了存储类描述信息，设计了 Klass 结构，而 Java 的实例化对象在 JVM 内部使用 oop 结构存储。从 C++ 的角度来理解 Klass 和 oop，可以把 JVM 中的 Klass 对象视为 C++ 中的 Class 对象（Class 是类，为了描述类信息，需要对象来存储，所以称为 Klass 对象），oop 对象是 C++ 中 Class 实例化的对象。

> 💡 提示　在 JDK 8 之前，类的描述信息存放在 Java 堆中，称为永久代。从 JDK 8 开始，类的描述信息存放在 JVM 的本地堆中，这一空间称为元数据空间。详情参见 JEP 122 提案。这一提案的出发点是为了促进 JRockit（JRockit 是另一款 Java 虚拟机的实现，后被 Oracle 公司收购）和 JVM 的融合。JRockit 没有永久代，所以 JRockit 客户不需要配置永久代，并且习惯于不配置永久代。所以把永久代从 Java 堆中移到了本地堆（即元数据空间）中，元数据空间的大小受限于物理内存的大小（当内存不足时可以直接从物理内存申请），而不是 Java 堆的大小，所以在一定程度上减少了元数据空间不足导致的内存溢出。

回顾 C++ 编译器对多态的支持，使用虚函数表来记录不同类实现的虚函数。这个思路在 JVM 中同样适用。也就是说，JVM 需要在维护的 Klass 结构中维护虚函数表。JVM 中描述 Java 类对象的 Klass（更准确的类型是 InstanceKlass）结构如图 1-13 所示。

在图 1-13 中，Klass 中有一个 vtable，等价于 C++ 编译器中的 vtbl。另外，Klass 中的 itable 的作用类似于 vtable，主要原因是 Java 语言只支持单继承和多接口，itable 对应的就是接口的实现。Klass 中还有一个 oop map，这个变量与垃圾回收紧密相关，该信息用于支持精确垃圾回收，更多信息可参考第 2 章。除此以外，Klass 还有几个重要的成员，图 1-13 中都已经展开介绍。

JVM 文件加载的第二种情况是加载通过 jaotc（JDK 9 开始支持该功能）编译产生的可执行文件，加载过程实际类似于字节码，只不过文件格式不同。另外的不同点还有可执行文件中包含了一些额外的信息，这些信息用于垃圾回收、动态链接等。由于该特性已经从 JDK 17 中移除，因此本书不再进一步讨论。

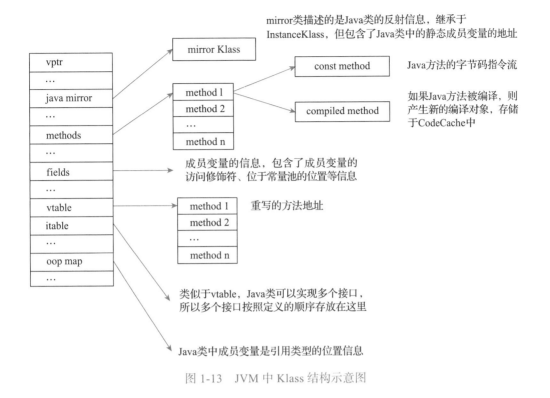

图 1-13　JVM 中 Klass 结构示意图

另外，Java 语言有一个特别的设计，即所有的引用类型都继承于 Object 类（此类是 Java 类库定义的基础类），Object 类有 5 个方法是虚函数，所以任意的引用类型也都会包含这 5 个虚函数，并且对于引用类型定义的函数（默认函数都是虚函数，除非显式地使用 final、static 等修饰符限定）会添加在自己的虚函数中。Object 默认的虚函数如图 1-14 所示。

> 提示　读者可以通过诸如 HSDB 等工具查看 Java 代码中定义的虚函数。关于 HSDB 工具的使用可以参考其他文献。

另外，Object 类中还有 wait/notify 等方法，它们使用 final 等修饰符限定后，不属于虚方法，直接编译成类似于 C++ 语言的静态方法。JVM 规范中还设计了不同的字节码用于执行不同类型的函数调用，例如使用字节码 invokevirtual 执行虚函数，使用字节码 invokestatic 执行静态函数。

1.4.3　解释执行

在 JVM 规范中对于字节码的解释执行有详细的说明。

图 1-14　Object 默认定义的虚函数

从规范中可以看到，解释器主要有 3 个主要组件：PC、Operand Stack 和 Local Var，含义分别为 PC 是下一条执行字节码的地址、Operand Stack 是解释器栈帧、Local Var 是局部变量表，存放局部变量。下面以 main 函数调用 add 函数为例演示一下解释器的执行过程。

在 main 函数中通过 invokevirtual 调用 add 函数，在调用之前执行了 3 个字节码，分别是：

```
ALOAD 1   //将局部变量表中第1个槽位的对象放在栈中
ICONST_1 //将常量1放在操作数栈中
ICONST_3 //将常量3放在操作数栈中
```

在执行 invokevirtual 前需要将参数放入操作数栈中，参数的顺序是对象、参数 1、参数 2……，参数的顺序和方法描述的保持一致。此时 PC、操作数栈和局部变量的状态如图 1-15 所示。

图 1-15　main 函数调用 add 函数前的状态

执行 invokevirtual 字节码进入函数 add 中，根据 JVM 规范，需要做以下动作：

1）创建新的栈帧（包含操作数栈和局部变量）。

2）将对象和参数传递到目标函数的局部变量表。

3）PC 指向调用方法的首条指令。实际上这涉及函数查找过程，解释器需要从常量表中找到函数签名，然后找到执行方法的对象，从对象找到 Klass 信息，然后再找到虚方法，此时才能找到方法执行的起始地址。

4）执行对象的虚函数。

当进入 add 函数中时，PC、操作数栈和局部变量的状态如图 1-16 所示。

图 1-16　进入 add 函数的状态

此处的操作数栈和局部方法表是 add 函数的，与 main 函数无关。需要注意的是，在 Java 源代码的编译过程中，已经知道 add 函数所需要的局部变量表的大小和操作数栈的大小，在上述字节码反编译代码中也可以看到这些信息，如 MAXSTACK=2、MAXLOCALS=3，其中反编译代码中还有局部变量表存储的对象及对象所在的槽位（slot）。

当执行 iload 1 和 iload 2 时，PC、操作数栈和局部变量状态如图 1-17 所示。

图 1-17　执行两个 iload 后的状态

当执行 iadd 时，根据 JVM 规范会将操作数栈中的两个对象弹出，然后执行 add 操作，并将执行的结果放入操作数栈顶。此时 PC、操作数栈和局部变量的状态如图 1-18 所示。

图 1-18　执行 iadd 后的状态

执行字节码 ireturn 时需要返回到调用者（caller）中，JVM 规范中规定返回值从被调用者（callee）的栈帧出栈，然后入栈到 caller 的操作数栈中，callee 栈帧中的其他值都被丢弃。解释器会切换至 caller 的栈帧，并将执行权交给 caller。执行 ireturn 后 caller 的 PC、操作数栈和局部变量的状态如图 1-19 所示。

图 1-19　执行 ireturn 后的状态

caller（此例中为 main 函数）接下来执行 istore 2 指令，将操作数栈中的值出栈并存放在局部变量表中的第 2 个槽位中。PC、操作数栈和局部变量的状态如图 1-20 所示。

图 1-20   istore 执行后状态

解释器的实现也非常简单，执行过程中针对每一条字节码执行一段相应的逻辑。一个典型的解释器实现流程图如图 1-21 所示。

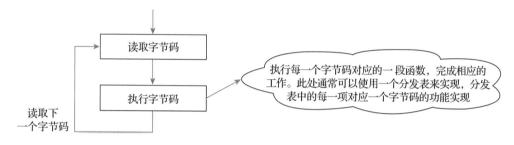

图 1-21   解释器执行流程图

下面给出一个解释器实现的伪代码，使用 vPC 模拟程序执行下一条执行的指令，使用操作数栈模拟程序执行指令的操作数和执行结果，使用局部变量模拟 store/load 操作的内存空间。伪代码如下：

```
interpreter() {
    int *vPC;
    while(1) {
        switch(*vPC++) {
            case ICONST:
                int c= *vPC++;
                //将结果C放入操作数栈
                break;

            case ILOAD:
                // 加载局部变量数据到操作数栈中
                break;

            case ISTORE:
                // 将操作数栈的数据存入局部变量表
                break;

            ...
    }
```

在伪代码中，针对每一个字节码都有一段相应的代码，通常把代码封装在一个函数中，将所有的函数组成一个分发表（dispatch table）。在执行每个字节码时，通过查询分发表执行相应的函数，就可以实现一个优雅的解释器。

对于解释执行，针对上述的 Switch 方式有不少的优化实践：

1）Direct Call Threading：将每条字节码用函数的方式实现，通过函数指针的方式调用每条字节码。

2）Direct Threading：在一个循环中实现每条字节码，并用 Label 和 Goto 分隔开。将每个指令从 Label 标记的地址开始实现。在加载阶段，将程序的字节码转换 Label 地址，存储到 Direct Threading Table（DTT）。用 vPC 指向 DTT 的一项，表示下一条要执行的字节码。这种方式的主要问题是 Goto 会有分支预测失败的代价。

3）Subroutine Threading：衍生自 Direct Threading，在加载解析字节码的时候生成 Context Threading Table（CTT），根据 CTT 执行程序，可以认为是一个极简的 JIT。对于非虚拟跳转有效果，但该方法无法提升虚拟跳转的性能。

4）Context Threading：衍生自 Subroutine Threading，并针对虚拟跳转进行改进，相对 Subroutine Threading 有 5% 的性能提升。

更多关于解释器优化的细节可以参考相关论文。

在 JVM 中解释方式的实现主要是通过模板解释器完成的。在模板解释器中，每一个字节码对应一段可以执行的机器代码（本质上仍然是函数代码，但是模板解释器已经将函数使用机器码实现）。目前 JVM 中提供了 202 个字节码，在 X86 架构下字节码对应的机器代码如表 1-1 所示。

表 1-1　字节码正常执行对应的解释模板表

字节码	字节码助记符	X86 对应的机器代码

0	nop	```void TemplateTable::nop() {```
		 ``` transition(vtos, vtos); //nop 指令是空指令，什么也不做```
		 ```}```

1	aconst_null	```void TemplateTable::aconst_null() {```
		 ``` transition(vtos, atos);// 置空指令，transition 是栈顶状态缓存```
		 ``` __ xorl(rax, rax);```
		 ```}```

2
3
	iconst_m1
	iconst_0
		```void TemplateTable::iconst(int value) {```
		 ``` transition(vtos, itos);```
		 ``` if (value == 0) {// 赋值指令，赋值为 0 时使用 xorl 指令```
		 ``` __ xorl(rax, rax);```
		 ``` } else {// 赋值非 0 时使用 movl 指令```
		 ``` __ movl(rax, value);```
		 ``` }```
		 ```}```

...	...	...

（续）

字节码	字节码助记符	X86 对应的机器代码

27	iload_1	`void TemplateTable::iload(int n) {`
		`    transition(vtos, itos);`
		`    __ movl(rax, iaddress(n));`
		`}`

...	...	...

> 注意　模板解释表中实际存放的是对应代码的地址（编译后位于代码区），这里为了便于理解，把代码直接放在表中。

例如，指令 iload_1 对应的代码如表 1-1 所示。这个代码的功能就是把栈中的对象加载到寄存器 rax 中（其中 vtos 和 itos 是栈顶执行的状态，即该指令执行完成后，栈顶存放的是一个整数。指令中 iaddress(n) 最终会转换成 X86 的地址寻址指令）。

所以，可以简单地认为 JVM 在执行字节码时，每一个字节码都被替换成一段目标机器的代码。

1.4.4　编译执行

解释执行是针对每一个字节码执行一段函数，由此带来的问题是执行效率低下。提高执行效率的手段就是将解释执行转换为编译执行。由于将字节码进行编译需要花费资源和时间，一种有效的方法是仅仅针对热点代码进行编译。JVM 在执行过程中如果发现一个 Java 的函数或者函数中的某一块代码片段（代码片段通常是控制流中的一个块，或循环代码片段）频繁地被执行，就把这个函数或者代码片段编译成一个新的函数。这样带来的好处有两个：

1）节约每一个字节码调用时的成本。

2）整个函数或者代码块可以使用编译优化的技术对代码进行进一步的优化，从而提高执行效率。

目前 JVM 提供的优化方案主要有两种：客户端优化（也称为 C1 优化）和服务器优化（也称为 C2 优化）。C1 优化和 C2 优化的执行原理相同，只不过采用的优化方法不同，进而编译优化所用的时间不同，优化后代码的执行效率也不同。

另外，目前 JVM 的优化器都是采用 C++ 编写的，这就带来一个问题，如果想优化 Java 代码，必须熟悉 C++。在 JDK 9 中启动了一个新的项目 Graal，该项目是使用 Java 代码编写一个优化器并替代 C2 优化器（Graal 目前还是实验性质的项目，但有不少公司评测认为其性能优于 C2 优化器。但出于项目活跃度及商业考虑，该项目在 JDK 17 中被移除）。

JVM 中编译优化的过程如图 1-22 所示。

图 1-22　JVM 中编译优化过程

这个过程一般经历三个阶段并做不同的优化，分别为：

1）高级中间语言的生成及其优化。高级中间语言一般是进行语言相关、机器无关的描述，针对特定的语言进行的优化。

2）低级中间语言的生成及其优化。低级中间语言一般是进行语言无关、机器无关的描述，这是通用的中间语言描述，常见的编译优化技术基本上都针对低级中间语言进行，例如常量折叠、死代码消除、循环不变量外提等。由于编译优化需要消耗时间和 CPU 等资源，因此在 JVM 中提供了 Tiered Compilation 技术，即当发现代码变成热点后首先进行简单的代码优化，这样的优化产生了初级优化的机器代码并替代原来的解释执行；如果热点代码继续被反复执行，会启动高级的编译优化，并用高级编译优化后的代码替换初级优化的机器代码。使用该技术可以在编译效率和执行效率间取得一个很好的平衡，从而提高应用整体执行的效率。关于编译优化的相关技术不在本书的介绍范围内，更多信息可以参考其他书籍或者文献。

3）目标机器代码的生成。一般是进行和目标机器相关的优化，最为典型的优化就是寄存器的分配。

当编译优化完成后，JVM 将在本地堆（更为准确的地方是指 JVM 的 CodeCache）中存储编译优化后的代码，同时把描述 Java 方法的 Method 对象（参考图 1-13）和编译优化代码进行关联。当执行 Java 的方法时，如果发现有编译优化后的代码，则直接执行编译优化后的代码。

但是编译执行的过程非常复杂，在整个编译过程中需要考虑以下几个方面：

（1）编译的内容

虚拟机应该针对热点代码进行编译以取得最好的收益。如何定义热点代码就是关键。最简单的方式是以函数为粒度，如果发现函数被调用的次数足够多，则可以将整个函数作为待编译的内容进行编译。但实际上还有一种情况，函数本身被调用的次数很少，函数内部存在一个很大的循环，并且在循环中做复杂的运算。对于该情况最好的处理方式是编译循环相关的代码片段，但这样的处理方式会带来额外的实现难度。例如如下代码：

```java
class Test {
    static int sum(int c) {
        int res = 0;
        for(int i = 0;i < c; i++) {
            res += i;
        }
        return res;
    }
}
```

对于代码片段中的 for 循环执行 1 万次的数学运算，循环内部如果按照解释模式执行，则需要多次访问变量 i，执行乘法和加法。假如函数 sum 本身不是热点，即函数 sum 本身不会由调用者触发执行编译优化，则对于函数 sum 中的循环优化片段，即语句 res += i 进行编译优化，并且可以执行优化后的代码。现代的高级虚拟机通常都支持代码片段的编译替换和执行。

（2）编译触发的时机

编译优化只有发现热点代码才能触发。如何定义代码是否是热点？一个简单的思路是代码执行的次数到达一定阈值就认为代码是热点，但实现中需要考虑更多的内容，特别是在多线程执行的情况中。如果一个线程执行一个循环，则可以通过对循环计数确定代码达到阈值从而触发编译，在这种情况下只需要一个线程局部的计数器就可以达到目的；实际中还有其他的情况，例如多个线程都会执行同一段代码，虽然每个线程执行代码的次数不多，但是多个线程加起来执行代码的次数就非常可观了，对于这样的情况，比较理想的设计是使用一个全局的计数器来记录热点代码执行的次数，而这样的设计需要考虑全局计数器的并发访问问题。需要指出的是，编译执行需要额外的计数器来记录热点代码，而维护额外的计数器不仅需要额外的空间来存储计数器，还会影响程序执行的效率。所以只有在可能出现热点代码的地方才会维护计数器，一般是在循环的回边（回边指的是循环体中跳转到循环起始位置继续执行的路径）中维护计数器。

（3）编译执行的方式

在确定好待编译的内容以后，需要考虑编译是同步执行还是异步执行。同步执行意味着应用程序需要等待编译结果完成后才能执行编译后的机器代码，异步执行意味着应用程序可以以解释的方式或者初级优化的代码继续执行，待编译完成后执行新的编译代码。

（4）编译代码的替换执行

要执行新的编译代码涉及原有栈帧到新的编译代码栈帧的切换。最简单的方式是当要执行新的编译代码时重新为新的代码构建栈帧，并将编译代码中所使用的变量作为参数传递，当编译代码执行结束后再返回原来的栈帧继续执行。当然，返回后需要更新原来栈帧的变量，这种方式也称为栈顶替换技术（On-Stack-Replacement，OSR）。继续使用上述 sum 函数进行演示，假设 sum 在执行到一定阈值后启动编译优化，并且在编译优化完成后执行编译优化后的代码。由于解释器是按照字节码顺序执行的，sum 对应的字节码如下所示：

```
0   ICONST_0
1   ISTORE 1       // res = 0
2   ICONST_0
3   ISTORE 2       // i =0
4   ILOAD 2        // load i
5   ILOAD 0        // load c
6   IF_ICMPGE 13   // 大于阈值退出循环
7   ILOAD 1        // load res
```

```
8    ILOAD 2          // load i
9    IADD             // res + i
10   ISTORE 1         // store res
11   IINC 2 1         // i++
12   GOTO 4           // 回边，执行循环
13   ILOAD 1          // load res，然后返回
14   IRETURN
```

假设循环执行 50 次后认定代码片段为热点并对代码片段进行编译，当编译完成后执行。为了方便演示，使用字母 A、L、B 描述执行代码。其中 L 对应的是热点代码片段，编译执行时需要将 L 依赖或者使用的变量作为参数传递给编译后的代码，同时将 L 对应的代码片段进行编译。假设编译后形成函数 sum_osr，函数的入参为 L 代码片段中使用的变量。替换执行时可以简单地构造一个函数调用，跳转到编译后的代码执行。代码执行完成后返回原来的栈帧继续执行。为了能够让原来的栈帧继续执行，通常需要知道原来栈帧执行的下一条指令的地址。整个过程的示意图如图 1-23 所示。

图 1-23　OSR 执行示意图

图中还有一个尚未解决的问题，从 L 处调用 sum_osr 时需要传递参数，那么此时参数可能有哪些？由于函数 sum 已经执行了部分代码，因此变量 res 和 i 已经不再是初值，并且 res 和 i 都将在编译代码中被使用，同时变量 c 也将在编译代码中被使用。这里假设执行 50 次后开始执行编译代码，所以 i=50，此时 res=1225（res=1+2+⋯+49=1225），另外，在解释执行时还会使用操作数栈，这些内容都将作为参数传递给编译优化的代码。

此外，虚拟机在执行编译优化时可能会进行一些激进的优化动作，例如根据已经执行的类的信息优化函数的调用关系。这就会带来额外的问题，如果类型信息发生变化，优化代码就会变成无效的，此时需要从编译优化后的代码切换到原来的解释执行方式（称为退优化）。退优化的过程中也涉及何时允许触发退优化，以及代码的替换执行等问题。编译优化是虚拟机中非常关键的模块，限于篇幅，本书不对编译优化展开介绍，读者可以参考其他的书籍或者文献。

注
意　上述演示的是常规 OSR 技术。其中提到，由于 JIT 编译优化需要耗费资源和时间，在一些场景中需要更为轻量级的 JIT。一种激进的实现是不做任何编译的 JIT，也称为 Level-0 JIT（简称 L0 JIT）。在 L0 JIT 的实现中，通常的做法是重用解释器的栈帧，即 L0 JIT 尽可能重用解释器的数据（如有必要，仅仅保护两种执行模式不同的栈变

量和寄存器）。例如，流行的 JavaScript 虚拟机 V8[⊖]中实现了一款 SparkPlug 的轻量级 JIT，重用了解释器 Ignition 的栈帧，无须额外的栈切换成本。经测试发现，相比原来的执行方式，引入 SparkPlug 后性能有 5%～15% 的提升。

最后需要指出的是，编译的执行过程和垃圾回收也有交互，即当执行垃圾回收时需要暂停编译代码的执行，这需要在编译优化的代码中考虑支持垃圾回收。关于这一内容将在第 2 章讨论。

1.5 内存管理

内存管理也称为垃圾回收（Garbage Collection），指的是虚拟机在应用程序运行时管理应用程序使用的内存。Java 代码中只需要分配内存而不需要考虑释放内存，内存释放的工作交由虚拟机处理。虚拟机在内存管理中通常要做以下 4 方面的事情。

1）分配（Allocate）：从 OS 请求内存，虚拟机需要考虑何时请求内存，请求内存的粒度。

2）使用（Use）：针对应用程序的请求，设计连续内存或者非连续内存的管理，为应用程序提供高速内存分配。

3）回收（Recycle）：当虚拟机管理的内存都被使用时，需要识别内存中的活跃对象，对活跃对象保留或者对非活跃对象释放，完成非活跃对象占用内存的回收，并将回收后的内存重新用于应用程序的分配。

4）释放（Free）：向 OS 归还内存，虚拟机需要考虑何时释放内存，释放内存的粒度等。

不是所有的虚拟机都包含**分配**和**释放**这两个步骤，主要原因是虚拟机在实现时可以借助一些内存管理库来代替自己提供这些功能。

另外，需要指出的是，这里所说的使用和回收是大家常提到的分配和回收。本节使用分配和使用来区别虚拟机向 OS 请求内存及应用程序向虚拟机请求内存。为了保持阅读的一致性，后文统一使用分配和回收替代此处的使用和回收。

然而设计和实现一款垃圾回收器并不容易，不同的应用场景对于垃圾回收的诉求也不相同。一款垃圾回收器主要从以下几个方面衡量。

1）吞吐量：指的是在一段时间内回收的内存量。吞吐量越大说明垃圾回收器的效率越高。

2）停顿时间：指的是垃圾回收器在垃圾回收过程中可能会要求应用暂停以配合垃圾回收的工作。停顿时间越长，则说明垃圾回收器对应用的影响越大，停顿时间越短，说明垃

⊖ V8 是 Google 浏览器 Chrome 的 JavaScript 虚拟机引擎，采用解释器 Ignition 解释执行代码、JIT 编译器 TurboFan 编译优化热点代码。2021 年在 Ignition 和 TurboFan 之间引入 SparkPlug，用于加速 JavaScript 的执行。更多具体信息可以参考 V8 的官网。

圾回收器对应用的影响越小。

3）数据访问的局部性：垃圾回收器在进行垃圾回收时可能会调整内存中活跃对象的位置，当对象的位置发生变化后会影响应用访问内存的速度，从而影响应用程序执行的效率。

4）额外资源消耗：垃圾回收器实现时都需要额外的内存管理其内部数据结果。不同的垃圾回收器采用的算法不同，使用的数据结果也不同，占用的额外资源也不同。通常来说，额外资源消耗越少，说明垃圾回收器越优秀。

本书后面将详细介绍 JVM 中实现的垃圾回收器，读者在阅读相关章节时可以从这个几个方面思考垃圾回收器实现的优劣。

1.6　线程管理

通常高级语言都支持多线程，所以虚拟机需要考虑如何高效地支持多线程，例如高级语言的线程和虚拟机的线程以及操作系统的线程关系是什么？是否可以支持协程？这些内容都非常复杂，部分内容也和垃圾回收密切相关，但限于篇幅，本书不展开介绍。

以 JVM 为例，JVM 为了执行字节码或者编译代码，需要为代码准备执行的线程和线程栈。例如当启动 JVM 后，启动线程将变成执行 Java 的 main 线程，如果在 Java 代码中产生新的线程，则由 OS 产生线程。

所以，从这个角度来说 Java 字节码或者编译代码的执行和 C 语言的执行完全一致。但是 JVM 为了更好地管理和执行代码，实现了线程对象和线程栈对象，线程对象和线程栈对象也是分配在 JVM 的本地堆中。线程对象和线程栈对象除了会关联真正底层 OS 的线程之外，还会存储一些额外的信息，这些信息用于描述当前线程和线程栈的信息，比如线程属于哪个 Java 线程对象、关联哪个类加载器、线程栈的调用链信息等。

另外，高级语言通常会支持多言语的互操作，当进行互操作时，需要考虑不同语言线程执行的约定，例如参数和返回值如何组织，内存是否可以互访问等。在 JVM 中支持通过 JNI（Java Native Interface）的方式调用 C/C++ 代码，但是这样的互操作除了要考虑线程管理以外，还要考虑内存的影响，特别是垃圾回收的影响。例如 JVM 在执行一些 JNI 时通常会阻塞垃圾回收的执行（例如调用 JNI 的 Critical API），当然阻塞与否还与垃圾回收器的实现有关。在第 2 章中介绍安全点相关的知识时会进一步展开介绍。

1.7　扩展阅读：JIT 概述

虚拟机的实现通常可以划分为 3 部分：运行时（Run-Time）、编译优化（JIT）和垃圾回收。已经有较多的书籍和文章介绍了运行时，本书不再介绍。垃圾回收是本书的重点，后面会详细介绍。关于 JIT 的相关介绍并不多，同时 JIT 也非常复杂，特别是编译优化的相关知识。本节在 Linux/AArch64 平台的基础上，通过一个简单的例子演示 JIT 的基本概念。

首先从一个简单的 C 代码例子出发，如下所示：

```
#include <stdio.h>

int add(int a, int b){
    return a + b;
}

int main(){
    printf("%d\n",add(4,5));
    return 0;
}
```

该代码片段的功能非常简单，其中函数 add 实现加法功能。这个 add 例子和 1.4.1 节中 Java 的 add 功能完全相关，都是完成两个整数的加法计算并返回结果。本节构造 C 的 add 函数就是为了让读者可以方便地理解在编译优化时 Java 的函数（字节码片段）可以被一个 C/C++ 的函数替代。当然，这里省略了 JVM 构造这个 C 语言的 add 函数的过程，这本质上就是编译优化要做的工作。

使用 gcc 进行编译，这里先使用 O2 的编译优化级别，命令如下：

```
gcc -O2 -o test test.c
```

编译后使用 objdump 命令查看 add 函数的反汇编代码：

```
0000000000400650 <add>:
  400650:       0b010000        add     w0, w0, w1
  400654:       d65f03c0        ret
```

> 注意 在 AArch64 平台中有 31 个通用寄存器，其中 x0～x7 用于传递参数和返回值。w0～w7 是 x0～x7 的低 32 位，用于传递 32 位的参数，当函数的参数个数超过 8 个时，通过栈传递。

在这个例子中，add 的两个参数通过 w0 和 w1 传入，通过 add 指令完成加法，结果存放在寄存器 w0 中，通过 ret 返回函数的执行结果。

假设 JVM 识别 Java 的 add 函数为热点，现在也知道 add 函数对应的汇编代码，那么还有一个问题，就是如何让 JVM 替换原来的 add 函数而执行编译后的代码。下面通过一个例子演示 C/C++ 代码直接执行编译后代码的过程。首先将编译后的代码作为输入数据，表示待执行的函数，然后通过 mmap 函数将数据加载到内存区，并设置内存区可以执行（PROT_EXEC），最后再通过函数调用执行相关代码。代码示例如下：

```
#include<stdio.h>
#include<memory.h>
#include<sys/mman.h>
```

```
typedef int (* add_func)(int a, int b);

int main() {

    char code[] = {
        0x00,0x00,0x01,0x0b, //0x0b010000, 等价于指令 add    w0, w0, w1
        0xc0,0x03,0x5f,0xd6  //0xd65f03c0, 等价于指令 ret
    }; //参考objdump对add函数的反汇编代码

    void * code_cache = mmap(NULL, sizeof(code), PROT_WRITE | PROT_EXEC,
                             MAP_ANONYMOUS | MAP_PRIVATE, -1, 0);

    memcpy(code_cache, code, sizeof(code));
    add_func p_add = (add_func)code_cache;
    printf("%d\n", p_add(4,5));

    return 0;
}
```

示例中通过一个函数调用完成汇编代码的执行。实际上除了使用函数调用以外，还可以直接通过 jmp 完成相关的调用（函数调用的本质是通过 call 指令完成控制流的转移）。JVM 执行编译后的代码原理和示例介绍基本类似，通过识别热点代码（例如 Java 中的 add 函数），并对热点代码进行编译优化，产生目标机器代码（类似于此处 C 代码中 add 函数的反汇编代码），然后执行目标机器代码。

在 add 函数的编译过程中直接使用了 O2 的编译优化级别，gcc 默认的编译优化级别为 O0。下面是使用默认编译优化级别产生的目标文件反汇编的结果。

```
0000000000400624 <add>:
    400624:    d10043ff    sub    sp, sp, #0x10
    400628:    b9000fe0    str    w0, [sp, #12]
    40062c:    b9000be1    str    w1, [sp, #8]
    400630:    b9400fe1    ldr    w1, [sp, #12]
    400634:    b9400be0    ldr    w0, [sp, #8]
    400638:    0b000020    add    w0, w1, w0
    40063c:    910043ff    add    sp, sp, #0x10
    400640:    d65f03c0    ret
```

比较 O2 和 O0 的编译优化结果可以发现，O2 的代码质量远高于 O0 的代码质量（指令明显少了很多）。那么 O2 采用的编译优化会更加复杂，编译耗时也更多。JVM 中 C1 和 C2 编译器的目的也是生成不同指令的编译代码，可以简单理解为 gcc 不同编译级别产生的代码。当然 JVM 中 C1 和 C2 采用了不同的技术，使用的 IR 和编译优化手段都不相同。

JVM 中垃圾回收相关的基本知识

垃圾回收算法本身不算复杂，但是垃圾回收是虚拟机在运行时的行为，除了要与应用程序交互以外，还要与虚拟机运行时、解释器、编译器进行交互，这无疑大大增加了垃圾回收实现的复杂性。

本章主要介绍垃圾回收的基本算法、垃圾回收与虚拟机其他组件交互的基本知识，关于垃圾回收与应用程序的交互留在后面介绍每种垃圾回收的具体实现时介绍。

2.1 GC 算法分类

垃圾回收中对象的标记一般有两种实现：引用计数（reference count）法和可达性分析（tracing）法（也称为根引用分析法、追踪式分析法）。

引用计数法指的是为每一个对象设计一个计数器，用于统计对象被引用的次数，如果对象引用次数为 0，则表示没有任何引用就可以释放该对象。引用计数法实现简单，能立即回收无用内存。

引用计数通常在对象引用关系改变时修改引用值。算法伪代码如下：

```
void object_ref_mod(Object* obj, Object* field) {
    inc_ref(filed); //注意引用计数需要先增后减，如果是先减后增，则可能出现bug
    def_ref(obj);
    obj= filed;
}

void inc_ref(Object* obj) {
    obj->ref_count++;
```

```
    }

void def_ref(Object* obj) {
    obj->ref_count--;
    if(obj->ref_count == 0) {
        collect(obj); //释放对象占用的空间
        //针对对象obj的成员变量依次遍历，只处理引用类型的成员变量
        for(Object* ref_filed = obj->first_ref_field;
            ref_field != NULL;
            ref_field = ref_filed->next_ref_field) {
            def_rec(ref_field);⊖
        }
    }
}
```

虽然引用计数法很简单，但是引用计数法也存在一些问题，主要有：

1）并发场景中，对象引用计数器的修改需要与对象引用关系的修改保持同步，这往往需要加锁实现或者使用非常复杂的无锁算法。

2）引用计数在对象回收时会引发链式反应，例如根对象的引用计数值为 0，需要递归地将成员变量的引用值更新。同时对于满足回收条件的对象进行内存回收，所以回收时间可能不可控。

3）引用计数无法有效解决循环引用的问题，例如两个对象 A 和 B 相互引用，即使没有任何其他对象引用对象 A 和 B，但对象 A 和 B 的引用值都为 1，这会导致本应该释放的对象因为算法缺陷而无法回收。另外，有关研究表明，以 Java 为例，循环依赖的比例并不低，所以使用引用计数算法一般还需要辅以可达性分析法的垃圾回收算法。

虽然引用计数法存在这些缺点，但是因为其简单，在一些语言（如 Python）中也有使用。

JVM 采用的是可达性分析法。可达性分析法的基本思路就是通过根（root）作为起始点，从这些节点出发根据引用关系开始搜索，搜索所走过的路径称为引用链，当搜索完成后所有活跃对象都被识别，而一个对象没有被任何引用链访问到时，则证明此对象是不活跃的，可以被回收。示意图如图 2-1 所示。

图 2-1 中只有一个对象完全是死亡对象，当识别完活跃对象后，就可以知道哪个是不活跃对象。

本书不讨论引用技术式的内存管理技术，仅讨论可达性分析法内存管理的相关知识。

⊖　实现中通常不会采用递归的方式，主要原因是递归的效率不高，同时递归算法隐含栈溢出风险，通常会将递归算法修改为非递归实现。

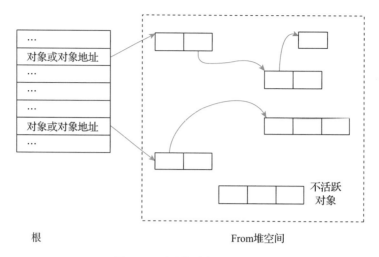

根　　　　　　　　　　　　From堆空间

图 2-1　可达性分析法示意图

2.2　GC 涉及的对象表示

在 GC 执行的过程中，如果发现对象位于引用链路中，就需要将对象进行标记。标记状态说明对象活跃，后续 GC 执行时根据标记状态移动活跃对象或者将不活跃对象回收。

另外，在 GC 的执行过程中可能会存在一种情况，即多个对象同时指向一个对象。对于这种情况，在移动式的 GC 算法中需要特别处理。如图 2-2 所示，对象 1 和对象 3 都引用了对象 2。

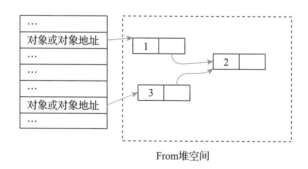

From堆空间

图 2-2　多个对象引用一个对象

在移动式 GC 算法中，需要把对象 1、对象 2 和对象 3 都移动到新的空间中，同时对象 1、对象 2 和对象 3 都只能移动一次。由于对象 1 和对象 3 都指向对象 2，因此在处理对象 1 和对象 3 的成员变量时，对象 2 可以被处理 2 次，但是只有一次是真正的转移对象，另外一次不能转移对象。

为了保证对象在 GC 过程中只移动一次，通常需要记录对象移动前后的映射关系，当对象尚未移动时可以移动对象，当对象已经移动，则直接使用移动后的对象，不需要再次移动对象。这说明在 GC 执行过程中需要记录额外的信息，记录信息的方式有多种，例如：可以为每一个对象分配额外的内存，该内存可以记录上述映射关系信息，也可以在标记时建立标记位图描述对象的活跃情况，在对象转移时使用转移信息表记录对象转移前后的地址信息。这些实现信息记录的方法在 JVM 中都有体现，其本质和 GC 的实现有关。在早期的 GC 实现中倾向于将信息记录在对象头中，其主要原因是当访问对象时就可以获得相关信息，而不需要进行额外的内存访问；而最新的垃圾回收实现因为算法的复杂性，可能需要借助额外的数据结构才能保证 GC 的正确性。

前面提到 JVM 实现了 OOP 和 Klass 机制模拟运行时和编译时使用的对象和类。在前面已经介绍了 Klass 实例化对象的内存布局。这里简单地看一下 Java 对象在 JVM 内部的表示，如图 2-3 所示。

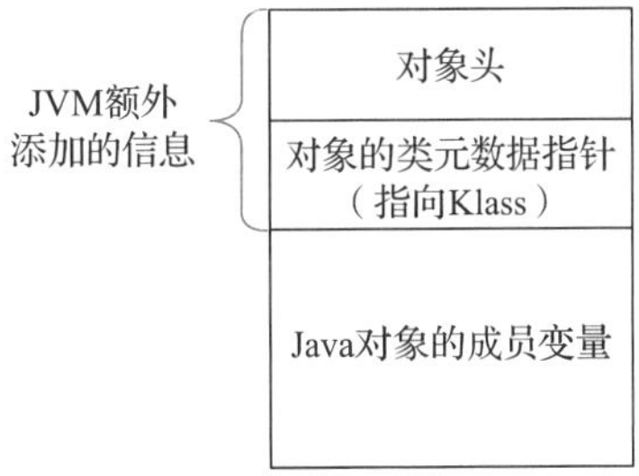

图 2-3　JVM 对象头示意图

根据 JVM 源码的注释，针对标记对象头信息在 32 位 JVM 中用 32bit 来描述，这 32bit 的组合使用情况如表 2-1 所示。

表 2-1　对象头信息

锁状态	25bit		4bit	1bit	2bit
	23bit	2bit		是否偏向锁	锁状态标志位
轻量级锁	指针 – 指向线程栈中对象头的地址				00
Monitor	指针 – 指向锁对象的地址				10
GC	指针 – 指向对象复制后的新地址				11
偏向锁	线程 ID	Epoch	分代年龄	1	01
未加锁	Hash_code		分代年龄	0	01

另外，在源代码中还可以看到一个 Promoted 的状态，Promoted 指的是对象从新生代晋升到老生代时，正常的情况下需要对这个对象头进行保存，主要原因是如果发生晋升失败，则需要重新恢复对象头。如果晋升成功，那么这个保存的对象头就没有意义。所以为了提高晋升失败时对象头的恢复效率，设计了 promo_bits，这其实是重用了加锁位（包括偏向锁）。实际上只有在以下 3 种情况下才需要保存对象头：

1）使用了偏向锁，并且偏向锁被设置（偏向锁在 JDK 17 中被移除，原因是在部分场景中使用偏向锁存在性能问题）。

2）对象被加锁。

3）为对象设置 Hash_code。

值得一提的是，目前 JVM 正在优化对象的存储情况，因为额外的对象头实际上导致了内存的利用率降低。据有关论文研究，Java 应用中的对象头大概浪费了 5%～15% 的内存空间。目前 JVM 提出了 Lilliput（小人国项目）用于优化对象头额外的内存浪费，更多信息可以关注项目官网⊖。

2.3 GC 算法概述

最早的 GC 算法可以追溯到 20 世纪 60 年代，但到目前为止，GC 的基本算法没有太多的创新，可以分为复制算法（Copying GC）、标记清除（Mark-Sweep GC）和标记压缩（Mark-Compact GC）。近些年推出的 GC 算法也都是在基础算法上针对一些场景进行优化，所以非常有必要理解基础的 GC 算法。

2.3.1 复制算法

复制算法是把堆空间分为两个部分，分别称为 From Space（From 空间）和 To Space（To 空间）。其中 From 空间用于应用的内存分配，To 空间用于执行 GC 时活跃对象的转移。GC 执行时 From 空间中的活跃对象都会转移到 To 空间中，GC 完成后 From 和 To 交换，From 空间中剩余尚未使用的空间继续用于应用的内存分配，To 空间用于下一次 GC 活跃对象转移。下面通过示意图演示。假设对象标记如图 2-4 所示。

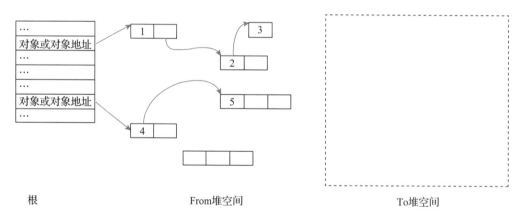

图 2-4 复制算法执行前内存空间状态

复制算法执行之后，内存示意图如图 2-5 所示。

⊖ https://wiki.openjdk.java.net/display/lilliput

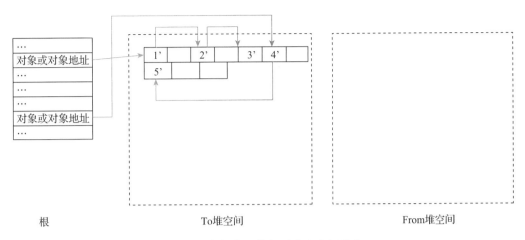

图 2-5　复制算法执行后内存空间状态

复制算法的特点可以总结为：

1）复制完成后，To 空间中的对象是按照堆空间的内存顺序分配的，也就是说复制完成后，To 空间不存在内存碎片的问题。

2）复制完成后，From 空间和 To 空间交换，应用程序新的对象都分配在 From 空间剩余的空间中（图 2-5 为了演示复制过程，没有将 From 和 To 交换）。

由于复制算法涉及对象的移动，因此必须存储对象移动前后的位置关系（确保对象只转移一次），在复制算法中当对象转移成功后，通常把转移后的地址保存在对象头中，当再次转移相同对象时可以通过对象头的信息获得转移后的对象，无须再次转移，这也意味着复制算法除了转移对象以外，还需要在原对象转移成功后在原对象的对象头中设置对象转移后的地址。可以想象，当多线程并行执行复制算法时，需要考虑同步，防止多个线程同时转移一个对象，通常使用无锁的原子指令来保证对象仅能成功转移一次。

复制算法通常只需要遍历 From 空间一次就可以完成所有活跃对象的转移，所以对象的标记和转移一次性完成。由于转移中需要遍历活跃对象的成员变量，因此算法实现中需要一个额外的数据结构保存待遍历的对象，当然这个额外的数据结构可以是队列或者栈。Cheney 提出的复制算法借助 To 空间而**不需要**额外的数据结构，该算法在第 3 章详细介绍。

另外，复制算法还有一个最大的问题：空间利用率不够高。如图 2-4 和图 2-5 所示，空间利用率只有 50%。为了解决空间利用率的问题，JVM 对复制算法进行了优化，设置了 3 个分区，分别是 Eden、Survivor 0（简称 S0）和 Survivor 1（简称 S1）。在新的优化实现中，Eden 用于新对象的分配，S0 和 S1 存储复制算法时标记活跃对象。这个优化的依据是，应用程序分配的对象很快就会死亡，在 GC 回收时活跃对象占比一般都很小，所以不需要将一半空间用于对象的转移，只需使用很少的空间用于对象的转移，S0 和 S1 加起来通常小于整个空间的 20% 就能保存转移后的对象。下面演示一下新的优化算法的执行过程。

新分配的对象都放在 Eden 区，S0 和 S1 分别是两个存活区。**复制算法**第一次执行前 S0 和 S1 都为空，在**复制算法执行**后，Eden 和 S0 里面的活跃对象都放入 S1 区，如图 2-6 所示。

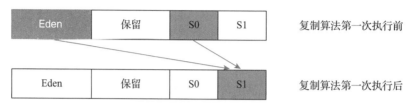

图 2-6　复制算法第一次执行

回收后应用程序继续运行并产生垃圾，在复制算法第二次执行前 Eden 和 S1 都有活着的对象，在复制算法执行后，Eden 和 S1 里面活着的对象都被放入 S0 区，如图 2-7 所示。

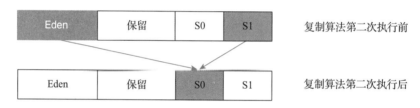

图 2-7　复制算法第二次执行

虽然优化后的算法可以提高内存的利用率，但是带来了额外的复杂性。例如，S0 可能无法存储所有活跃对象的情况（这在标准的半代回收中不会出现，活跃对象不可能超过使用空间的最大值）。通常有两种方法处理 S0 溢出的情况：使用额外的预留空间保存溢出的对象，这部分空间需要预留；动态调整 S0 和 S1 的大小，保证 S0 和 S1 在 GC 执行时满足对象转移的需要，这意味着 Eden、S0/S1 的边界并不固定，在实现时需要额外处理。这两种方法在 JVM 中均有体现。另外 JVM 实现了分代算法，在某一个代中执行复制算法时，如果出现 S0 或 S1 溢出，则可以跨代使用其他代的内存。

2.3.2　标记清除算法

复制算法的空间利用率有限，但效率较高，并且 GC 执行过程包含了压缩，所以不存在内存碎片化问题。另外一种 GC 算法是标记清除，对于内存的管理可以使用链表的方式，当应用需要内存时从链表中获得一块空闲空间并使用，当 GC 执行时首先遍历整个空间中所有的活跃对象，然后再次遍历内存空间，将空间中所有非活跃对象释放并加入空闲链表中。以图 2-4 的内存状态为例，标记清除算法执行结束后的示意图如图 2-8 所示。

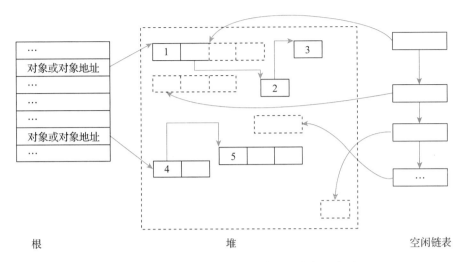

图 2-8　标记清除算法执行结束后的内存示意图

　　标记清除算法的内存使用率相对来说较高，但是还有一些具体情况需要进一步分析。由于标记清除算法使用链表的方式分配内存，因此需要考虑分配的效率及内存分配时内存碎片化的情况。具体来说，空间链表中存放尚未使用或者已经释放的内存块，这些内存块的大小并不相同。从空闲链表中请求内存块时，需要遍历链表找到一个内存块。另外，由于链表中内存块大小不相同，因此可能没有和请求大小一样的内存块，此时需要找到一个比请求内存大的内存块才能满足应用的需要，这就需要额外的控制策略，是找到一个和请求内存尽可能接近（best-fit）的内存块，还是找一个最大（worst-fit）的内存块，或者是第一个满足需求（first-fit）的内存块？不同策略导致分配时的碎片化情况有所不同。

　　除了考虑分配效率和分配时内存碎片化的情况，还需要考虑回收的情况。特别是回收时空闲内存的合并，是否允许相邻的空间内存块合并？合并需要花费额外的时间，同时也会影响内存的碎片化。

　　在 JVM 中并发标记清除采用了该算法，为提高分配效率使用了多条链表及树形链表，分配策略使用 best-fit 方法，回收时提供了 5 种策略并辅以预测模型控制空闲内存块的合并。更多细节参考第 4 章。

2.3.3　标记压缩算法

　　标记清除算法的内存利用率虽然比较高，但是有一个重要的缺点：内存碎片化严重。内存碎片化可能会导致无法满足应用大内存块的需求。另外一种 GC 算法是标记压缩算法，其本质是就地压缩内存空间，而不是像复制算法那样需要一个额外的空间。算法可以分为以下 4 步：

　　1）遍历内存空间，标记内存空间的活跃对象。

2）遍历内存空间，计算所有活跃对象压缩后的位置，"压缩后"是指如果遇到死亡对象，则直接将其覆盖。

3）遍历内存空间，更新所有活跃对象成员变量压缩后的位置。

4）遍历内存空间，移动所有活跃对象到第二步计算好的位置，此时由于对象内部的成员变量已经完成更新，因此移动对象后所有的引用关系都是正确的。

在一些实现中，第二步和第三步可以借助额外的数据结构合并成一步。总体来说，标记压缩算法需要遍历 3～4 次内存空间，虽然内存利用率更高，并且 GC 执行后不存在内存碎片的问题，但是因为多次遍历内存空间，故算法的执行效率不高。

仍然以图 2-4 的内存状态为例，标记压缩算法执行结束后的示意图如图 2-9 所示。

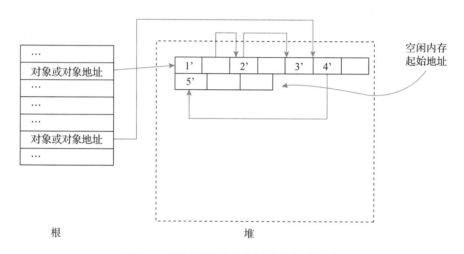

图 2-9　标记压缩算法执行后内存示意图

由于标记压缩算法执行效率不高，因此通常作为 GC 的兜底算法。标记压缩在 JVM 中也有多种实现，分别是串行实现、并行实现。在第 3～5 章中都会介绍标记压缩算法。

2.3.4　分代回收

3 种 GC 算法各有优缺点，实际中需要根据需求选择不同的实现。除此以外还可以将内存空间划分成多个区域，每个区域采用一种或者多种算法协调管理。这个思路来自人们对应用程序运行时的观察和分析。根据研究发现，大多数应用运行时分配的内存很快会被使用，然后就释放，这意味着为这样的对象划分一块内存空间，然后使用复制算法效率会很高，因为对象的生命周期很短，在 GC 执行时大多数对象都已经死亡，只需要标记 / 复制少量的对象就可以完成内存回收。现代垃圾回收实现中都会根据对象的生命周期划分将内存划分成多个代进行管理，最常见的是将内存划分为两个代：新生代和老生代，其中新生代主要用于应用程序对象的分配，一般采用复制算法进行管理；老生代存储新生代执行 GC 后仍然存活的对象，一般采用标记清除算法管理。

基于对象生命周期管理，有弱分代理论假设和强分代理论假设两种：

1）弱分代理论假设：假定对象分配内存后很快使用，并且使用后很快就不再使用（内存可以释放）。

2）强分代理论假设：假定对象长期存活后，未来此类对象还将长期存活。

基于弱分代理论将内存管理划分成多个空间进行管理，基于强分代理论可以优化 GC 执行的效率，不回收识别的长期存活对象，从而加快 GC 的执行效率。

值得一提的是，目前弱分代理论在高级语言中普遍得到证实和认可，但是对于强分代理论只在一些场景中适用。目前弱分代理论和强分代理论在 JVM 中均有体现。

虽然分代回收的思想非常简单，但实现中有许多细节需要考虑，例如在内存分代以后，分代边界是否可以调整？以内存划分为两个代为例，最简单的实现是边界固定，如图 2-10 所示。

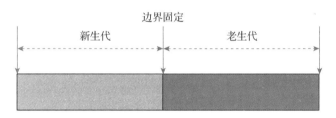

图 2-10　边界固定的分代划分

边界固定的分代回收算法实现简单，可以通过固定边界快速判断对象处于哪个空间，管理代际引用也比较简单。但是边界固定的分代方法需要 JVM 使用者提前设定好每个代的大小，这对于 JVM 使用者来说并不容易，实际使用中可能需要使用者不断调整边界，以便内存代的划分和内存使用方式一致。

一种很自然的优化是将边界设计为浮动的，浮动可以解决使用者需要分代划分的问题，由 JVM 根据程序使用内存的情况自动调整内存代的划分。边界浮动的示意图如图 2-11 所示。

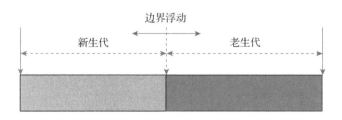

图 2-11　边界浮动的分代划分

边界浮动后可以缩小新生代也可以扩大新生代，一般来说缩小新生代会导致 GC 的停顿时间减少、吞吐量减少，如图 2-12 所示。而扩大新生代会导致 GC 的停顿时间增加、吞吐量增加，如图 2-13 所示。

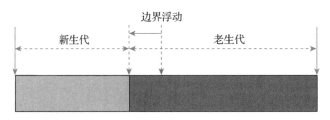

图 2-12　边界浮动之缩小新生代

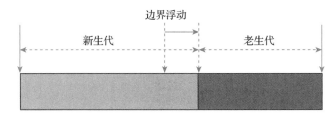

图 2-13　边界浮动之扩大新生代

浮动边界对 JVM 使用者很友好，但是回收算法的实现难度增加了很多。在 JVM 中所有的垃圾回收器实现中只有一款实现了边界浮动，但该功能因为存在一些 bug，已在 JDK 15 中被移除，关于如何实现边界浮动将在第 5 章详细介绍。

除了代际边界划分的问题，在分代中还需要考虑分代的大小、代际引用管理等问题。这些问题将在后续具体垃圾回收器的实现中介绍。

2.4　GC 的根

垃圾回收的根和虚拟机运行时紧密结合，理解起来并不容易。需要回答两个问题：哪些是垃圾回收的根？如何实现标记？

以 JVM 为例，JVM 为了能执行 Java 代码，实现了一套完整的编译、解释、执行框架，其中编译是一个独立的模块，执行是另一个模块。而 GC 的根既与执行框架相关，又与编译相关，除此之外，GC 的根还与语言特性和 JVM 的实现相关。

在 JVM 中存在两种类型的根：**强根**和**弱根**。强根是 GC 的真正根，用于识别堆空间中的活跃对象；弱根并非用于识别活跃对象，只是为了支持语言特性（如 Java 的引用）或者 JVM 内部实现的优化而引入的。

2.4.1　强根

强根这个概念相对容易理解，这里使用线程栈来演示这个概念。假设 JVM 执行一段

Java 程序，如下所示：

```
int a = 2;
Object obj1 = new Object();
Object c = new Object();
{
    MyObject d = new MyObject(); //假设MyObject已经定义，且MyObject中有一个成员变量f指
                                   向Object
    d. f = c;
    // 地点一
}
// 地点二
```

现在来模拟一下 JVM 执行过程中内存的使用情况，在代码的地点一，内存布局如图 2-14 所示。

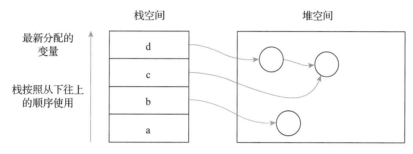

图 2-14　地点一内存布局

其中图 2-14 中栈空间的使用通常在编译时就可以确定，堆空间通常是在运行时才能确定。每一个局部变量 a、b、c、d 在栈中都有一个槽位（slot）与之对应，这样在程序中才能访问到它们指向的对象或者数值。

这里稍微提示一下，代码 d.f = c 并不是将栈中 c 的值赋值给 d.f，而是将 c 指向的堆地址赋值给 d.f。

当代码执行到地点二时，内存布局如图 2-15 所示。

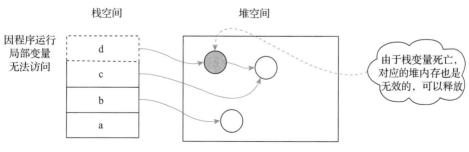

图 2-15　地点二内存布局

此时因为变量作用域，变量 d 在栈中将无法访问（实际上该槽位被其他的变量使用），

变量 d 因为已经死亡，其对应堆中的内存（图中灰色空间）也应该可以被回收重用。

基于栈变量可以找到堆空间中所有活跃的对象。当然，如果变量 d 在 GC 执行时死亡，在活跃对象的遍历过程中并不能知道变量 d 是否存在过，也无法知道变量 d 指向的内存空间。整个 GC 结束后只能得到所有活跃对象所占用的内存空间，所以追踪的 GC 算法都是管理活跃对象（将活跃对象赋值到新的空间，即复制算法，或者从整个空间中剔除活跃对象后，采用列表的方式管理自由空间），从而达到内存重用的目的。

当然实现层面可能还有更多细节需要考虑，例如在栈中一个槽位存放的值到底是指向堆空间的变量（即指针）还是一个立即数（在上述代码中变量 a 就是一个立即数），对于立即数对象，GC 并不需要遍历（因为没有在堆空间中分配内存）。但是 GC 执行时并不知道槽位到底是一个地址还是一个立即数，如果做**不精确**的 GC，可以把立即数也"当作"指针，只要立即数在堆空间的访问范围内，也会把对应的内存空间进行标记；如果做**精确**的 GC，则必须区分立即数和指针，所以通常需要额外的信息来保存指针信息（例如使用额外的位图来描述栈空间的哪些槽位是指针），在 GC 执行时借助额外的信息就可以进行精确的回收。

经研究发现，通常不精确的 GC 和精确的 GC 相比，性能会有 15%～40% 的差距。

从栈变量作为根的例子可以看出，如果缺少某一个根，则必然会遗漏一些活跃对象，从而导致 GC 会访问非法内存。所以必须找到所有的强根并且逐一遍历，才能保证垃圾回收的正确性。

2.4.2 Java 引用引入的弱根

Java 语言中的引用主要指软引用（soft reference）、弱引用（weak reference）和虚引用（phantom reference）。另外，Java 中的 Finalize 也是通过引用实现的，JDK 定义了一种新的引用类型 FinalReference，其处理和虚引用非常类似。

引用的处理和 GC 关系非常密切。在 Java 语言层面对于不同类型的引用有不同的定义，简单总结如下：

1）软引用：声明为软引用的对象在垃圾回收时只有满足一些条件才会进行回收，这些条件程序员可以设置，比如通过参数 SoftRefLRUPolicyMSPerMB 设置软引用对象的存活时间。

2）弱引用：在垃圾回收执行时，如果发现内存不足声明为弱引用的对象就会被回收。

3）虚引用：使用虚引用需要定义一个引用队列，虚引用关联的对象在 Java 应用层面无法直接访问，而是通过引用线程（reference thread，这是一个 Java 应用的线程，JVM 在启动时会生成该线程）处理引用队列来访问。所以虚引用对象的回收依赖于引用队列中的对象是否被执行，如果引用队列中的对象还没有被处理，则不能回收，否则就可以被 GC 回收。

4）Finalize：如果 Java 的类重载了 Finalize() 函数，则需要通过 Finalize 线程（Finalizer Thread，这是一个 Java 应用的线程，JVM 在启动时会生成该线程）处理。定义了 Finalize()

函数的对象类似于定义了虚引用，如果在 GC 执行过程中发现 Finalize 线程尚未执行对象的 Finalize() 函数，则对象不会被回收，否则对象就可以被回收。

可以发现 Java 语言中引用的处理和 GC 紧密相关。根据是否需要额外的线程执行额外的动作可以分为两类，对于这两类 GC 过程，处理方法有所不同：

1）软引用 / 弱引用：在 GC 执行过程中，首先要通过强根扫描所有活跃对象，如果发现对象的元数据属于 Java 语言中的软引用 / 弱引用，则需要额外记录下来，在强根遍历结束后再根据 GC 的策略来决定是否回收引用对象占用的内存空间。

2）虚引用 /Finalize 引用：在 GC 执行过程中，首先要通过强根扫描所有活跃对象，如果发现对象的元数据属于 Java 语言中的虚引用或者 Finalize 引用，则需要额外记录下来，然后将引用类型的对象单独保留起来，当 GC 结束后，引用线程处理过的对象就可以在下一次 GC 执行过程中进行回收。注意，定义了 Finalize() 函数的对象处理在对象生成期间就知道需要进行额外处理，所以生成的对象会自动添加到 Finalize 引用中。

从上面的描述中可以看出，当 GC 处理 Java 语言的引用特性时，需要额外地对引用对象进行处理，对于软引用 / 弱引用，在强根扫描结束以后就可以根据策略进行回收；对于虚引用 /Finalize 引用，在本次 GC 时不能进行回收，通常需要在后续的 GC 过程中才能真正进行回收，且能否执行回收依赖于引用线程 /Finalizer 线程是否处理过对象，只有处理过的对象才能在后续的 GC 中被回收，如果对象没有处理过，JVM 需要继续记录这些对象，并保持这些对象活跃。而这些对象明显不属于 GC 回收时识别的活跃对象，但是为了支持引用特性又必须将其记录下来，保持程序运行语义的正确性，所以 JVM 内部引入了弱根来记录这些对象。

2.4.3　JVM 优化实现引入的弱根

在 Java 语言的发展过程中，JVM 的研究者发现在 JVM 内部可以优化实现，从而节约内存或者提高程序执行的效率。为了达到这样的目的，JVM 内部也需要引入一些弱根来保证程序运行的正确性。

这里以字符串为例来演示 JVM 的一个弱根。Java 类库中 String 类提供了一个 intern() 方法用于优化 JVM 内存字符串的存储，intern() 方法用来返回常量池中的某字符串。其目的是当 Java 程序中存在多个相同的字符串时可以共用一个 JVM 的底层对象表示，从而节约空间。代码片段如下：

```
String str1 = new String("abc");
String str2 = new String("abc");
str1.intern();
str2.intern();
```

在示例中，str1 和 str2 都执行了 intern() 方法，JVM 在执行时会优化底层的存储，可以简单地理解 intern() 方法的功能是：在 JVM 里面使用一个 StringTable（使用 hash table 实现）

存储字符串对象，如果 StringTable 中已经存在该字符串，则直接返回常量池中该对象的引用；否则，在 StringTable 中加入该对象，然后返回引用。

str1.intern() 执行后，在 StringTable 中使用 hash table 存储这个 String 对象。因为 str1 对应的字符数组对象并不在 StringTable 中，所以它会被加入 StringTable 中。如图 2-16 所示，图中用圆表示对象（这里我们忽略外部的引用根信息）。

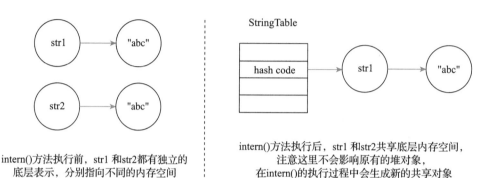

图 2-16   intern() 方法执行前后的内存示意图

当执行 str2.intern() 时，首先计算 str2 的 hash code，然后用 hash code 和 str2 的字符数组对象在 StringTable 查找是否已经存储了 String 对象，并且比较存储的 String 对象 hash code 与字符串数组是否相同，如果相同，则不需要再次把字符串放入 StringTable 中了，并且返回 str1 这个对象。

JVM 在内部使用了 StringTable 来存储字符串 intern 的结果，其结构如图 2-17 所示。

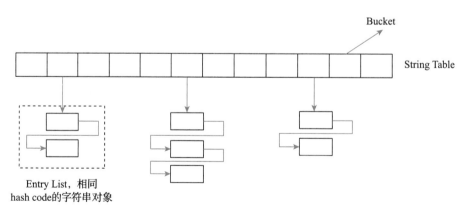

图 2-17   StringTable 存储结构图

通过 StringTable 的方式方便共享字符串对象，但是会带来回收方面的问题。如果所有的共享变量都死亡，StringTable 中的共享对象也应该释放。但什么时候可以回收或者释放 StringTable 占用的内存呢？在 GC 执行过程中，当强根遍历完成后，需要再次遍历

StringTable，如果发现没有任何相关的引用，则 StringTable 中的共享对象可以释放，这个时候就可以回收了。可以看出，当 GC 的强根遍历完成后需要额外针对 StringTable 遍历来完成一些内存的释放，而 StringTable 和 GC 执行过程中对象的活跃性并无任何关系，仅仅是 JVM 内部设计带来的额外遍历，这样的根也称为弱根。

从上面的介绍可以看出，对于弱根，如果不进行遍历，则会导致一定程度的内存泄露，但是并不会影响 Java 程序正确地执行。为了保障 GC 执行的性能，在新生代回收中通常不回收这类弱根。当然由于 JVM 内存设计的复杂性，在一些新生代回收实现中也会处理这类弱根，其原因涉及对另外一些特性的支持的影响（例如类回收或者字符串去重等），这里不再展开介绍。

2.4.4　JVM 中根的构成

JVM 中根的构成非常复杂，根据程序执行的语义、语言特性的支持及 JVM 内部优化实现，可以将根划分为 Java 根、JVM 根和其他根。

Java 根用于找到 Java 程序执行时产生的对象，包括两类，分别为：

❏ 类元数据对象，主要利用类加载器来跟踪 Java 程序运行时加载的类元数据对象。

❏ Java 对象，主要通过线程栈帧跟踪 Java 程序的活跃对象。

JVM 根主要指 JVM 为了运行 Java 程序所产生的一些对象，这些对象可以简单地被认为是全局对象。主要有：

❏ Universe，Java 程序运行时需要一些全局对象，比如 Java 支持 8 种基本类型，这些基本类型的信息需要对象来描述（基本类型的描述信息作为全局对象是为了性能考虑），这些对象就存放在 Universe 中。

❏ Monitor，全局监视器对象，对于 Monitor 对象主要是用于锁相关，可能存在只有 Monitor 对象引用到内存空间的对象，所以 Monitor 是 JVM 的根之一。

❏ JNI，JVM 执行本地代码时使用 API 产生的对象，例如通过 JNI API 在堆中创建对象，这些对象只在 JNI API 中使用，所以需要单独管理这些对象。

❏ JVMTI，使用 JVM 提供的接口用于调试、分析 Java 程序。使用 JVMTI API 时也会分配新的对象。

❏ System Dictionary，JVM 在设计类加载时，对于基本的类，比如 Java 中经常使用的基础类，会通过系统加载器加载这些类，而这些类在运行 Java 程序一直都需要，所以这些类被单独加载，单独标记。

❏ Management，是 JVM 提供的内存管理 API，用于 JVM 内存的统计信息，在使用这些 API 时需要创建 Java 对象，所以需要标记。

❏ AOT，在 JDK 9 之后引入了提前编译。在 AOT 的编译过程中会把全局对象和编译优化的代码对象放在可执行文件中，当执行时会用到这些对象，所以在回收时需要标记。

其他根主要有：

❑ 语言特性的弱引用。

❑ JVM 弱根，例如管理 Java 中 String 中 intern 产生的对象、编译后代码等。

这些根共同构成了 GC 根集合，实际上根的确定和虚拟机运行时密切相关，而运行时又非常复杂，限于篇幅，本书无法对根详细介绍，有兴趣的读者可以参考其他文献。

需要注意的是，对于弱根的处理在不同的 GC 实现中有所不同，主要原因是弱根通常涉及内部资源的释放，整个流程耗时较多，在一些回收中会把弱根当作强根对待（即不释放弱根相关的内部资源），以加快 GC 的执行。

2.5 安全点

在垃圾回收中最常用的词就是 STW。什么是 STW？当 GC 运行时，为了遍历对象的引用关系，需要应用程序暂停，防止应用程序修改对象的引用关系导致 GC 标记错误，暂停应用程序就是所谓的 Stop The World（简称 STW）。但是 STW 背后的实现原理是什么？应用线程如何暂停，又如何恢复？

STW 中涉及的第一个概念就是安全点（safepoint）。safepoint 可以理解为代码执行过程中的一些特殊位置，当线程执行到这些位置时，说明虚拟机当前的状态是安全、可控的（安全可控指的是，通过 JVM 控制线程能找到活跃对象；能够检查或者更新 Mutator 状态），当 Mutator 到达这个位置时放弃 CPU 的执行，让 JVM 控制线程（VMThread 是 JVM 的控制线程）执行。让 Mutator 在安全点停止的原因可以总结为两个：让 VMThread 能够原子地运行，不受 Mutator 的干扰；实现简单。

其实线程暂停有主动暂停和被动暂停，JVM 实现的是主动暂停，在暂停之前，需要让手头的事情做完整以便暂停后能正常恢复。安全点在 JVM 中非常常见，不仅在 GC 中使用，在 Deoptimization、一些工具类（比如 dump heap 等）中都会涉及。

由于 JVM 支持多线程及 JVM 内部的复杂性，可能同时存在不同的线程执行不同的代码的情况，例如解释器线程解释执行字节码，Java 线程执行编译后的代码，线程执行本地代码，还存在 JVM 内部线程，这些线程也会执行一些并发工作，也会访问 Java 对象。不同的线程进入安全点的方法不同，下面分别介绍。

2.5.1 解释线程进入安全点

对于 Mutator 线程来说，如果它正处于解释执行状态，即通过解释器对每一条字节码执行，那么此时该如何主动放弃 CPU？基本思路是当虚拟机要求解释线程暂停时，解释器会执行完当前的字节码，然后暂停。参考 1.4.3 节 JVM 对解释器的实现，虚拟机提供一个正常指令派发表，还提供一个异常指令派发表，需要进入安全点的时候，JVM 会用异常指令派发表替换这个正常指令派发表，那么当前字节码指令执行完毕之后再执行下一条字节码指令，就会进入异常指令派发表。

解释线程进入安全点的时间通常是可控的，进入暂停的最大等待时间是一条字节码的执行时间。

2.5.2　编译线程进入安全点

编译线程指的是正在执行编译优化代码的线程。JIT 将一段字节码片段编译成机器码，可以想象正在执行的机器码不包含让线程主动暂停的指令，所以如果没有额外的处理，编译后的机器代码无法暂停。为了让编译后的代码能够主动暂停，一种有效的方法是在编译后的机器代码中插入一些额外的指令，这些指令可能让编译代码执行时能够主动地暂停。

对于这种方法，有两个问题需要考虑：

1）在什么地方插入额外的指令？如果插入过多的指令，可能会影响编译代码的执行速度，但是插入的指令太少，可能导致编译线程迟迟无法进入暂停状态。

2）插入的额外指令应该是什么样子的？插入指令不应该对编译优化后的机器码产生负面影响（即不影响程序正确运行），同时效率应该足够高。

对于第一个问题，在执行效率和暂停效率之间取得平衡，通常只在一些特殊位置之后才会插入特殊指令，这些特殊位置通常包含函数调用点、函数返回、循环回收等。GC 安全点支持和 1.4.4 节 OSR 编译替换技术有一些相似之处，虚拟机仅在特定地方做相关功能的支持。表 2-2 总结了 OSR 和安全点支持可能发生的位置。

表 2-2　OSR 和 GC 安全点支持比较

触发位置	OSR 代码替换	GC 安全点支持
循环回边	允许	允许
函数调用点	不需要	允许
内联优化入口	允许	允许
函数进入点	允许	不需要
函数退出点	不需要	允许

在 JVM 中会在上述 GC 安全点支持的位置上插入额外的指令来判断是否需要暂停。一种实现是设置一个全局状态标记，当需要线程暂停时修改状态值，额外指令可以判断状态是否发生变化，如果发生变化，则进入安全状态并暂停线程的执行。

JVM 在 Linux 中的实现很有代表性，首先在 JVM 初始化时产生一个全局的轮询页面（Polling Page），当需要编译线程进入安全点时，该轮询页面会被设置为不可读。编译线程在执行过程中如果执行到检查轮询页面的状态，并发现页面不可读，则会产生一个信号量（SIGSEGV），JVM 捕获信号量保存编译线程的状态，然后暂停自身的执行，待 GC 执行结束后恢复状态继续执行。

需要注意的是，编译代码可能访问堆中的对象，而进入安全点以后，GC 执行可能会修改对象的位置及引用关系，所以在 GC 执行中需要对编译代码中引用的对象更新对象引用关系。为了更准确地支持编译后代码对象引用关系的更新，通常需要额外的数据结构存储对象的位置。

在编译代码中需要针对循环进行额外处理，否则遇到一个超大循环时可能导致编译线程长时间无法进入安全点，但是也不需要在循环的回边中每次都插入额外的指令，那样做会影响效率。一种可行的方法是每经过一定循环次数后执行额外的检查指令，在 JVM 中使用参数 UseCountedLoopSafepoints 控制是否允许循环间隔检查，并且提供了参数（LoopStripMiningIter）控制循环间隔的步长（默认值为 1000），如果发现编译线程长时间无法进入安全点，则可以尝试使用这两个参数进行调整。

2.5.3 本地线程进入安全点

如果线程正在执行本地代码（Native Code，如 C/C++ 代码），本地代码访问的内存空间和 Java 堆空间不是一个，这意味着本地代码不能直接访问 Java 对象[○]。理论上本地线程不需要暂停。

但是可能存在这样的情况：GC 开始执行，本地线程也在并发执行，突然本地线程执行完毕切换到 Java 线程执行 Java 代码。对于这种情况，GC 已经发生，但是线程尚未暂停，如何设计合理的机制暂停线程？如果不暂停，线程可能改变对象的引用关系，进而引发 GC 的正确性问题。

对于这种情况，一个解决方案是：当线程从本地代码执行结束切换到 Java 代码执行时，让线程暂停执行。当然，JVM 中关于 Java 代码和本地代码的切换设计得相当复杂，这里不做介绍，只介绍在互操作时确保 GC 的正确性。如果需要了解与互操作相关的更详细的信息，可以参考其他书籍[○]。

2.5.4 JVM 内部并发线程进入安全点

在虚拟机内部也有一些并发线程，这些线程可能访问 Java 堆中的对象，也可能并不访问 Java 堆中的对象。

对于不访问 Java 堆的线程，例如一些周期性统计线程，仅仅统计虚拟机内部的信息，在整个执行过程中都不访问 Java 堆，所以对 GC 完全没有影响，在执行 GC 操作时无须暂停，不会影响 GC 的正确性。

对于可能访问 Java 堆空间对象的并发线程，在 GC 执行前也需要进入安全点。内部线程进入安全点的方式也是在一些控制代码处主动检查是否需要进入安全点，如果需要进入

○ JNI Critical 是一个例外，当 JNI Critical API 执行后不允许执行 GC。

○ *Advanced Design and Implementation of Virtual Machines*，中文版为《虚拟机设计与实现：以 JVM 为例》。

安全点，则会主动挂起自己，等待 GC 结束后通过信号量唤醒继续执行，所以在虚拟机内部需要编写额外的代码主动检查是否需要进入安全点。另外，由于虚拟机内部线程可以访问堆空间，为保证 GC 执行后的正确性，需要特别处理堆空间的对象访问。一种实现是虚拟机内部不直接访问堆空间的对象，而是通过间接方式，例如通过 Handle 的方式，在 GC 执行结束后调整 Handle，以便线程能正确地访问对象；另外一种实现是虚拟机在进入安全点以后，在 GC 执行过程中将线程需要处理的对象处理完，待 GC 完成后，JVM 内部并发线程总是从一个全新的状态继续执行。

2.5.5　安全点小结

至此，所有的线程都应该以不同的实现进入安全点。但是正如上面提到的，每种线程进入安全点的机制也不太相同，所以进入安全点花费的时间也不太相同。线程进入安全点的整体示意图如图 2-18 所示。

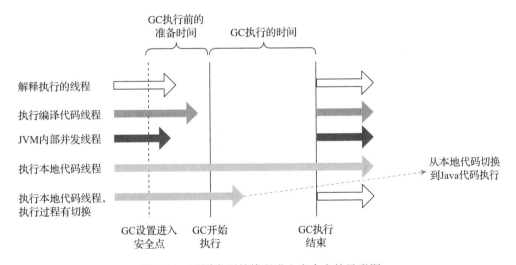

图 2-18　不同类型的线程进入安全点的示意图

它们分别代表了 5 种不同的情况，如表 2-3 所示。

表 2-3　不同类型线程进入安全点的情况

线程分类	描　　述
Java 线程，执行解释代码	在进入安全点时它们会暂停，但是每个线程暂停的时间并不确定，依赖于每个线程正在执行的字节码
Java 线程，执行编译代码	在进入安全点时它们会暂停，但是每个线程暂停的时间并不确定。只有在特殊位置插入了指令时，线程执行到特殊指令才能进入安全点
JVM 内部并发线程	在进入安全点时它们会暂停，但是每个线程暂停的时间并不确定，依赖于每个线程主动执行暂停的时间点

（续）

线程分类	描 述
一直运行本地代码的线程	在进入安全点时它们不会暂停
从本地代码返回执行 Java 代码的线程	在进入安全点时它们不会暂停，而是在返回的时候暂停，通常这个时候 GC 正在执行回收

2.6　扩展阅读：垃圾回收器请求内存设计

在 Linux 平台上，一些 GC 实现（如 JVM）中使用 mmap 函数首先申请一大块内存，然后自己管理对象的分配；一些 GC 实现使用 glibc 库函数直接调用 malloc 函数满足对象的分配；还有一些 GC 实现使用第三方库函数（如 TCMalloc）管理对象的分配。不同的选择其考量是什么？

要理解 GC 设计的策略，需要理解 malloc/free 的实现。先来看一段 C 程序员使用 malloc/free 管理内存代码片段：

```
int* pInt = (int*) malloc(10 * sizeof(int));
//使用pInt，直到free分配的内存才释放
free(pInt);
```

一个问题是 free 是如何知道释放 10 个 int 大小的内存空间？在函数原型中 free 只是接收 1 个参数：待释放的指针，所以这个指针指向的地址一定经过特殊的处理，让 free 在执行时不需要内存的长度空间。

典型的实现是在使用 malloc 时对分配的内存做额外的变化，多申请一块空间用于存储内存的实际长度，这样使用 free 的时候按照同样的约定就可以找到内存的实际长度。下面给出 malloc 和 free 的功能描述：

函数 malloc(size) 实际完成的功能可以分解为：

1）实际向 OS 分配的内存长度为 size+4，其中 4 字节用于存储内存的长度；假设 OS 返回的内存地址为 pStart。

2）将长度写入地址开始的位置，即 *((int*)pStart)=size。

3）返回真实可用的内存空间给应用，即 (void*)((char*)pStart + 4)。

函数 free(pPointer) 实际完成的功能可以分解为：

1）获得指针指向的内存真实起始地址，即 char* pRealStart = (char*)pPointer−4。

2）获得应用实际使用的内存长度，即 int size = *((int*)pRealStart)。

3）通过 OS 的 API 真正释放内存起始位置为 pRealStart，长度为 size+4 的内存空间。

当然类库在 malloc 中还可以额外分配更多的内存用于其他功能，例如校验。这样的设计就会导致真实分配的内存超过用户请求的内存，意味着在使用库函数的分配 / 释放函数时有额外的内存消耗。

　　另外一种管理内存的方案是直接向 OS 请求一大块内存空间，即使用类似 mmap（Linux 系统的 API）的方式，由 VM 提供内存分配和回收的功能，VM 通常不需要记录内存使用的长度（在 JVM 中内存的长度信息通过类的元数据提供），这样就可以避免这种内存消耗。在一些基准测试中，发现直接使用库函数的分配 / 释放与 VM 直接管理内存的方式相比会有额外的 5%～15% 的内存消耗。

　　由于 glibc 使用弱符号引用的方式允许用户提供运行时的 malloc/free，这样就可以使用一些成熟的类库（如 TCMalloc）来提供高效的 malloc/free。TCMalloc 有一个非常大的优点——高效，基于线程 /CPU 的缓存分配方式，能极大地提高应用运行的效率。当然 TCMalloc 也有不足之处，可能存在一定的内存浪费。除此之外，虽然 TCMalloc 是基于线程 /CPU 的缓存分配方式，避免了多线程分配的锁竞争问题，但是效率与后文介绍的 TLAB 的效率还是略有差异。关于 TCMalloc 的更多内容可以参考官方文档[⊖]。

　　最后做一个简单的总结，直接使用库函数 malloc 甚至 TCMalloc 可能存在的问题如下：

　　1）回收效率不够高，内存使用 free 释放后，不一定会被立即重复使用。

　　2）内存使用效率不够高，在 malloc、new 库函数中除了分配真正的对象空间外，还会附加一些额外占用内存的信息，比如分配的长度、越界信息。

　　3）分配效率不够高，通常在 malloc 中需要对堆进行加锁，用于保证多个进程同时竞争堆空间的分配。即便 TCMalloc 中优化了基于线程的分配，也无法达到 Mutator 中 TLAB 的分配效率。

　　⊖　https://github.com/google/tcmalloc/blob/master/docs/design.md

第二部分 *Part 2*

JVM 垃圾回收器详解

垃圾回收器是 JVM 中最重要的组件之一，几乎每一个 JDK 的大版本都对垃圾回收进行重大的更新。另外，由于 JDK 发布策略的改变，在最近 3 年的版本发布中，每一个大版本都至少合入一个（甚至数个）关于垃圾回收的 JEP。垃圾回收的快速发展主要受两个方面的影响：一方面是现代计算机的配置越来越好，应用实际可使用的内存也越来越多（虽然微服务架构改变了这一现象，但是微服务拆分过多，将导致公共资源消耗过多，这是 JDK 的另外一个发展方向）；另一方面是应用性能要求也越来越高，期望垃圾回收尽可能少的暂停。这些诉求要求不断优化垃圾回收，甚至出现新的垃圾回收实现。

根据 JDK 版本支持的策略，JDK 8、JDK 11 和 JDK 17 是目前长期支持的版本。目前这 3 个版本共支持 7 个垃圾回收器，分别是串行回收（简称 Serial GC）、并行回收（Parallel Scavenge，简称 Parallel GC）、并发标记清除（Concurrent Mark Sweep，简称 CMS）、垃圾优先（Garbage First，简称 G1）、Shenandoah GC、ZGC、Epsilon（实验特性，仅支持分配不回收，实际场景中不会采用）。由于垃圾回收技术发展很快，所以这 3 个版本中 JDK 支持的垃圾回收器并不完全相同，其中 CMS 仅在 JDK 8 和 JDK 11 中支持，ZGC 在 JDK 11 中为实验特性，在 JDK 17 中为正式产品，Shenandoah 在 JDK 17 中为正式产品，Epsilon 在 JDK 11 和 JDK 17 中为实验特性。

JVM 实现的垃圾回收算法从不同的角度可以归属到不同的类别。通常会从执行角度和内存管理角度进行划分。

从执行角度可以分为以下 3 种：

❑ 串行执行：串行指的是当垃圾回收启动时，只有一个垃圾回收线程在工作，而 Java 应用程序则暂停执行。

❑ 并行执行：JVM 中的并行指多个垃圾回收相关线程在 OS 之上并发地运行。这里的并行强调的是只有垃圾回收线程工作，Java 应用程序暂停执行。

❑ 并发执行：JVM 中的并发指垃圾回收相关的线程并发地运行（如果启动多个线程），且这些工作线程会与 Java 应用程序并发地运行。

从内存管理角度可以分为以下两种：

❑ 连续内存管理：JVM 管理一块内存区域，在对象分配时会请求一块可容纳对象大小的内存块才能分配成功，在回收时会一次性回收整个内存区域。

❑ 分区内存管理：内存区域被划分成多个分区，在进行对象分配时，对象所需的内存可以由多个不连续的内存分区组成，在回收时一般也只回收部分分区。

按照执行和内存管理的角度，JVM 支持的垃圾回收可以归纳如下：

执行方式	连续内存管理	分区内存管理
串行执行	Serial GC	
并行执行	Parallel GC、ParNew	
并发执行	CMS	G1、ZGC、Shenandoah

在垃圾回收的实现中，可能会根据对象的生命周期管理实现分代，不同生命周期的对象放入不同的内存区域，不同的内存区域通常采用不同的回收算法。按照分代可以将垃圾回收器划分为单代内存回收器和两代内存回收器。单代内存回收器采用一种回收算法，两代内存回收器通常采用两种算法或者采用同一种算法但不同的回收策略。按照分代的划分，JVM 支持的垃圾回收可以归纳如下：

分代划分	垃圾回收器
单代内存⊖	ZGC、Shenandoah
两代内存	Serial GC、Parallel GC、CMS、G1GC

第二部分会详细介绍 JVM 支持的垃圾回收器，分为 6 章：

第 3 章介绍串行回收。串行回收采用分代实现，其中新生代采用变异 Cheney 复制算法，不使用额外的数据结构完成内存空间活跃对象的复制；采用标记压缩算法处理整个内存空间内存不足的场景。除了介绍算法的实现外，本章还会介绍分代的原理、代际引用关系管理等细节。

第 4 章介绍并发标记清除（简称 CMS）。CMS 是一个组合算法，也是采用分代实现，其中新生代采用并行复制回收算法（称为 ParNew），老生代采用 CMS 算法，整个内存空间不足时采用标记压缩算法。本章着重介绍并发标记算法。

第 5 章介绍并行回收。并行回收也采用分代实现，新生代采用并行复制算法（简称 Parallel GC），整个内存不足时采用并行的标记压缩算法。本章着重介绍并行标记压缩算法。

第 6 章介绍垃圾优先回收（简称 G1）。G1 也是采用分代实现，但是内存管理采用了分区的方式，另外，G1 的回收是以停顿时间为目标，它是一款停顿时间基本可控的垃圾回收。本章主要介绍 G1 如何实现停顿时间可控，以及 G1 算法详情。

⊖　ZGC 和 Shenandoah 目前都有分代实现的 JEP 提案。

　　第 7 章介绍 Shenandoah。Shenandoah 是一款并发垃圾回收器，可以简单地认为它在 G1 的基础上将并行回收增强为并发回收。本章详细介绍并发回收算法、Shenandoah 实现的原理和演化。

　　第 8 章介绍 ZGC。ZGC 也是一款并发垃圾回收器，它采用了另外一种实现方式来实现并发。本章详细介绍 ZGC 使用到的一些技术，如 Color Pointer、读屏障等。

串 行 回 收

　　串行回收器是 JVM 中最早实现的垃圾回收器。从工程实现角度看，它是最简单的垃圾回收器，但目前串行回收器的使用场景已经非常有限，除了少部分特殊的场景以外几乎都不会考虑使用它。串行回收器是一款暂停应用执行的垃圾回收器，且在垃圾回收执行过程仅有一个 GC 工作线程执行垃圾回收的动作，它逻辑清晰、实现简单，是学习和研究垃圾回收器的首选。

　　虽然串行回收器是 JVM 中最简单的垃圾回收器，但它也包含了很多有意思的设计，而且这些设计和后面介绍的其他垃圾回收器有许多共同的地方。通常对于一款垃圾回收器的实现，需要回答以下问题：如何进行分代内存管理？新生代如何进行内存管理？老生代（或者整个堆空间）如何进行内存管理？新生代和老生代之间是否需要交互？怎样交互？这些问题在本章中都有回答。

3.1　分代堆内存管理概述

　　在 2.3.4 节介绍分代回收时，提到分代有一些问题需要回答，最简单的问题是分代边界是否固定？串行回收采用边界固定的分代方法，将整个堆空间划分为两个代：新生代和老生代。在内存管理方面，新生代采用复制算法进行垃圾回收，整个堆空间采用标记压缩算法进行垃圾回收，复制算法采用的是变异的 Cheney 复制算法。整个堆内存管理示意图如图 3-1 所示。

　　串行回收的特点如下：

　　1）内存是连续的。

　　2）新生代和老生代**边界固定，边界在 JVM 启动时确定**。

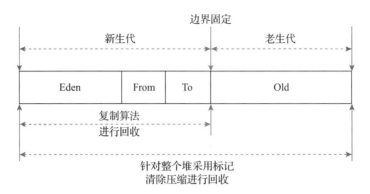

图 3-1 串行回收堆空间管理示意图

3）新生代空间划分为 3 个子空间，分别是 Eden、From、To 空间，并且 Eden、From、To 空间的大小在**启动时确定**。

4）新生代空间的垃圾回收采用的是**复制算法**。

5）整个堆空间的垃圾回收采用的是**标记压缩算法**。注意，标记压缩算法针对的是整个堆空间，串行回收中没有只回收老生代的算法，具体原因后文讨论。

3.1.1 堆设计

从应用程序运行的角度来说，应用所需的堆空间大小与应用程序中对象的分配速率和运行时间相关。由于应用对象分配速率和运行时间不同，且对于堆空间大小的需求不尽相同，因此应用启动时应该告诉 JVM 需要多少堆空间，常见的做法是在应用启动时通过参数设置堆空间大小。除了需要确定堆空间的大小以外，使用者还需要根据垃圾回收器堆的设计了解如何使用堆空间，才能充分利用堆空间。

JVM 管理的堆空间是基于 OS 管理的内存之上的，应用在启动时向 OS 请求整个运行期所需要的全部内存。当然这样的设计并非完美，至少存在两个问题：其一，从 OS 直接请求内存是相对耗时的操作，请求运行时全部内存将导致 JVM 启动时间过长；其二，JVM 启动时从 OS 请求了内存但并不会立即使用，实际上造成了资源浪费。JVM 如此设计的原因在于：应用都是较长时间运行，期望通过启动初始化运行时所需的内存加快运行的效率。那么有没有比较好的方案既能保证应用的执行效率，又能兼顾应用启动速度和内存利用率呢？

JVM 通过细化堆空间设计解决这个问题。JVM 提供了两个参数：一个是最小的堆空间，另一个是最大的堆空间。假定这两个参数分别记为 InitialHeapSize 和 MaxHeapSize$^{\ominus}$。设计

⊖ 不同的 JDK 版本提供的参数不同，比如早期使用 Xms 和 Xmx 来设置堆空间的大小，后面的版本更推荐使用 InitialHeapSize 和 MaxHeapSize 这样有明确意义的参数名来设置堆空间大小，其功能与早期的 Xms 和 Xmx 等参数完全一样。此处不讨论具体的参数，而是介绍进行 JVM 设计时的注意点及实现的细节，具体的参数在本书第三部分统一描述。

思路修改为：JVM 启动时向 OS 请求最小的堆空间，并在运行时根据内存使用的情况逐步扩展，直到堆空间达到参数设置的最大堆空间。这样的设计在一定程度上解决了 JVM 启动慢、资源利用率低的问题，其本质是把应用启动时的内存资源初始化请求推迟到应用运行时，这可能导致应用运行性能受到内存资源扩展的影响。所以在一些应用中为了减少运行时内存扩展带来的影响，会在启动时把最小堆空间和最大堆空间设置成相同的值。

1.5 节讨论垃圾回收工作范围时，提到垃圾回收不仅包含向 OS 请求内存，还包含向 OS 归还申请的内存。早期 JVM 设计主要考虑的是如何合理地向 OS 请求内存，很少考虑如何向 OS 归还内存。但这样的设计在一些场景中存在问题。例如，一个应用在运行过程中内存使用越来越多，在业务处理高峰时内存使用达到了最大堆空间，但当业务峰值下降之后，由于没有合理的内存归还机制，申请的内存一直被占用但没有再次使用，这实际上造成了资源浪费。这样的问题在云场景中表现得非常明显，在云场景中，用户按资源使用付费，不愿意也不应该为未使用的内存付费，所以最新的 JVM 都会考虑在什么情况下向 OS 归还内存。需要指出的是，向 OS 归还内存也是一个耗时的操作，不当的设计和实现会导致程序暂停时间过长。另外，归还时机和归还的内存数量不当，也可能导致内存归还后应用内存不足，会立即向 OS 再次请求内存，从而发生内存使用颠簸，这也会引起应用性能下降。针对这一问题，一个可能的设计是引入一个新的参数，假定参数记为 SoftMaxHeapSize[一]，用于控制内存归还的边界。该参数满足条件：InitialHeapSize≤SoftMaxHeapSize[一]≤MaxHeapSize，这 3 个参数的作用如下：

- ❏ InitialHeapSize 作为应用启动时最小的堆空间。
- ❏ 根据运行的需要，应用程序使用的内存可以扩展，但最大使用量不超过 MaxHeapSize。
- ❏ SoftMaxHeapSize 作为控制参数，当内存使用超过该阈值到 MaxHeapSize 之间的部分，在满足一定条件的情况下，可以归还给 OS。对于不支持 SoftMaxHeapSize 的垃圾回收器，可以简单地认为 SoftMaxHeapSize 等于 MaxHeapSize。

根据这 3 个参数的含义，堆空间的划分如图 3-2 所示。

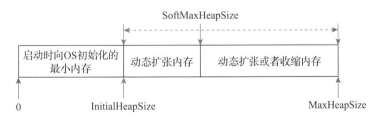

图 3-2　堆空间划分示意图

[一]　在 JDK 13 中才引入该参数，该参数最早仅适用于 ZGC，后续逐步扩展到 G1、Shenandoah、Parallel GC。但该参数并不适用于串行回收，其主要原因是在云场景中几乎不会使用串行回收进行内存管理。但这种内存设计的思想适用于所有的垃圾回收器，只不过是暂时对串行回收没有支持的必要而已。另外，在 OpenJ9 中也存在类似的参数，称为 XsofXmx。

[二]　通常来说，SoftMaxHeapSize 作为一个动态的参数更为有效，即可以在运行时动态地调整其大小。

那么在实际工作中该如何设置这 3 个参数值？通常的原则如下：

1）MaxHeapSize 是对应用程序**最大**内存的估计。

2）SoftMaxHeapSize 是对应用程序常见**工作负载**使用的内存量的估计。

3）InitialHeapSize 一方面是对应用程序启动后所需**最小**内存使用量的估计（最小内存一般指应用满足最小工作负载时的内存使用量），另一方面是在启动速度和资源利用之间寻找一个平衡值（即在最小内存使用量和最大内存使用量之间寻找一个合适的值）。

在 JVM 的实现中，应用也可以不提供这 3 个参数值。如果应用启动时没有提供参数值，那么 JVM 会为参数提供一个默认值，然后根据系统的硬件配置启发式地为参数推导一个"合适"的值。例如，JVM 运行在 32 位系统之上，MaxHeapSize 的默认值是 96MB；JVM 运行在 64 位系统之上，MaxHeapSize 的默认值是 124.8MB。然后 JVM 进一步启发式地推导：在小内存系统中使用 50% 的物理内存作为 MaxHeapSize 的上限（小内存指的是默认值大于 50% 的物理内存），否则使用 25%[⊖]的物理内存作为 MaxHeapSize 的上限，然后再通过其他参数加以调整（具体公式会在第 9 章详细介绍）。

JVM 的设计者推荐 Out-Of-Box（开箱即用）的使用方式，即 JVM 使用者无须进行任何参数配置即可较好地使用 JVM。但是在实际工作中，对于堆空间这样重要的参数，使用者还是需要明确地设置，如明确设置 MaxHeapSize[⊖]等相关参数[⊜]，既能确保资源没有浪费，又能保证资源充分利用。

3.1.2 分代边界

在固定边界的分代内存管理中，边界该如何确定？因为整个堆空间划分为新生代和老生代两个代，所以只要确定其中一个代的大小，另外一个代的大小也就确定下来，边界也就确定了。JVM 通过确定新生代的大小来确定边界，假定新生代的大小记为 MaxNewSize。从整体的堆空间中确定新生代空间大小常用的方法有以下两种：

1）绝对值划分：设置一个新生代的大小。

2）比例划分：设置一个比例，假定记为 NewRatio，假定堆大小记为 HeapSize，在 JVM 中新生代大小可以通过公式 $MaxNewSize = \frac{1}{NewRatio+1} \times HeapSize$ 计算得到。**该参数的含义是：新生代和老生代的比例为** 1：NewRatio[⊕]。

⊖ 这里的 50% 或者 25% 在 JVM 中可以通过参数来设置，参数分别记为：MinRAMPercentage 或 MaxRAM-Fraction，MaxRAMPercentage 或 MinRAMFraction。

⊖ 前面提到在 JVM 的实现中设置 Xmx 和 MaxHeapSize 具有相同的效果，当同时设置这两个参数时，Xmx 参数无效，MaxHeapSize 参数生效。

⊜ 在 JVM 的实现中对于 InitialHeapSize 也有类似的处理方式，当用户没有设置时 InitialHeapSize 会被设置为 MaxHeapSize 的 1/64。

⊕ 在 JVM 中 NewRatio 的默认值为 2，表示当没有进行任何参数设置时，新生代大小占堆空间的 1/3。

　　JVM 同时支持两种设置方式，这意味着使用者既可以通过设置新生代大小（绝对值方式）确定边界，也可以通过设置新生代占用整个堆空间的比例来确定边界。由于 JVM 同时支持两种方式，而两种方式修改的是同一个参数，如果两种方式同时使用，则会造成参数设置冲突。而在实际工作中，笔者也遇到过一些用户对于参数不了解或者错误使用的情况，同时设置这两种参数，从而造成了参数冲突。在 JVM 实现中，为了防止误用，需要解决这样的冲突。通常解决这类冲突的方法是对这两种参数的设置方式使用不同的优先级，当设置高优先级参数时，低优先级参数失效。在 JVM 中，绝对值参数设置方式优先级更高，即假设使用者同时设置了参数 MaxNewSize 和 NewRatio，只有 MaxNewSize 有效，NewRatio 无效[⊖]。

　　笔者在实际工作中遇到过许多 JVM 使用者不知道或者忘记设置新生代大小的情况，新生代大小的设置实际上对应用的性能有较大的影响（新生代用于应用程序对象的分配，所以新生代的大小会直接影响应用的效率。参考 2.3 节垃圾回收的基础知识）。JVM 中关于新生代大小参数设置的效果如表 3-1 所示。

表 3-1　新生代大小参数设置效果

参数设置	新生代大小
设置 MaxNewSize	MaxNewSize
设置 NewRatio	$\dfrac{1}{NewRatio+1}\times HeapSize$
同时设置 MaxNewSize 和 NewRatio	MaxNewSize
既没有设置 MaxNewSize，也没有设置 NewRatio	$\dfrac{1}{3}\times HeapSize$

　　在讨论分代边界的时候，我们假定堆空间大小固定为 HeapSize，并根据上面的方法计算新生代和老生代的大小，进而确定边界。但是在上一节的讨论中，使用的堆空间并不固定，存在最大堆空间和最小堆空间。那么边界是与最大堆空间相关，一直保持不变，还是与实际使用的堆空间相关，随着使用堆空间的大小变化而变化呢？其实这个问题并没有一个绝对的设计原则。串行回收使用固定的边界，其好处如下：

　　1）新生代扩展处理简单。假设边界随着堆空间的实际使用量的变化而变化，在新生代需要扩展的时候该如何处理？根据图 3-1 所示的内存对象布局，为了保持新生代和老生代管理内存的连续性，只能把老生代管理的内存向后移动，移动出的空闲部分归新生代扩展使用。移动内存是非常耗时的操作，而使用固定边界可以避免内存移动，从而获得更高性能。

　　2）代际信息管理简单。通常为了高效地进行垃圾回收，可以使用引用集管理代际之间的引用，例如使用卡表。当边界固定时，卡表相关的写屏障处理简单，通过比较对象地址

　　⊖　在早期的 JVM 实现中，还可以通过参数 Xmn 设置新生代大小，该参数的作用是将 MaxNewSize 和 NewSize 设置为相同的大小，其中 NewSize 是新生代初始值，MaxNewSize 是新生代最大值，且 Xmn 有较高的优先级。

和边界的关系,非常容易判断对象是位于新生代中还是老生代中,从而减少写屏障的额外消耗。

固定新生代大小最大的缺点是内存管理的灵活性差,应用在启动时就需要确定新生代大小,这通常并不容易。当然垃圾回收算法可以增强,将固定边界优化为浮动边界,第 5 章介绍的并行回收、第 6 章介绍的 G1 都涉及这方面的设计和实现。

结合堆空间大小动态变化和边界固定的特点,将图 3-1 和图 3-2 组合后,应用堆空间的内存布局如图 3-3 所示。

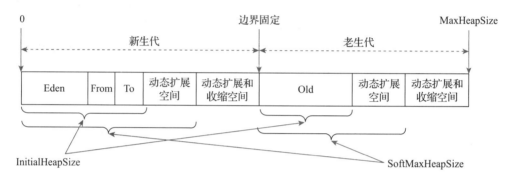

图 3-3 增加分代后的堆空间设计

3.1.3 回收设计思路

在上文中提到,分代后针对不同的内存空间使用不同的垃圾回收算法。这需要进一步考虑两个代使用的场景,以及何时可以启动垃圾回收。

1)新生代的内存主要用于响应应用程序内存的分配请求,所以新生代的回收时机是在无法响应应用的内存分配请求时。

2)老生代的内存主要用于新生代垃圾回收以后对象的晋升,老生代 GC 对象晋升导致空间不足,所以老生代回收的时机一般是无法响应新生代回收中对象的晋升请求时。另外,在一些特殊情况下(如超大对象的分配),Mutator 也可以直接在老生代中直接分配对象。

从两个内存代的使用场景来说,希望针对新生代的垃圾回收(称为 Minor GC)触发更为频繁,针对老生代的垃圾回收(Major GC)触发次数少一些。通常两种 GC 工作方式如图 3-4 所示。

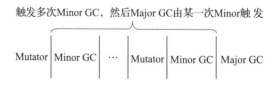

图 3-4 Minor GC 和 Major GC 理论触发模型

在 JVM 中通常使用 Major GC 指代老生代的回收，用 Full GC 指代整个堆空间的回收。上面提到串行回收上并不存在 Major GC，当老生代无法响应 Minor GC 对象晋升时直接触发 Full GC，具体原因在 3.3 节中讨论。

3.2　新生代内存管理

串行回收的实现以 2.3.1 节介绍的变异复制算法（见图 2-6 和图 2-7）为基础，增加了分代处理。在引入分代之后，对回收算法做一些修改和优化。

新生代内存管理包含了内存的分配和回收，这与新生代内存布局密切相关。新生代被划分为 3 个空间：Eden、From 和 To 空间。这 3 个空间的作用如下：

1）Eden：仅用于应用程序对象分配；GC 工作线程不会在该空间进行对象分配。

2）From：用于 GC 工作线程在执行垃圾回收时，在前一轮垃圾回收后活跃对象的存储。在特殊情况下，From 空间也可以用于应用程序对象的分配（这是 JVM 在实现对象分配时的一种优化），但 GC 工作线程不会在该空间进行对象分配。

3）To：用于在 GC 工作线程执行垃圾回收时，存储本轮垃圾回收过程中活跃的对象。垃圾回收过程将 Eden 空间和 From 空间中的活跃对象放入 To 空间。只有 GC 工作线程能在该空间进行对象分配，应用程序不能使用该空间进行对象分配。

串行回收使用单线程进行垃圾回收。Java 语言支持多线程应用，应用分配对象的空间通常是 Eden 空间（此处暂不讨论 JVM 中 From 空间的优化使用），多个线程同时在一个空间中分配对象，需要设计高效的分配算法来提高应用程序的运行效率。新生代的高速分配算法实际上不仅包含在堆空间中进行对象分配，还包含对新生代堆空间进行垃圾回收后内存的再访问机制（主要指回收后访存的效率）。整体分配算法包含：高速无锁分配、加锁慢速分配、内存不足情况下的垃圾回收后再分配。JVM 的内存分配流程图如图 3-5 所示。

设计 3 种分配方式的目的如下：

1）优先进行高速无锁分配，这是我们期望的情况，在这种场景中效率最高，具体内容在 3.2.1 节讨论。

2）当内存不足时，会在进行垃圾回收之后重用内存空间并再次进行分配，这将在 3.2.2～3.2.6 节讨论。

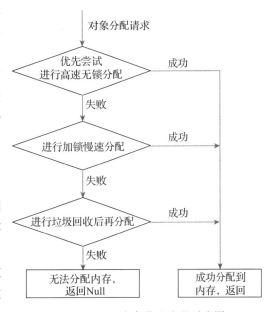

图 3-5　JVM 内存分配流程示意图

3）加锁的慢速分配是一个中间状态，主要用于解决：当 Mutator 直接在堆空间进行内存分配时需要互斥锁（同时也要保证多个 Mutator 之间竞争的公平性，防止某一个 Mutator 因为并发锁一直无法成功分配）；在整个 JVM 运行期间可能已经有其他 Mutator 因内存不足触发了垃圾回收，通常进行垃圾回收之后有大量可以使用的内存，在这种情况下，Mutator 可以在加锁的情况下直接完成分配，该状态是设计和实现的一个优化点。

3.2.1 新生代内存分配

堆内存中供应用分配对象的空间只有一个（即 Eden），而 Mutator 是多个同时执行，这意味着存在多个 Mutator 同时在 Eden 中分配对象的情况，因为 Eden 属于临界资源，在使用临界资源时需要互斥锁。使用互斥锁的结果就是多个 Mutator 需要按照内存分配请求的顺序串行执行，而这样的设计将导致 Mutator 的运行效率较低，所以 JVM 需要寻找一种高速的无锁内存分配方法来解决多个 Mutator 互斥访问 Eden 的问题。这种高速无锁分配在 JVM 中称为 TLAB（Thread-Local-Allocation-Buffer），在其他资料中也称为 TLS（Thread-Local-Storage）或者 TLH（Thread-Local-Heap）。

TLAB 的设计思路就是为每个 Mutator 分配一个专有的本地缓冲区，每个 Mutator 在对象分配的时候，优先从本地的缓冲区进行分配，只有在第一次从堆空间中初始化 TLAB 时才需要加锁分配，这样将大大减少多个 Mutator 之间分配时的互斥问题。多个 Mutator 使用 TLAB 的示意图如图 3-6 所示。

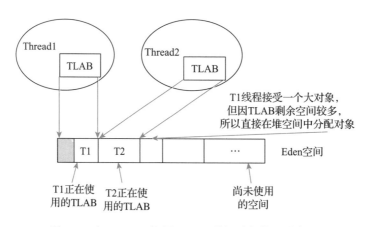

图 3-6　多 Mutator 使用 TLAB 进行对象分配示意图

线程（Thread1 和 Thread2）分别从 Eden 中分配一个 TLAB，Thread1 和 Thread2 的内存分配都是从自己的 TLAB 中分配的。

虽然使用 TLAB 的分配方式能减少多个 Mutator 之间的互斥锁，但是也带来了设计上的复杂性。有两个需要特别注意的地方：

1）TLAB 的大小。如果 TLAB 太小，那么缓冲区很快被填满，需要再次从堆空间请求一个新的 TLAB。频繁地从堆空间请求 TLAB 将导致潜在的锁冲突，从而导致性能下降。如果 TLAB 过大，虽然不会导致频繁的锁冲突，但是可能导致 TLAB 一直填不满，存在潜在的空间浪费。

2）何时申请新的 TLAB。简单的回答是在 TLAB 使用完了之后就申请一个新的 TLAB。但是判断 TLAB 是否使用完毕并不容易，原因在于 TLAB 的大小是固定的，而应用中请求的对象大小并不固定，这就意味着 TLAB 通常无法完美地被使用完毕，在 TLAB 即将使用完毕的时候，剩余的大小并不固定。也就是说在 TLAB 即将用完的时候，需要一个机制判断是否需要申请新的 TLAB。通过一个简单的示意图演示该问题，如图 3-7 所示。

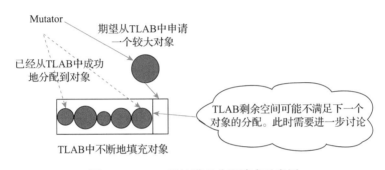

图 3-7　TLAB 无法满足分配请求示意图

图 3-7 中演示了 TLAB 剩余的空间不满足 Mutator 新对象的分配场景，此时该如何处理？这就需要一个机制来判断是否申请新的 TLAB。通常做法如下：

❏ 当剩余空间比较少时，直接申请一个新的 TLAB，丢弃原来 TLAB 中剩余的空间。
❏ 当剩余空间比较多时，如果直接申请一个新的 TLAB，放弃原来的 TLAB 将导致空间浪费。在这种情况下，为了减少空间的浪费，通常不会申请一个新的 TLAB，而是直接在堆空间进行对象分配（当然分配时需要对堆空间进行加锁）。这是典型的用时间（加锁分配）换空间（TLAB 剩余空间）的做法。

Mutator 从堆空间直接分配 TLAB 并使用 TLAB 响应应用的分配，当 TLAB 满了以后，无须进行额外的处理。因为 TLAB 来自堆空间，在进行垃圾回收的时候会对堆空间进行回收，所以无须进行额外的处理。唯一需要额外处理的是在丢弃 TLAB 中尚未使用的空间时，需要给剩余空间填充一个垃圾对象（也称为 Dummy 对象），这样做的目的是保持堆的可解析性（Heap Parsability）。

多线程使用 TLAB 过程中 TLAB 满的例子如图 3-8 所示。假设有两个线程 Thread1（简称 T1）和 Thread2（简称 T2），它们都是应用程序线程，在运行时都需要一个 TLAB，应用程序线程分配对象都在 TLAB 中，T1 的 TLAB 在分配对象的时候，因为剩余空间不足以满足对象的大小，所以直接在堆空间 Eden 中直接分配；此时 T1 的 TLAB 仍然指向最初的

TLAB；T2 的第一个 TLAB 已经满了（或者说剩余空间比较少，填充 Dummy 对象之后满了），重新分配一个新的 TLAB 供新的分配。

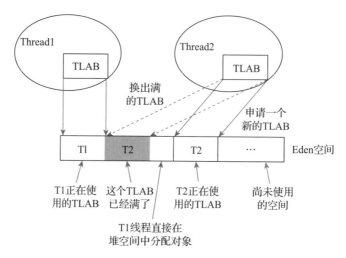

图 3-8 多线程使用 TLAB 过程中 TLAB 满的例子

在 JVM 的实现中，TLAB 的初始大小可以通过参数（TLABSize）调整。另外，JVM 也可以通过反馈机制动态调整 TLAB 的大小（如果允许动态调整 TLAB 的大小，则需要确保参数 ResizeTLAB 为 true），从而在时间（加锁耗时）和空间（高速无锁分配、空间浪费）之间寻找一个平衡。在判断是否可以丢弃当前 TLAB 剩余空间的时候，当发现剩余空间小于 TLAB 的一定比例时，就认为浪费比较少了，可以直接丢弃（参数为 TLABRefillWasteFraction，默认值为 64，即剩余空间小于等于 TLAB 的 1/64 时可以丢弃）。

最后简单解释一下 JVM 中堆可解性的概念。在 JVM 运行过程中存在很多需要对堆空间进行遍历的情况，遍历时会从一个起始地址（假设起始地址为 heap_start）遍历到终止地址（假设终止地址为 heap_end）之间的内存空间。假设在遍历堆空间时进行一些额外的处理，其具体的工作由 do_object 处理（具体的处理省略）。一个典型的代码如下所示：

```
HeapWord* cur = heap_start;
while (cur < heap_end) {     //遍历整个空间
    object o = (object)cur;
    do_object(o);
    cur = cur + o->size();   //在这里需要空间里面的对象连续
                             //如果存在空洞，将在此处导致遍历错误
}
```

在遍历的时候要求堆空间中的对象是连续分配的，如果堆空间中存在空洞（hole），那么上述代码就不能正常工作（空洞会被转化为对象，导致内存访问错误）。所以在处理 TLAB 剩余空间的时候必须填充一个对象让上述代码能正常运行，这种机制称为堆可解析性（通常填充一个 int[] 的对象，这个对象是 JVM 内部产生的，读者可能遇到应用中根本没有分配 int[] 对象，但是在转存（dump）堆内存时看到很多 int[] 对象的情况，原因之一就是 JVM 在处理 TLAB 时填充了大量死亡的 int[] 对象）。

3.2.2 垃圾回收的触发机制

在讨论新生代垃圾回收之前，首先要解决的问题就是：谁能触发垃圾回收？何时触发垃圾回收？

从垃圾回收的角度来说，既可以进行主动回收，也可以进行被动回收。主动回收指的是 GC 工作线程发现内存不足时主动发起垃圾回收动作，被动回收指的是 Mutator 在对象分配的时候发现内存不足，由 Mutator 触发 GC 工作线程执行垃圾回收动作。主动进行回收需要额外的处理，判断何时启动垃圾回收，实现比较复杂；被动回收则非常简单。串行回收选择被动回收。

垃圾回收的执行可以由专门的 GC 工作线程来执行，也可以由 Mutator 来执行。通常来说，Mutator 用于执行应用业务，如果把垃圾回收的工作放在 Mutator 中执行，会导致 JVM 设计的复杂性。使用专门的 GC 工作线程来执行垃圾回收工作的方法更为常见。GC 工作线程执行垃圾回收时需要应用暂停（即 STW），在 JVM 中最新的垃圾回收器实现或者增强中为了减少 STW 的时间，会把垃圾回收的一些任务放入 Mutator 中执行，也就是后面介绍的并发垃圾回收。

目前 JVM 中所有垃圾回收的触发机制有 3 种方式，即串行回收，并行回收和主动回收，如图 3-9～图 3-11 所示。

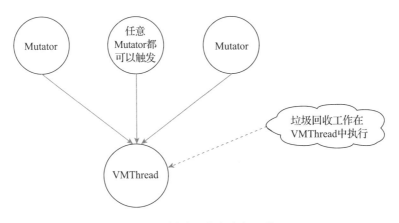

图 3-9　被动回收之串行回收

图 3-9 和图 3-10 演示的是被动回收。其中，图 3-9 中 VMThread 作为 GC 工作线程执行垃圾回收；图 3-10 中 VMThread 作为控制线程启动多个 GC 工作线程并行执行垃圾回收。图 3-11 演示的是主动回收。串行回收中 Minor GC 采用的是图 3-9 的触发机制方

式，Parallel GC、ParNew、G1 中 Minor GC 采用的是图 3-10 的触发机制方式，ZGC 和 Shenandoah 采用的是图 3-11 的触发机制方式。

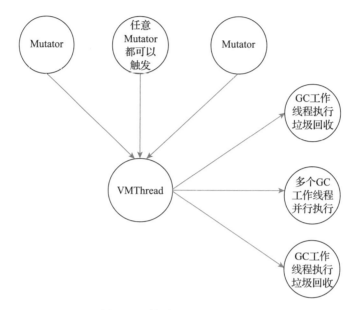

图 3-10　被动回收之并行回收

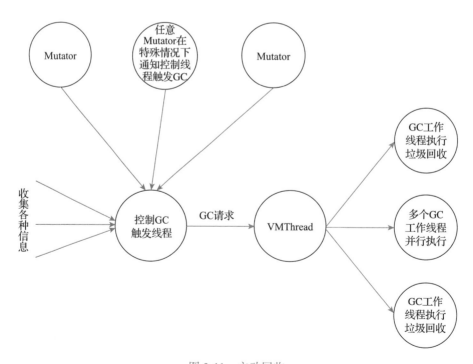

图 3-11　主动回收

在 JVM 的串行回收实现中，当 Mutator 发现无法为对象分配内存空间时[注]，就会请求 GC 工作线程执行垃圾回收。JVM 中被动执行垃圾回收的流程如下：

1）Mutator 发现内存空间不足，触发垃圾回收请求。

2）VMThread 控制线程接受请求，暂停所有的 Mutator，以便响应垃圾回收执行请求。

3）VMThread 作为 GC 工作线程执行垃圾回收动作。

4）VMThread 发现垃圾回收动作执行后会唤醒暂停执行的 Mutator，Mutator 恢复执行。

3.2.3　适用于单线程的复制回收算法

在 2.3.1 节中介绍了复制算法的思想，但并未涉及具体的实现。实现中通常要考虑更多的工作细节，比如该以什么样的顺序标记 / 复制对象？实现的性能如何？

Cheney 在 1970 年提出的复制算法是最经典的算法，JVM 中串行回收就是 Cheney 算法的变异实现（将新生代分为 3 个分区，且涉及对象晋升）。下面来演示一下串行回收中的复制算法。

假设初始状态如图 3-12 所示，对象都分配在 Eden 中，且因 Mutator 无法成功在 Eden 空间分配对象，触发了垃圾回收。为了演示简单，这里只画出了 Eden 和 To 空间，省略了 From 空间。

图 3-12　堆空间初始状态

从根集合出发开始标记 Eden 空间中的活跃对象并将活跃对象复制到 To 空间中。这里假设只存在一个根，并且引用到对象 A。根（Root）在 Eden 引用对象 A，说明对象 A 活跃，将对象 A 复制到 To 空间的 A'。A' 和 A 有完全相同的数据，所以 A' 中的字段仍然指向 Eden 空间中的对象（A' 和 A 相同的字段指向的对象也是完全相同的）。对象 A 被复制以后堆空间状态如图 3-13 所示，用**虚线**表示正在处理的对象。为了清晰地描述复制的过程，使用不同的颜色描述对象复制的状态，黑色表示对象已经处理完成，灰色表示对象正在处理，白色表示对象尚未被处理。

在 To 空间中有两个指针 Scan 和 Free。其中 Free 表示 To 空间中后面的内存尚未使用，

　注　Java 应用是多线程执行，当任意一个 Mutator 无法成功分配内存时都会触发 Minor GC。

Scan 表示 To 空间中标记 / 复制的对象位置。这两个指针用于模拟一个队列（queue），Scan 指向队列头，Free 指向队列尾。当 A 复制到 To 空间的 A' 后，To 空间的 Free 指针随之增长，并且对象 A' 应该标记为灰色，表示待复制 A' 的成员变量。

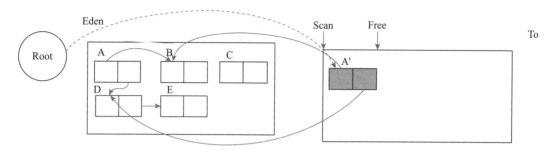

图 3-13　对象 A 复制以后的堆空间状态

　　当 A 被复制到 To 空间之后，需要把 A' 成员变量指向 Eden 空间中的活跃对象也复制到 To 空间中。在图 3-13 中，A' 存在两个字段，分别指向 B 和 D。A' 中存在两个对象，在实现时应先处理哪一个对象？ 在 JVM 中使用一个 oopmap 来标记对象 A' 的内存布局，其中对象 B 和 D 在对象 A' 中的相对偏移位置都是固定的，假设 A' 中内存布局指向对象 B 的字段在前，指向对象 D 的字段在后。处理对象 A' 时，当从前向后处理字段时就会先处理对象 B，当从后向前处理时就会先处理对象 D（在 JVM 中存在两种顺序的处理方法）。通常是从前向后处理字段，这里也假设字段 B 先被处理。所以对象 B 将从 Eden 复制一份到 To 空间中，名字为 B'，同时 To 空间中的 Free 指针也随之增长，B' 也被标记为灰色。堆空间状态如图 3-14 所示。

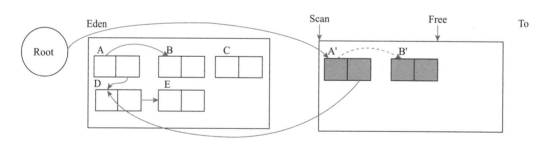

图 3-14　对象 B 复制以后堆空间的状态

　　对象 B 被复制完成后，继续处理 A' 中的下一个引用对象 D，同样 D 也被复制到 To 空间中，名字为 D'。

　　当对象 D' 被复制到 To 空间后，对象 A' 的所有成员变量都已经复制完成，所以颜色变成黑色。此时堆空间状态如图 3-15 所示。

　　还有一种情况，假设对象 A' 还有一个字段指向老生代中的对象 F，对象 F 在 A' 遍历时该如何处理？ 简单的回答就是不做任何处理，因为对象 F 的位置不会发生变化，所以不需要任何额外处理。

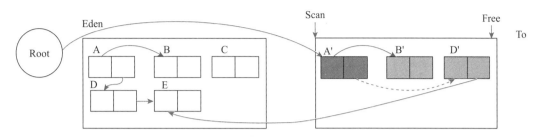

图 3-15   对象 A 完成复制后堆空间状态

由于对象 A' 的颜色变成黑色，意味着可以处理下一个对象 B'。那么怎么知道该处理 B' 呢？这就要用到上面提到的 Scan 指针，当 A' 被处理完成后，Scan 指针将向后移动，此时 Scan 指向的对象就是 B'。按照同样的方法来处理对象 B'。堆空间状态示意图如图 3-16 所示。

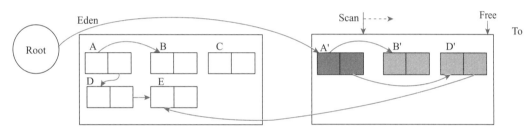

图 3-16   移动 Scan 指针处理下一个对象

当 B' 被处理完成后也将变成黑色，同时 Scan 继续向后移动。此时 Scan 指向对象 D'，所以开始标记 / 复制对象 D' 中的字段。D' 中存在一个引用字段指向对象 E，E 也被复制到 To 空间中，名字为 E'。同时 To 空间中的 Free 指针也随之增长，E' 也被标记为灰色。堆空间状态如图 3-17 所示。

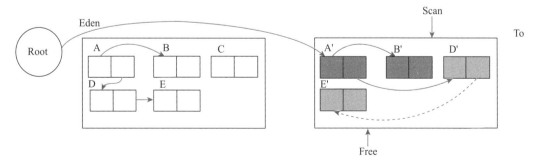

图 3-17   复制对象 E 后堆状态示意图

同样地 D' 被处理完成，颜色变成黑色。继续处理 E'。堆状态示意图如图 3-18 所示。

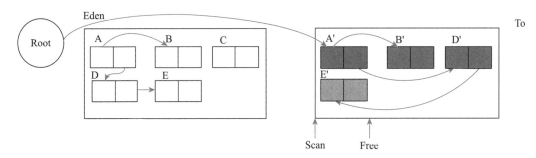

图 3-18 对象 D 处理完成后堆状态示意图

因为 E' 不存在引用字段，所以不需要继续复制任何对象到 To 空间。此时 Scan 指针和 Free 指针重合，表示待标记 / 复制的对象全部完成，如图 3-19 所示。

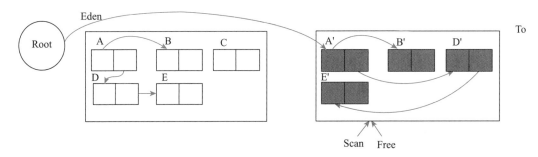

图 3-19 对象全部复制完成后堆状态示意图

此时所有活跃对象都从 Eden 空间复制到 To 空间中，Eden 空间就可以被再次用于 Mutator 分配对象，所以 Eden 看起来就像被清空了一样，如图 3-20 所示。实际上为了确保效率，Eden 空间不做任何额外的处理，新分配的对象直接覆盖原来的内存数据。

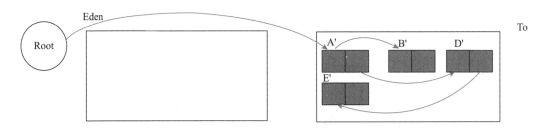

图 3-20 重用 Eden 空间示意图

Cheney 的复制算法实际上是一个宽度优先的遍历算法，该算法虽然使用了宽度优先，但并未真正消耗额外的空间，而是直接借助了 To 空间模拟了一个队列。所以这个算法非常适用于内存配置不高的场景，这也是串行回收中选择该算法的主要原因。

需要指出的是，JVM 中除了串行回收之外，其他的垃圾回收器都未直接采用 Cheney 的复制算法，而是进行变形，引入了一个额外的标记栈辅助对象的标记过程。为什么其他垃圾回收器都不采用这个算法？最主要的原因是性能，该问题将在 3.4 节进一步讨论。

3.2.4 适用于分代的复制回收算法

上一节介绍复制算法在引入分代后，需要对算法进行修改和优化。根据分代的思想，生命周期短的对象放在新生代中，生命周期长的对象放在老生代中。但是在分配对象时提到，新分配的对象都位于新生代的 Eden 空间。所以必须设计一个机制，让生命周期长的对象从新生代晋升到老生代中。准确地衡量对象生命周期长短并不容易，存活多长时间的对象才被认为是生命周期长的？很难给出一个准确的时间。另外，应用类型不同，对象生命周期长短的定义也会不同。所以在 JVM 中通过一个简单的方法来替代生命周期长短的判断，那就是对象晋升的阈值，当对象在经过一定次数的垃圾回收（指仅回收新生代的 Minor GC）之后，仍然存活就被认为是生命周期长的对象，就会晋升到老生代中。当然这个方法也有一定的缺点，那就是对象晋升依赖于 Minor GC 的触发时机，以及晋升的阈值。为此，JVM 定义了一个参数 MaxTenuringThreshold，让使用者根据应用的特性手动地调整对象晋升的时机[⊖]。在引入分代之后，回收算法的示意图如图 3-21 所示。

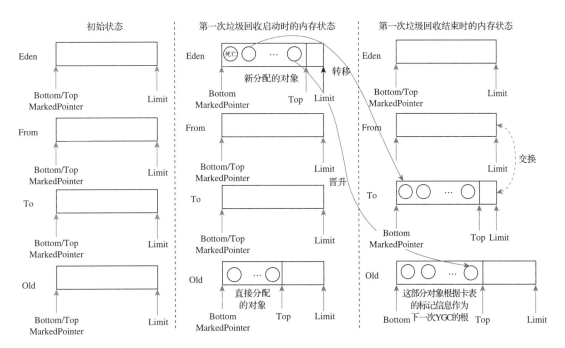

图 3-21 分代后的复制算法第一次执行 GC 示意图

⊖ 经历一定的 GC 次数是否是最合理的晋升条件值得商榷，因为 GC 次数与对象的声明周期并不完全等价，而与 GC 发生密切相关。

在第一次 Minor GC 执行时，对象从 Eden 转移到 To 空间或者晋升到 Old 空间，在 Minor GC 执行结束时，From 和 To 进行交换（To 永远作为 Minor GC 执行时对象的转移目的空间）。

在第二次 Minor GC 执行时，对象从 Eden 和 From 转移到 To 空间或者晋升到 Old 空间，如图 3-22 所示。假设 Mutator 直接在 Old 中分配了对象，并且在 Minor GC 执行时晋升了一些对象，为了提高 Minor GC 执行的效率，会维持一个代际引用（如图 3-22 中的卡表所示），所以当老生代新增对象时需要判断是否要维护卡表。

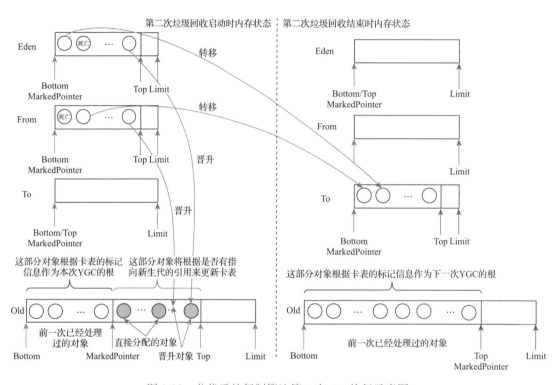

图 3-22 分代后的复制算法第二次 GC 执行示意图

分代回收如何判断所有对象是否遍历完毕？

在串行回收中，使用的是宽度优先遍历，本质上使用队列来保持尚未标记完成的对象，当队列中不包含对象时，标记就完成了。只是在实现中重用了 Survivor 分区的空间，并没有为队列分配额外的内存。由于涉及分代，在处理时不仅要处理 Survivor 分区中新增的对象，同样还要处理晋升到老生代的对象。老生代的处理稍有一些不同，老生代的循环终结条件也是新生代的新增区域不再变化。除此以外，晋升到老生代的对象涉及更新卡表（维护跨代的引用关系）。

在分代回收中还需要额外处理 Minor GC 中对象晋升失败的情况。晋升失败指的是 Minor GC 向老生代中晋升对象，但是老生代没有足够的空间存储晋升的对象。晋升失败处理相对来说是一件比较麻烦的事情，通常来说，晋升失败并不撤回已经晋升成功的对象，仅仅针对晋升失败的对象做引用恢复处理（此时晋升失败的对象变成了死对象），然后整个 GC 继续执行。Minor GC 过程发生晋升失败，一般都会在 GC 结束后触发更费时的垃圾回收动作（如 Full GC）。

3.2.5 引用集管理

在分代算法中，位于不同代之间的对象可能存在相互引用。在应用初始运行时，对象都位于新生代，对象之间的引用关系都在新生代中。但是当对象晋升到老生代后，此时就存在新生代中的对象引用老生代的对象，同时老生代对象引用新生代对象的情况。在对新生代进行垃圾回收时，第一步需要做的就是识别新生代中的活跃对象。由于代际之间存在相互引用的情况，按照常规的思路，需要对整个内存空间进行标记才能准确地识别内存中的活跃对象。在对整个空间标记完成之后，再对新生代的空间进行回收。为了回收部分空间，对整个空间进行标记存在大量的浪费。为了解决这个问题，分代设计中引入了一个概念，称为"引用集"。引用集主要记录从老生代到新生代的对象引用关系，用于加速 Minor GC 时对象的标记。在对新生代进行标记时，把引用集作为新生代的根，从引用集找到的对象都认为是活跃的，这样就不用标记整个内存空间。

> 注意 在目前的设计和实现中，所有的垃圾回收器都只有老生代到新生代的引用，原因在于回收老生代时要么同时回收新生代，要么要求先回收新生代再回收老生代。对于这两种设计来说，都不需要额外记录新生代到老生代的引用。在同时回收新生代和老生代时，需要对整个内存空间进行标记，所以无须进行额外的记录；在回收老生代时首先进行一次新生代的回收，可以直接把新生代回收之后的对象作为老生代的根，所以也无须额外的记录。不记录新生代到老生代的引用的主要原因是：新生代发生垃圾回收的频次较高，对象的位置变化频繁，这样的变化会导致引用集的设计非常复杂。

当然，使用引用集的方法可能会导致一部分浮动垃圾无法回收。例如老生代的对象实际上已经死亡，若对象仍然引用到新生代，引用集仍然会把这些死亡对象作为新生代的根，而把死亡对象作为根会导致浮动垃圾。注意，老生代中死亡的对象只有在老生代发生垃圾回收之后才能被识别出来，只有识别之后才可能更新引用集。

应该设计什么样的数据结构来存储引用关系及何时记录引用关系？引用关系的记录大体可以分为以下两种方式。

（1）在引用对象处记录引用关系
因为引用对象在一个时刻只能指向一个被引用对象，所以这个引用关系只需要记录一次。老生代中的对象只有在发生了老生代回收后位置才可能发生变化，在新生代回收时老生代中的对象位置不会变化，所以可以通过老生代中的对象关联一个数据结构来记录引用

关系。例如在实现时，可以直接分配一个数组，数组的下标是老生代中对象的地址，数组
元素对应的值为引用新生代对象的地址，如图 3-23 所示。

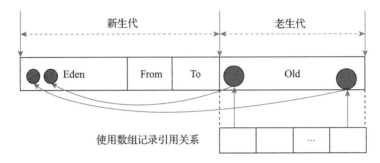

图 3-23　数组记录引用关系

这样的实现有一个小小的缺点：数组比较大（记录完整的对象地址），导致空间消耗大。
另外，在实际运行过程中，数组的大多数元素都未使用，是一个非常稀疏的数组。所以一
个优化方法是采用压缩方式存储数组。通常把一段内存空间视为一个管理单元（简称为
卡块），如果管理单元中有任何一个对象存在指向新生代的引用，那么就认为该单元中所
有的对象都有可能存在指向新生代的引用，在处理引用时，再把该单元中所有的对象一一
取出，并判断是否存在指向新生代的引用，如果存在则进行标记，如果不存在则直接跳过
对象。这是一种典型的时间换空间的做法。这种技术被称为卡表。使用卡表时需要考虑两
个问题：

1）卡表的大小是一个值得关注的问题。

2）存储不能以对象为单位进行管理，因为对象的大小都不相同。所以使用两个压缩
表，一个记录引用，一个记录对象的起始位置。

使用卡表存储引用关系的示意图如图 3-24 所示。

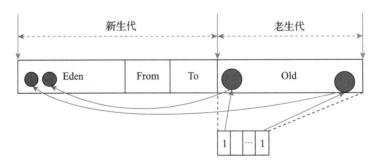

图 3-24　使用卡表存储引用关系

使用卡表还需要解决另外一个问题——如何访问对象？访问对象时总是需要知道对象
的起始地址才能读取对象，然而卡表和对象的起始地址没有任何关系，所以需要一个额外

的数据结构记录每个卡块中第一个对象的位置（这个值是第一个对象起始地址和卡块起始地址的偏移量），这个数据结构在 JVM 中被称为 BOT（Block-Offset-Table），这样就能正确地访问卡表的对象了。但是有一个特殊的场景，需要对 BOT 信息进行额外处理，就是大对象的处理。一个大对象会占用多个连续的卡块，要找到超大对象的起始地址，可以在 BOT 中记录一个负值表示对象起始地址在前一个卡块中，这样通过 BOT 的配合总能找到对象的起始地址。这个方案针对超大对象可能不够优化，需要连续访问多个 BOT 表，不断地往前追溯。一个可能的优化是在 BOT 表中直接记录一个目标位置的负值，然后就可以通过该负值直接跳到目标位置的卡块中，从而减少了追捕回溯的性能。大对象回溯示意图如图 3-25 所示，其中用 x 表示当前修改位置和对象头所在位置的偏移距离。

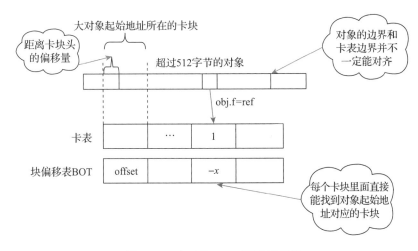

图 3-25　大对象 BOT 回溯示意图

实现中还需要考虑一些细节，例如对象超级大，图 3-25 中的 BOT 存储的值 $-x$ 超过了 BOT 一个元素的表示范围，此时需要设计一个合理的编码方式记录 $-x$。JVM 也是类似的实现，具体的编码规则不再展开介绍。

（2）在被引用对象处记录引用关系

因为多个对象可以同时指向同一个引用对象，所以在这种方法中需要记录多个引用者。回收时只需要简单处理自己对象存储的引用关系，如图 3-26 所示。

在串行回收中通过写屏障技术来记录引用关系。写屏障指的是在堆空间中写对象时，额外插入一段代码。除了写屏障以外，还有读屏障、比较屏障等概念。由于卡表记录的是代际引用，代际引用关系变化发生在 Minor GC 或者 Mutator 执行过程中，如果对象发生了晋升、转移或者引用关系修改，也就意味着发生了对象写操作，就可以通过写屏障技术将引用关系记录在卡表中。

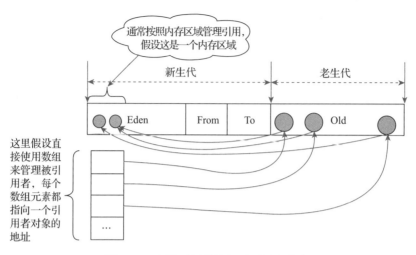

图 3-26　在被引用者处记录引用者信息

串行回收中通过卡表管理引用关系，主要原因是：在堆设计时地址连续、边界固定，非常适用于使用卡表快速判断是否需要写屏障。由于记录引用关系需要屏障技术，这意味着需要存储成本以及执行成本，因此很有必要确定哪些情况需要使用卡表来记录引用关系。对象修改前后引用关系是否需要记录的情况如表 3-2 所示。

表 3-2　对象修改前后引用关系是否需要记录的情况

晋升前引用关系	引用集状态	晋升后引用关系	引用集状态	引用集处理
新生代对象指向晋升前的新生代对象	不记录	新生代对象指向晋升后的新生代对象	不记录	新生代指向新生代的引用关系不处理
		老生代对象指向晋升后的新生代对象	记录	由于老生代对象是新晋升的，在遍历老生代对象时，如果发现其成员指向新生代，会在卡表中新增标记
晋升前的新生代对象指向老生代对象	不记录	晋升后的新生代对象指向老生代对象	不记录	新生代指向老生代的引用关系不处理
		晋升后的老生代对象指向老生代对象	不记录	老生代指向老生代的引用关系不处理
老生代对象指向晋升前的新生代对象	记录	老生代对象指向晋升后的新生代对象	记录	新生代对象在晋升前均位于新生代中，在遍历老生代对象时，发现其成员变量已经指向新生代，不会对卡表做任何处理，因为卡表已经反映了代际之间的引用关系
		老生代对象指向晋升后的老生代对象	不记录	老生代对象的成员变量指向新生代，但新生代对象晋升到老生代中，在晋升之前需要卡表记录引用关系，在晋升后两个对象都位于老生代，不再需要卡表记录引用关系，需要删除卡表中原来的引用关系
老生代对象指向老生代对象	不记录	不会发生晋升	不适用	不适用

在 JVM 的实现中，对于卡表的处理涉及读、标记、写。处理方式是：先找到卡表中存在引用标记的卡块，对该卡块进行清除，然后对卡块关联的对象进行遍历，判断对象是否存在指向新生代的引用，如果存在，则进行标记、转移，如果不存在则跳过。当对象转移后，把原来的引用地址更新为新的地址，在更新成功后，再次判断是否需要记录引用关系，如果需要则再次对引用集进行更新。当对象晋升到老生代时，晋升的对象会再次被扫描，相当于认为这些对象存在代际之间的引用关系。

3.3　老生代内存管理

老生代内存管理也可以分为两个部分：分配和回收。在 3.1 节介绍了分代内存管理，老生代也使用了连续的内存空间，在老生代空间的对象分配也需要一块连续的内存。分配过程非常简单，通常只有 GC 工作线程可以在老生代中分配。因为 GC 线程是单线程，所以不涉及并发操作。

对于回收，本书一直在强调：串行回收的老生代回收实际上不仅回收老生代空间，而是回收整个堆空间。为什么老生代回收如此设计？

根据分代理论，新生代的空间主要用于满足应用的请求，老生代空间主要用于新生代的垃圾回收过程中长期活跃对象的晋升。从理论上说，当老生代空间满的时候会触发老生代的垃圾回收（具体触发机制在 3.3.1 节会详细介绍），此时整个堆空间的状态是新生代空间已满，且在垃圾回收时无法晋升对象，老生代空间已满。那么此时的处理方法有以下两种：

1）分别对新生代和老生代采用不同的垃圾回收算法进行回收。

2）把整个堆空间看作一个整体，采用一个算法进行回收。

在介绍分代时一直在强调一个概念，即不同的内存空间存放的对象生命周期不同，采用不同的算法进行回收可以得到更好的吞吐量。为什么这里的第二种方案否定这样的做法呢？其最主要的原因与串行回收中老生代内存分配机制相关，次要原因与垃圾回收时标记的成本相关。

因为新生代回收采用单线程处理，大多数情况下只有对象晋升时才会访问老生代，所以老生代通常只有一个线程访问。针对单线程访问的场景，老生代空间按照线性分配效果会最好，同时在线性分配的管理机制下，只需要 3 个简单的变量就能完成分配，例如可以使用 start、top、end 分别指向内存空间的起始地址、当前使用的地址、内存空间的终止地址。在分配时只需要判断 top 和 end 之间的空间是否满足晋升分配请求，如果满足，直接增加 top 的值即可完成内存分配。在老生代的垃圾回收期间，需要遍历整个老生代，需要活跃对象。在遍历老生代时，有以下 3 种思路：

1）建立新生代到老生代的代际引用，类似于老生代到新生代的卡表机制。但这样的方法实际上不可行，由于新生代采用移动式内存管理，也就是说新生代回收触发后会影响应用的对象分配及卡表更新，而卡表的更新一般比较耗时，因此通常引用关系只增加不删除，而新生代回收触发又比较频繁，结果就是在老生代发生垃圾回收时，整个新生代对应的卡表都存在指向老生代的引用，完全无法起到加速老生代遍历的效果，反而是卡表中存在过多的无效引用，产生超多的浮动垃圾，从而导致较差的性能。

2）在进行老生代遍历之前，做一次新生代回收，回收完成后新生代的存活对象（位于Survivor）可以直接作为老生代的根，从而不需要遍历整个堆空间。在老生代的垃圾回收的实现中，这是一种相对常用的手法，称为"借道"。这样的设计是否适合串行回收呢？由于串行回收无论是新生代回收还是老生代回收都是单线程执行的，因此采用这样的方式需要设计两种回收算法的交互方式（在老生代的垃圾回收去触发新生代垃圾回收），且还需要再考虑代际之间的引用关系变化（实际上并行回收也有同样的问题）。"借道"方法过于复杂，通常用于增量并发的老生代回收实现中。

3）把老生代和新生代看作一个整体，采用压缩算法进行整体回收。代际关系处理在实现时可能变得简单（见 3.3.2 节介绍）。当然这种方法是分代回收的优化实现，适用于串行垃圾回收器和并行垃圾回收器。

根据这 3 种思路，串行回收采用整个堆空间回收的方法实现最为简单、高效。

3.3.1　堆空间回收的触发

老生代采用线性分配方式进行管理，在 JVM 的实现中，只有以下两种情况可以在老生代空间中分配对象：

❑ GC 工作线程在 Minor GC 需要晋升对象时，可以在老生代中分配对象。

❑ 应用程序在特殊情况下可以直接在老生代中分配对象。特殊情况通常指的是新生代无法满足应用程序分配请求，老生代有较大的空间，或者应用程序请求一个较大的对象，对象大小超过一定阈值$^{\ominus}$。

因为 GC 工作线程和应用都会在老生代请求内存分配，所以它们都有可能触发垃圾回收。堆空间回收触发的时机是什么？

按照分代的目的，应该是在执行新生代垃圾回收时发现内存不足，此时再执行堆空间回收（简称 Full GC，有时也称为"全量回收"）。但这里有一个小问题，上面提到针对 Full GC 和新生代回收一起进行，如果采用先进行新生代垃圾回收，当内存不足时再进行 Full GC 的做法，在进行 Full GC 时会再次处理一次新生代空间，这会导致一定的时间浪费。所以一种可能的做法是，在执行新生代回收之前，判断是否要执行 Full GC，如果需要执行 Full GC，则直接跳过新生代的回收。另外，当新生代回收执行以后，如果仍然不能满足应用的对象分配请求，则会再次触发 Full GC。

Full GC 的触发时机可以总结如下：

$\ominus$　在串行回收中没有进行该方面的设计，即应用中所有的对象分配请求都在新生代。

1）当应用显式地执行 Full GC 或者隐式地执行 Full GC 的请求时，会优先触发 Full GC，而不是新生代回收；显式触发 Full GC 主要指的是应用代码中通过调用 System.gc() 触发的垃圾回收，隐式触发 Full GC 主要指元数据空间不足、无法满足分配触发的垃圾回收。

2）在新生代垃圾回收执行过程中，首先判断是否可以在新生代中分配对象[⊖]，如果可以，继续执行新生代垃圾回收，如果不可以，则直接丢弃新生代垃圾回收，启动 Full GC。

3）当新生代垃圾回收执行完成之后，判断是否可以触发 Full GC，如果需要则触发 Full GC。

4）当回收（指新生代回收，但在新生代回收中可能会触发 Full GC）完成后，发现新生代空间或者老生代空间仍然无法满足应用的分配请求，则触发 Full GC。

3.3.2 堆空间回收算法过程介绍

串行回收中 Full GC 使用的算法是标记－压缩（Mark-Compact）。下面演示一下标记－压缩算法的回收过程。

为了简化算法的演示过程，这里仅仅演示针对一个堆空间的情况（实际上两个代也是被看作一个堆空间处理）。假设堆在初始状况如图 3-27 所示，其中堆中包含了对象 A、B、C、D、E、F、G。内存是连续使用的，这里为了区别不同的对象，在对象之间留了间隔，堆空间示意图如图 3-27 所示。

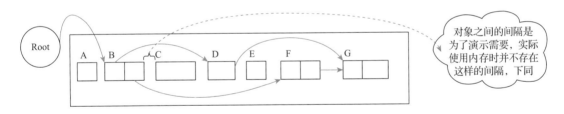

图 3-27　堆空间初始状态

算法的第一步是标记堆空间中的活跃对象，在标记过程中通常借助一个额外的标记栈，采用深度优先遍历的方式来实现，主要原因是：发生 Full GC 时，堆空间本身已经没有可用

⊖ 在串行回收中主要判断应用的对象分配请求大小是否大于用户设置的阈值，如果大于，则说明对象较大，启动 Full GC，JVM 提供一个参数控制该阈值，记为 PretenureSizeThreshold，该参数默认值为 0，表示不进行控制，即应用中所有的对象分配请求都在新生代。注意，在进入新生代垃圾回收之前，已经判断是否可以在老生代中分配，只有当不可以在老生代中分配对象时，才会触发新生代垃圾回收。所以此处不再需要判断是否可以在老生代分配相关逻辑，直接启动老生代垃圾回收。另外，在 JVM 的实现中，串行回收和并发标记清除（CMS）共用代码，在此处还有一个额外的参数，记为 ScavengeBeforeFullGC，用于控制在触发老生代回收之前，先进行一次新生代回收。关于这一个概念的理解，留待后文介绍。这里需要指出的是，如果在串行回收中，把参数 ScavengeBeforeFullGC 设置为 true，则总是保证在触发老生代回收之前触发一次新生代回收，可能会造成一定的性能下降。

的内存空间，所以无法设计像 Cheney 算法那样借助于堆空间进行标记的方法。

从根出发，对象 B、D、G、F 会依次被标记，结果如图 3-28 所示。

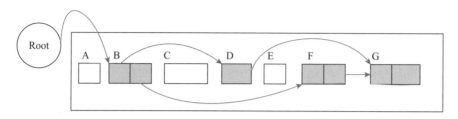

图 3-28 标记完成后的状态

在实现时，还有一个小小的细节，那就是标记结果该如何保存？通常有以下两种方法：

1）通过额外的数据结构来记录结果。例如使用一个位图（bitmap），将活跃对象信息记录在位图中，当标记完成后通过该位图可以找到所有活跃对象。位图的结构也非常简单，例如使用一个位（bit）描述一个字（word）中对应对象是否是活跃对象，类似这样的设计内存浪费也并不多。在后面介绍的 Parallel、G1 涉及并行标记 - 压缩的实现都会采用这种方法。

2）使用对象头信息进行记录。直接将标记信息记录在对象头中，在遍历整个堆空间时直接访问对象并获得对象活跃信息。该方法并不需要额外的内存空间（对象活跃信息通常只需要一个位来描述，在对象地址的系统中不会引入额外的内存消耗，在 JVM 中存在一个 MarkWord 记录各种信息，对象活跃信息也存储在 MarkWord 中），所以适用于内存紧张的场景。串行回收只有在资源紧张的情况下才会选择使用，所以在串行回收中并未使用位图来保存标记信息，而是直接使用对象头保存信息。

在标记完成之后，要做的是计算活跃对象在压缩后空间中的位置。例如图 3-29 中对象 A 是死亡的，所以对象 B 在压缩后要从头开始，其位置就是对象 A 起始的地方。为了便于演示，将对象 B 新的位置记为 B'。对象 B' 将覆盖对象 A，并且会覆盖对象 B 的一部分内存。对象 B 的新位置示意图如图 3-29 所示。

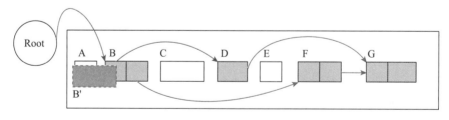

图 3-29 活跃对象 B 的新位置示意图

活跃对象 B、D、F、G（对象按照地址顺序访问，与标记顺序无关）都会计算新的位置，假设新位置为 B'、D'、F'、G'。为了演示方便，将 B'、D'、F'、G' 画在堆的下半部分（实际上这一部分并不存在），对象 B'、D'、F'、G' 最后应该位于堆的上面部分中。另外还要强调一点，该步执行完成之后，对象 B'、D'、F'、G' 并未被移动，只是计算对象新的地址，并将新的地址记录在 MarkWord 中，供下一步使用。活跃对象新位置的示意图如图 3-30 所示。

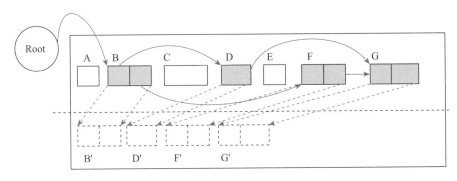

图 3-30　活跃对象新位置示意图

在对象新地址计算完成后，需要处理对象的字段引用。例如图 3-30 中对象 B 引用对象 D 和对象 F，而对象 D 和对象 F 将被压缩移动到 D' 和 F' 的位置，所以要做的就是修正对象 B 的字段，将其调整到正确的位置上。这里使用浅蓝色的实线描述对象引用应该指向的目标位置。在这一步中对象内部的数据需要更新。该步骤完成后，对象的引用关系都已经更新完成，结果如图 3-31 所示。

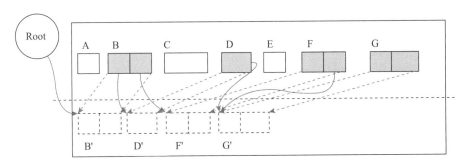

图 3-31　根据对象新位置更新对象引用关系中的指针示意图

在对象的位置计算完成，并将对象的内部引用字段都更新到引用对象新的地址之后，还剩下一个重要的步骤，那就是将对象复制到新的位置。由于位置已经确定，且对象内部字段都已经更新，因此只需要将内存数据直接复制到新的位置。复制完成后整个堆的使用情况如图 3-32 所示。

3.3.3　适用于分代的标记压缩算法

标记压缩算法是从内存空间的起始位置开始压缩内存空间中的活跃对象。引入分代以后，标记压缩算法的实现要有所变化。最关键的问题就是标记压缩的起始位置该如何确定。

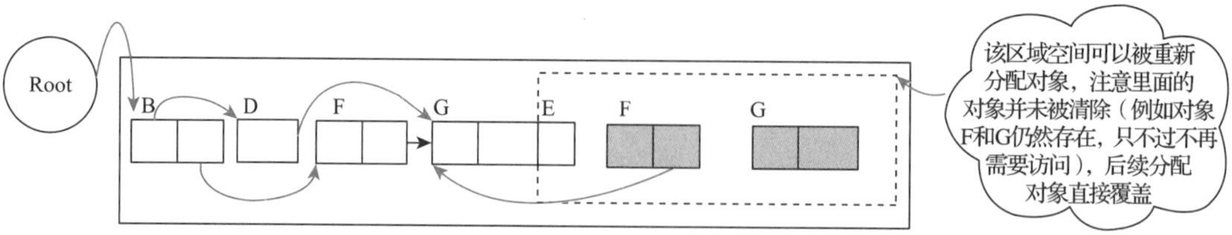

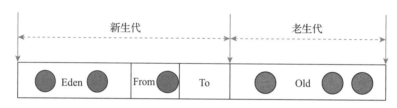

图 3-32　堆压缩后的示意图

在 JVM 中整个内存被分为新生代和老生代，新生代又分为 Eden、From 和 To 空间。通常情况下，发生 Full GC 时，Eden、From 和老生代空间都使用"完毕"（完毕是一个近似的说法，这 3 个空间内存的使用情况与 Full GC 的触发有关），假设这 3 个空间存在一定量的活跃对象，如图 3-33 所示。

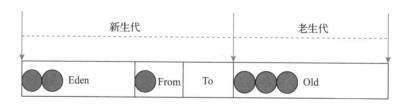

图 3-33　分代活跃对象示意图

新生代中活跃对象用黑色表示，老生代中活跃对象用蓝色表示。因为压缩仅涉及处理活跃对象，所以不活跃对象在图中并未展示。

这里存在两个内存空间，而且两个空间的作用不同，新生代存放生命周期短的对象，老生代存放生命周期长的对象。根据压缩算法，针对分代可以有以下 3 种不同的处理方式：

1）每个代空间分别压缩。即新生代中的 Eden、From 和老生代都从自己的空间起始地址开始压缩对象，效果如图 3-34 所示。

新生代　　　　　　　　　　老生代

Eden　　From　　To　　　　Old

分代压缩，新生代压缩后对象还在新生代，老生代的对象压缩后
还在老生代

图 3-34　分代分别压缩示意图

2）把所有的代压缩在一起，从新生代开始压缩。即先对新生代压缩，再把老生代中的活跃对象压缩到新生代中剩余的空间中，当新生代无法存储所有的对象时，再从老生代开始存储，如图 3-35 所示。

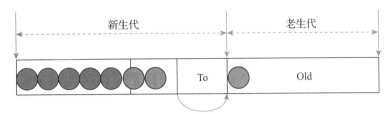

合并压缩，优先填充新生代。即新生代填满之后才会填充老生代

图 3-35　分代压缩从新生代开始存储

3）把所有的代压缩在一起，从老生代开始压缩。即先对老生代压缩，再把新生代中的活跃对象压缩到老生代中剩余的空间中，当老生代无法存储所有的对象时，再从新生代开始存储，如图 3-36 所示。

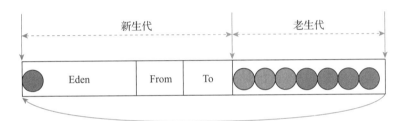

合并压缩，优先填充老生代。即老生代填满之后才会填充新生代

图 3-36　分代压缩从老生代开始存储

这 3 种方法均有优点和不足，哪一种实际效果更好一些呢？另外，不同的方案对于引用集的实现也有很大的影响。由于对象发生移动，记录对象引用关系的引用集也必须做相应的变化，不同的方案对于引用集的处理也不相同。3 种压缩方案比较如表 3-3 所示。

表 3-3　3 种压缩方法比较

压缩方式	优　点	不　足	引用集处理
各自压缩	对象的生命周期管理在 Full GC 前后是一致的。只有存活时间久的对象才能进入老生代	内存碎片化严重，可能存在执行 Full GC 后需要立即启动一轮新的 Minor GC 的情况	由于新生代和老生代中的对象位置都发生了变化，因此需要重构引用集
合并压缩，从新生代开始	内存空间在整理后利用率高	不符合对象生命周期管理，不满足强分代理论的假设，老生代中已经存活很久的对象再次放入新生代，会增加下一次 Minor GC 晋升的对象数量	如果新生代能存储所有的活跃对象，那么引用集可以清空；如果新生代不能存储所有的活跃对象，则需要重构引用集
合并压缩，从老生代开始	内存空间在整理后利用率高	不符合对象生命周期管理，满足强分代理论的假设，但该方法相当于把不满足晋升条件的对象提前晋升到老生代，这样会导致老生代中存在大量很快死亡的对象	如果老生代能存储所有的活跃对象，那么引用集可以清空；如果老生代不能存储所有的活跃对象，则需要重构引用集

综合考虑内存利用、引用集重构、实现复杂度等因素，JVM 中采用的是方案 3，并对引用集的重构做了稍许的优化。对于执行 Full GC 后所有的对象都能压缩到老生代，此时不再需要引用集记录引用关系，因为新生代没有活跃对象，所以将引用集清空即可。这种情况是执行 Full GC 后最期望的情况，实际上也是出现概率比较多的情况。此外，执行 Full GC 后老生代不能完全存储所有活跃对象，部分对象压缩到新生代中，理论上需要遍历老生代重构引用集，但 JVM 在实现时把重构工作推迟到下一次 Minor GC 中。其做法是把整个老生代都视为存在指向新生代的引用，即引用集包含了整个老生代。在下一次 Minor GC 中，当处理引用集这个根的时候，会先清除引用关系，再遍历对象的成员变量是否存在指向新生代的引用，如果存在则标记、转移，不存在则跳过；转移后如果发现仍然存在代际引用，则重置引用集。这样的过程实际上刚好就是重构引用集的过程。

3.3.4　标记 - 压缩的优化

性能问题是标记压缩算法最大的问题。上述演示明确地指出整个算法需要对堆空间进行 4 次扫描。在分代压缩时以老生代空间的起始地址为起点开始压缩整个内存空间的活跃对象，满足强分代理论的假设。但在实现中还有一种情况，当 Full GC 执行多次以后，理论上整个老生代起始的内存空间存放的都是生命周期很长的对象，而且这些对象都紧密相连（为保证堆空间的可解性）。但可能出现这样的情况，其中的一个对象不再活跃（死亡），则需要把后面所有的对象都移动并填充这个死亡对象所占的空间。可以想象一个连续的数组，里面都包含了数据，如果删除数组的第一个元素，为了保证数组的紧凑，需要把数组中所有的元素都往前复制一个位置。当数组非常大的时候，为了这一个元素空间而移动大量的元素并不划算，所以一个优化是针对老生代头部的内存空间可以容忍一定数量的死亡对象，只有当死亡对象占比达到一定比例后才从头压缩，这是一种典型的用空间换时间的做法。对于这样的优化需要考虑两个问题：

1）如何统计或计算死亡对象所占的空间？

2）如何在不增加额外耗时的情况下跳过死亡对象？

要完美地解决这两个问题，需要额外的时间来统计对象的活跃信息。对于 Full GC 来说，引入额外的统计阶段花费的时间可能比不跳过死亡对象的成本更高，所以需要尽量避免进行对象的统计。

对于这两个问题，JVM 的解决方法非常简单：设置一个阈值⊖，即容忍死亡对象占内存空间的比例。在计算活跃对象位置时，会对死亡对象进行计数，若累计死亡对象大小不超过阈值，则跳过死亡对象（相当于留下一个空洞）；在该过程中一旦发现累计死亡对象的大小超过该阈值，后续的对象就会按照标准的算法进行移动、压缩。在跳过死亡对象后，内

⊖　在 JVM 中可以通过参数设置阈值，记作 MarkSweepDeadRatio，该参数的默认值是 5，表示跳过的死亡对象不超过老生代空间的 5%。

存的布局如图 3-37 所示。

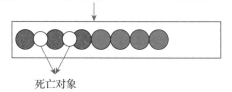

跳过死亡对象，达到阈值之后，后面的对象会移动压缩

死亡对象

图 3-37　跳过死亡对象后内存的布局

图中蓝色对象之间存在空洞，黑色对象之间不会存在空洞，都是紧密相连的。

> 注意　当前 JVM 的实现是为了避免对象统计而选择的折中方案，该方案可能会导致空间的头部存在较多的内存空洞（甚至随着时间的推移，会导致内存空间的头部中死亡对象占比超过活跃对象）。而当 Full GC 执行一定次数之后，跳过死亡对象内存空间的后续内存空间中也会存在同样的移动成本问题（大量对象是活跃对象，偶尔有死亡对象，但此时不再跳过死亡对象，还是会导致对象的移动）。

一个可能的修正方法是，阈值应该随着 Full GC 的执行次数发生变化，例如在 Full GC 执行次数还比较少时，阈值可以设置得稍微小一些，随着 Full GC 执行次数的增加，阈值可以变大，这样能在一定程度上缓解该问题。

最后再提一个小的问题：空洞该如何解决？ JVM 中要求内存中必须连续地分配对象，不能存在空洞，现在为了减少可能的移动产生了空洞，该如何处理？这个问题的处理思路大概如下：

❑ 保持原来的死亡对象不变（相当于把死亡对象再次激活），这是一个最自然的方案。但是该方案存在一定的问题，就是在垃圾回收的过程中，当对象死亡之后，对象关联的元数据也可能死亡，所以仅仅保持死亡对象不变还是不够的，需要把该死亡对象关联的元数据对象也保留，不能回收，这样的处理方法就非常复杂了。

❑ 填充一个 Dummy 对象，只要确保 Dummy 对象的元数据对象都存活就可以了（没有任何的根或者其他对象指向这些 Dummy 对象，Dummy 对象仅仅是为了保证堆的可解析性）。在第 2 章中介绍 Universe 这个根的时候提到过，有一些基本类型的 Java 对象会一直存活，即便没有使用也不会回收，这里就可以利用这些对象产生 Dummy 的 Java 对象。为了高效地填充这些空洞，可以直接利用 Java 的 int[] 类型进行填充（内存连续分配）。这也是我们在进行内存分析的时候（例如使用 MAT 工具），应用中可能并未使用任何 int[] 类型来产生对象，但整个堆空间中存在大量的 int[] 类型对象。除了 TLAB 可能填充 Dummy 外，标记压缩回收也会填充。

3.4 扩展阅读：不同的复制算法比较及对程序员的启迪

3.2.5 节中提到整个 JVM 中只有串行回收按照 Cheney 的设计实现新生代回收，其他的垃圾回收器在新生代回收时都对 Cheney 的复制算法进行了增强。其中最大的改变就是不使用宽度优先，而是使用深度优先的处理方式。其中 Moon[⊖] 在 1984 年提出了一种近似深度优先遍历的处理方式，称为层次遍历，使用层次遍历大概可以将 GC 效果提升 6%。

研究发现，宽度优先导致的性能问题在于数据局部性，这会导致数据访问缓存命中率下降。

那为什么宽度优先的复制算法会导致垃圾回收后应用运行时存在数据局部性问题呢？根本原因在于应用中对象的访问模型。测试结果表明，大多数应用在访问对象时同时访问父对象和子对象的概率更高，而同时访问两个兄弟对象的概率更低。也就说应用中对象的访问从统计角度更多的是按深度优先进行，而不是按照宽度优先进行的[⊖]。这样的结果导致使用宽度优先复制算法在对象重排以后和应用中对象的访问模型并不一致，更容易导致缓存不命中，从而导致性能下降。

从这个角度出发，如果决定使用串行垃圾回收时，在开发应用的时候对象[⊜]的访问尽量遵循宽度优先的访问方式；如果决定使用其他垃圾回收器，在开发应用的时候对象尽量采用深度优先的访问方式。这样的做法就能保证应用中对象的访问方式在垃圾回收执行完成之后和对象的组织方式一致，从而取得更好的运行效果。

最后需要指出的是，采用深度优先遍历的实现通常需要一个辅助空间栈（Stack）。但使用辅助栈会带来额外的问题，那就是栈空间应该多大？过大会导致空间浪费，太小则导致标记过程栈溢出。所以需要一种合理的设计，既不浪费空间，又能在栈溢出时正确处理。那么 JVM 是如何解决这个问题的呢？读者可以先思考一下这个问题，我们在下一章再讨论。

虽然 JVM 中并没有采用 Moon 算法实现分代的复制，但是在另一款开源的 JVM 产品 OpenJ9 中，分代回收的复制算法优先使用的就是并行的 Moon 算法[㉔]。这里简单介绍一下 Moon 的算法，由于 Moon 算法是 Cheney 算法的优化，因此我们先回顾一下 Cheney 的算法思想，再来看看 Moon 是如何优化的。

⊖ David Moon. Garbage collection in a large Lisp system. In Proceedings of the ACM Symposium on Lisp and Functional Programming (Austin, TX, August 1984), pp. 235-246.

⊖ 应用中既存在深度优先访问也存在宽度优先访问，更多的是混合的访问方式。对于深度优先来说，举一个很简单的例子，比如要访问对象 A 的字段对象 B 中的一个属性，这个过程是先获得对象 A，通过 A 获得字段指向的引用对象 B，再通过 B 访问其中的属性。这样一个过程正好是深度优先。对于宽度优先来说，最为典型的就是对数组对象的访问。

⊜ 这里的对象用数据更为准确，因为内存中没有对象这样的概念，都是数据。

㉔ OpenJ9 中分代回收既可以选择使用 Cheney 算法（即宽度优先遍历）进行，也可以选择使用 Moon 算法（称为层次遍历）进行。可以通过参数来选择使用不同的算法。

Cheney 算法可以简单总结为：在往目标空间复制对象的时候，额外引入了两个指针，分别为 Scan 和 Free，Scan 和 Free 直接在内存空间中模拟了队列，队列中存放的是待处理的对象，从 Scan 开始遍历直到 Scan 和 Free 重合，对象就全部处理完成。如图 3-38 所示，分配空间用浅蓝色表示，To 空间中使用 3 种颜色描述对象处理的状态。

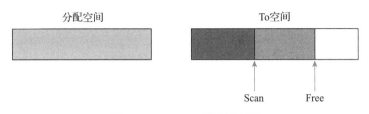

图 3-38　Cheney 算法示意图

Moon 算法的改进主要包含如下几个要点：

1）将目标空间划分为更细粒度的块，如图 3-39 中的 A、B、C、D、E。

2）在标记 / 复制的时候，总是从最后一个尚未填满的块开始，如图 3-39 中的块 D 会被先处理，所以使用了一个 PrimaryScan 表示扫描先从这里开始。当 PrimaryScan 和 Free 之间的对象标记 / 复制完成之后（注意，这里仍然采用宽度优先遍历的方式进行处理），如果块 D 的剩余空间不能满足对象的填充，那么块 E 会被使用。

3）当块 D 被填满之后，再按照 SecondaryScan 指向的位置开始再次进行标记 / 复制。当再次出现了未填满的块时，则按照上一步中的方法继续优先处理。

从这些描述可以看出，Moon 算法最大的一个缺点是有些对象可能需要扫描 2 次才能完成。例如图中的 D 填充满了之后，从块 B 开始扫描，然后再扫描块 C（实际上块 C 的对象在第一次遇到未填满的时候已经进行了一次扫描）。算法的示意图如图 3-39 所示。

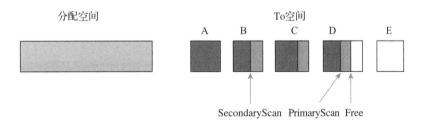

图 3-39　Moon 算法示意图

使用 Moon 算法的效果如何？这里采用论文中的示例来演示一下，如图 3-40 所示。

❏ 宽度优先算法，得到对象的存储顺序为 O1、O2、……、O14、O15。

❏ 深度优先复制算法，得到对象的存储顺序为 O1、O2、O4、O8、O9、O5、O10、O11、O3、O6、O12、O13、O7、O14、O15。

❏ 使用 Moon 修正的算法，假设每个块只能保存 3 个对象，得到对象的存储顺序为 O1、O2、O3、O4、O8、O9、O5、O10、O11、O6、O12、O13、O7、O14、O15。

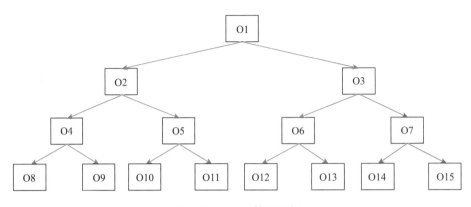

图 3-40　Moon 算法示例

结论是，深度优先得到的对象存储序列和 Moon 的修正算法仅仅只有 O3 的位置有所不同，所以 Moon 算法也被称为近似的深度优先复制算法。同时也要注意，块大小影响最终的结果。在本例中块大小设置为保存 3 个对象，最后的结果和深度优先复制算法类似。但是当块大小设置得更大一些，结果就可能与深度优先差别比较大了。例如块的大小设置为保持 5 个对象，此时得到对象的存储顺序为：O1、O2、O3、O4、O5、O6、O12、O13、O7、O14、O15、O8、O9、O10、O11。可以看到，此时对象的存储顺序与宽度优先遍历更为接近（假设以对象在相同位置为标准）。再比如设置块大小为保存 15 个对象，此时 Moon 就完全退化为宽度优先复制算法了。从这里可以看出这个算法的关键是为块设置一个合适的大小。

另外，Moon 是一个串行的算法，Siegwart 在 2006 年将 Moon 算法修改成并行算法，具体可以参考论文[⊖]。OpenJ9 中层次遍历就是基于这篇论文实现的。由于并行算法涉及任务切分、任务均衡等细节，本章主要关注串行算法的实现，因此不对 OpenJ9 中的实现展开介绍。

在这里，我们谈论了宽度优先遍历、层次遍历和深度优先遍历。研究表明，层次遍历的效果比宽度优先遍历好。那么层次遍历和深度优先遍历的效果相比如何？

2018 年，OpenJ9 社区发起了一个针对层次遍历的优化，为 OpenJ9 中增加一款基于深度优先遍历的并行实现，具体可以参考 OpenJ9 底层库 OMR 社区的相关提议[⊖]。这里仅仅介绍一下优化改进后的效果，其作者针对 3 种应用分别使用层次遍历和深度优先遍历进行了测试，从测试结果来看在吞吐量和停顿时间上，基于深度优先遍历的回收算法都有明显的优势。测试选择的 3 种应用是：交易型应用（Transactional）、数据处理型应用（Data Compilation）和数据库应用（Database Processing）。测试中使用 OpenJ9 的 gencon 垃圾回

⊖　Siegwart et al., "Improving Locality with Parallel Hierarchical Copying GC", ISMM 2006, Jun. 10-11, 2006, pp. 52-63.

⊖　https://github.com/eclipse/omr/issues/2664；https://github.com/eclipse/omr/issues/2361

收器，该垃圾回收器的新生代既支持宽度优先遍历又支持层次遍历，默认使用层次遍历。作者在测试中指明了测试使用的 OS、内存大小等信息，对测试过程感兴趣的读者可以阅读原文。深度优先和层次优先遍历的性能测试对比结果如表 3-4 所示。

表 3-4　深度优先和层次遍历优先性能测试结果

测试套（Benchmark）	GC 吞吐率（单位 Kb/ms）	GC 执行时间（Duration，单位 ms）
交易型应用	22.671%	−18.010%
数据处理型应用	20.864%	−16.074%
数据库应用	2.805%	−3.113%

　　针对 3 种应用，GC 的吞吐量分别提升 22.671%、20.864% 和 2.805%；GC 的停顿时间分别减少 18.01%、16.074% 和 3.113%。另外，原文中还给出了测试套跑分的提升，但比较遗憾的是作者并未给出测试套的更多信息，所以本书并未列出。另外，需要注意的是，该优化最终并未合入 OpenJ9 的主线版本（可能与 OpenJ9 的技术路线有关）。

　　最后做一个简单的总结：从目前的论文研究和测试结果来看，使用深度优先遍历的回收算法效果最好，层次遍历次之，宽度优先遍历最差；深度优先遍历在实现时有额外的内存空间开销，而层次遍历和宽度优先遍历没有⊖。对于程序员来说，应了解不同产品中采用的算法以及算法本身的使用场景，在开发应用时结合选择的回收算法，使用深度优先的方式或者宽度优先的方式来访问对象，可以获得额外的收益。

　⊖　在 OpenJ9 的官网中可以看到，OpenJ9 在启动速度、额外内存消耗、预热方面相比 JVM 都有一定的优势。其中额外内存消耗小的一个原因就是回收算法实现的不同。关于 OpenJ9 的更多信息，可以参考 http://www.eclipse.org/openj9。

Chapter 4 | 第 4 章

并发标记清除回收

JVM 中从 JDK 4 正式引入并发回收，用于解决垃圾回收过程中停顿时间过长的问题。JVM 的垃圾回收器通常采用分代设计，新生代和老生代采用不同的垃圾回收算法，在并发垃圾回收器中，新生代采用并行的复制算法，老生代采用并发的标记清除算法。狭义上所说的并发回收（Concurrent-Mark-Sweep，CMS）仅仅指针对老生代的回收，而广义上所说的并发垃圾回收指的是新生代采用并行复制算法、老生代采用并发标记清除算法。本书使用广义上的概念。

到目前为止，CMS 仍然是最成功的垃圾回收器，满足了大多数业务场景的需要。一方面，其本身存在设计上的特点，存在停顿时间偶发过长的情况、停顿时间不可控等问题。另外一方面，CMS 在实现时为了能更好地满足停顿时间的需要，将并发粒度设计得非常细，例如老生代垃圾回收的某些阶段可以和 Mutator 并发运行，老生代垃圾回收可以和新生代垃圾回收并发运行，新生代垃圾回收还可以抢占老生代垃圾回收等，细粒度的并发设计会导致 CMS 实现的复杂性，所以 CMS 也是 bug 最多的垃圾回收器之一，在使用时存在崩溃的情况。基于以上原因，JVM 引入了 Garbage First 的垃圾回收器用于替代 CMS，从 JDK 11 开始，正式不推荐使用 CMS，在 JDK 14 中 CMS 正式被移除。

鉴于目前生产环境中仍然以 JDK 8 为主，同时广大的程序员仍然使用 CMS，另外，大家遇到的如 V8（JavaScript 虚拟机）、ART（Android Runtime）等其他虚拟机中的垃圾回收也都有并发标记清除的垃圾回收器实现，所以本章还是对 CMS 进行详细介绍。

4.1　内存管理

为了解决垃圾回收过程中应用存在较长停顿时间的问题，CMS 在吸收分代串行回收的优点的同时改进了原有垃圾回收器的不足之处（在 CMS 之前 JVM 还引入了火车回收算法，但该算法很快被移除，所以本书没有进一步介绍它）。CMS 也采用分代的垃圾回收，保证应用有较高的吞吐量。同时它还对串行的分代回收做了优化，主要表现如下：

1）对新生代采用了并行的复制算法，提高了新生代的回收效率。

2）对老生代采用了并发标记清除垃圾回收算法，在垃圾回收过程仅回收死亡对象，然后重用死亡对象的内存空间，故此老生代回收有较低的停顿时间。

3）因为老生代中不移动活跃对象，所以在垃圾回收完成后存在较多的内存碎片，在应用运行一段时间后，可能无法响应应用的分配请求，因此又引入 Full GC，针对整个堆空间进行回收。

和串行回收相比，CMS 整个堆的管理示意图如图 4-1 所示。

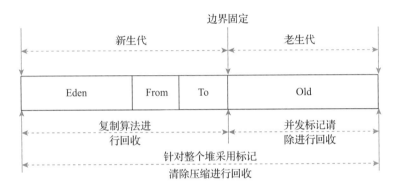

图 4-1 CMS 堆管理示意图

CMS 也采用边界固定的分代实现。实际上 CMS 的设计者也发现针对堆空间的划分不容易，所以在设计之初希望能支持新生代和老生代边界自由移动，实现新生代和老生代大小的动态调整，但是该思想在 CMS 中并未实现。所以 CMS 仍然采用固定边界的堆空间划分方法，将整个堆空间划分为两个代：新生代和老生代。

1）新生代主要用于响应 Mutator 的分配请求。

2）老生代主要用于新生代垃圾回收时对象的晋升，同时也可以响应一些特殊的 Mutator 分配请求（例如当 Mutator 请求对象过大时，就直接分配在老生代中）。

对于新生代的内存分配管理方式采用和串行的垃圾回收中类似的方式，为每一个 Mutator 关联一个 TLAB，用于响应 Mutator 的分配。

对于老生代，因为采用并发标记清除算法，所以内存的管理方式稍微复杂，采用的是复杂链表的方式管理空间内存。最为简单的链表一般通过指针来管理空闲内存块，如图 4-2 所示。

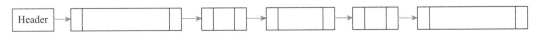

图 4-2 简单链表式内存管理示意图

简单的链表管理把所有空闲的内存块放在一条链表中（图 4-2 中采用大小不同的图例表示内存块大小不同），导致简单的链表管理存在性能问题，当 Mutator 或者 GC 线程分配内存时，需要遍历整个链表才能找到一个大小"合适"的内存块（避免内存的浪费），所以性能极其低下。对于这种管理方式一个简单的优化是：将大小相同的内存块放在同一个链表中，也就是说老生代被划分为多个链表，每个链表仅仅管理同样大小的内存块。这样在分配时可以根据请求的大小直接找到对应的链表来获取内存，如图 4-3 所示。

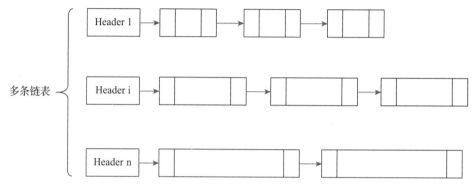

图 4-3　多条链表管理不同大小的空闲内存块

该优化部分解决了查找内存块的问题，但是 Mutator 请求的对象大小分布可能相当广泛，可能有十几字节，也可能有几十千字节或者兆字节，需要很多链表来保存不同大小的内存块。而多个链表也会在查找链表头时存在性能问题（定位到某一个大小的链表）。所以进一步的优化是将所有的链表形成一棵二叉树，树中的每一个节点都是一个链表头，每个链表管理一个相同大小的内存块，如图 4-4 所示（图中使用实线描述二叉树的结构，用虚线描述树节点关联的链表）。

针对内存的请求，先查找树的节点，然后再查找树节点管理的链表进行分配。但在实现中还有一些细节需要考虑，比如树形链表的管理方式，需要使用额外的指针来构建树或者链表。如果使用额外的内存来管理这些指针，将会浪费一定的内存，所以 CMS 又对树形链表的结构进一步优化，消除了这些额外指针的内存消耗。

另外还有一点，虽然使用树形链表的方式管理空闲内存提高了分配的效率，但是每一次分配需要先查找树中的节点，再查找链表，分配效率仍然低下。另外，当树中找不到合适大小的内存块时，还需要对树的节点进行拆分用于满足分配，效率就更为低下。特别是针对一个小对象来说，这样的分配效率会直接影响 Mutator 和 GC 线程的吞吐量，所以还需要进一步优化。一个自然而然的方式是针对小对象使用额外的缓存方式，即图 4-3 所示的多链表管理方式。

CMS 的老生代采用的就是如图 4-3 和图 4-4 所示的复合管理方式。

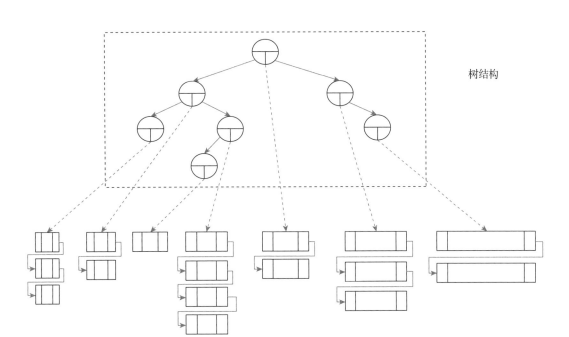

树中的每个节点都关联一个链表，一个链表上空闲内存的大小相同。从左到右空闲内存依次变大

图 4-4　树形内存管理方式

4.2　并行的新生代回收

CMS 新生代回收相比串行新生代回收最大的优化是将串行算法升级为并行算法。并行回收在 CMS 中被称为 ParNew。从串行到并行需要考虑的问题是：如何让多个线程并行地执行任务？如果多个并行线程任务负载不均衡该如何处理？如何判断多个线程并行执行结束？

本章仅讨论 CMS 如何将串行任务并行执行的问题，关于多线程任务负载均衡和任务结束的问题在第 5 章讨论。

第 3 章已经详细介绍过串行的复制算法，本章主要介绍两者的异同点。类似于串行回收，ParNew 也是在新生代内存不足时触发。回收算法的流程图也和串行回收的算法流程图类似，但 ParNew 采用了并行的实现，主要表现如下：

1）根处理并行化。

2）遍历对象使用深度遍历，并行处理。

3）引用支持并行。

4）弱根支持并行。

另外，需要注意对转移失败的处理，串行回收中如果发生转移失败，则会继续扫描和转移该对象的成员变量。ParNew 转移失败，会把失败对象放入待遍历对象中，继续执行转移，但是并不会真的继续转移该对象（因为已经设置转移失败），也会继续扫描和转移该转移失败对象的成员变量。ParNew 在转移失败发生之后，会把全局的标志位设置为 true，自此以后转移的对象只能移到 To 空间，不会再晋升到老生代空间。ParNew 的并行算法流程图如图 4-5 所示。

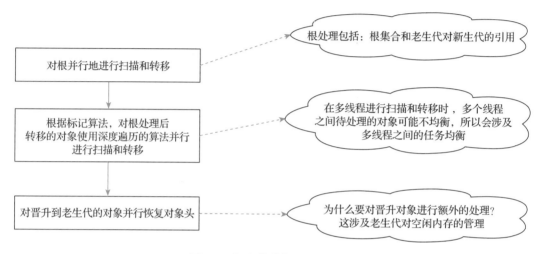

图 4-5　新生代并行回收流程图

在对根进行并行处理时，可以根据根集合的特性选择不同的并行处理方式。简单地说，可以从指向新生代的位置来源进行划分。

1）从非堆空间指向新生代：典型的根集合有线程栈、元数据等，称为一般根集合。

2）从堆空间指向新生代：卡表保存了老生代到新生代的引用。

这样设计的原因主要是，一般根集合通常都比较小，且各个根集合的元素之间都很明确；而卡表覆盖的是整个老生代，老生代通常比较大，卡表的并行处理通常是划分为多个小空间进行处理，但是划分的小空间的起始地址通常不是一个完整对象的起始地址，所以需要额外处理，以确保每个小空间的处理都从第一个完整的对象开始。

4.2.1　一般根集合的并行处理

和串行标记相比，ParNew 根集合并行化如何实现呢？

假设在垃圾回收时有 N 个根集合，有 M 个线程执行垃圾回收。当 M 大于等于 N 时，每个线程都可以单独处理一个根集合；当 N 大于 M 时，M 个线程先从 N 个根集合中选择 M 个进行处理，当一个线程处理完一个根集合之后，再从剩余的 $N–M$ 个根集合中选择一个进行处理，直到 N 个根集合都处理完成。

从实现角度来看也比较简单。可以定义一个数组，长度为根集合的个数（此处为 N），数组中的每个元素标记一个根集合是否被处理。每个线程都从数组中依次获取元素的状态，并尝试设置元素状态为已处理，如果能够获取并成功设置元素状态，则处理这个元素对应的根集合；如果获取到的元素状态为已经处理，则处理下一个根。注意，在这个过程中，获取和设置动作可能被 M 个线程同时执行，所以需要使用 CAS 原子性操作来保证有且仅有一个线程能成功设置状态。

在根集合的处理中，线程栈这个根集合处理稍有不同。线程栈并不像其他的根集合那样作为一个整体，被一个 GC 工作线程进行扫描和标记，而是把每一个线程的线程栈都作为一个根集合。这是因为在运行时线程数量可能比较多，且栈到堆的引用比较多，如果仅使用一个线程来处理，可能导致该 GC 工作线程处理根集合所需的时间长，这将导致后续处理时发生线程间任务的窃取概率很高。所以为了平衡线程间的待处理对象，可将每一个线程都作为一个根集合。在实现时，Java 线程的数据内部有一个变量用于记录线程栈是否被 M 个线程之一的 GC 线程处理，修改变量也需要使用 CAS 指令。

4.2.2　老生代到新生代引用的并行处理

上面提到对于代际引用的并行处理方法是把老生代内存分成更小的块，然后让多个线程并行地处理。这样做遇到的第一个问题就是每个内存块的大小该怎么设置？内存块设置得太大，扫描效率可能高，但可能出现并行线程处理不均衡的现象；内存块设置得过小，可能导致并行线程处理边界时出现冲突，降低性能。JVM 提供一个参数 ParGCCardsPerStrideChunk（默认值为 256，意思是每个线程一次处理 256 个卡块），让用户自己设置内存块的大小。内存块（称为 chunk）大小可以通过公式计算得到，如果用户没有显式地设置参数，则使用默认参数。计算方式如下：

$$chunk = ParGCCardsPerStrideChunk \times Card\ size = 256 \times 512B = 128KB$$

将整个堆空间划分成 chunk 以后，就可以建立 M 个线程与 chunk 之间的映射了，例如 0 号线程处理 0，M，$2M$，…，1 号线程处理 1，$M+1$，$2M+1$，…，以此类推。

但是实际中还经常遇到这样的情况，有些 chunk 中包含的代际引用非常多，而有些 chunk 包含的代际引用比较少。为了让 M 个线程执行的任务尽可能地均衡，JVM 增加了一层映射，称为条代（strip）。JVM 中提供了一个额外的参数 ParGCStridesPerThread（控制每个线程执行的 strip 数目），让所有的内存块均分到 ParGCStridesPerThread$\times M$ 个 strip 中。默认情况下 ParGCStridesPerThread 是线程个数的 2 倍，即整体 strip 为 $2M$，让 chunk 先映射到 $2M$ 个 strip 中，然后再让 M 个线程执行 $2M$ 个 strip。chunk、strip 和线程的映射关系如图 4-6 所示。

为什么采用两级映射，而不是直接把内存划到 $2M$ 个线程上呢？原因是防止过大的内存块中出现不均衡现象。例如在程序运行初期，整个老生代只有前面部分内存存在指向新生代的引用，按照这样的方式划分，可能只有一个或者两个线程非常忙碌地工作，其他线程都处于空闲状态。而按照现在的设计，则可以避免这种情况。

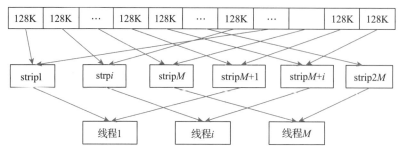

图 4-6　老生代并行粒度划分示意图

内存按照 chunk 划分以后会带来另外一个问题，那就是一个对象可能跨越内存块。理论上来说，不同的内存块由不同的线程处理，对于跨越内存块的对象该如何处理？

在介绍如何处理跨内存块对象之前，先了解一下 JVM 中涉及的两类代际引用，一种是精确的引用，另一种是不精确的引用。这两种引用分别对应以下两种场景：

❑ 当老生代对象被修改时，JVM 明确地知道哪一个成员变量被修改，所以在扫描时可以只扫描这个成员变量指向的新生代，这就是所谓的精确的引用。在 JVM 的 GC 阶段通常使用精确的引用来记录引用关系。

❑ JVM 内部还定义了非精确引用，主要是在通过写屏障往内存写对象时，统一将对象头对应的卡表设置为 Dirty（这样设计主要是为了减少写屏障的执行，可以通过优化参数进一步要求在写之前判断是否已经设置过卡表）。在扫描时需要扫描整个对象的成员变量，并处理那些真正指向新生代的成员变量。这种扫描称为不精确的引用。

这两种不同的引用可以同时存在，但这会增加跨内存块处理的复杂性。为了能准确地处理跨内存块的情况，ParNew 设计了一个算法来计算待处理内存块的边界。

1）区间的头部。

❑ 如果内存块的头部刚好是对象的起始地址，则区间的头部为内存块的头部。

❑ 如果内存块的头部不是对象的起始地址，说明对象跨了至少两个区间，并且该内存块不包含对象的起始地址。简单的处理就是找到第一个需要处理的卡块对应的地址作为区间的头部（只要存在引用，无论是精确的引用还是不精确的引用都可以找到）。

2）区间的尾部则根据引用类型的不同采用不同的计算方式。

❑ 如果最后一个对象是非精确引用，并且不是数组对象，此时整个对象都需要处理，且可能需要跨内存块（需要找到对象的尾部），所以区间的尾部一般计算到对象的尾部，或者直到对象存在精确引用时停止。

❑ 如果对象是精确引用，或者是数据对象，或者不是对象类型（即基本类型），则区间的尾部直接设置为内存块的结束地址。

在遍历内存块时，会根据区间的情况及是精确引用还是不精确引用来处理（此处处理指的是根据引用，判断对象是活跃对象，需要转移对象还是晋升对象）。精确引用只处理对应的卡块，不精确引用将处理整个对象的所有成员变量。

并行遍历内存块时采用逆序遍历，从后向前逐一扫描对象。原因就是有精确引用和不精确引用。为了更快速地处理精确引用，如果是正序处理，从前向后，对于不精确引用处理比较简单，对象所有的成员变量都需要扫描。到精确引用部分需要分成两种情况处理，若对象不包含不精确引用，则仅处理卡块；若对象是不精确引用，此时不精确引用处理需要处理整个后半部分（或者到达下一个精确引用的卡块）。而从后向前处理，逻辑更为简单。

4.2.3　卡表的竞争操作介绍

在对卡表的遍历过程中，Minor GC 的执行过程还会存在多个线程同时更新卡表的动作。触发写同一卡块的主要原因是新生代中对象位置发生变化，但是老生代中的对象仍然存在对新生代的引用，此时需要更新卡表，保持代际引用的正确性。而多个线程按照内存块划分访问卡表，也会修改卡表（一般处理是先将卡表中的卡块设置为 Clean），表示卡块已经遍历完成（Minor GC 执行过程中新生代对象会晋升，意味着当前的卡块变成无效值，所以将卡块设置为 Clean。如果不将卡块设置为 Clean，则会导致大量的浮动垃圾）。所以在 Minor GC 执行过程中实际上存在两种修改卡表的操作，分别记为扫描和更新：扫描指的是把老生代作为根扫描活跃对象；更新指的是 Minor GC 过程中对象位置变化后仍然需要记录卡表的操作。一般来说，多个线程同时访问同一卡块时需要锁来保证操作的正确性，但是 ParNew 通过算法的设计来尽量避免锁的使用。下面通过一个例子来演示这个设计，假设堆空间如图 4-7 所示。

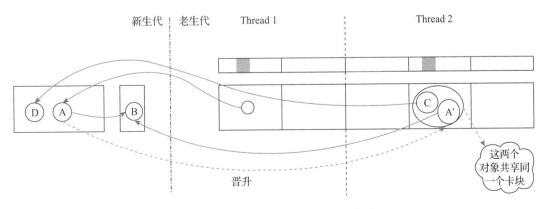

图 4-7　多个线程访问同一卡块示意图

　　其中 Thread1（线程 1，简称 T1）和 Thread2（线程 2，简称 T2）分别根据内存块的区间执行扫描动作，假设 T1 在扫描过程中晋升了对象 A，同时该对象仍然有指向新生代的引用对象 B，并且晋升的对象 A 正好处于 T2 的扫描区间内，在扫描区间中有一个对象 C 指向了新生代的对象 D。

　　线程 T1 和线程 T2 分别根据卡表的值执行扫描操作，在执行过程中需要修改卡块的值以避免重复操作。假设 T1 先执行，执行扫描时一般需要将卡块的值设置为 Clean，从卡块中找到对象 A，并且 T1 继续执行将对象晋升到对象 A' 处。由于 A' 有一个成员变量指向新生代中对象 B（假设对象 B 已经转移完成），说明在下一次执行 Minor GC 时仍然需要把对象 A' 作为根，所以此处需要将对应的卡块设置为 Dirty。另外，T2 扫描对象 C，并将卡块设置为 Clean。由于 T1 和 T2 同时写一个卡块（一个线程写卡块为 Clean，一个线程写卡块为 Dirty），从而产生了竞争。对于这样的竞争仅仅通过锁是无法保证正确性的。

　　假设 T1 先执行，将卡块设置为 Dirty，表示该卡块对应的对象是下一次的 Minor GC 的根。接着 T2 执行，将卡块设置为 Clean，表示该卡块对应的对象将会处理，T2 在处理过程中先根据对象 C 转移对象 D，假设对象 D 转移至老生代中，对于这种情况则不需要设置卡块；然后再处理对象 A'，因为对象 A' 是晋升对象，其成员变量的遍历已经完成，不应该再次被处理，所以卡块保持 Clean。但是卡块应该仍然为 Dirty 才能保证下一次 Minor GC 可以正确处理。

　　另外，在老生代的回收中，也会通过卡表记录对象的引用变化，并且在老生代的回收中也会处理和设置卡表。如果不正确地设置卡表将导致 Minor GC 的根丢失。

　　所以，此时就涉及在正确地处理卡表的同时保证效率的问题。下面来看看 ParNew 是如何实现的。首先定义以下几个状态。

　　1）prev_youngergen：上一次执行 Minor GC 后明确包含了老生代对象指向新生代对象的引用，是本次垃圾回收的根。

　　2）Dirty：上一次垃圾回收后，对象的成员被修改，该修改可能是识别为老生代到新生代的引用，或者老生代到老生代的引用，并且该引用尚未被老生代回收或新生代回收处理。

　　3）PreClean：老生代回收中通过处理卡表标记了修改的对象，但是修改对象仍然可能包含老生代到新生代的引用，所以引入一个不同于 Dirty 的状态（在后面介绍）。

　　4）cur_youngergen：本次执行 Minor GC 后明确存在老生代对象指向新生代对象的引用，是下一次垃圾回收的根。

　　5）cur_youngergen_and_prev_nonclean_card：临时状态，表示当前卡块需要被扫描，又有下一次 Minor GC 的根，但是执行了更新尚未执行扫描，后面需要执行一次扫描。

　　卡表扫描和更新的流程分为两步，不同的操作根据不同的状态设置对应的卡块值。

　　线程扫描卡表时，先根据当前卡块的状态决定是否需要处理，如果卡表中的卡块为 Clean，表示不需要处理，直接跳过卡块；如果卡表中的卡块不为 Clean，表示需要处理，在处理之前先更新卡块。

1）当发现卡块的状态为 prev_youngergen、Dirty 和 PreClean 时，先把卡块设置为 Clean。

2）当发现卡块的状态为 cur_youngergen_and_prev_nonclean_card 时，说明本线程正在与别的线程竞争修改卡块，同时别的线程已经更新过卡块，且标注该卡块包含了下一次 Minor GC 的根，但是该卡块尚未完成扫描，所以执行扫描，并将卡块状态设置为 cur_youngergen。

3）当卡块状态为 cur_youngergen 时，则无须进一步处理。

对应的状态机如图 4-8 所示。

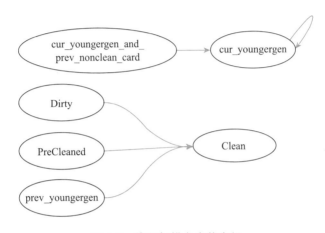

图 4-8　线程扫描卡表状态机

当线程执行对象转移或者晋升时，如果发现卡块不包含下一次 Minor GC 的根，则不会进入卡块的处理过程中；如果卡块包含了下一次 Minor GC 的根，则进入卡表更新过程中。

1）当卡块状态为 Clean 时，则更新为 cur_youngergen，表示卡块作为下一次垃圾回收的根。

2）当卡块状态为 Dirty 时，说明卡块包含了下一次 Minor GC 的根，并且该卡块尚未被处理，需要扫描，所以设置状态为 cur_youngergen_and_prev_nonclean_card。

3）当卡块状态为 PreClean 时，说明卡块包含了下一次 Minor GC 的根，并且该卡块待扫描，也设置卡块状态为 cur_youngergen_and_prev_nonclean_card。

4）当卡块状态为 prev_youngergen 时，说明卡块包含了下一次 Minor GC 的根，并且该卡块待扫描，所以卡块状态也设置为 cur_youngergen_and_prev_nonclean_card。

5）当卡块状态为 cur_youngergen 时，说明卡块扫描完成，直接作为下一次的根，直接保留状态 cur_youngergen。

6）当卡块状态为 cur_youngergen_and_prev_nonclean_card 时，说明卡块对应的内存待扫描，在扫描完成时会在另外的线程的卡表扫描结束直接更新状态，所以这里保持不变。

对应的状态机如图 4-9 所示。

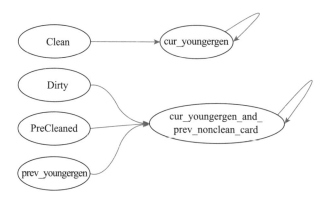

图 4-9 线程更新卡表状态机

在 ParNew 中对卡表扫描的流程图如图 4-10 所示。

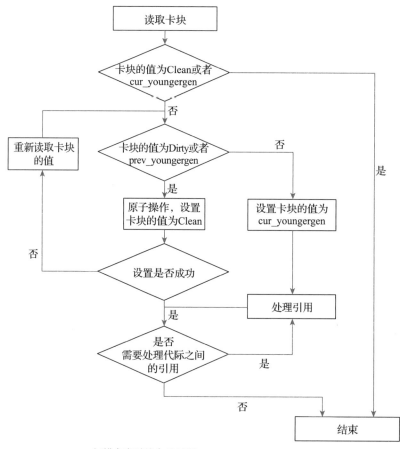

扫描卡表时的卡块处理

图 4-10 ParNew 卡表扫描流程图

ParNew 中更新卡表中对应卡块的流程图如图 4-11 所示。

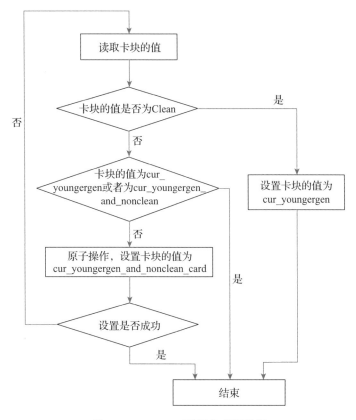

图 4-11　ParNew 更新卡表流程图

　　并行复制算法对于卡表的处理带来了新的调整。上述过程以 JDK 8 代码为例进行说明,堆空间只包含了两个代。

4.2.4　并行复制算法卡表设计

　　在 JDK 7 中还有持久代这个概念,相当于整个堆空间被划分为 3 个代。那么上述卡表的设计是否需要修改?更有甚者,如果堆空间被划分成更多代,在并行复制算法中卡表该如何设计?

　　一种简单的处理是针对多个代设计多个卡表,每个卡表维护一个代际之间的引用关系。这样的方式虽然简单,但是需要大量的卡表,存储成本高且实现逻辑也比较复杂。除此之外,还有一个问题,在分代垃圾回收中,针对多代内存回收,需要区别不同代内存对于增量对象的管理(包括对象的晋升和对象的修改),这就涉及并行卡表的扫描和更新问题。

针对这样的问题，一些学者探索出一种优化的方法[注]，即使用一个卡表管理多个代际之间的引用，同时支持卡表并行扫描和更新。

专利中详细介绍了算法，这里简单地进行介绍。假设整个堆空间被划分为 3 个代，如图 4-12 所示。

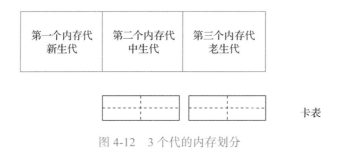

图 4-12　3 个代的内存划分

当内存被划分成多个代时，需要多少个值记录卡表操作状态？以图 4-12 为例，整个堆被分成 3 个代，分别为新生代、中生代和老生代。中生代和老生代需要对应的卡表用于记录它们到新生代的引用，当然老生代的卡表也应该记录老生代到中生代的引用。假设发生以下场景：

1）发生新生代回收，设第一次卡表的操作状态为 A，当垃圾回收完成后，如果老生代和中生代中存在对新生代的引用，则在卡表中记录操作状态为 A，表示在下一次回收新生代时，操作状态为 A 的卡块都应该作为根。

2）接着发生一次中生代回收，如果垃圾回收完成后，老生代存在对中生代的引用，则需要在卡表中记录操作状态。但是这个操作状态和操作状态 A 并不相同，所以需要一个新的操作状态，假设为 B。对于同一卡块，操作状态 A 和 B 可以共存吗？如果有冲突，该如何解决？统一设定为 B。

3）接着又发生一次新生代回收，由于老生代中存在状态 A 和 B，A 和 B 都表示老生代可能存在对新生代的引用。当新的垃圾回收发生时，为了区别现在的操作和以前的操作，需要一个新的状态，记为 C。在垃圾回收完成后，如果老生代和中生代中存在对新生代的引用，则在卡表中记录操作状态为 C。

如果后续再发生新生代或者中生代垃圾回收，则可以重用状态 A，用于区别当前的操作和以前的操作。当然从算法角度来说，还可以消除状态 C 的使用，那么为了区别不同的状态，可以在中生代的卡表使用状态 B 来区分操作状态，在老生代中使用状态 A 来区分操作状态。当然算法实现相对比较复杂。

所以简单的结论就是：直接使用分代的个数作为卡表操作状态的个数。JVM 的实现和专利的描述基本思路相同，在 CMS 并发回收器中使用 3 种操作状态（注意，这 3 种操作体

⊖　参考专利 US20040162860A1。

现为 3 种不同的 cur_youngergen_card 即可)。

4.3　并发回收的难点

并发回收的难点在于 Mutator 和 Collector 同时执行，Mutator 会修改对象的引用关系，导致 Collector 无法正确处理所有对象，进而导致部分对象丢失。并发回收中涉及并发标记和并发转移，两者遇到的问题比较类似。这里以并发标记为例，介绍如何增强算法从而保证算法的正确性。

并发标记的主要问题是垃圾回收器在标记对象的过程中 Mutator 可能正在改变对象引用关系图，从而造成漏标和错标。错标不会影响程序的正确性，只会造成所谓的浮动垃圾。但漏标则会导致可达对象被当作垃圾收集，从而影响程序的正确性。为了区别对象所处的不同状态，引入了三色标记法。

4.3.1　三色标记法

三色标记法是一个逻辑上的抽象：白色（White）表示还没有被收集器标记的对象，灰色（Gray）表示自身已经被标记到，但其拥有的成员变量引用到别的对象还没有处理，黑色（Black）表示自身已经被标记到，且对象本身所有的成员变量引用到的对象也已经被标记。

对象在并发标记阶段会被漏标的充分必要条件是：

- ❏ Mutator 插入了一个从 Black 对象到该 White 对象的新引用，因为黑色对象已经被标记，如果不对黑色对象重新处理，那么白色对象将被漏标，造成错误。
- ❏ Mutator 删除了所有从 Gray 对象到该 White 对象的直接或者间接引用，因为灰色对象正在标记，成员变量引用的对象还没有被标记，如果这个引用的白色对象被删除了（引用发生了变化），那么这个引用对象也有可能被漏标。

因此，要避免对象的漏标，只需要打破上述两个条件中的任何一个即可[○]。所以在并发标记的时候对应也有两种不同的实现，分别是读屏障和写屏障。屏障技术是在读或者写操作时执行一段代码，其目的是调整对象的颜色从而保证正确性。但是 Mutator 中读操作远多于写操作，所以读屏障的效率一般低于写屏障的效率。下面通过一个例子演示并发标记导致的问题以及解决思路。

4.3.2　难点示意图

为了直观地理解并发标记的难点，下面用一个示意图来说明。并发标记的中间状态如

○　http://www.memorymanagement.org/glossary

图 4-13 所示。

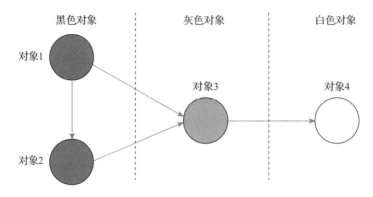

图 4-13　并发标记的中间状态

　　图 4-13 中有 4 个对象，3 种颜色分别是黑色、灰色和白色。假定对象 1 和对象 2 都可以通过根对象到达并且标记完成，所以为黑色。而对象 3 本身已标记完成，但是其成员变量（指向对象 4）尚未完成标记，对象 3 入栈待处理，所以对象 3 为灰色，对象 4 为白色。如果此时并发标记线程让出 CPU，Mutator 执行并修改了引用关系。对象 3 的成员变量设置为 NULL，对象 2 的成员变量指向对象 4，则对象的引用关系图如图 4-14 所示。

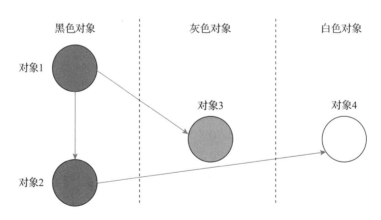

图 4-14　Mutator 运行导致关系变更

　　这时并发线程重新获得执行，将会发生什么？对象 2 已经变成黑色，说明成员变量都标记完了。对象 3 为灰色表示有待处理成员变量，但是其成员变量已经设置为 NULL，所以无须处理。那么对象 4 怎么办？如果不进行额外的处理就会导致漏标。处理方法如下：

　　1）读屏障：对读到的对象进行标记。

　　2）写屏障：在写（修改）对象时调整对象的颜色，主要方法有以下两种。

❑ 增量更新算法关注对象引用插入，重新标记更新的对象，确保不存在黑色对象指向白色对象的引用。

❑ SATB 关注引用的删除，即在对象被赋值前，把老的被引用对象记录下来（所以相当于建立一个内存切片），然后以这些对象为根重新标记一遍，确保灰色对象指向的白色对象都会被标记。

读屏障通常是 Mutator 在读操作（注意写操作也包含了读操作）时直接帮助 Collector 进行标记；写屏障通常是 Mutator 在写操作时记录需要重新标记的对象，由 Collector 负责再次执行标记。因为读、写操作数量不同，不同的实现采用不同的方式，以便在内存消耗和执行时间之间取得平衡。

4.3.3　读屏障处理

对读到的对象进行标记，这里只关注对象 4，忽略其他的读操作。在读屏障中通常由 Mutator 帮助 Collector 执行标记动作，对于对象 4 来说，相当于把对象 4 变成了灰色。使用读屏障时，对象引用关系图中对象的颜色如图 4-15 所示。

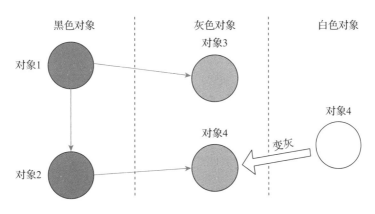

图 4-15　读屏障对象颜色示意图

使用读屏障时所有读操作都会执行屏障，只不过已经完成标记的（黑色颜色对象）不需要执行具体的标记动作，但是需要检查对象的颜色，由此会带来不小的成本。

4.3.4　写屏障之增量标记

被更新的黑色对象标记成灰色，打破第一个条件（即不存在黑色对象指向白色对象）。使用增量标记时对象引用关系图中对象的颜色如图 4-16 所示。

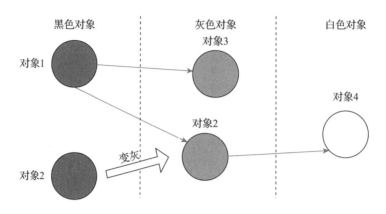

图 4-16　增量标记使用的写屏障示意图

4.3.5　写屏障之 SATB 标记

对对象赋值前的值进行标记，可保证修改前的对象都得到标记的机会（保证灰色对象引用的对象都会得到标记）。使用 SATB 标记时，对象引用关系图中对象的颜色如图 4-17 所示。

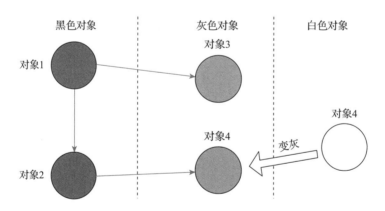

图 4-17　SATB 算法的写屏障示意图

4.4　并发的老生代回收

在前面提到，并发老生代回收是为了解决停顿时间过长的问题，所以在设计中采用了链表的方式管理空闲内存。同时为了提高分配的效率，实现了树和链表复合的管理方式。前文也提到，老生代在具体实现时采用了更进一步的优化，以减少额外内存占用。虽然这些优化方式减少了额外的内存占用，但加大了实现并发的复杂性。下面详细讨论。

4.4.1　内存管理

老生代为了满足小对象的高效分配，在树结构的基础上又引入了一个类似缓存的机制，专门用于处理小对象的分配。具体的想法是，针对常见的小对象预先分配一个缓存列表，称为 IndexedFreeList，对象分配时，优先从缓存列表中分配，当缓存列表中没有相应大小的内存块时，再从一个较大的块中获取；当较大的内存还无法满足内存请求时，再从树结构中获取内存块。所以缓存列表用于响应小对象的分配，树结构用于响应大对象或者缓存列表的分配。具体思路是，定义 [0,256] 共计 257 字的缓存列表，如图 4-18 所示。

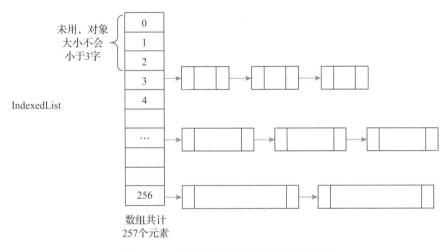

图 4-18　多条固定长度的链表管理内存

在图 4-18 中，字长小于 3 字的缓存列表实际上并未使用，因为在 JVM 内部一个对象最少占用 3 字，主要原因是每个对象都必须有一个对象头，而对象头的大小为 2 字，而为了区别不同的空对象，会为每个空对象增加一个额外的字空间，所以一个对象的大小最小为 3 字。

另外，老生代还设置了一块专门用于处理超小对象的分配缓存空间，该缓存称为 LinearAllocBlock（简称 LAB）。其思路是，当缓存列表无法满足超小对象的分配请求时，从该缓存中分配对象，超小对象的上限为 16 字。设计超小对象的缓存的目的有两个：加速超小对象的分配效率；减少超小对象占用空闲列表，避免超小对象导致的内存碎片问题。LinearAllocBlock 也是一个内存块，如图 4-19 所示。

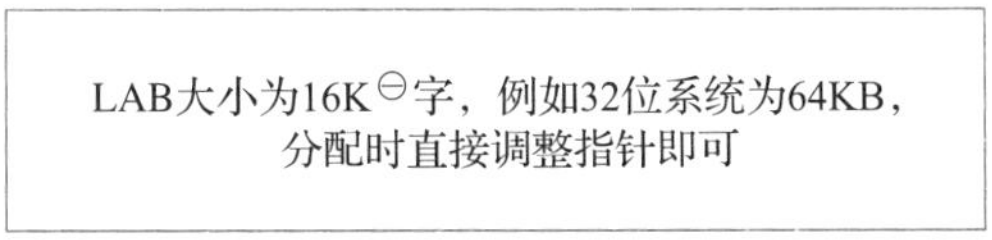

> LAB大小为16K⊖字，例如32位系统为64KB，
> 分配时直接调整指针即可

图 4-19　避免碎片化的小对象缓存

⊖　此处 K 代表的值为 1024。

从 LAB 分配的对象通常都是小对象（小于 16 字），需要将已经分配的对象统计到 IndexedFreeList 的数组中（在合并时需要这些信息）。如果对象被释放，可以直接放到 IndexedFreeList 中。注意，LAB 预分配的空间从二叉树中获取，但是 LAB 仅仅是预分配空间，所以 LAB 的内存不能和空闲的内存块合并。

而大内存块采用的存储结构是如图 4-4 所示的二叉树 + 链表的管理形式。老生代存在 3 种管理方式，分别为固定列表、LAB 和二叉树。内存分配的流程图如图 4-20 所示。

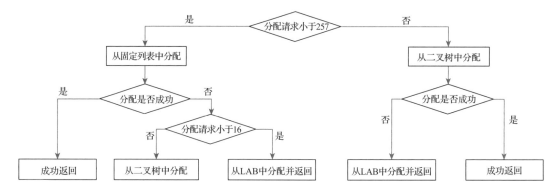

图 4-20　老生代对象分配流程图

从另一个角度出发，当发现内存空闲时，需要使用指针将内存块关联到空闲列表，这需要占用内存。而内存块空闲或者内存块被分配给对象这两种情况不可能同时存在，所以可以将内存块前面的空间进行复用：当内存块用于对象分配时，内存块的空间被识别为元数据；当内存块位于空闲列表中时，内存块的空间被用作指针（维护链表或者树结构）。空间的复用减少了额外内存的占用。

在介绍内存复用前先来回顾一下对象的内存布局。关于 Java 的对象，在 JVM 内部使用 instanceOop 来表示，其内存布局如图 4-21 所示。

其中 markoop 是元数据信息，可以保存 hashcode、锁信息、gc 状态信息等；klass 是指向 Java 对象所属的 Java 类的指针；field 是 Java 对象的成员变量。

在老生代的内存管理中使用两种类型的数据结构，分别是二叉树和链表。其中链表直接管理空闲内存块，树管理空闲链表。链表管理时需要链表节点（list node）来辅助，链表节点至少需要两个子指针，分别指向前序节点和后序节点，当空闲块长度未知时还需要一个表示长度的字段。二叉树需要树节点（tree node）辅助管理，树节点至少需要 3 个字段，分别是指向父节点、左子树和右子树的指针。比较树节点和链表节点的结构可以将其共同抽象为使用 3 个字段的结构，包含大小和两个指针，如图 4-22 所示。

图 4-21　JVM 对象内存布局示意图

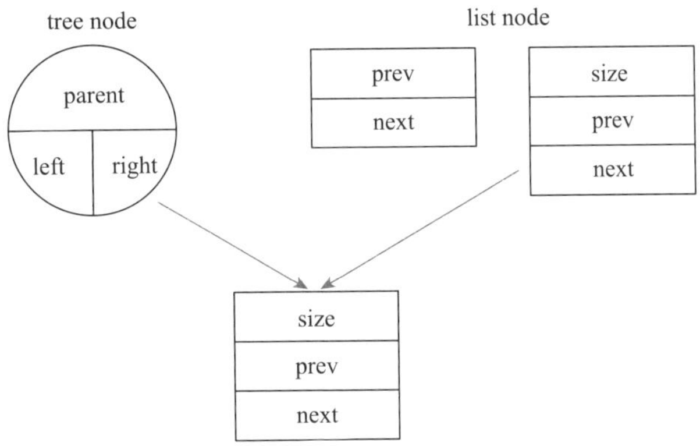

图 4-22　树和链表管理结构示意图

从二叉树和链表的管理结构来看，每个树节点和链表节点都需要占用额外的内存空间。在树节点和链表节点比较多的场景中，会因为辅助的内存管理结构带来不小的额外空间消耗。另外，还需要考虑这些空间消耗是使用本地内存还是堆内存，如何分配和释放这些内存，确保不会出现内存不足或者内存碎片等问题。为了解决上述问题，CMS 的老生代在堆内存中分配管理结构的内存，同时将管理结构和对象头进行复用。首先内存用于对象时表示内存已使用，而内存用于管理结构时表示内存是空闲的，两者的状态是不会重复的；其次比较 instanceOop 和管理结构，可以发现它们都至少包含了 2 字的有效信息，所以可以直接将同一内存的字段复用。

❏ 内存用于 Java 对象分配时，内存块直接解析为 instanceOop 的结构。

❏ 内存空闲时，被复用为管理结构。

通过复用可以减少因内存管理带来的内存消耗。但是这也为实现带来了一定的复杂性。图 4-22 仅仅是演示内存可以复用的一个抽象结构示意图。要实现内存复用，除了对数据结构需要仔细斟酌外，实现中还需要诸多的考量。比如从二叉树获取一个空闲内存块时，该选取哪个内存块？通过上面的介绍，可以发现树节点和链表节点有所不同，但是树节点和链表节点都描述了相同大小的空闲内存块。所以树节点本质上是第一个链表的节点，但是为了方便管理，将树节点和链表区分开来。在使用内存块时，优先使用链表的内存块，主要原因是当树节点被用于分配时，需要对二叉树进行重构（保持平衡），成本比较高；只有当树节点关联的链表全部使用完后才会使用树节点。

需要注意的是，JVM 中树节点管理内存块均大于 256 字，所以一个树节点同时包含一个链表节点并不困难。在 JVM 中，树节点的结构被称为 TreeList，其内存布局如图 4-23 所示。

当然，内存空间复用可以减少额外内存消耗，但是也增加了额外的复杂性。第一个方面表现在内存块的分配上，内存块既需要满足对象对齐要求，又需要满足接入链表的要求。在 32 位系统中要求剩余的内存块必须大于 3 字。这在某些情况下会带来一些问题。例如内存块大小为 1022 字，遇到一个请求为 1020 字。从分配的角度来看，1022 字完全可以响应 1020 字大小的请求，只不过在满足分配请求后，还剩余 2 字。但是由于 2 字的内存块无法接入内存链表中，因此 JVM 会拒绝这次分配请求。

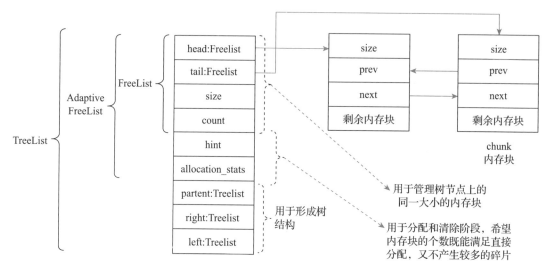

图 4-23　JVM 中树节点内存管理示意图

　　第二个方面表现在代码实现的复杂性上。老生代回收是并发执行，意味着 Mutator 可以在老生代回收的过程中在老生代中分配对象。分配对象实际上包含两个动作：第一是内存分配的请求；第二是对象的初始化。但是由于并发运行，很有可能 Mutator 在完成内存分配后，尚未完成对象的初始化时，GC 线程访问了这一内存块，然而由于对象尚未完成初始化，即对象的元数据尚未正确设置，我们知道对象的元数据中包含了对象的大小，对于这样的情况则无法通过元数据获取对象的大小。如果需要对象的大小，该如何处理？这就需要额外的代码来处理这样的情况。关于这一问题的详细描述和解决方法在后文介绍。

4.4.2　标记清除算法概述

　　标记清除的思路非常简单：基于链表式的内存管理方式，标记所有内存空间中的活跃对象，同时记录这些活跃对象。在标记完成后，遍历整个内存空间，如果发现内存块中的对象是活跃对象，则不处理；如果发现内存块中的对象是死亡对象，则将内存块放入空闲列表中供后续分配使用。

　　CMS 老生代的回收将标记清除算法进行了优化，减少了垃圾回收导致的停顿时间。其思路是将标记和清除尽可能地并发化，算法被设计为：初始标记、并发标记、再标记和清除等步骤。

　　1）初始标记（Initial Mark）：从根集合出发，标记老生代中的活跃对象。在初始标记中仅仅找到根集合中的引用对象，并不继续递归遍历这些对象的成员变量，而是把这些对象作为并发标记的输入，使用额外的数据结构（标记位图）记录活跃对象。

2）并发标记（Concurrent Mark）：根据初始标记的输入，对活跃对象遍历成员变量，根据对象之间的引用关系找到所有活跃对象。

3）预清理和可终止预清理（preClean&abortable-preClean）：在并发标记过程中，对象的引用关系可能发生变化，为了保证标记的正确性，可使用卡表等数据结构来记录需要再次标记的对象。但是并发标记过程中可能产生了大量需重新标记的对象，所以引入预清理和可终止预清理步骤，尽量将需要重新标记的对象进行并发标记。

4）再标记（Remark/Final Mark）：由于并发标记、并发预清理、并发可终止预清理都有可能引入需要重新标记的对象，因此必须引入一个暂停阶段，停止 Mutator 修改对象引用关系，并且在该阶段再次从根集合出发，标记老生代中的活跃对象。由于大量的对象已经完成了标记，所以再标记时一般只需要访问对象的标记状态而不需要重新做标记动作，因此停顿时间一般不会太长。注意，再标记时会完全遍历对象的引用关系，不会因为某一个对象被标记过就不遍历其成员变量。至此，老生代中所有的活跃对象都会在标记位图中。

5）并发清除（Concurrent Sweep）：遍历老生代，根据标记位图的信息，如果对象已经死亡（没有标记），则回收其占用的内存，如果对象活跃，则不处理。需要注意的是，并发清除中 Mutator 可能在老生代中分配新的对象，这些对象需要被识别处理并作为活跃对象（简单的处理方法为，当在老生代中分配对象时，会在标记位图中记录新分配的对象）。

6）并发复位（Concurrent Reset）：最后尝试扩展老生代、重新复位和清除一些数据结构（例如清除标记位图），方便下一次执行垃圾回收。

关于如何保证并发标记的正确性在前文已经讨论过，这里不赘述。下面详细介绍一下每一步完成的工作，以及实现过程中的一些细节问题。

4.4.3　并发算法触发时机

老生代的回收有主动回收也有被动回收。其中主动回收也称为后台 GC，它由 CMS 控制线程判断是否需要触发。与后台 GC 对应的是前台 GC，前台 GC 是指在后台 GC 发生时又从 Mutator 触发了 GC，因为前台 GC 触发时需要与后台 GC 进行交互，所以行为更为复杂。

我们先来研究后台 GC，再来介绍前台 GC。后台 GC 只有满足一定的条件时才会尝试触发，其前提条件如下：

1）参数 CMSWaitDuration 大于等于 0 时（默认值为 2000），表示当间隔 CMSWaitDuration 毫秒无任何 GC 或者在间隔时间内有 Minor GC 执行，可以尝试触发。

2）如果参数 CMSWaitDuration 小于 0，则每隔 CMSCheckInterval 毫秒可以尝试触发，参数 CMSCheckInterval 的默认值为 1000。

是否能触发，还需要看是否满足下面的条件，只有满足下面的条件时才会真正触发回收，否则直接放弃回收。主要的触发条件如下：

1）如果发现了 Mutator 的代码中通过 GC Locker 或者 System GC 等方式要求触发并发回收，则直接执行。注意，这两种行为通过参数 GCLockerInvokesConcurrent 和 ExplicitGCInvokesConcurrent 控制，默认情况下均为 false，即不会触发。

2）参数 UseCMSInitiatingOccupancyOnly（默认为 false）为 false 时，推断并发回收执行完时是否用尽老生代空间，即老生代内存是否已经紧张。如果推断内存已经紧张，则会直接触发后台 GC；如果推断内存并不紧张，但是内存的使用超过了一定的阈值（由参数 CMSBootstrapOccupancy 控制，默认值是 50，表示老生代的 50% 空间），也会直接触发。

3）如果老生代内存的使用超过一定阈值也会触发，阈值的计算方式如下。

CMSInitiatingOccupancyFraction 设置为大于 0，表示老生代空间的使用超过该阈值时直接触发。默认值为 –1，表示并不使用该规则。

$$否则，阈值 = 100 - MinHeapFreeRatio + \frac{CMSTriggerRatio \times MinHeapFreeRatio}{100}$$

其中 MinHeapFreeRatio 默认值为 40，CMSTriggerRatio 默认值为 80，得到默认值为 92[⊖]。

4）如果 CMSInitiatingOccupancyFraction 为 false，并且发现扩展内存可能导致的 GC 时，也会触发，否则忽略。

5）如果已经发生 Minor GC 晋升失败或者发现老生代的剩余空间不足以满足下一次 Minor GC 的晋升时也会触发。

6）元数据发生过分配失败，但还没有触发过 GC，此时也会触发老生代回收。

7）以上条件均不满足时，如果参数 CMSTriggerInterval 设置为大于 0，则会计算从上次回收到现在的时间间隔是否大于该参数，如果大于则执行。参数 CMSTriggerInterval 的默认值为 –1，表示规则不生效。

从后台 GC 触发的规则可以看出，JVM 设计者还是想尽量避免用户主动调参，希望通过预测机制来触发 GC 的执行。但是在一些特殊场景中，Mutator 分配请求的突变可能导致预测方法失效，在这种情况下，用户可以通过设置相关的参数尽早地触发后台 GC。

4.4.4　并发标记清除之初始标记

初始标记是对老生代中活跃对象进行标记的第一步，仅仅收集从老生代外部指向老生代的活跃对象，这些对象构成了初始标记的输出，并作为下一步并发标记的输入。下面通过一个简单的例子来介绍初始标记的思路。假设堆内存在执行初始标记前如图 4-24 所示。

⊖　注意，修改 MinHeapFreeRatio 会影响老生代内存的调整，实际中一般通过直接设置参数 CMSInitiating OccupancyFraction 来控制老生代触发的条件。

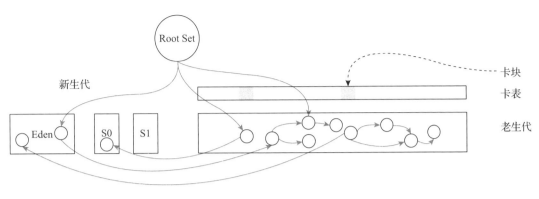

图 4-24　堆内存初始状态

初始标记是寻找老生代外部指向老生代的活跃对象。对垃圾回收算法来说，有以下两种实现方法：

1）从根集合出发遍历根集合，找到是否存在指向老生代的对象引用，如果存在引用则直接作为根输出。在遍历过程中需要遍历新生代所有对象才能知道是否有指向老生代的对象引用。

2）直接将新生代作为根，和其他的根集合一样判断是否存在指向老生代的对象引用，如果存在引用则直接作为输出。

第一种方法能准确地识别老生代中的活跃对象，但是需要遍历整个新生代，会导致初始标记耗时较长；第二种方式会存在一定的误差，可能将新生代中已经死亡的对象作为根，导致老生代中存在浮动垃圾，但是该方法仅需较短的时间就可以完成初始标记。不同的垃圾回收实现中可能采用不同的实现细节，比如 OpenJ9 中的 gencon 采用第一种方法，而JVM 的 CMS 采用第二种方法。

所以在初始标记时会把根集合和新生代作为老生代活跃对象的根，如果发现引用的对象在老生代中，则把对应的老生代对象标记出来。为了不影响 Mutator 的运行，不能直接在对象上进行标记，否则需要锁（因为在整个老生代回收周期中对象可能会被修改，Mutator也会访问对象，为了保证正确性，并发访问时需要锁进行同步）。但使用锁将导致性能下降，所以引入了一个标记位图（Bitmap）用于记录活跃对象。在初始标记完成时，通过标记位图记录根集合（含新生代）指向老生代的直接引用。根据堆的初始状态，标记位图中有 3个位被设置，其中有两个来自根集合，一个来自新生代，如图 4-25 所示。

标记位图的粒度和卡表粒度有所不同，老生代中每个字都有一个位与之对应。

> 注意　初始标记不会对初始对象的成员变量进行遍历，其引用关系的遍历在并发标记中完成。另外，初始标记采用并行实现，整个工作在 STW 中进行，多个根集合分别由多个并行线程执行，当多个线程任务不均衡时，可能需要进行任务窃取。

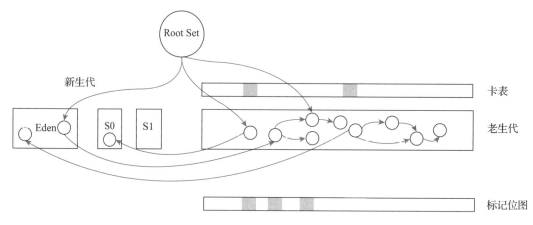

图 4-25　标记位图示意图

新生代的处理思路也是将新生代划分为多个内存块，由多个线程并行处理。但是划分的方式与参数设置有关，默认情况下是新生代划分为多个内存块。其中 Eden 的划分与参数 CMSEdenChunksRecordAlways 相关（默认值为 true），如果参数为 false，整个 Eden 被一个线程处理。关于划分 Eden 的更多信息在预清理阶段再详细介绍。Survivor 的划分与 PLAB 相关，PLAB 是 Minor GC 并行执行时为防止多线程间同步而引入的，每个线程都有一个缓冲区（称为 PLAB），当对象从 Eden 转移到 Survivor 时都从 PLAB 中分配。可以利用这样的特性，在初始标记处理 Survivor 分区时，每个线程以 PLAB 大小为粒度进行并行处理（只需要在初始化时按照 PLAB 大小对 Survivor 进行划分即可，然后在执行 Minor GC 时记录每个划分的对象）。

4.4.5　并发标记清除之并发标记

并发标记的输入是初始标记的输出，即标记位图。在并发标记阶段，根据标记位图中的初始活跃对象在老生代中进行遍历，找到老生代中所有活跃的对象。并发标记执行时 Mutator 正常运行，并发标记本身也是多个线程同时执行标记动作。

为了保证标记的正确性，在并发标记的同时，如果 Mutator 运行中修改了老生代中对象的引用关系，则会通过卡表的方式进行记录，在并发标记结束后再对卡表记录的对象做额外的标记，从而保证标记的正确性。更多具体信息参考上一节介绍。本节主要关注如何高效地进行并发标记。

针对标记位图高效执行并发标记的思路非常简单，那就是将老生代内存划分成大小一定的块，每个线程处理一个内存块。线程执行标记时，根据内存块对应的标记位图中存在的标记位找到待标记对象，遍历待标记对象的成员变量，直到完成整个老生代内存块的处理，此时老生代中所有活跃对象都被标记。内存块的大小通过参数 CMSConcMarkMultiple 控制，默认值为 32，表示内存块的大小为 32×4KB=128KB。

　　下面通过一个例子来介绍一下并发标记。假设初始标记后标记位图中有两个标记位被设置，分别对应对象 A 和 B。在并发标记中，首先对老生代进行划分，假设老生代被划分为 n 个内存块，其中第一个内存无标记位图。同时假设有 3 个线程 T0、T1 和 T2，分别对内存块进行处理。T0 在执行时在标记位图中找不到标记对象，所以 T0 会跳过内存块 0，然后寻找下一个可用的内存块。T1 和 T2 分别处理内存块 1 和内存块 2，如图 4-26 所示。

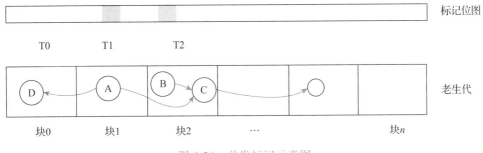

图 4-26　并发标记示意图

　　在图 4-26 中可以看到，对象 A 引用到内存块 0 和内存块 2 中的对象，同时对象 B 也引用到内存块 2 的对象。对象 A 和对象 B 分别由 T1 和 T2 进行遍历标记，可能存在 T1 和 T2 需要同时标记对象 C 的情况，因此两个线程需要竞争访问对象 C，在标识时通过对标记位图的竞争来确定谁来处理对象 C，所以对象的标记可能由 T1 执行，也可能由 T2 执行。另外，对象 A 还有一个指向块 0 的对象 D，也需要被标记，也是由 T1 处理。线程在进行标记时通过线程的局部标记栈来保存待进一步标记的对象。在并发标记中，如果遇到线程局部标记栈溢出的问题，并发标记的处理思路和其他标记的处理思路并不相同。并发标记如果遇到标记栈溢出的情况，会记录溢出对象的地址，当前并发标记执行结束后如果发现标记栈溢出，会再次进入并发标记并从溢出对象开始向后重新遍历标记整个空间的对象。当有多个线程同时发生标记栈溢出时，将地址最低的对象作为重新开始标记的起点。在并发标记中发生标记栈溢出会导致成本提高，可能需要做大量无用的重复遍历工作。

　　那么为什么并发标记中标记栈溢出处理和其他标记中的处理方式均不相同？最主要的原因还是并发操作带来的复杂性。例如下面介绍的再标记阶段也是多线程执行，也可能存在标记栈溢出的情况，但是再标记阶段可以通过额外的技术来处理标记栈溢出的情况。这里先不展开介绍，在本章扩展阅读中会对标记栈溢出展开介绍。

　　并发标记的整体算法如上所述，但是在处理每个内存块时还是进行了一个小小的优化。具体来说就是，当处理本内存块中的标记对象时，会从起始地址到结束地址逐一判断是否需要扫描，如果扫描完成那么增加起始地址的位置用 finger 表示。一个简单的例子如图 4-27 所示。

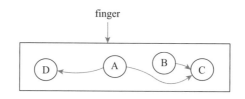

图 4-27　一个内存块中并发标记处理优化示意图

当标记对象 A 时，finger 指向对象 A 的起始地址，A 有两个对象引用，分别是对象 C 和对象 D，在标记时仅会处理对象 D（包含标记对象 D 并遍历标记对象 D 的成员变量），但是对于对象 C，仅仅标记而不遍历标记其成员变量。首先，这样的设计在正确性方面是没有问题的，当对象 A 处理完成后，对象 C 位于尚未遍历的内存空间中，即对象 C 在后续的处理中还会被遍历到。那么为什么要这样设计？为什么不直接按照深度遍历标记对象 C？其主要目的是减少标记栈的溢出。在标记栈溢出时，并发标记会从最低地址对象重新开始继续标记，成本相对比较高。本质上该优化是将原本可以深度遍历的对象转换为宽度遍历。

4.4.6　并发标记清除之预清理

预清理指的是在并发标记结束以后，在执行再标记之前，预先做一些工作，以减少再标记的耗时。预清理的思路是针对初始标记结束到目前为止新增的对象进行并发的标记，从而减少再标记阶段的时间。预清理的主要工作如下。

1）处理 Java 引用：Java 引用在并发标记完成后就可以处理。处理的思路是针对标记时找到的 Java 引用，判断引用管理的对象是否可以回收。

2）标记 Survivor 分区：在 Mutator 运行过程中新生代中的对象的引用关系可以被修改，而新生代是老生代的根之一，所以再标记时会重新以新生代为根集合进行标记，在预清理中可以执行 Survivor 分区作为根集合的标记。为什么此时选择 Survivor 作为根集合提前处理？Eden 不能在这里处理吗？因为预清理时可并发执行，Mutator 是可以访问 Eden 的（分配对象），如果要保证访问到 Eden 中所有的对象，则需要对 Eden 加锁。而 Survivor 分区中的对象不会重新分配，只有读写访问，实现简单。

3）标记 ModUnionTable（简称 MUT）：MUT 记录了在老生代回收中如果发生 Minor GC 时晋升的对象，或者 Mutator 直接分配在老生代中的对象。新增对象都被认为是新增的根集合，所以需要再次标记。注意，在预清理阶段不能执行前台 GC，由于预清理和 Mutator 并发执行，但是为了保证正确访问对象，只有在预清理主动放弃 CPU 的时候，Mutator 才能直接在老生代中分配对象，如果 Mutator 不直接在老生代中分配对象，则不会与预清理线程发生竞争。在处理完 MUT 中的待标记对象后，MUT 相应的位图会被清除。

4）标记 CardTable（简称 CT）：在 CMS 的设计中，卡表记录了 GC 过程中老生代变化的对象，变化的对象既可以是老生代指向新生代引用关系的变化，也可以是指向老生代引用关系的变化。所以再标记需要重新对卡表进行处理。当然，在进行卡表处理时，仅仅针对已经标记过的对象（明确是活跃对象），才会再次对卡表的状态进行再标记。是否存在卡块状态为 Dirty，但是对应的对象是死亡状态的情况？完全有可能，因为卡块对应的是 512 字节的内存，所以可能存在只有部分对象是活跃状态的情况。另外，在预清理阶段，卡块原来是 Dirty 状态，再处理后状态变为 PreClean，这个值表示在执行 Minor GC 时仍然需要把该卡块中的对象作为根。

在预清理的过程中需要访问标记位图，并且在标记位图中对新增的活跃对象进行标记。同时，Mutator 在老生代中直接分配对象时也需要写标记位图，执行 Minor GC 时如果有对象晋升，也需要写标记位图。所以在预清理的过程中需要获取 BitmapLock 这个锁，从而保证正确性。但是当预清理中获得 BitmapLock 锁以后，Mutator 就无法在老生代中分配对象，所以预清理中需要在满足一定条件下主动放弃执行 CPU，让 Mutator 获得 CPU 的执行机会。主动放弃 CPU 一般发生在执行一定任务后，例如：

1）在对 Survivor 分区处理时，针对分区中每一个对象处理完成后都会检查是否需要让出 CPU。为了保证处理的连续性及降低代码实现的复杂性，仅仅针对根对象检查是否放弃 CPU 执行，在遍历对象的成员变量时并不会再次检查。所以在实际中如果一个对象有很深的对象引用关系，可能会导致 Mutator 等待锁的时间过长。

2）类似地，在进行 MUT 和 CT 处理时，也是针对 MUT 和 CT 中每一个对象处理完成后检查是否需要让出 CPU。

3）在进行引用处理时比较特殊，由于 Survivor、MUT 和 CT 都可以在遍历时控制放弃 CPU 的时机，而引用处理中并未实现细粒度的放弃 CPU 的动作，只有在处理不同引用类型时才会检查是否需要放弃 CPU 的执行。所以在预清理中，引用处理可能会导致该阶段耗时较长，如果发现存在这样的情况，则可以将引用处理放在再标记阶段执行（再标记可以并行处理引用，预清理是由 CMS 控制线程单线程执行引用处理）。

需要指出的是，在对 Survivor、引用处理、MUT 和 CT 的处理过程中会递归处理活跃对象的成员变量，使用标记栈来保存成员变量。但是在运行过程中，标记栈可能会溢出，所以需要一个额外的机制来保证标记栈溢出时标记对象不会丢失，通常使用一个链表作为标记栈的备份安全机制。关于标记栈溢出更多的介绍可以参考后面扩展阅读中的相关内容。

对于 Survivor 分区处理有一个需要优化的地方，那就是当溢出发生时并不使用备份链表，而是借用 MUT 作为备份机制，只要保证 MUT 的处理发生在 Survivor 分区处理之后，就能保证待标记对象不丢失。

另外再提一点，CMS 控制线程在放弃 CPU 执行的时候，Mutator 能否顺利地获取 CPU 并得到执行呢？放弃 CPU 执行是通过 Yield 机制完成的，OS 关于线程执行 Yield 动作后其他线程是能否获得 CPU 并不确定，例如线程放弃 CPU 后还可能再次获得 CPU 的执行权，所以可能出现 CMS 控制线程放弃 CPU 后，Mutator 没有抢到控制权，CMS 控制线程继续执行，导致 Mutator 长时间等待（CMS 控制线程放弃 CPU 时释放相关锁，Mutator 获得锁才能执行）的情况。在这种情况下，更好的处理方式是重新设计 Mutator 和 CMS 控制线程的交互方式，例如使用通知 / 等待机制，但实现较为复杂。在 JVM 实现中直接让 CMS 控制线程在放弃 CPU 后再睡眠一段时间（睡眠时间通过参数 CMSYieldSleepCount 控制，默认是 0，表示不睡眠）。如果遇到在并发执行阶段 Mutator 长时间等待的情况，则可以设置该参数让 Mutator 获得执行权。

4.4.7 并发标记清除之可终止预清理

可终止预清理指的是在执行过程中如果发现内存压力比较大，会主动终止执行，直接进入再标记阶段。可终止预清理阶段的可终止指的是当 Eden 内存使用到一定程度时（通过参数 CMSScheduleRemarkSamplingRatio 控制，默认值是 50，表示 Eden 使用超过 50%），不再继续执行预清理阶段，直接转入再标记阶段。其主要原因是 Eden 剩余空间不多，而可终止预清理虽然是并发执行的，但是是单线程执行，速度比较慢。如果继续执行预清理，可能导致新生代因为内存不足触发老生代回收，而这样的老生代回收可能会终止当前正在执行的回收，所以引入了可终止预清理。

可终止预清理和预清理阶段完全共享代码。主要区别如下：

1）通过不同的参数控制处理的源，默认情况下，预清理执行引用处理、MUT 和 CT 的处理；可终止预清理执行 Survivor、MUT 和 CT 的处理。

2）可终止预清理会额外判断是否需要终止，如果需要终止，则直接进入再标记阶段。

预清理和可终止预清理执行的工作可以通过参数修改，其中预清理阶段使用参数 CMSPrecleanRefLists1（默认为 true）和 CMSPrecleanSurvivors1（默认为 false）控制引用处理和 Survivor 的执行；可终止预清理阶段使用参数 CMSPrecleanRefLists2（默认为 false）和 CMSPrecleanSurvivors2（默认为 true）控制引用处理和 Survivor 的执行。

如果遇到预清理阶段引用处理时间过长的情况，则可以将 CMSPrecleanRefLists1 也设置为 false，则可跳过引用处理。

MUT 和 CT 在预清理和可终止预清理阶段都有处理。在预清理阶段，不会主动终止 MUT 和 CT 的处理；而在可终止预清理阶段，MUT 和 CT 的处理都会尝试主动让出 CPU，并且也都会主动检查是否需要终止执行。

另外，在 MUT 的处理中还进行了额外的优化，主要是为了控制执行的时间，在这两个阶段都会控制处理的对象数量。以下两种情况会主动终止 MUT 的处理。

1）MUT 的处理在放弃次数不超过 3 次（可以通过参数 CMSPrecleanIter 控制，默认值为 3）的情况下还会继续重试执行 MUT。

2）当 MUT 处理卡块的个数小于 1000（可以通过参数 CMSPrecleanThreshold 控制，默认值为 1000），或者每次 MUT 处理卡块的个数没有出现递减并且达到一定程度时会主动终止（通过参数 CMSPrecleanDenominator 和 CMSPrecleanNumerator 控制数量变化的程度，默认值分别是 3 和 2，表示最新一次 MUT 处理的个数大于上一次 MUT 处理个数的 2/3）。

再来分析一下在进行 CT 处理时卡块被设置为 PreClean 的正确性。CMS 控制线程在预清理和可终止预清理阶段都会将老生代的卡块设置为 PreClean。而 Mutator 也有可能修改对象的引用关系并设置卡块的值，Mutator 会将卡块的值修改为 Dirty。因为 CMS 控制线程和 Mutator 都可能修改同一卡块，所以存在竞争问题。那么在修改卡块时是否需要加锁？如何设计才能保证算法的正确性？下面通过一个简单的例子来说明 CMS 是如何解决这个问题的。假设 Mutator（记为 T1）修改老生代中对象的引用关系（记为 Write Heap，简写为 Wh），需要写卡块（记为 Write Dirty，简写为 Wd），可以抽象为先写堆再写卡块；CMS 控制线程（记为 T2）正在执行预清理或可终止预清理，对卡块为 Dirty 的进行重新标记，当标记时先将卡块修改为 PreClean（记为 Write PreClean，简写为 Wp），再读对象（记为 Read，简写为 R），可以抽象为先写卡块再读堆。T1 和 T2 交互执行，可能有以下 6 种执行顺序。

1）如果 T2 先于 T1 执行，那么整个执行顺序为 Wp→R→Wh→Wd，最后卡块的结果为 Dirty，并发预清理和可终止预清理正确执行，同时下一次的 Minor GC 也正确执行。

2）如果 T1 先于 T2 执行，那么整个执行顺序为 Wh→Wd→Wp→R，最后卡块的结果为 PreClean，并发预清理和可终止预清理正确执行。对于 Minor GC 需要稍微增强，在执行 Minor GC 处理时，除了要把 Dirty 看作代际引用之外，也要把 PreClean 看作代际引用，以保证对象标记的正确性（在 4.2 节中提到 PreClean 也是根的原因）。

3）如果 T1 和 T2 交互执行，T1 修改引用关系，T2 修改卡块为 PreClean，T1 修改写卡块为 Dirty，T2 再读对象。整个执行顺序为 Wh→Wp→Wd→R，卡块最后的状态为 Dirty，T2 读到的是修改后的对象，对象会被正确地再标记。同时由于卡块状态为 Dirty，因此再标记中还会再处理一次卡块对应的对象，相当于额外多执行一次标记动作，但是正确性没有问题。

4）如果 T1 和 T2 交互执行，T1 修改引用关系，T2 修改卡块为 PreClean 并读对象，T1 最后修改写卡块为 Dirty。整个执行顺序为 Wh→Wp→R→Wd，卡块最后的状态为 Dirty，T2 读到的是修改后的对象，对象会被正确地再标记，会额外多执行一次卡表的标记动作。

5）如果 T1 和 T2 交互执行，T2 修改卡块为 PreClean，T1 修改引用关系，T1 修改写卡块为 Dirty，T2 再读对象。整个执行顺序为 Wp→Wh→Wd→R，卡块最后的状态为 Dirty，T2 读到的是修改后的对象，对象会被正确地再标记，会额外多执行一次卡表的标记动作。

6）如果 T1 和 T2 交互执行，T2 修改卡块为 PreClean 并读对象，T1 修改引用关系，T1 最后修改写卡块为 Dirty。整个执行顺序为 Wp→Wh→R→Wd，卡块最后的状态为 Dirty，T2 读到的是修改后的对象，对象会被正确地再标记，会额外多执行一次卡表的标记动作。

另外，预清理阶段和可终止预清理阶段除了做上述标记工作以外，还可能做一些其他的工作（依赖于参数 CMSEdenChunksRecordAlways 的设置，该参数的默认值是 true，表示不需要预清理做额外的工作）。在执行再标记的时候，需要重新把新生代作为老生代的根进行标记，为了加速再标记的执行，会将 Eden 划分为成大小尽量相同的内存块（chunk），由多个线程并行执行对象的标记，内存块的大小可以通过参数 CMSSamplingGrain 来控制（默认值是 16K[⊖] 字）。但是直接按照大小对 Eden 进行划分会存在一个问题，那就是每个 chunk 的第一字不是对象的首地址，所以需要额外的数据结构辅助（例如 BOT）找到对象的首地址，然后在遍历对象时根据对象的首地址开始进行标记。使用辅助结构需要额外的内存消耗及时间来查找对象，所以在 CMS 中提供了另外一种实现，即使用了一个额外的数组记录每个 chunk 中第一个对象的首地址，而数组中元素的更新策略有两种，通过参数 CMSEdenChunksRecordAlways 来控制。

1）当参数设置为 true 时，在进行对象分配的时候判断对象是否跨 chunk，如果对象进入下一个 chunk，则直接更新数组；该参数为 true 时会降低 Mutator 对象分配的效率。

2）当参数设置为 false 时，在进行对象分配时并不记录，而是在预清理或可终止预清理阶段在遍历对象时对 Eden 进行采样，如果发现 Eden 当前可用的地址处于一个新的chunk 中，则更新数组。这样的方式虽然不影响对象分配的效率，但是数组记录对象并不均匀，数组元素之间的地址跨度可能比较大（依赖于应用运行的情况）。另外，在实现时对于是否启动抽样还要提供额外的参数控制，当满足下面的条件时才会真正启动抽样，公式为

$$used < \frac{Capacity \times CMSScheduleRemarkEdenPenetration}{CMSScheduleRemarkSamplingRatio \times 100}$$

其中 CMSScheduleRemarkSamplingRatio 的默认值为 5，CMSScheduleRemarkEden-Penetration 的默认值为 50，表示 Eden 使用的内存低于 1/10 容量时才会启动抽样。如果无法成功启动抽样，在执行再标记时性能可能受损，整个 Eden 会被一个线程处理（当然 JVM 内部有多线程的任务均衡机制来解决负载不均衡的问题）。

根据笔者个人经验，在 CMS 的实现这一部分逻辑中存在一个小问题，通常不建议读者对这几个参数做修改，直接使用默认配置即可。

在可终止预清理阶段还提供了以下几种通过参数主动终止执行的控制。

❑ 参数 CMSMaxAbortablePrecleanLoops 控制预清理主动执行的次数，在一次预清理处理中处理 Survivor、MUT 和 CT 时都可以主动终止。该参数表示如果遇到主动终止，则判断是否需要再次进入预清理工作。该参数的默认值为 0，表示不使用该方式控制是否主动终止。

❑ 参数 CMSMaxAbortablePrecleanTime 控制预清理主动执行的总体时间，当进行多次预清理处理时，总体执行的时间不能超过该阈值。该参数的默认值为 5000，表示最大允许该阶段执行 5 秒，超过 5 秒会立即进入再标记。

⊖ 此处 K 也指 1024。

❑ 参数 CMSAbortablePrecleanMinWorkPerIteration 用于控制可终止预清理的效率，要求一次预清理处理至少处理一定数量的对象，当低于该阈值时，暂时进入休眠状态，休眠时间通过参数 CMSAbortablePrecleanWaitMillis 来控制。这两个参数的默认值都是 100，表示一次预清理工作的处理对象少于 100 个时会休眠 100 毫秒。

这几个参数只有在很少的情况下才会被使用到，一般的程序员无须关心这些参数。

4.4.8　并发标记清除之再标记

再标记阶段是在并发阶段（并发标记、预清理、可终止预清理）后执行的，在并发阶段，Mutator 会修改对象的引用关系，进而导致部分活跃对象尚未标记。解决问题的思路非常简单：重新执行一次对象标记。首先，根集合处理与初始标记处理非常类似，包含传统的根集合、新生代，除此以外，还包括 MUT 和 CT 这两个表中记录修改的对象，当然也会执行 Java 对象的引用及类卸载相关代码。再标记发生在 STW 阶段，在执行过程中多个线程并行执行。并行执行的思路对于不同的根处理略有不同，总结如下。

❑ 传统的根集合：每个线程执行一个根集合。

❑ 新生代：将 Eden 和 Survivor 划分成内存块，然后每个内存块由一个线程执行，Eden 和 Survivor 的划分方法在预清理中已经介绍过⊖。

❑ MUT 和 CT：将 CT 中 Dirty 的卡块合并到 MUT 中，CT 中卡块不做任何处理（因为卡块还可能表示老生代指向新生代引用，Minor GC 仍然需要卡表的状态数据），然后将内存划分为大小相同的内存块进行并行处理。每个内存块的大小通过参数 CMSRescanMultiple 来控制，默认值为 32，表示内存块的大小为 32×4KB=128KB。

❑ Java 引用本身支持并行处理，通过线程的局部链表对引用处理进行并行处理。

最后再来看一下并发执行中卡表的操作。在前面提到，为了保证标记的正确性，Mutator 在修改老生代的对象时会在卡表中记录对象的首地址。但是由于在老生代回收过程中还可以继续执行 Minor GC，Minor GC 执行时需要把老生代到新生代的代际引用也记录在卡表中。为了保证并发标记的正确性，需要关注老生代内对象之间的引用关系，即老生代指向老生代的引用关系也是再标记的根之一。这里就有一个问题，在卡表中要区分老生代到新生代的引入值及老生代内对象修改后的值，否则大量的不属于老生代到新生代的引用也会被遍历到。在 Minor GC 中使用两个值 cur_youngergen 和 prev_youngergen 分别表

⊖ 从再标记阶段的实现来看，新生代是标记的根集合之一。如果新生代中有大量死亡对象，并且这些死亡对象有成员变量指向了老生代中的对象，这些本该死亡的老生代的对象也会被再次标记（变成活跃对象），从而造成浮动垃圾。所以在 JVM 中提供了一个参数 CMSScavengeBeforeRemark（默认值为 false），用于控制在执行再标记之前是否执行一次 Minor GC，如果参数设置为 true，则会先执行一次 Minor GC，再执行再标记。当执行了 Minor GC 以后，Eden 中的对象转移到 Survivor 或者晋升到老生代，执行后所有的对象几乎都是真正活跃的对象，根据这些对象执行再标记能大大减少老生代的浮动垃圾。当 Mutator 在并发标记中分配较多的对象时，使用该参数可以降低再标记的时间。

示老生代到新生代的引用。当老生代内对象被修改时使用另外一个值 Dirty，Dirty 和 cur_youngergen 与 prev_youngergen 均不相同。所以在再标记、并发预清理、可终止预清理阶段都只需要处理卡表中值为 Dirty 的卡块。

4.4.9　并发标记清除之清除

由 CMS 控制线程负责完成清除，清除阶段是并发执行，并且是单线程执行的。清除包含了两个动作：发现垃圾内存并将其添加到空闲列表中；在添加过程中如果发现空闲内存块可以合并，则会执行合并动作。

清除动作算法并不复杂，从 [bottom, end) 依次遍历内存块，当发现内存块状态为 Free 或者 Garbage 时准备合并。清除算法本质上是一个状态机，如图 4-28 所示。

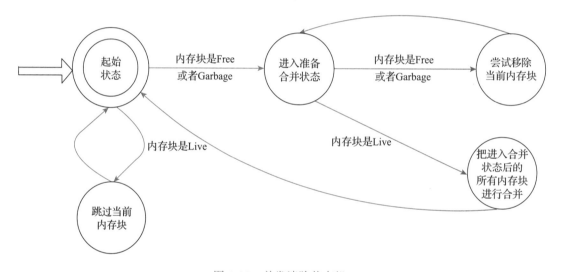

图 4-28　并发清除状态机

实际上老生代回收在合并上还有另外的考虑，在应用执行时，一方面，如果小对象过多，JVM 内部可能需要不断地从大的内存块分离出小的内存块；另一方面，如果大对象过多，JVM 内部需要将小的空闲内存块合并成大的内存块。这两种诉求在应用执行时同时存在。为了提高应用执行的效率，在合并时避免将所有可以合并（只要内存块首尾地址相连就可以合并）的内存块都合并，在内存管理中增加了合并策略，只有当满足合并策略时，才可以合并内存块。如何设计合并策略呢？显然，要设计好合并策略，需要统计不同大小内存块使用的情况，通常使用一个 allocation_stats 的数据结构记录当前尺寸的内存块在应用运行时真正用于分配请求的内存块。合并时会根据过去内存块使用的情况预测到下次清除之前需要使用的内存块个数，在合并时当空闲内存块的个数小于预测值时不合并。但在实现层面提供了多样化处理，下面通过一个例子简单地介绍合并策略的情况。

假设有两个内存块，分别记为 A、B，其中内存块 A 的大小为 16 字，内存块 B 的大小为 40 字。这里假设两个内存块的大小是为了演示是否满足合并条件。满足合并条件的前提是 A 的尾地址和 B 的首地址相连。合并内存块 B 前，空闲链表的状态如图 4-29 所示。

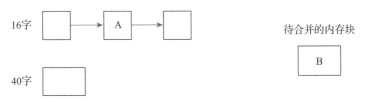

图 4-29　空闲链表示意图

假设应用运行一段时间触发了老生代回收，在老生代回收中，统计到 16 字和 40 字内存块的使用情况，并预测到下一次老生代回收时，16 字和 40 字的内存块都需要 2 个。当清除内存块 B 的时候（B 可以是 Free 或者 Garbage 状态），是否需要合并 A、B 可以通过策略来控制，策略的参数通过 FLSCoalescePolicy 来设置。

- ❏ 0：表示即使 A、B 满足合并的前提（地址相连）也不会合并。该参数值会导致内存碎片较多，要慎重使用，适用于应用对象分布比较均匀的场景。
- ❏ 1：表示 A、B 满足合并的前提，同时要求 A 和 B 对应的空闲链表中空闲内存块的个数均超过预测值时才会尝试合并 B。在该例中，由于 40 字的链表中只有一个空闲块，低于预测值 2，不满足合并条件，B 将被加入空闲链表中。该参数值会导致内存碎片较多，要慎重使用。
- ❏ 2：表示 A、B 满足合并的前提，要求 A 对应的空闲链表中空闲内存块的个数超过预测值时才会尝试合并 B。在该例中由于 16 字的链表中有 3 个空闲块，超过预测值，满足合并条件，A 和 B 可以被合并。在 A 和 B 合并时，A 对应的链表空闲内存块的个数变成了 2，如果后续再要从该链表中合并内存块时就不满足预测值。该参数值是 JVM 默认的值，由于清除阶段是从左到右执行的，执行合并时仅仅判断左侧的内存块更容易实现合并。
- ❏ 3：表示 A、B 满足合并的前提，要求 A 和 B 对应的空闲链表中空闲内存块的个数有一个超过预测值时就会尝试合并 B。在该例中，由于 16 字的链表中有 3 个空闲块，超过预测值，满足合并条件，A 和 B 可以被合并。该参数值和默认值相比可以合并更多的内存块，但效果有限。
- ❏ 4：表示只要 A、B 满足合并的前提，就会合并 A 和 B，不用考虑分配的效率。该参数值可以尽可能多地合并内存，但对内存分配效率会有一定的影响。

实际工作中常使用默认值 2 或者激进的合并策略 4，读者可以根据应用运行的情况来选择相应的参数值。

另外，JVM 还对最大空闲内存块的合并做了特殊处理，原因是最大空闲内存块越大，满足应用分配请求的概率就更高。所以，当遇到最大空闲时尽可能地合并。其具体的实现如下：

1）找到第一个最大的空闲内存块。

2）根据该空闲内存块的地址向前计算一个阈值，当空闲块的地址落在阈值之后的地址空间时，总是合并空闲块，而不考虑合并策略。阈值的计算公式如下：假设 Offset 是最大空间块 A 距离内存起始地址 O 的偏移量，即 Offset=A–O；阈值 threshold=Offset×FLSLargestBlockCoalesceProximity+O，内存块落在 [threshold, A) 之间时都会强制进行合并。

FLSLargestBlockCoalesceProximity 的默认值为 0.99。在实际生成中，如果合并策略选择 1、2、3，当发现遇到内存碎片化导致无法响应内存分配时，可以设置该值，将其值变小，可以有效地提高最大空闲内存块合并的概率。

最后，再对清除的并发操作做一些提示。清除操作和 Mutator 并发执行，而 Mutator 可以在清除执行期间从老生代中申请内存并初始化对象。两者之间的同步通过 FreeListLock 这个锁来保证，即只有得到 FreeListLock 这个锁的线程才能访问老生代。要进行清除，必须获得锁，当 Mutator 需要分配内存时，必须等待清除阶段释放锁。为了保证 Mutator 的执行，在清除阶段会执行 Yield 动作。具体方法是在每处理完一个内存块之前都先检查是否需要放弃执行，如果需要，则放弃 CPU 的占用。在放弃 CPU 占用时会先释放锁，从而使 Mutator 得到执行。

但是两者并发执行可能会存在一个问题，那就是 Mutator 从老生代分配了内存，但是尚未完成初始化，就被清除线程抢占了 CPU 重新执行。对于这种情况，清除线程在实现中需要做额外的处理。主要原因是在进行清除工作时需要访问元数据获取对象内存的大小，而尚未完成初始化的对象的元数据信息并不存在，无法正确获取。具体的方法是：对于已经申请但尚未完成初始化的内存块，当分配时，在标记位图中做特殊的标记。

普通对象在标记位图中仅仅标记对象的首地址对应的位图，对于已经分配但尚未完成初始化的对象，对对象的首地址、第二个字和最后一个字对应的位图都进行设置。因为对象的大小最小为 3 字，所以通过上述方法可以将两者区分开来。正常对象标记位图中前两位为 10，已经分配但尚未完成初始化动作的对象标记位图中前两位为 11，继续查找标记位图，直到遇到标记 1，该地址就是未初始化对象的尾地址，通过这样的方式就可以获得尚未初始化的对象的大小。

4.4.10　并发标记清除之内存空间调整

空间调整指的是控制线程首先尝试对老生代进行扩展（注意，不会对老生代进行收缩）。空间调整也是并发执行，执行之前需要获取 HeapLock、FreeListLock，也需要获得控制线程的控制权。在执行空间调整时，虽然也是并发执行，但是执行过程中因为成功抢占到锁，所以 Mutator 不能在老生代中分配内存，不能在新生代空间不足时扩展内存（Mutator 可以继续执行不需要上述锁的操作)。另外，空间调整相对来说比较耗时，所以在空间调整执行之前，如果发现有待执行的 GC，会先执行 GC。空间调整是单线程执行的。

4.4.11　并发标记清除之复位

复位指的是控制线程对老生代回收中所用到相关数据结构进行重置，便于下一次老生代回收的执行。复位是并发执行的，但是需要获得 BitmapLock 和控制线程的控制权。当获得控制权以后，才能对标记位图进行清除。思路是每次针对一定的空间进行清除，空间的大小通过参数 CMSBitMapYieldQuantum 来控制，默认值是 10MB。每清除完一块空间以后，就会轮询是否需要放弃 CPU，如果需要则放弃 CPU。复位也是单线程执行的。

4.4.12　并发算法难点

前文介绍了标记清除的细节，其中提到 Mutator 可以并发执行。通常来说，Mutator 的执行需要读写内存，其中读写内存主要指访问、修改整个堆空间的对象，写内存还包括在 Eden 中分配对象。并发执行指的是上述操作不应该受到老生代回收的影响，实际上大多数情况下也确实如此。但是还存在一些例外的情况，会导致其实现非常复杂。最典型的情况是当 Mutator 无法在 Eden 中分配对象时该如何处理？最常见的做法是执行 Minor GC 以便回收 Eden 中的死亡对象，这样 Mutator 就可以继续执行。另外还有一种情况，就是 Mutator 可能基于种种原因需要在老生代中分配对象。对于这两种情况的处理都非常复杂，主要原因是这些操作会与老生代回收的一些操作发生竞争。例如 Minor GC 需要 VMThread 执行 STW，而初始标记和再标记也需要 VMThread 执行 STW；另外 Minor GC 执行时会晋升对象（在老生代中分配对象），而老生代的一些操作，例如清除（sweep），也会针对空闲内存块进行操作（比如合并内存块）；还有就是若 Mutator 触发 Minor GC 后仍然可能无法满足内存分配请求时该如何处理。一般的操作是将 Minor GC 升级为 Major GC 或者 Full GC。Major GC 或者 Full GC 和当前正在执行的老生代回收该如何设计和交互呢？为了区分各种回收，把主动触发的老生代回收称为后台 GC，而由 Mutator 触发的 Minor GC 或者 Major GC 和 Full GC 称为前台 GC。

首先来看一下后台 GC 和前台 GC 的并发操作交互。从概念上说，后台 GC 一般是主动触发，而前台 GC 是被动触发，通常是 Mutator 遇到分配请求无法满足的情况，所以前台 GC 的优先级应该更高一些。如果后台 GC 正在执行，要体现前台 GC 优先级更高的表现就是，前台 GC 可以抢占后台 GC 的执行。另外，无论是前台 GC 还是后台 GC，都有 STW 阶段，都需要 VMThread 参与工作，那么该如何设计回收才能体现前台 GC 的优先级更高一些？JVM 的实现是在后台 GC 执行的过程中，如果发现有前台 GC 的请求，会进入前台 GC 中执行。但是由于前台 GC 的执行可能会对后台 GC 产生影响，因此此处还需要再对前台 GC 到底是触发 Minor GC、Major GC 还是 Full GC 再做一下区分。

如果前台 GC 是 Minor GC，则对后台 GC 影响最小，只会影响老生代标记过程，所以触发 Minor GC 最好是在不影响后台 GC 标记的过程中执行。因此后台 GC 在 InitialMark、Remark 和 Resize 阶段执行之前可以允许前台 GC 执行。此时后台 GC 和前台 GC 的交互示意图如图 4-30 所示。

图 4-30　前台 GC 和后台 GC 交互示意图

如果前台 GC 是 Major GC，即 Minor GC 发生后仍然无法满足 Mutator 的内存请求，在 JDK 9 之前的版本中有两种执行模式，分别是标记清除算法和标记压缩算法。首先判断是否需要执行压缩，如果需要则执行标记压缩；如果不需要则执行标记清除算法。在标记清除的执行过程中会根据后台 GC 执行的阶段进行重用，例如后台 GC 执行完并发标记，标记清除算法直接从再标记开始执行，并且 STW 的执行会持续到整个 GC 周期执行完毕。如果是标记压缩，则执行串行的标记压缩算法，具体细节参考第 3 章中的相关知识。在 JDK 9 及随后的版本中，移除了标记清除的功能，直接执行标记压缩算法。其主要的原因是此时执行重用的标记压缩能回收的内存有限，并不能缓解应用内存不足的困境，还会导致代码复杂。

另外，在 JDK 9 中也移除了 iCMS 模式。iCMS 模式在新生代的使用过程中不断地判断是否可以触发后台 GC，如果满足条件则会执行后台 GC（该模式通过参数 CMSIncrementalMode 控制，默认值为 false）。使用该模式须谨慎地设置 iCMS 后台 GC 触发的条件，JVM 提供了几个参数，其中 CMSIncrementalDutyCycleMin（默认值为 0）和参数 CMSIncrementalOffset（默认值为 10）最为重要，参数 CMSIncrementalDutyCycleMin 用于控制 Mutator 分配时触发和停止 iCMS 模式下后台 GC 内存的使用区间，其中触发的边界是 Eden 使用的上限尚未达到阈值 free×DutyCycle/2，停止的阈值是 Eden 使用的上限超过阈值 free×DutyCycle（DutyCycle 可以通过信息收集预测出来，但为了防止 DutyCycle 过小，使用参数 CMSIncrementalDutyCycleMin 作为其最小值）；而参数 CMSIncrementalOffset 表示对使用的内存额外增加一个比例。该模式在 JDK 8 中也不再推荐使用，主要原因是该模式维护成本太高（该模式导致代码更为复杂，bug 很多），且调参并不容易。所以不再具体介绍该模式，更多信息可以参考官方文档⊖。

因为后台 GC 和前台 GC 都可能需要 VMThread 协助执行进入 STW，所以两者需要通过锁（锁记为 CGC_Lock）来解决竞争问题。另外，后台 GC 需要一个机制释放锁，所以

⊖　http://openjdk.java.net/jeps/173，http://openjdk.java.net/jeps/214

引入了两层的锁抢占机制：第一层是 Token，第二层是 CGC_Lock。通过 Token 来判断后台 GC 控制线程或者前台 GC 谁能获得锁，通过 Token 机制保证了前台 GC 优先级高的问题。假设后台 GC 由 CMS 控制线程控制执行，前台 GC 由 VMThread 控制；同时设计了 4 个 Token，分别为 vm_has_token、vm_want_token、cms_has_token、cms_want_token。当 CMS 控制线程或 VMThread 获得执行时，一定是获得了 cms_has_token 或 vm_has_token；当 CMS 控制线程或 VMThread 想得到执行时，先要获得 cms_want_token 或 vm_want_token。通过引入 Token 机制就能实现优先级控制。

　　当 CMS 控制线程想获得执行时，如果没有竞争，则直接获得 cms_has_token，然后进入执行（见图 4-31b）；如果通过检测发现 Token 是 vm_has_token 或者 vm_want_token，则先设置 cms_want_token，等待 CGC_lock，直到 VMThread 完成执行（前台 GC 操作完成后）才获得执行的机会，然后进入 cms_has_token（见图 4-31a）。CMS 控制线程获得 Token 的示意图如图 4-31 所示。

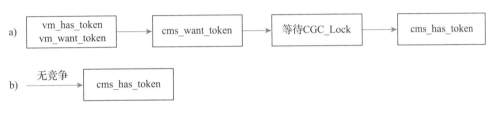

图 4-31　CMS 控制线程获取 Token 示意图

　　当 VMThread 想获得执行时，如果没有竞争则直接获得 vm_has_token，然后进入执行（见图 4-32c）；如果通过检测发现 Token 是 cms_has_token，则说明 CMS 控制线程已经获得执行机会，所以 VMThread 等待 CMS 控制线程执行结束，首先设置 vm_want_token 阻止 CMS 控制继续获得执行的机会，然后等待 CGC_Lock（CMS 控制执行完毕后通知 CGC_Lock），得到通知后设置 vm_has_token（见图 4-32a）；如果通过检测发现 Token 是 cms_want_token，则说明 CMS 控制线程也想得到执行，但是尚未得到执行，此时 VMThread 直接获得 Token，CMS 控制线程无法获得执行，即在抢占 Token 中失败（见图 4-32b）。VMThread 获得 Token 的示意图如 4-32 所示。

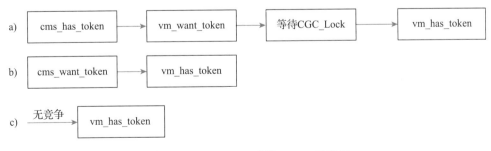

图 4-32　VMThread 获取 Token 示意图

VMThread 和 CMS 控制线程通过 Token 和 CGC_Lock 解决了线程优先级的问题及竞争的问题。

下面来看一下后台 GC 和 Mutator 的并发操作交互。由于后台 GC 和 Mutator 并发执行，Mutator 在运行时可能修改对象引用，需要更新 CT 或 MUT，也可能在老生代中分配对象。而后台 GC 执行时同样会访问和修改 CT、MUT 或者操作内存（如合并）。所以后台 GC 设计了一些锁，比如 BitmapLock、FreeListLock 等。Mutator 和后台 GC 需要竞争锁以获得执行权。在后台 GC 获得上述锁的情况下，会在满足一定条件下检测是否需要放弃 CPU 的执行权，从而使 Mutator 获得继续执行的机会。

后台 GC 在并发执行的阶段，每处理一个对象之后都会主动检测是否需要放弃 CPU 执行权，如果需要放弃，则通过 Yield 机制放弃执行。在后台 GC 执行时，通常由 CMS 控制线程来控制执行，而在任务真正执行时，大多数情况下是多个线程同时执行。在任务放弃 CPU 时需要多个线程同时完成放弃 CPU 执行权，Mutator 才能获得执行权。

两者的交互是：Mutator 在执行一些操作时会先设置请求后台 GC 放弃执行的标志位，后台 GC 执行过程中，如果多个线程发现这些标志位变化，则会执行放弃 CPU 控制权的动作，直到所有的线程都进入 Yielding 状态，后台 GC 才会进入 Yielded 状态，然后释放锁，让 Mutator 获得执行的机会，如图 4-33 所示。

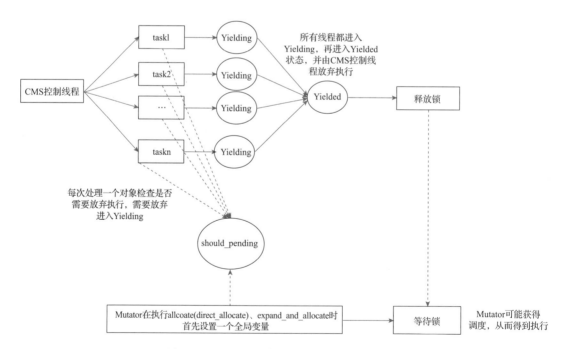

图 4-33　CMS 并发任务主动放弃执行示意图

当然，如果并发阶段是单线程执行（如 PreClean、Reset 等阶段）的，放弃 CPU 控制权相对比较简单，不需要像上面的多线程那样同步到 Yielded 状态，而是直接进入 Yielded 状态放弃 CPU 控制权。在预清理阶段提到，后台 GC 线程放弃 CPU 控制权后 Mutator 并不一定能获得 CPU 控制权（由于 OS 调度机制），所以引入了一些额外的参数让后台 GC 线程睡眠。更多信息可以参考前文内容，这里不赘述。

4.5　Full GC

在 JDK 9 之前的版本和 JDK 9 及以后的版本中，关于 Full GC 的触发逻辑稍有不同。JDK 9 中对实现的逻辑进行了简化。当然不管在哪个版本中，Full GC 都是前台 GC，即都是由 Mutator 主动触发的。

在 JDK 9 中，如果 Mutator 在执行过程中发现内存不足，则会触发 Minor GC。如果 Minor GC 获得执行的机会，在 Minor GC 执行结束后仍然无法满足 Mutator 的内存请求，则会直接执行 Full GC。如果进入 Full GC 的执行阶段，发现 CMS 控制线程正在执行后台 GC，则会尝试抢占后台 GC 的执行（通过 Token 和 CGC_Lock），如果抢占成功，则会告诉后台 GC 需要终止执行（无论后台 GC 执行到哪一个阶段），直接执行标记压缩算法。关于标记压缩算法更多的信息，可以参考第 3 章的内容。当 Full GC 执行结束后，CMS 线程重新获得控制权继续执行，如果发现已执行过 Full GC，则会终止当前的执行。

JDK 9 以前的版本首先判断是否需要执行压缩，如果需要则执行标记压缩，如果不需要则执行标记清除算法。主要有两个参数控制是否需要执行标记压缩：参数 UseCMSCompactAtFullCollection 控制是否允许执行标记压缩（默认值是 true）；参数 CMSFullGCsBeforeCompaction 表示每经过多少次标记清除后执行一次标记压缩（默认值是 0）。所以默认情况下每次都执行标记压缩，而不是标记清除。

> 注意　在当前的实现中，Full GC 都是串行执行的，但实际上可以将其并行化。在并行化时需要考虑如何正确地遍历老生代（老生代的内存按照 FreeList 管理，堆内存存在一些 Free 的内存块），算法思想可以参考第 5 章并行回收的老生代实现。实际上，在 2015 年 Google 公司尝试为 CMS 的 Full GC 贡献一个并行的实现，但基于种种原因该修改并未合入主线代码，更多信息可以参考 JDK-8130200 。

4.6　扩展阅读：标记栈溢出的各种处理方法

在新生代的复制算法和老生代的并发标记算法中都借助于标记栈记录待标记对象，使

⊖ https://bugs.openjdk.java.net/browse/JDK-8130200

用标记栈的性能效果较好，原因是数据局部性更好。但是使用标记栈有一个最大的问题就是标记栈的容量的设计。如果标记栈过大，会造成不必要的内存浪费，如果标记栈过小，会造成标记栈溢出，标记栈溢出时需要进行额外的处理。由于算法在运行时都是多线程执行的，为了避免多个线程之间的相互竞争，每个线程都有一个标记栈。但这样的设计中如果标记栈过大，造成的内存浪费就会加剧。所以更加常见的方式是使用较小的标记栈，在标记栈不足时优先进行标记栈的扩展，如果扩展后仍不满足使用的需要，则使用标记栈溢出的技术来处理。

在 ParNew 中使用了链表法来处理标记栈的溢出，而在并发标记中则直接对溢出对象进行重标记，除了 JVM 中使用的这两种方法外，还有逆指针法，本节稍微介绍一下相关知识。

4.6.1　重新标记法

在标记过程中如果发现线程的标记栈空间不足，发生了溢出，可以设计一个溢出标记位，在第一轮标记完成后继续执行第二轮标记，直到没有标记溢出发生。这是最简单的方法。在实现时通常从内存的一端向另一端遍历标记对象，假设遍历内存的方式是从低向高移动，那么可以设计一个变量保存所有溢出对象的最低地址，在下一轮标记中从溢出对象的最低地址开始标记，这样就可以优化标记的执行时间。老生代的并发标记算法采用的就是这种方法。

该方法最大的问题是，标记过程中可能发生大量标记对象的重复检查，导致性能较低。但是该方法的实现最为简单，同时在并发标记中不需要做任何额外的支持。

4.6.2　全局列表法

全局列表法使用一个额外的全局空间存储来暂存标记栈溢出的对象。为什么使用一个额外的列表可以解决标记栈溢出的问题？其实原理非常简单，线程在标记时从本地线程标记栈获取对象，然后递归标记；将溢出对象暂存到一个全局列表中，本地线程暂时不处理这些对象，待本线程的标记栈中全部清空后再去全局列表中把溢出对象移入本地标记栈中重新进行标记。

使用全局列表法也有两种不同的实现：一种方法是使用一个额外的内存空间来暂存溢出的对象，此时全局列表的大小是不能限制的，也就是说在极端情况下，可能因为全局标记栈过大而导致 JVM 耗尽内存；另外一种方法是借助于对象头，复用对象头的内存空间形成链表，但是因为对象头包含元数据信息，所以在使用这种方法时需要对必要的元数据进行保存，待对象真正标记后再恢复对象头。在实际应用中，大部分对象的对象头都没有有效的信息，所以并不需要保存。这种方式只需要有限的空间保存对象头信息就可以处理溢出对象。但是这样的方法实现起来比较复杂，需要在对象溢出时利用对象头构造链表，同时还存在处理多个线程同时访问全局列表的同步问题。这两种方法在 JVM 中都有使用，比如 G1、ZGC 等都使用额外的空间来存储溢出对象，而 CMS 中则是利用对象头形成全局列表，只需要很少的空间保存溢出对象的对象头信息即可。

4.6.3　逆指针法

Schorr、Waite（在 1967 年）以及 Deutsch（在 1973 年）分别独立设计了逆指针的方法以解决标记栈溢出问题。其思路是，在标记时，利用正在遍历对象的成员指针来保存对象的追踪，通过使用成员变量指针指向其父节点来记录引用关系，同时辅以 3 个额外的指针来记录对象关系，在对象标记完成后（相当于变成黑色），再恢复对象的引用关系。逆指针本质上相当于把堆空间直接作为标记栈。关于该算法的更多内容可以参考相关文献[一]。

虽然该算法设计得相当优雅，但是该算法在实际中几乎没被使用过，主要原因是它会重复访问对象，耗时非常严重，性能极其低下。

4.7　扩展阅读：元数据内存管理

从 JDK 8 开始，元数据从堆空间中被移除，放入本地内存中。为了更好地管理元数据空间，JVM 也设计了一套独立的内存分配和回收的实现。在 JDK 16 之前的实现中，元数据内存管理的底层实现也使用二叉树的内存块管理，使用的数据结构与 CMS 老生代中大块自由空间的数据结构完全相同。所以本节介绍一下元数据内存的管理。

元数据区（也称为 Metaspace）是 JVM 中一块非常重要的内存空间，应用运行时遇到元数据空间不足的情况会直接触发 Full GC，对性能会产生一定的影响。

4.7.1　内存管理

Metaspace 和类加载数据（Class Loader Data，CLD）关联，简单地讲，每一个 CLD 都有一个 Metaspace，CLD 加载的所有类产生的元数据都在其对应的 Metaspace 中管理。

整个 JVM 中所有的 Metaspace 使用的内存都通过 VirtualSpaceList（简称 VLS）管理，而 VSL 中的每一个节点（Node）使用 VirtualSpaceNode（简称 VSN）管理。使用 VSN 的目的是便于回收内存。数据整体结构图如图 4-34 所示。

每一个 Node（即 VSN）和 VirtualSpace 关联，VirtualSpace 的内存使用总是按照顺序从头开始。但是类元数据的大小并不相同，导致 Metaspace 管理的内存块是多样化的，在类不再使用时还可以被卸载，占用的空间可以被回收。为了更好地管理元数据的分配和回收，在 VSN 中引入了以下两类结构：

○　Herbert Schorr and William M. Waite, An efficient machine-independent procedure for garbage collection in various list structures, CACM, 10(8):501-506, August 1967.

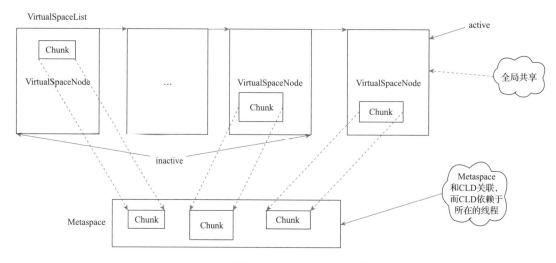

图 4-34 元数据空间内存管理整体结构

1）固定大小的结构，称为 chunk。目前有 3 种 chunk 大小，分别是 128B、512B 和 8KB。

2）二叉树，管理超过 8KB 大小的内存块。

VSN 和 VirtualSpace 的关系如图 4-35 所示。

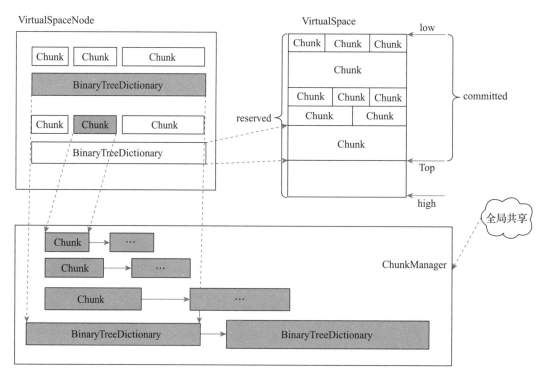

图 4-35 VirtualSpaceNode 和 VirtualSpace 关系示意图

在图 4-35 中还有一个 ChunkManager（简称 CM）也是全局共享的，主要目的是当类被卸载时对应的 Metaspace 会被释放。但可能其使用的 VSN 中还存储其他的类元数据，所以 VSN 无法被回收，因此会将释放的元数据内存放入 ChunkManager 中，供后续的元数据分配使用。

Metaspace 中有一个成员变量 SpaceManager，用于管理本 Metaspace 对应的 CLD 真正使用的内存块（包括固定大小的内存块和二叉树中的内存块）。在 SpaceManager 中还有一个 BlockFreeList 的链表，用于保存一些零碎的内存（这些内存通常来自类加载失败或者类因重定义被重新加载而释放的内存）。

4.7.2　分配

Metaspace 的内存分配过程大体可以分为如下几步：

1）尝试从 BlockFreeList 中进行分配，但是由于 BlockFreeList 对于小微内存直接使用链表方式管理，空间不连续，因此分配成本比较高。在 JVM 中会设置一定的条件，当满足这些条件时才能从 BlockFreeList 中分配。

2）无法从 BlockFreeList 中分配时，从 Metaspace 中正在使用的 chunk 中分配，这个 chunk 相当于缓存，用于加速分配。

3）没有可用的 chunk 时会分配一个 chunk 再响应分配。分配 chunk 的逻辑相当复杂：优先从 ChunkManager 中重用已经释放的 chunk，如果无法找到合适的 chunk，则需要从 VirtualSpaceNode 中分配；如果 VirtualSpaceNode 也无法满足分配需求，会扩展 VirtualSpaceList 的大小再来分配。VirtualSpaceList 的扩展是指为 VirtualSpaceList 分配新的 VirtualSpaceNode。每个 VirtualSpaceNode 的大小为 256KB（无法在运行时态调整其大小），将 VirtualSpaceNode 限制为 256KB 的目的是便于回收 VirtualSpaceNode，当整个 VirtualSpaceNode 没有任何 chunk 时就可以被回收。

4.7.3　回收

理解了 Metaspace 的分配以后，其回收过程就不难理解了。由于 Metaspace 和 CLD 相关联，当 CLD 被卸载以后就可以执行 Metaspace 的回收。Metaspace 的回收首先是将卸载的类元数据内存块归还到 ChunkManager 中，以便后续再利用。在这一步中并不会真正释放内存，仅仅是将内存归还到 ChunkManager 中，以便其再次被利用。而 Metaspace 真正的回收是针对 VirtualSpaceNode 的回收，当且仅当 VirtualSpaceNode 中所有的 chunk 都是空闲的才能被释放，而这样的情况并不常见。通常来说，Metaspace 的回收仅仅是将类元数据占用的空间释放再利用，很少能真正地回收内存。

在实际工作中可能会遇到 Metaspace 频繁触发 Full GC 的情况，通常有两种可能：一是 Metaspace 空间太小，无法满足应用的需要；二是 Metaspace 碎片化率非常高，导致内存利用率不高。对于这两种情况，目前并没有特别好的解决方法，一方面要在应用中尽可能避免大量地、无限制地使用反射等消耗元数据空间的操作，另一方面可以考虑设置更大的元数据空间。

4.7.4 元数据管理的优化

在 JDK 16 中正式合入一个关于元数据的补丁（patch），用于优化元数据的管理，详细内容参考 JEP 387[一]。这个特性本质上最大的改变是：ChunkManager 中 chunk 使用伙伴存储来管理。伙伴存储管理是一个非常经典的内存管理技术，它分配速度快，造成的内存碎片少。

伙伴存储可以简单地概括如下将内存块大小按照 2 的幂次划分，假设内存块从上向下逐步变小，上一层的内存块的大小等于下一层两个内存块的大小，在下一层内存不足时可以从上一层获取一个内存块并拆分为下一层的两个内存块，当下一层两个空闲的内存块连续时可以合并到上一层变为一个内存块。

元数据的 chunk 共划分为 13 层，最大的内存块是第 0 层，为 4MB，最小的内存块是第 12 层，为 1KB。每一层都是一个 FreeList，管理相同大小的内存块，如图 4-36 所示。

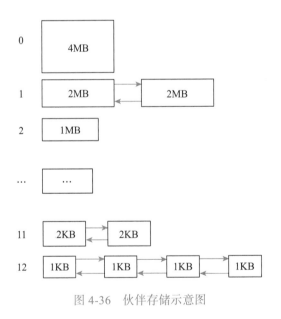

图 4-36　伙伴存储示意图

使用新的管理方式来分配元数据，通常根据内存需要的大小从期望的 level 的 FreeList 中分配内存。当无法满足分配时，会从更大的内存块中尝试分配，这就涉及内存块的拆分。在 JDK 16 的实现中，按照如下顺序进行内存分配：

　　㊀　http://openjdk.java.net/jeps/387

1）从 level、level+1、level+2 中依次请求分配内存，此时查找的是已经使用的内存块。

2）如果不成功，从 level0 中依次请求分配内存，此时查找的是已经使用的内存块。

3）如果不成功，再次尝试，从 level12 中依次请求分配内存，此时查找的是已经使用的内存块。

4）如果不成功，从 level12 中依次请求分配内存，此时查找的是是否存在完全未使用的内存块。

5）如果不成功，从 level0 中依次请求分配内存，此时查找的是是否存在完全未使用的内存块。

6）如果不成功，重新请求一个 VirtualSpaceNode（大小为 8MB），可以拆分成两个第 0 层的内存块，再次尝试分配。

另外，通常情况下元数据的分配是从 chunk 中获得的，但是在一些特殊的场景中，例如类加载失败或者类因重定义被重新加载，可能会导致需要释放内存。将这些内存单独管理起来并且重用，可以有效地提高内存使用的效率。使用 FreeBlock 的方式管理释放的内存，在 FreeBlock 中采用 BinList 和 BinTree 管理释放的内存。

并 行 回 收

并行回收（Parallel Scavenge Garage Collection，简称 Parallel GC、PS GC 或 PS）是 JVM 吞吐率最高的垃圾回收器之一。

并行回收也采用分代内存管理方式，和串行回收采用的算法基本一致，但在实现时有不少特色，主要表现如下：

1）具有独特的内存管理机制，不仅支持新生代中 Eden 和 Survivor 大小的自适应调整，还支持两个代大小的自适应调整。

2）它是第一个支持 NUMA-Aware 的垃圾回收器，并且可以根据应用的运行情况自适应地调整 NUMA 所用的大小。

3）新生代采用并行复制算法，类似于第 4 章的 ParNew；如果在 Minor GC 发生后仍然无法满足 Mutator 的内存请求，则会采用并行标记压缩算法对整个内存进行回收，算法的并行化基于依赖树结构实现。

下面着重介绍并行回收这 3 个特点。

5.1　内存管理

并行回收的内存管理与 JVM 中其他的垃圾回收器的内存管理都不相同。其主要原因是并行回收希望在运行时根据 Mutator 运行的情况动态地调整新生代和老生代的边界。

根据内存分代后每个代的使用原则，Mutator 运行时在新生代中分配对象，当新生代空间不足时执行 Minor GC，并将长期存活的对象晋升到老生代。

分代的代际边界可以调整，意味着：新生代可以增大 / 减少，而老生代可以减少 / 增大。但无论边界如何调整，都不应该移动老生代的对象，否则边界调整将导致性能下降（或者表现为停顿时间增加）。

另外，新生代和老生代都是连续的虚拟地址，所以需要小心设计内存管理模型，既能满足代际边界的动态调整，又能满足空间的连续分配。通常有两种内存模型可以满足上述要求，分别是：

1）新生代在前，老生代在后。

2）老生代在前，新生代在后。

对于第一种内存模型，新生代的内存分配方向是从低地址往高地址分配，而老生代的内存分配方向是从高地址往低地址分配，如图 5-1 所示。

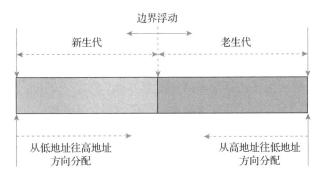

图 5-1　新生代在前，老生代在后的内存管理模型

使用该模型，当执行完 Minor GC 后判断是否需要调整边界，如果需要，可以老生代使用的低地址作为边界，并以此边界作为新生代大小的上界控制新生代大小的调整。该模型的优点是新生代的管理和其他垃圾回收器的内存管理模型一致，但是在老生代中分配内存需要从高地址往低地址方向分配。另外，该模型对于 Full GC 的实现稍微有些复杂，在 Full GC 发生时需要将所有对象从高地址开始压缩、整理。

对于第二种内存模型，老生代的内存分配方向为从低地址往高地址分配，而新生代的内存分配方向为从高地址往低地址分配，如图 5-2 所示。

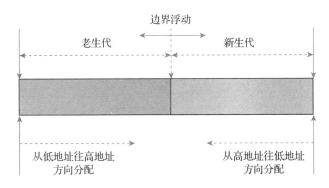

图 5-2　老生代在前，新生代在后的内存管理模型

使用该模型，当执行完 Minor GC 后判断是否需要调整边界，如果需要，则可以根据老生代使用的高地址作为边界，并以此边界作为新生代大小的下界控制新生代大小的调整。该模型的优点是对 Full GC 友好。使用该模型，新生代地址从高地址往低地址方向分配，但由于内存分配使以总是以低地址作为起始位置，因此在分配内存时需要先计算内存大小，然后根据使用内存的边界计算出低地址的起始位置。

使用这两种模型都可以满足调整新生代的大小的需求，也可以满足在 Minor GC 晋升对象后动态调整老生代大小的需求。

5.1.1 内存管理模型

使用第二种模型实现的复杂度较低，所以并行回收内存模型是按照老生代在前、新生代在后的组织方式实现的。

对于一些应用来说，并不需要边界调整这个功能。例如，应用新生代占用的内存相对固定，此时如果采用固定边界，新生代和老生代在内存分配时都可以从低地址往高地址分配，从而减少新生代内存分配时额外的地址调整操作。

在并行回收中通过参数 UseAdaptiveGCBoundary（默认值为 false，表示不支持边界浮动功能）控制应用是否需要支持浮动边界功能。由于并行回收同时支持边界固定和边界浮动的功能，为了保存代码统一，在边界固定的场景中也是老生代在前、新生代在后。边界固定的内存管理模型如图 5-3 所示。

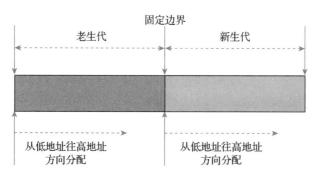

图 5-3　边界固定的内存管理模型

而边界浮动的内存模型如图 5-2 所示，但是该特性在 JDK 15 中被移除，主要原因是边界浮动可能导致一些应用崩溃，而且该功能使用得较少，并且 JVM 的重心不再是并行回收，因此 JVM 开发团队直接移除了该功能。更多详情可以参见 https://bugs.openjdk.java.net/browse/JDK-8228991。

另外，在并行回收新生代中支持自适应调整 Eden 和 Survivor 分区的大小。该功能可以通过参数 UseAdaptiveSizePolicy（默认值为 true，表示支持调整）控制是否开启。但是该功能也在一定程度上增加了内存管理的复杂性。根据复制算法的实现，将新生代划分为 3 个空间，分别是 Eden、To 和 From，如图 5-4 所示。

　　在复制算法执行结束后，To 空间中保存的是新生代中的所有活跃对象（已经晋升的对象除外），Eden 和 From 空间都为空。其中 Eden 用于下一次 Mutator 对象分配，From 和 To 空间交换，交换后 To 空间为空，To 用于保存下一次复制算法发现的活跃对象。此时新生代的内存布局如图 5-5 所示。

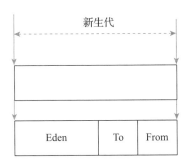

图 5-4　新生代的空间划分

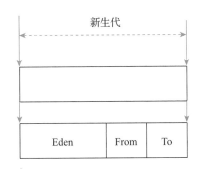

图 5-5　新生代的内存布局

　　由于 From 空间保存的是活跃对象，当调整 From 和 To 空间的大小时，要避免移动 From 空间中的对象。所以在调整 From 和 To 空间大小的时候需要考虑 To 和 From 这两个空间的顺序。

　　如果垃圾回收后子空间的顺序为 Eden、To 和 From，那么无论是扩大还是缩小 From 和 To 空间的大小，调整方式都比较简单。只需要保证调整后 Eden+To 的大小小于 From 的起始地址即可。

　　如果垃圾回收后空间的顺序为 Eden、From 和 To，那么由于 From 空间有存活对象，需要保证 Eden 的结束地址小于 From 的起始地址（否则必须移动 From 空间中的对象），同时要求 From 空间调整后的大小大于现有存活对象的总大小。在该顺序下调整 From 和 To 空间的大小，在调整后可能导致内存有空洞（即有部分内存无法使用），例如将 From 的起始地址调整到比当前地址小的起始地址后（仅仅修改起始地址，但不移动对象），此时新的起始地址和老的起始地址之间就形成了空洞。

　　在复制算法的执行过程还可能会遇到转移失败的情况，即 To 空间和老生代都没有足够的空间来保存新生代中标记的活跃对象。对于这种情况，一定有 Eden 和 To 空间不为空，说明发生了转移失败的情况。在这种情况下不会调整新生代子空间的大小，也就是说只有成功执行复制算法的垃圾回收才可能尝试调整新生代子空间的大小。

5.1.2　NUMA 支持

　　并行回收是第一个支持 NUMA-Aware 的垃圾回收器。在 Mutator 请求内存的时候，如果打开 UseNUMA 特性，可以从 Mutator 运行的节点分配内存。使用 NUMA-Aware 的方式管理内存，可以加速 Mutator 对内存的访问，但是需要考虑多个 NUMA 节点共享一个 Eden 大小时该如何触发垃圾回收的问题。一个常见的处理方法是"任意"一个 NUMA 节点的内存不足时，都会触发垃圾回收。这样的触发方式最为简单，但是每个 NUMA 节点上 Mutator 请求的内存并不相同，可能存在差异比较大的情况。所以并行回收设计了两种方法来管理新生代内存：

1）每一个 NUMA 节点平分 Eden 的大小。

2）每一个 NUMA 节点根据 Mutator 使用的内存大小，动态地为每一个 NUMA 节点分配内存。

默认方式是，多个 NUMA 节点（例如共有 n 个 NUMA 节点）平均划分 Eden 的空间，例如系统有 4 个 NUMA 节点，整体 Eden 为 1GB，则每个 NUMA 节点管理的内存上限为 256MB，当 NUMA 节点上内存使用达到 256MB 时就会触发垃圾回收。NUMA 平分 Eden 的管理方式如图 5-6 所示。

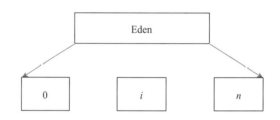

图 5-6　Eden 的 NUMA 管理方式

而实际情况是，每个节点使用内存的速率并不相同，所以并行回收支持动态地调整 NUMA 节点的内存大小。并行回收提供一些参数来控制每个 NUMA 管理内存的大小，分别是：

1）参数 UseAdaptiveNUMAChunkSizing，控制是否可以动态调整 NUMA 节点的内存大小。参数默认值为 true，表示支持动态调整每个 NUMA 节点管理内存的大小。

2）参数 AdaptiveSizePolicyReadyThreshold，当收集数据的次数达到该阈值时才会调整 NUMA 节点的大小。参数默认值为 5，表示只有发生过 5 次 Minor GC 才会启动动态调整 NUMA 节点大小的功能（该参数为开发参数，生产版本的 JDK 不能调整该参数）。

3）参数 NUMAChunkResizeWeight，计算分配速率时使用。参数默认值为 20，表示参数调整时历史数据的权重。

4）参数 NUMASpaceResizeRate，用于控制调整 NUMA 节点内存时的步幅。该参数可防止某一个 NUMA 过多分配 Eden。例如参数默认值为 1GB，如果系统有 4 个 NUMA 节点，则步幅控制可以通过公式 $step = \dfrac{1GB}{\dfrac{4 \times (4+1)}{2}}$ 来计算。

5.1.3　内存分配和 GC 触发流程

　　一般来说，新生代主要响应 Mutator 的分配请求，老生代用于 Minor GC 晋升对象的分配。但是如果新生代和老生代划分不合理，则可能存在频繁触发 Minor GC 而老生代仍然还有非常大的空间的情况。为此，并行回收尝试在新生代无法满足 Mutator 的分配请求时，在满足一定条件时，在老生代中响应 Mutator 的内存请求。

　　在并行回收中每个 Mutator 也都有一个 TLAB，内存请求先从 TLAB 中分配，当 TLAB 无法满足 Mutator 的响应时，会尝试从新生代中分配一块新的 TLAB（注意，如果 Mutator 请求的内存大小大于 TLAB，会按照实际内存直接在新生代中分配）。

　　与 3.2 节介绍的分配顺序稍有不同，在 3.2 节介绍串行回收和 CMS 的分配分为 3 个层次——无锁分配、加锁分配、垃圾回收后分配，分配的成本依次增加。在并行回收中，分配增加了一个层次，共分为 4 个层次：无锁分配、加锁分配、在老生代中分配、垃圾回收后分配。当然，在老生代中的分配尝试需要满足一定条件才可以进行。在老生代中分配的流程如图 5-7 所示。

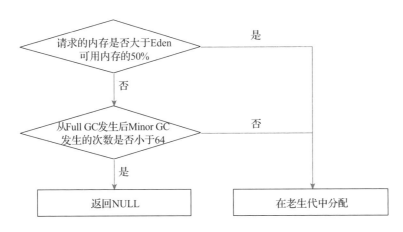

图 5-7　额外增加的老生代分配策略

　　执行垃圾回收后内存分配的流程图如图 5-8 所示。

　　值得注意的是，并行垃圾回收中 Full GC 处理稍有不同，在 Minor GC 执行结束后，会判断是否需要执行 Full GC，如果需要，则执行 Full GC（至于是否要清除引用，则依赖于引用的状态）。所以一次 Minor GC 可能会触发 3 次 Full GC（其中两次 Full GC 是 Minor GC 中的正常流程，第一次是 Full GC 不回收 Java 引用，第二次是 Full GC 回收 Java 引用，第三次是 GC 执行完成后额外触发的 Full GC）。在以下两种情况下 Minor GC 会额外触发第三次 Full GC。

　　1）Minor GC 执行失败，即老生代无法满足新生代晋升的需要。

　　2）预测的晋升对象大小大于老生代可用的内存。

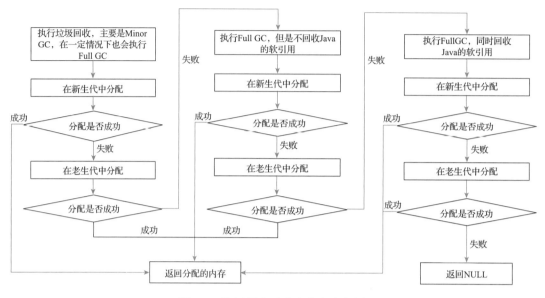

图 5-8 垃圾回收后内存分配流程图

5.2 Minor GC

Minor GC 的触发时机是 Eden 中的内存使用完毕，且无法响应 Mutator 的分配请求时。但是为了保证回收的效率，在以下两种情况下 JVM 会直接跳过 Minor GC 执行 Full GC：

1）上一次 Minor GC 并没有成功，即 To 空间不为空。

2）老生代的剩余空间可能无法满足新生代需要晋升的对象。新生代晋升对象的大小通过历史晋升对象的大小预测得到。

并行复制回收与第 4 章介绍的 ParNew 非常类似，但实现更为简单。并行复制回收的两个重点是：

1）从所有的根出发执行标记复制算法，除了线程栈等传统的根集合之外，还需要考虑代际之间的引用（通过卡表保存），以便加速标记过程。

2）多个任务并行执行，可能会存在线程之间任务不均衡的情况，所以要考虑任务均衡机制。在 JVM 中任务均衡机制的使用非常广泛，将在 5.4 节详细介绍。

由于传统的根在其他章节已经介绍过，这里稍微介绍一下代际引用的根标记方法，其本质上与 ParNew 类似，实现进行了简化。新生代回收将整个老生代划分成多个组，其中每个组包含 n 个块（n 是线程个数），每个块的大小固定为 64KB（每个块包含 128 个卡表，每个卡表为 512B，故每个块为 512B×128=64KB），同时辅以卡表中记录的对象代际引用信息，然后使用多个线程并行地执行标记复制算法。其中老生代根的划分如图 5-9 所示。

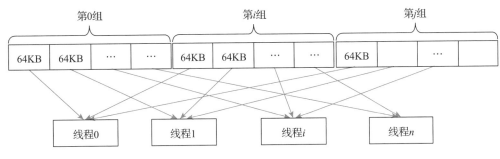

图 5-9　老生代根的划分

在一些场景（较大的内存环境）中，笔者尝试增强并行回收并行处理的粒度（即将 64KB 修改为更大，如 512KB 等），实现的方法与 ParNew 相同（参考第 4 章），测试发现效果更好。

5.3　Full GC

并行回收并没有单独针对老生代的回收，通常是 Minor GC 触发不能满足 Mutator 的分配请求，同时老生代也没有足够的内存响应 Mutator 的内存分配请求，就会触发 Full GC。关于 Full GC 的触发在 5.1.3 节中介绍过。

5.3.1　算法概述

并行回收中 Full GC 算法和其他算法的实现都不相同，本节着重介绍其算法实现思想。Full GC 是对整个堆空间进行回收，为了提高回收效率，采用多个线程并行处理。但是堆空间只有一个，所以只有设计合理的算法才能高效地并行执行。

Full GC 也是采用标记、压缩的算法。其中标记、压缩是不同的阶段，都是并行执行的。并行标记的实现与 Minor GC 的并行标记类似，从多个根集合出发，每个根集合由一个 GC 线程执行标记，当线程间任务出现不均衡的时候还可以进行任务均衡，从而加快标记的速度，而并行压缩则需要重新设计算法。

Full GC 将整个堆空间划分成固定的块，在 32 位系统上块大小为 256KB，64 位系统上块大小为 512KB。通过这样的划分方式让多个线程并行地执行压缩，划分如图 5-10 所示。

图 5-10　Full GC 堆空间划分方式

多个线程并行执行压缩的前提是：多个线程执行压缩算法时相互之间不存在数据依赖。但是简单的划分方式并不能让多个线程并行执行，因为块之间可能存在数据依赖。假设有两个内存块 A 和 B，数据依赖主要指的是当块 A 要压缩到另一个块 B 中时，需要块 B 已经完成压缩，否则块 B 的数据可能会被覆盖。

一个事实是：当块 A 的压缩的源和目的相同，都位于块 A 时，则可以认为块 A 不依赖其他块，块 A 随时都能执行压缩。当然前提是块 A 在压缩时能准确地找到目的位置，如果位置错误，仍然可能覆盖内存中的数据。

由于每个块的大小是固定的，块中活跃对象的大小最大为块的大小（块中所有对象都是活跃的），活跃对象最小为 0（块中所有对象都是死亡对象），所以当一个块压缩移动另外的块时，从目的块的角度出发，有以下 3 种可能性：

1）块在压缩前、后位于同一个块中，如图 5-11 所示。

典型的例子就是堆空间的第一个块，该块属于老生代空间，通常有活跃对象，其压缩的目的位置是自身。

2）块在压缩前、后不是同一个块，但是块中的所有活跃对象都可以被目的块容纳，如图 5-12 所示。

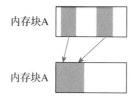

图 5-11　内存块的目的和源位于同一个块中

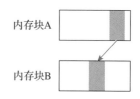

图 5-12　内存块 A 依赖于内存块 B

该场景也非常常见，例如块 B 先压缩，压缩后仍有部分剩余空间，且剩余空间完全可以容纳块 A 中所有的活跃对象。

3）块在压缩时被放入两个块中，如图 5-13 所示。

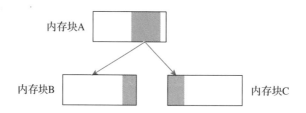

图 5-13　内存块 A 依赖于内存块 B 和 C

如图 5-13 所示，块 B 首先压缩，压缩后仍有部分剩余空间，但块 B 中的剩余空间不足以容纳块 A 所有的活跃对象，此时块 A 的部分对象将被放入块 B 中，另一部分活跃对象要放入紧接块 B 的另一个块中（图 5-13 中使用块 C 表示，实际上块 C 也有可能是块 A，例如块 A 刚好位于块 B 的后面）。

一个块压缩到另一个块中，只有这 3 种情况，不可能存在更多的情况。例如，块 A 需要 3 个或者更多的块来保持压缩后的对象（因为块活跃对象大小的最大值和块的大小是一致的，如果块 A 压缩后需要 3 个连续块保持活跃对象，则说明块 A 的活跃对象大小一定大于中间块的大小，也就是说块 A 中活跃对象的大小超过了块的大小，这是不可能的）。

在讨论块压缩的时候，并没有关注对象跨内存块的情况。因为块是按照大小对齐的，所以一定会有一些对象的前半部分位于前一个块（记为块 1）中，对象的后半部分位于相邻的块（记为块 2）中。对于跨块的对象有两种可能：死亡或者活跃。对于死亡对象无须处理（不会被标记、压缩），对于活跃对象则分别把对应信息记录到两个块（块 1 和块 2）中。块 1 在压缩时仅仅压缩对象的前半部分，块 2 在压缩时仅仅压缩对象的后半部分，这样的设计要求在压缩时原来相邻的块在压缩后也相邻，即块 2 的起始位置必须是块 1 的结束位置。而这一要求并不会影响线程并行操作，只要在并行压缩时能准确计算出块 2 的起始地址即可，即便是块 2 先于块 1 压缩，也能保证压缩后对象的正确性。

寻找目标块的压缩算法本质上是构建一棵依赖树（或者依赖森林，即多棵依赖树，取决于是否存在多个块可以压缩到自身的场景）。一般来说，第一个块是依赖树的根节点，后续的块按顺序向前压缩，构成的依赖树如图 5-14 所示。

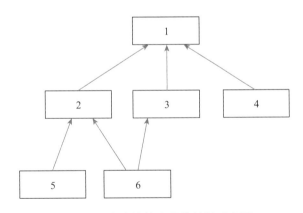

图 5-14　内存块构成的依赖树示意图

在这个例子中，块 1、块 2、块 3、块 4 均被压缩到块 1 中，块 5 被压缩到块 2 中，块 6 被压缩到块 2 和块 3 中。其中块 1 对应场景 1，块 2、块 3、块 4、块 5 对应场景 2，块 6 对应场景 3。

当构建好依赖树以后，就可以尝试使用并行算法进行处理。处理步骤如下：

1）如果树（或者森林）中节点的出度[⊖]为 0，则可以执行压缩。例如在图 5-14 中只有块

⊖　出度指的是节点有一条边指向另外的节点。当块中只有指向自己的边时，出度修正为 0。

1 的出度为 0，块 1 首先执行压缩，并且只能由一个线程执行压缩。

2）当出度为 0 的节点执行完压缩后，将指向该节点的边删除，并将指向该节点的节点出度减 1。在图 5-14 中块 1 执行完成后，块 2、块 3、块 4 的出度减去 1，此时块 2、块 3、块 4 的出度都为 0，也就是说块 2、块 3、块 4 可以被并行压缩，可以由 3 个线程并行执行压缩。

3）循环执行步骤 2，直到所有节点压缩完成。例如块 6 只有在块 2、块 3 都压缩完成后出度才可能变成 0，才会执行压缩。

上述算法仅仅描述了并行化的思路，但是在实现中还需要考虑一个问题：树中的节点该由哪个 GC 工作线程执行？这个问题实际上是多个 GC 工作线程如何选择出度为 0 的节点。在算法实现中引入了一个栈结构，用于保持出度为 0 的节点。多个 GC 工作线程都从节点栈中获取可以压缩的节点，当节点压缩完成后修改指向该节点的出度。

在并行压缩时，还有一个关键的信息，就是每个块都能准确地找到自己的起始位置，这在并行回收的实现中由一个单独的阶段来完成。

5.3.2 算法实现与演示

Full GC 的实现可以分为以下 3 个步骤。

1）标记（Mark）：对整个堆空间进行标记，寻找所有的活跃对象，并使用位图（Bitmap）进行保存。在实现中使用了两个位图，这两个位图分别记录对象的起始地址和终止地址，目的是快速地寻找、定位对象占用的内存空间。该阶段是并行执行的。

2）总结（Summary）：对整个堆空间进行划分，分别计算每个块中活跃对象的大小及块压缩后的起始位置，同时计算每个块的出度情况。该阶段是串行执行的。

3）压缩（Compact）：因为块的出度已经计算得到，所以可以构建依赖树，并按照 5.3.1 节介绍的算法由多个 GC 工作线程执行并行压缩。

整个算法的难点在于构造依赖树。下面通过示意图演示一下算法的运行过程。假设整个堆空间标记完成后如图 5-15 所示。

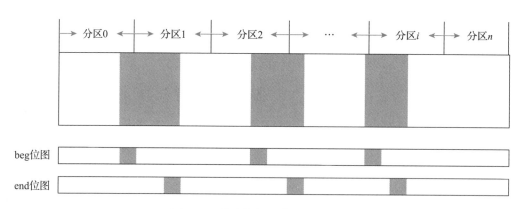

图 5-15 堆空间标记完成后的状态

在标记阶段，多个 GC 工作线程从多个根集合出发，并行标记整个堆空间中所有的活跃对象，同时使用位图记录活跃对象。并行回收为了在压缩阶段便于计算活跃对象的大小，使用了两个位图：第一个位图称为 beg，记录活跃对象的起始地址；第二个位图称为 end，记录活跃对象最后一个字节的地址。

如图 5-15 所示，整个堆空间有 3 个活跃对象，beg 位图和 end 位图分别记录这 3 个对象的起始地址和最后一个字节的地址。

另外，在标记的时候，按照分区的大小划分，同时记录每个分区中活跃对象的大小。该信息在压缩时使用。

标记阶段完成后，进入总结阶段，该阶段的目的就是构造依赖树。将整个堆空间按照分区的大小划分，计算每个分区在压缩时所在的位置。

根据 5.3.1 节介绍的算法，可知每个分区在压缩后的目的分区可能值为 0、1、2。在总结阶段结束后，可以得到分区的目标位置，如图 5-16 所示。

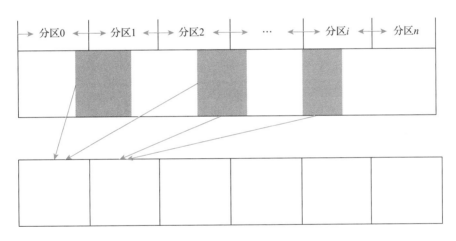

图 5-16　计算内存块目标位置示意图

实际上为了使压缩高效地执行，需要为每个分区（内存块）额外记录一些信息，在实现中使用 RegionData 来保存。RegionData 中最关键的信息如下。

1）Destination：分区的第一个活跃对象将要压缩到的地址，该信息有效地描述了本分区的目标位置。

2）Source region：描述分区被压缩后，活跃对象来自的分区。

3）dc：分区中目的分区的个数，即分区压缩后将被移动到几个分区中，可能取值为 0、1、2。

4）Live Obj size：当前分区所有活跃对象的大小，包含本分区中跨越到后续分区对象的前半部分信息，但不包括前一个跨分区的对象，其后半部分位于该分区中，信息记录在 Partial obj size 中。如果分区中的最后一个对象跨了本分区和下一个分区，则仅记录对象前半部分的大小。

5）Partial obj size：只记录活跃对象跨分区到本分区中，且对象的后半部分位于该分区中。注意，最多只能有一个跨分区的对象。

6）Partial obj add：跨分区的对象后半部分的目标位置。

总结阶段本质上就是为每个分区填充上述数据结构，当数据结构填充完成后，依赖树也就建立完成了。在压缩阶段，根据依赖树并行执行。

由于压缩是并行执行的，为了保证多个 GC 工作线程的执行效率，并行回收中每一个 GC 工作线程都有一个栈，栈中元素是可以被压缩的分区，简称分区栈。

根据总结阶段的信息构建的依赖树（或依赖森林），将 dc 为 0（出度为 0）的分区加入栈。由于存在多个栈，如果整个堆是一片森林，则多个分区栈均有数据；如果整个堆构成一棵树，则只有第一个分区栈有数据。

压缩开始时并行线程的分区栈如图 5-17 所示。

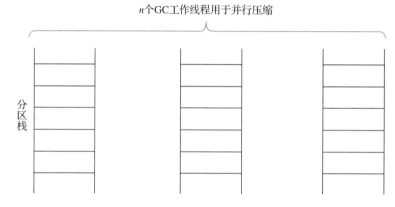

图 5-17　并行线程分区栈示意图

对分区执行压缩动作，当执行完成后，将源节点的出度减 1，然后压入本地的分区栈。如果多个线程存在任务不均衡的情况，即有线程无工作可做，则会尝试从其他分区栈进行任务窃取。

注意，并行回收的引用更新工作也在压缩时同时完成。对于压缩后的每个成员变量，计算其位置的计算方式为：根据已知分区第一个活跃对象存放的地址（RegionData 中的 destination），只需要计算对象相对于目的分区的偏移地址即可（使用位图可以计算得到，使用两个位图可加速计算每个对象的大小）。

当执行完压缩以后，内存完成整理，如图 5-18 所示。

当压缩执行完成后，还需要执行一些后处理动作。例如根据参数设置调整 GC 边界、From/To 空间的大小等，关于内存区域的调整不再展开介绍。除此之外，回收完成还有一个重要的工作：代际关系的处理，即卡表的处理。并行回收中卡表的处理与第 3 章介绍的串行回收完全相同，这里不赘述。

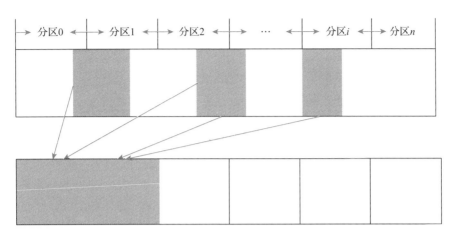

图 5-18   压缩完成后堆空间示意图

在 5.1 节中提到，整个堆空间被划分为老生代、Eden、From 和 To 空间，通常 To 空间
为空。在压缩的时候按照老生代、Eden、From 和 To 空间的顺序保存活跃对象。其设计思
路在第 3 章讨论过，这里也不赘述。

在第 3 章介绍串行回收优化时提到，为了减少压缩时内存的移动，压缩算法设计了
MarkSweepDeadRatio 的阈值，在压缩的时候从头开始计算，容忍在压缩时跳过一定比例的
死亡对象，以减少内存移动。该思想是强分代理论的应用，在并行回收中也有类似的实现，
称为 Dense Prefix。在计算 Dense Prefix 时会使用 MarkSweepDeadRatio，只不过并行回收
中 MarkSweepDeadRatio 被重置为 1。同样的道理，虽然在回收时可以跳过死亡对象，但
是因为死亡对象可能引用到已经卸载的类元数据，所以在原来死亡对象的位置上需要填充
dummy 对象（典型的就是 int[] 对象），从而保证堆的可解性。

5.4   扩展阅读：并行任务的负载均衡机制

并行任务均衡机制的研究历史可以追溯到 20 世纪。1998 年由三位学者发表的论文
"Thread Scheduling for Multiprogrammed Multiprocessors" 是目前并行任务均衡的基础，这
篇论文经常以三位学者名字的首字母 ABP 来表示。另外需要说一点的是，不仅仅 JVM 中
涉及任务均衡，例如语言支持的并行、分布式系统中都涉及任务均衡，Java 开发者经常使
用的 Fork-Join 机制中也涉及任务均衡，也采用了类似的实现。

在 JVM 中任务均衡使用得非常广泛。当涉及多个线程并行工作时，都会考虑任务均衡
机制，比如在第 4 章介绍的 ParNew，本章的 Minor GC 和 Full GC，以及后文将介绍的 G1、
Shenandoah、ZGC 都会涉及这一概念。

对于任务均衡，在设计时需要考虑两点：多个线程之间任务的窃取和多个线程终止机制。这就涉及：

1）如何保证 GC 工作线程高效地窃取其他线程的任务？最高效的操作是，当发生任务窃取时不影响被窃取的线程，这通常需要使用无锁的方式。但是完全的无锁操作根本不可能，一个线程窃取另一个线程的数据时，一定会发生竞争。高效窃取的核心就变成了如何减少竞争。

2）在设计任务均衡时，还需要考虑多线程的终止协议。一方面，多个线程应该知道何时所有的任务被执行完毕；另一方面，好的终止协议可以避免无谓的任务窃取。

在并行执行过程中，线程如果有任务则执行，如果没有任务则进行窃取，如果无法成功窃取到任务，则进入尝试终止阶段。在尝试终止阶段，有些线程可能有较重的任务，所以在尝试终止阶段的线程仍然可以窃取其他线程的任务，如果发现能够成功窃取到任务，则应该重启任务执行，直到无任务且无法窃取其他线程的任务时才再次进入尝试终止阶段。只有所有并行执行任务的线程都进入尝试终止阶段，说明任务所有的线程都执行完毕，才能真正结束并行任务的执行。并行任务执行过程如图 5-19 所示。

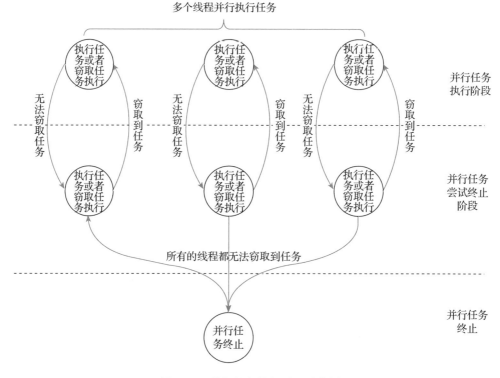

图 5-19　并行任务执行过程示意图

下面分别介绍多个线程如何高效地窃取其他线程的任务，以及高效地终止并行任务，这是多线程任务均衡的关键。

5.4.1 并行任务的窃取

并行任务窃取的关键点是尽量避免多个线程竞争访问同一份数据。在 ABP 算法中，每个线程都有一个双向队列来保存数据，双向队列两端都可以读、写数据。线程访问自己关联的队列时被称为本地线程；线程访问其他线程关联的队列时称为远端线程。在任务均衡的实现中，本地线程操作队列的一端，远端线程操作队列的另一端，由此来避免竞争。双向队列使用的示意图如图 5-20 所示。

图 5-20　存储任务的双向队列示意图

队列中还有两个变量 Bottom 和 Top，其中本地线程操作修改 Bottom，远端线程操作修改 Top。在初始状态时，Bottom 和 Top 都指向队列的底部，表示队列中没有任何元素。当本地线程存放新的元素时 Bottom 增加，本地线程取走元素时 Bottom 减少。本地线程存取元素时队列示意图如图 5-21 所示。

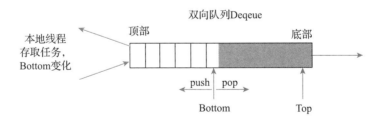

图 5-21　本地线程取元素时队列示意图

其中 push 操作表示存入元素，pop 操作表示取走元素。

远端线程访问队列时，只有一种情况可能取走元素，就是任务窃取。当远端线程需要存放元素时，只会存放到远端线程关联的双向队列中。远端线程窃取任务时 Top 会增加，向 Bottom 靠近。远端线程窃取任务时队列示意图如图 5-22 所示。

虽然双向队列极大地避免了本地线程和远端线程的竞争，但是仍然可能存在以下两种竞争：

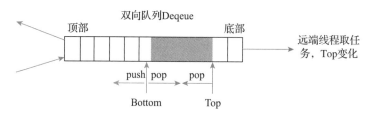

图 5-22　远端线程取任务时队列示意图

1）当队列中只有一个元素时，本地线程和远端线程都有可能取走元素，此时就会发生竞争，如图 5-23 所示。

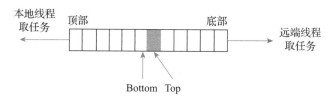

图 5-23　本地和远端线程竞争取数据示意图

2）当队列元素为空时，此时需要将 Bottom 和 Top 复位，通常由本地线程执行复位操作。当远端线程访问 Top 时就会发生竞争，如图 5-24 所示。

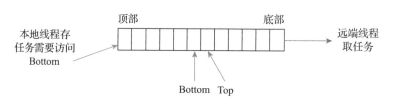

图 5-24　本地和远端竞争复位状态示意图

举一个简单的例子。在第一种竞争情况下，若远端线程先窃取了任务，此时整个双向队列没有任何任务（将 Top 向前移动，Top 将和 Bottom 重合）。如果此时本地线程也执行取任务的动作，发现队列没有任务，则需要将队列的 Bottom 和 Top 指针都复位，便于重用整个队列（将 Bottom 和 Top 都置为 0）。由于两个线程可能同时修改一个变量 Top，而且 Top 表达了不同的状态，这将带来额外的状态判断。

为了解决这样的并发问题，ABP 设计了一个额外的标记状态，称为 Tag，与 Top 配合解决并发问题。解决思路是：Tag 和 Top 共用一个指令（指的是 load、store）可以操作的字段，不用锁总线。在 JVM 的实现中，对于 32 位系统，Tag 和 Top 分别占 16 位；对于 64 位系统，Tag 和 Top 分别占 32 位，并将 Tag 和 Top 合并为一个新的结构体，称为 Age，如图 5-25 所示。

当线程进行复位操作时，修改 Tag 和 Top，将 Top 设置为 0，将 Tag 增加 1。当复位完成后，Age 的值总是变化的，这样就能区别出时发生了复位操作还是任务窃取操作。

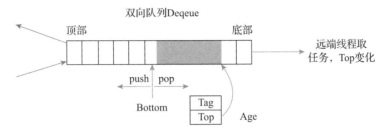

图 5-25　解决并发操作示意图

　　在 ABP 的论文中还用 C 语言给出了这 3 个操作的伪代码。JVM 的实现基本上与伪代码一致。为了便于读者理解算法，将伪代码摘录如下。

　　本地线程存取数据的操作如下：

```
void pushBottom(Thread* thr) {
    localBot = bot;
    deq[localBot] = thr;
    localBot++;
    bot = localBot;
}
```

　　在函数实现中使用了局部变量 localBot 来代替 bot 的使用，而不是直接使用 bot。主要原因是对于 bot 的访问，本质上需要原子操作，使用局部变量可以减少变量的锁使用。

```
Thread* popBottom() {
    localBot = bot;
    if (localBot == 0) return NULL;          //队列为空，直接返回
    localBot--;
    bot = localBot;
    thr = deq[localBot];
    oldAge = age;
    if (localBot > oldAge.top) return thr;   //队列中有元素，且成功获取，返回元素
    bot = 0;
    newAge.top = 0;
    newAge.tag = oldAge.tag + 1;             //队列中只有1个元素，复位
    if (localBot == oldAge.top) {            //本地线程竞争成功，返回元素
        cas(age, oldAge, newAge);
        if (oldAge == newAge) return thr;
    }
    age = newAge;
    return NULL;                             //远端线程竞争成功，返回NULL
}
```

　　远端线程取数据的操作如下：

```
Thread* popTop() {
    oldAge = age;
```

```
localBot = bot;
if (localBot < oldAge.top) return NULL;    //队列中没有元素, 无法窃取
thr = deq[oldAge.top];
newAge = oldAge;
newAge.top++;
cas(age, oldAge, newAge);
if (oldAge == newAge) return thr;
return ABORT;                              //此时表示窃取失败, 需要丢弃元素
}
```

注意, 伪代码中并未对全局变量的访问做额外的处理, 在实际代码中需要增加。

除了上面的无锁算法, 还有一个实际的问题: 如图 5-26 所示, 当线程没有任务时, 若要执行窃取, 从哪一个远端线程进行窃取呢?

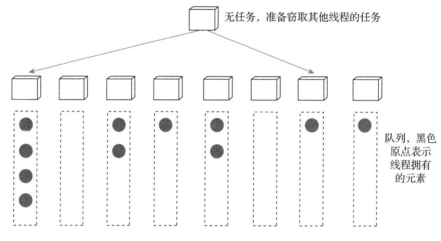

图 5-26 任务窃取示意图

最简单的思路是, 在进行任务窃取时遍历其他所有的远端线程, 直到能窃取成功。2001 年, Mitzenmacher 证明从任意两个线程窃取和从 n 个线程窃取的效果是一样的, 具体可以参考论文 "The power of two choices in randomized load balancing"。2018 年, Suo 等人在此基础上继续优化, 当线程进行任务窃取时总是优先从上次已经窃取成功的线程中继续窃取任务, 具体可以参考论文 "Characterizing and Optimizing JVM Parallel Garbage Collection on Multicore Systems" [注]。

5.4.2 并行任务的终止

窃取并行任务是为了提高资源利用率, 确保每个 GC 工作线程都有任务可以执行, 最大限度地并行化执行。并行任务均衡还必须考虑何时线程能够终止。

[注] 更多细节可以参考 https://bugs.openjdk.java.net/browse/JDK-8205921。

在 JVM 中设计了终止协议，其思路是：当线程发现无法从其他远端线程中窃取到任务时尝试进入任务终止阶段，当所有的线程都进入任务终止阶段时，说明所有的线程都已经执行完任务，此时并行工作才算全部结束。

在任务终止阶段，线程还需要不断地判断是否可能发生任务窃取，如果有机会窃取，则线程重新进入任务窃取阶段。为了方便线程快速进入任务窃取阶段，在终止阶段，线程尽量保持 CPU 调度，只有在一定条件下才会放弃 CPU 调度。为此，在终止阶段 JVM 设计了三级控制：当进入终止阶段后，线程首先进行自旋；当自旋达到一定程度后，线程主动放弃 CPU（使用 yield），但是线程仍然是就绪状态，OS 如果发现有较高优先级的线程，会执行其他线程，如果没有发现其他就绪状态的线程，那么 OS 仍然调度该线程，由此线程继续执行（注意 yield 只能调度同一个 CPU 的线程，不能同时调度其他 CPU 的线程，当没有其他就绪线程时，会一直占用 CPU 资源，即可能发生 CPU 利用率为 100% 的情况）；当 CPU 放弃达到一定次数后，线程睡眠（进入阻塞状态，阻塞状态在满足一定条件后重新进入就绪状态，操作系统才会重新执行线程）。任务窃取和任务终止的流程图如图 5-27 所示。

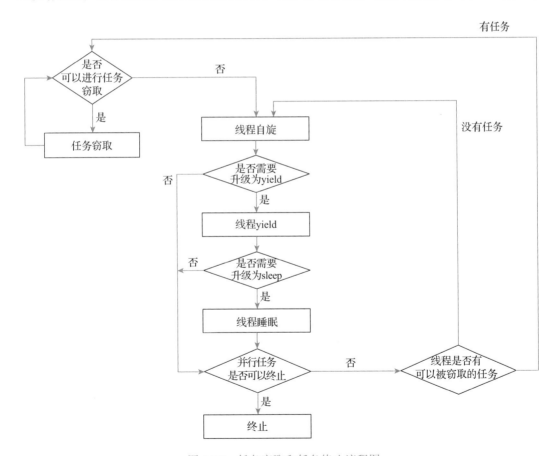

图 5-27　任务窃取和任务终止流程图

图 5-27 展示的是一个线程的终止过程。实际上每个线程处于相同地位，每个线程都需要进入终止阶段，都会去检查所有的线程是否存在任务窃取的可能，如果存在，线程退出执行任务窃取。当 n 个 GC 工作线程同时执行时，并行任务执行能终止的前提是 n 个线程同时满足任务终止。n 个线程同时执行终止协议的流程图如图 5-28 所示。

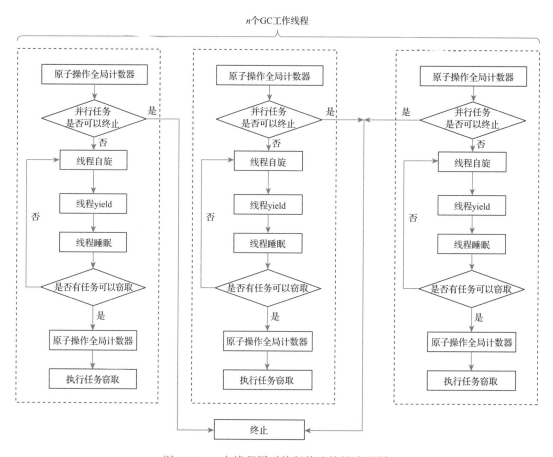

图 5-28　n 个线程同时执行终止协议流程图

任务终止协议解决了并行任务终止，同时在发现可以进行任务窃取时，线程能够快速窃取任务并执行。

但是在任务终止协议中，每个线程都会执行自旋、CPU 放弃、睡眠。由于每个线程地位相同，造成的一个典型的问题就是 CPU 自旋过多，此时 CPU 资源会有一些浪费，这在现代的多核 CPU 架构中表现得更为明显。

2016 年，Google 公司研究员 Hassanein 发表了论文 "Understanding and Improving JVM GC Work Stealing at the Data Center Scale"，其基本思想是设置一个 master，只有 master 执行自旋、CPU 放弃、睡眠，其他线程都是 slave，当 master 发现可以进行任务窃取

时，就唤醒 slave 执行。在实现时，第一个进入任务终止阶段的线程会抢占 master 的地位，后续进入任务终止阶段的线程都是 slave。master 和 slave 之间通过信号量的方式进行交互，这样在多核架构中可以大大减少 CPU 资源消耗。优化示意图如图 5-29 所示。

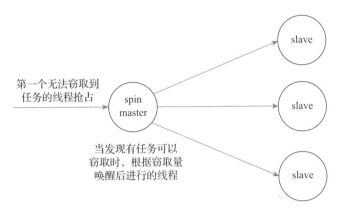

图 5-29　优化终止协议

在 JVM 的实现中，引入了 4 个参数用来控制自旋、yield 和 sleep。参数如下：

1）WorkStealingHardSpins，默认值是 4096，表示一次自旋（spin）最多执行 4096 次。在实现自旋时，希望线程自旋次数逐步增加，所以引入了额外的参数 WorkStealingSpin-ToYieldRatio 来控制每次自旋的次数。

2）WorkStealingSpinToYieldRatio，默认值是 10，线程每执行 11 次迭代的自旋后进入 yield。另外，线程在每个 yield 周期中执行自旋的次数按 4、8、16、32、64、128、256、512、1024、2048、4096 依次增加，当到达 4096 时进入 yield，下次自旋次数重新从 4 开始。

3）WorkStealingYieldsBeforeSleep，默认值是 5000，表示线程执行 5000 次 yield 后进入 sleep。

4）WorkStealingSleepMillis，默认值是 1，表示睡眠时间是 1 毫秒。

这 4 个参数同时适用于优化前后的任务窃取。

> 注意　JVM 的任务均衡机制相当复杂，这是因为 JVM 主要用于服务器场景。在其他的一些虚拟机中也有多线程的并行执行，例如 V8 中新生代垃圾回收也有类似的机制，但是任务均衡相对来说比较简单，只是简单地区分本地任务列表和全局任务列表，当线程的本地任务全部执行完毕后会从全局任务列表中获取任务执行，如果无法窃取任务，则进入尝试终止阶段；当所有的线程都进入尝试终止阶段时，并行任务结束。

垃圾优先

垃圾优先（Garbage First，简称 G1）也是一款增量垃圾回收器。它和 CMS 的定位非常类似，但是由于 CMS 设计中存在先天不足，G1 的设计初衷是为了解决 CMS 不足的问题。CMS 不足主要是因为垃圾回收时停顿时间不可控，主要表现如下：

1）回收新生代的停顿时间不可控。其主要原因是新生代采用复制算法进行回收，回收引起的停顿时间与新生代中存活对象的个数和大小成正比，新生代中存活对象的数量越多，回收所需的时间越长。CMS 中新生代的大小是固定的，所以回收时间与新生代中对象的状态、应用运行的情况紧密相关。而应用在运行过程中的不同时刻，对象的使用情况并不相同，这就导致新生代回收的停顿时间不固定。

2）CMS 的老生代回收也会引起停顿时间不可控。CMS 的老生代回收分为初始标记（initial mark）、并发标记（concurrent mark）、再标记（remark）、清除（cleanup）几个阶段。初始标记产生的停顿时间和根集合中活跃对象的大小相关，再标记产生的停顿时间和并发标记中修改的对象个数相关。通常来说，初始标记和再标记引起的停顿时间都比较小，但是当处理的对象数目突然增加时，会导致停顿时间不可控。另外，通常 CMS 为了减少标记的耗时，会先触发一次新生代回收，这也将导致停顿时间不可控。

3）CMS 中一定会触发 Full GC，从而导致停顿时间不可控。由于 CMS 的老生代采用空闲列表的分配方法，当经过一段时间的使用之后，老生代不可避免地产生碎片化，当碎片化达到一定程度，无法满足内存分配的请求之后，会触发 Full GC，而运行 Full GC，将导致停顿时间完全不可控。

除了停顿时间不可控之外，CMS 算法本身的复杂性也是其先天不足之一。CMS 是 JVM 中唯一一款抢占式垃圾回收器，在 CMS 设计中，老生代的回收既可以主动进行，又可以被动进行。主动进行回收指的是老生代按照固定的时间间隔尝试回收老生代；被动回收是指当触发新生代回收后，新生代回收过程会向老生代空间晋升对象，当无法成功晋升时会触发老生代的被动回收。但如果老生代正在发生主动回收，此时主动回收会被抢占。抢占导致 CMS 的实现非常复杂，因此 CMS 也是缺陷（bug）最多的垃圾回收器之一。

可控的停顿时间是交互式应用的刚性需求，为什么 CMS 的停顿时间不可控呢？该如何设计来尽量避免停顿时间不可控？

1）新生代回收中停顿时间不可控的原因主要是新生代大小是固定的，在回收过程中无法根据应用使用内存的情况来调整新生代大小。如果新生代的大小能够根据应用使用内存的情况做出调整[⊖]，那么从理论上讲就能解决停顿时间不可控的问题。

2）老生代回收中的初始标记和再标记的引起的停顿时间不可控，主要是对象个数不同导致的，可以通过并发处理来限制处理对象的个数。

3）解决碎片化唯一的方法是不再采用空闲列表的分配方法，从而避免因为碎片化而导致的垃圾回收。

G1 作为 CMS 的替代产品，在设计中继承了 CMS 的优秀思想，同时又尽量避免了 CMS 中的不足之处。G1 在设计上的变化主要有：

1）内存被划分成多个小块（G1 中小块的内存称为分区，即 Region），新生代、老生代不再是一大块、不可变的内存[⊜]。

2）以停顿时间为出发点来计算垃圾回收器的内存工作集大小，从而确定应用程序可以使用的内存量。具体如下：

❑ 新生代的大小与应用使用内存的情况相关。应用内存使用的情况反映在回收的停顿时间上就是内存中存活对象的个数和大小。理论上新生代的大小应根据未来应用中内存的使用情况来调整，但是未来应用的使用情况无法得到，所以一个合理的方法是根据以往内存的使用情况来预测未来的使用情况。结合内存的使用情况和停顿时间的关系，新生代被设计成根据以往停顿时间的情况来调整其大小。

❑ G1 中抛弃了 CMS 中空闲列表的分配方法，对老生代的回收采用了复制算法。G1 中对于老生代回收创新的地方在于并不启动单独的回收过程，而是在新生代回收的过程中增量回收一部分老生代的内存，在回收老生代内存的时候优先选择内存中垃圾比较多的内存块（也就是 Region），这也是垃圾优先名称的来源。在实现中 G1 为了区别新生代回收和新生代回收中包含了部分老生代的内存的回收，把这样的回收称为混合回收（Mixed GC）。

在回收中 G1 对老生代做了不同的处理，但是在回收之前，老生代中对象的标记仍然采用并发标记算法，算法仍然包含初始标记、并发标记、再标记和清除，但是该算法在实现上和 CMS 的实现并不相同。

⊖ 注意，在 CMS 的设计中预留了新生代大小可以调整的接口，但并未实现。

⊜ 这里提到的新生代、老生代内存变化指的是新生代、老生代使用的内存大小有变化。需要注意的是，最大堆空间仍然不会超过参数 MaxHeapSize 定义的最大值。

另外，上面提到 CMS 在初始标记、再标记过程中可能存在停顿时间不可控的情况，G1 与 CMS 关于老生代的标记算法思想基本一致，所以 G1 中仍然可能存在初始标记、再标记过程中停顿时间不可控的情况[⊖]。对于这一问题后续介绍的其他垃圾回收器会有一些解决的办法。

6.1　内存管理概述

G1 把内存划分成分区进行管理。需要解决的问题是：分区该如何划分（即分区的大小为多大）？划分的依据是什么？例如，堆空间为 1GB，每个分区是 1MB，则整个堆空间可以划分成 1024 个分区；如果分区设计为 2MB，则整个堆空间可以划分成 512 个分区。

分区主要用于分配对象，如果分区过小，内存管理器可能不断地向 OS 请求新的分区，从而导致分配效率下降，也可能因为分配导致分区碎片化严重；而如果分区过大，分配效率可能比较高，但可能因为分区过大，存活对象过多而导致回收时效率低下。所以需要设计一个合理的分配机制，在分配速度和回收效率之间取得平衡。

但要回答这个问题并不容易，首先我们并不知道堆空间有多大，其次也不知道应用运行时分配速率如何。一个解决方法是：预先设计不同的分区大小和分区的个数，然后根据堆空间的大小来计算一个相对合适的值。在 JVM 中分区大小可以是 1MB、2MB、4MB、8MB、16MB 和 32MB，分区大小可以通过参数[⊖]指定；默认情况下，整个堆空间分为 2048 个分区。当没有设置相关参数时，可以通过下列方法简单计算得到分区大小和分区个数。

1）根据堆空间大小和默认的分区数计算得到一个分区大小，记为 RegionSize，其计算公式为 $RegionSize = \dfrac{MaxHeapSize + InitialHeapSize}{2 \times 2048}$，其中 MaxHeapSize 是设置的堆空间值，InitialHeapSize 是设置的初始堆空间值（通常是最小堆空间值），2048 是默认分区个数。

2）当 RegionSize 位于 [1MB,32MB] 之间时，则对 RegionSize 向上取整，确保其落在集合 {1MB, 2MB, 4MB, 8MB, 16MB, 32MB} 中；当 RegionSize 不属于区间 [1MB, 32MB] 且 RegionSize 大于 32MB 时，则 RegionSize 设置为 32MB，重新计算分区个数；当 RegionSize 不属于区间 [1MB,32MB] 且 RegionSize 小于 1MB 时，则 RegionSize 设置为 1MB，重新计算分区个数。对于需要重新计算分区个数的两种情况，分区个数（记为 RegionNum）的计算公式为 $RegionNum = \dfrac{MaxHeapSize + InitialHeapSize}{RegionSize}$。

通过这样简单的方式计算分区的大小，可以平衡分配和回收效率。当然用户可以根据应用的特性自行设置分区大小，但设置的分区大小也需要落在集合 {1MB, 2MB, 4MB,

---

⊖ 笔者在实际工作中遇到再标记停顿时间超过几十秒的情况，这是因为 G1 对于再标记没有做很好的设计。

⊖ 参数 HeapRegionSize 用于指定分区大小。

8MB, 16MB, 32MB} 中, 否则也会被丢弃。

除此之外, 分区管理也会对内存的使用效率产生影响。分区大小固定, 对象分配使用的空间都从这个分区中分配。但当一个分区中剩余的空间不足以满足下一个对象所需的空间时, 该如何处理呢? 通常有两种方法:

1) 利用剩下的空间, 让对象跨越两个分区。即一个对象的前半部分在第一个分区中, 后半部分在第二个分区中。这样的设计提高了内存使用效率, 减少了内存的碎片, 但是带来了管理上的复杂度, 最根本的原因是多个分区之间并不连续, 在一些场景中会根据对象的起始地址访问整个对象。按照这种设计, 就需要在对象的访问中不断地检查是否跨越了分区。

2) 直接放弃分区中剩余的空间, 新分配一个分区供对象使用, 保证分区的起始地址总是指向一个有效的对象, 不用处理对象跨越分区的情况。这样设计的好处是处理对象分配简单, 对象访问也非常简单。但问题是可能会有一定的空间浪费。另外还有一种特殊的情况, 就是对象非常大 (简称为大对象), 超过一个分区的大小时, 按照这种设计就无法分配。对于大对象, 则需要特殊的处理。一种解决方法是: 当大对象占多个分区时, 要求占用的多个分区的内存必须连续, 但当连续空间比较大时, 会对内存使用造成压力 (可能因为内存碎片化没有连续的大空间供大对象分配使用)。

不同的 JVM 的产品会选择不同的实现。在 JVM 中选择的是第二种方法, OpenJ9 中采用的则是第一种方法, 它对大对象使用多个不连续分区的方法来优化存储。在 OpenJ9 的 Balanced GC 中对大对象数组采用了不同的设计方式, 即数组对象可能使用不连续的地址来保存对象。

使用不连续的分配方式可能对 Java 应用的运行造成一定的问题, 主要原因是程序在使用时, 可能通过大对象头获得对象的地址, 并根据这个地址访问对象的成员变量。如果地址不连续, 那么通过地址访问连续空间就会发生内存访问异常问题。例如, JNI 中有一些 API (GetStringCritical、GetPrimitiveArrayCritical 等) 可以返回对象的地址, 本地函数中可以直接操作内存。而 JVM 中对应大对象使用的连续空间则不会出现这样的问题, 所以 OpenJ9 的 Balanced GC 在使用这些 JNI 的 API 时和 JVM 并不相同。如果读者需要使用不同的虚拟机, 在 JNI 编程中需要注意这些细节。

前面提到, 由于应用运行的特性, 分代设计会提高垃圾回收的效率。在 G1 中也支持分代, 下面我们来讨论一下分代和分区是如何结合的。

6.1.1 分代下的分区管理

从应用运行的视角来说, 只看到了两个代: 新生代和老生代。新生代主要用于响应应用的内存分配请求, 老生代主要用于新生代回收后长期存活对象的晋升。所以从应用的角度, 根本不知道内存是如何组织的, 而且应用也不用考虑内存的组织方式, 只需要按需使用内存, 只要内存空间没有耗尽, 都应该能正常地分配内存。另外, 从应用的使用角度来说，应用可以通过对象地址访问一块连续的内存空间，所以可以认为应用看到的内存是连续的。

从 JVM 内部来看，内存被划分成分区，并且分区被映射到新生代或者老生代中，供应用使用。

两种视角关注点有所不同，分代下分区的内存管理模型如图 6-1 所示。

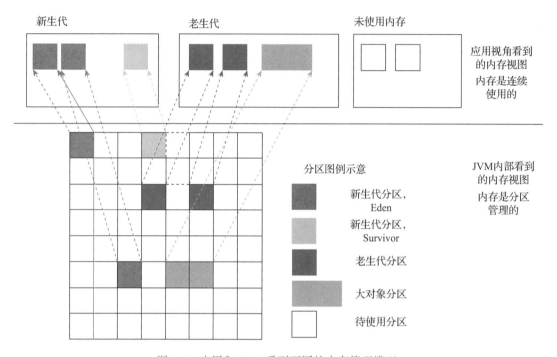

图 6-1　应用和 JVM 看到不同的内存管理模型

在 JVM 内部关注的是分区的大小、分区的个数、内存碎片化等问题，而分代关注的是如何保障应用高效运行。例如，整空间中划分多大给应用？为什么这样划分？如何进行垃圾回收的触发、运行？下面两个小节来回答这些问题。

6.1.2　新生代大小设计

G1 的设计目标是以响应时间优先，尽量保证应用在期望运行时间⊖完成运行和垃圾回收。那么 G1 怎么满足用户的期望呢？这就需要一个所谓的停顿预测模型。G1 根据这个模

⊖　由参数 GCPauseIntervalMillis 控制，如果参数 GCPauseIntervalMillis 没有设置，则由 MaxGCPauseMillis 推断得到。MaxGCPauseMillis 的默认值为 200ms，表示垃圾回收运行的最大时间，不过这不是硬性条件，只是期望值，即可能存在某一次垃圾回收造成的停顿时间超过该参数定义的值的情况。注意，垃圾回收器会努力在这个目标停顿时间内完成垃圾回收的工作，但是它不能保证，即也可能因为一些原因而完不成任务。造成垃圾回收工作不能完成的原因有很多，比如用户设置了太小的停顿时间、新生代太大等。

型统计历史数据来预测本次收集需要选择的分区数量（即选择收集哪些内存空间），从而尽量满足用户设定的目标停顿时间。

举一个简单的例子来解释一下这个思想。到下一次垃圾回收时，应用运行的时间（记为Time）和应用使用的内存空间（记为 Space）都可以在垃圾回收结束时得到，这是一个二元组，记为 <Time, Space>。通过收集一段时间垃圾回收运行的情况，得到一个二元组的序列，假设记为 <$Time_1$, $Space_1$>，<$Time_2$, $Space_2$>，…，<$Time_x$, $Space_x$>。通过这个序列，可以建立回收时间和回收空间的统计模型，例如使用简单的算术平均值建立一个时间和空间的线性函数：$Space_{x+1}(Time_{x+1}) = \dfrac{1}{n}\sum_{i=1}^{n}\dfrac{Space_i}{Time_i} \times Time_{x+1}$，其中时间值（Time）为自变量，空间值（Space）为因变量。通过函数就可以根据期望的时间值来预测空间值。

例如，发生了 10 次垃圾回收，一共收集了 10 个二元组，假设 10 个结果得到的平均分配速率为 10GB/s（即 $\dfrac{1}{10}\sum_{i=1}^{10}\dfrac{Space_i}{Time_i} = 10GB/s$），当用户期望到下一次垃圾回收运行的时间为200ms 时，则可以得到空间 Space=10GB/s×200ms=2GB，即根据以往的历史推测，最好使用 2GB 的内存空间运行应用。在这个例子里有两个值需要确定，第一就是平均分配速率，第二个就是到下一次垃圾回收时的最大运行时间。

G1 的预测逻辑基于衰减平均值。衰减平均（Decaying Average）是一种简单的数学方法，用来计算一个数列的平均值，核心是给近期的数据更高的权重，即强调近期数据对结果的影响。衰减平均值的计算公式如下：

$$\begin{cases} davg_n = V_n, & n = 1 \\ davg_n = (1-\alpha) \times V_n + \alpha \times davg_{n-1}, & n > 1 \end{cases} \tag{6-1}$$

式中，α 为历史数据权值，$1-\alpha$ 为最近一次的数据权值。即 α 越小，最新的数据对结果的影响越大，而最近一次的数据对结果影响最大。不难看出，其实传统的算术平均就是 α 取值为 $\dfrac{n-1}{n}$ 的情况。

使用均值是一个非常常见的预测方法，但是预测的结果会受到样本波动的影响。在统计学中，为了减少这种影响，通常会使用标准差或者方差进行一定的中和。衰减标准差的定义如下：

$$\begin{cases} davr_n = 0, & n = 1 \\ davr_n = (1-\alpha) \times (V_n - davg_n)^2 + \alpha \times davr_{n-1}, & n > 1 \end{cases} \tag{6-2}$$

该如何使用衰减平均和标准差对二元组 <Time, Space> 进行建模呢？G1 的做法如下：

1）根据二元组计算分配速率，记为 AllocateRate，其计算方法为 $AllocateRate = \dfrac{Space}{Time}$，这个 AllocateRate 就是公式（6-1）中的 V。二元组序列 <$Time_1$, $Space_1$>，<$Time_2$, $Space_2$>，…，

$<Time_x, Space_x>$ 可以转变为 AllocateRate 序列：AllocateRate$_1$, AllocateRate$_2$, …, AllocateRate$_x$。现在的目标是根据 AllocateRate 序列预测要赋给 AllocateRate$_{x+1}$ 的值，使用的就是公式（6-1），假设计算得到预测值为 AllocateRate'。

2）对 AllocateRate' 进行修正，修正的方式是对预测的结果加上标准差，修正的结果记为 AllocateRate$_{x+1}$，AllocateRate$_{x+1}$=AllocateRate'+$\sigma\times$dvar$_n$；在 G1 中 σ 要求大于 0，可以通过参数 G1ConfidencePercent 来设置其值，该参数的默认值为 50，等价于设置 σ 为 0.5。

3）根据用户设置的应用运行的期望时间 Time$_{x+1}$[⊖]和预测得到的分配速率 AllocateRate$_{x+1}$，可以得到应用运行时需要的内存空间 Space=Time$_{x+1}\times$AllocateRate$_{x+1}$。

4）得到的 Space 值就是新生代的大小，通过该值可以得到新生代由多少个分区组成，分区个数记为 YoungRegionNum，$YoungRegionNum = \dfrac{Space}{RegionSize}$。得到新生代分区的个数后，就可以从自由空间中按需得到内存分区。

> 注意 这里仅仅粗略演示 G1 如何使用模型预测新生代大小。实际上 G1 的实现远比这里介绍的复杂，例如新生代分为 Eden 和 Survivor 空间，分配速率该如何计算，期望时间该如何调整？对这些细节都要仔细考虑和实现，才能保证预测结果准确。

另外，这里还有一个小小的问题：根据历史数据进行预测需要收集一定数量的数据，那需要收集多少历史数据才能保证预测得更准确？在 G1 的实现中选择使用 10 条历史记录，选择 10 条是否足够保证运行的效果？是否有数学理论支持？在第 8 章的扩展阅读中会介绍这方面的知识。

6.1.3 回收机制的设计

由于内存还是按照分代来管理的，因此自然的做法就是对新生代和老生代采用不同的回收算法进行回收。根据新生代的特性，采用复制算法进行回收。新生代回收的作用范围就是新生代空间。问题的关键在于该如何对老生代进行回收？

按照 G1 的设计理念，期望应用运行时以固定时长执行垃圾回收，这就意味着垃圾回收产生的停顿时间比较稳定。而老生代分区中的活跃对象通常比较多。如果要高效地回收老生代，一个可能的方法就是老生代进行增量回收，而且每次回收都回收垃圾比较多的分区。

举一个例子来演示老生代增量回收的概念。假设程序运行一段时间，整个堆空间的内存情况如图 6-2 所示，其中黑色的块表示活跃对象。新生代中存在 3 个分区，按活跃对象

⊖ 在 G1 中该时间可以通过参数 GCPauseIntervalMillis 设置，但在 G1 内部还会根据历史的数据对应用期望运行的时间进行修正。通常该参数不设置等于 MaxGCPauseMillis+1，表示应用运行 1ms，然后执行垃圾回收（垃圾回收执行的时间期望为 MaxGCPauseMillis）。

从多到少排序为 2>1>3。老生代存在 6 个分区，按活跃对象从多到少排序为 6>4>5>8>9>7；其中分区 3 和 7 中的活跃对象数为 0。假设堆空间初始状态如图 6-2 所示。

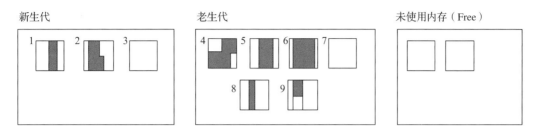

图 6-2　垃圾优先回收初始状态

通常的新生代回收示意图如图 6-3 所示。

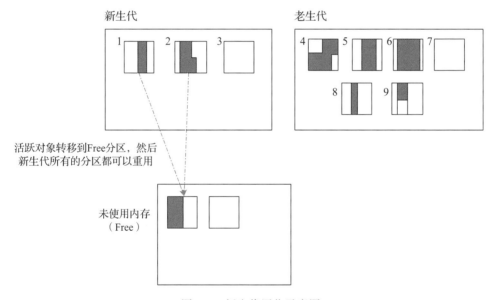

图 6-3　新生代回收示意图

新生代回收针对的是新生代的分区，如图 6-3 所示的分区 1、2、3。关键问题就是如何识别分区的对象，才能产生图中的结果。G1 中新生代回收采用并行复制算法，其基本思想与 ParNew、Parallel Scavenger 基本相同。但由于 G1 的分区设计不同，这里稍微有一点不同。主要有：

1）G1 的新生代分区仅仅包含了 Eden 空间和 Survivor 的 From 空间。G1 的新生代不包含 To 空间，在复制算法执行的时候直接从 Free 空间中获取分区，这样的设计可以极大地提高内存的利用率。但是可能存在一种情况——在新生代回收时，无法从 Free 空间中获得分区，这将导致新生代回收失败。因为 G1 新生代完全不保留 To 空间，所以发生新生代回收失败的概率更大一些。如果新生代在此时失败，将会把新生代回收升级为 Full GC，而 Full GC 的时间开销非常大。所以 G1 在这个地方提供了一个参数 G1ReservePercent，用于在 Free 空间中保留一部分分区，在新生代回收时使用。G1ReservePercent 的范围是 [0, 50]，通过该参数将在 Free 空间中保留空间的大小为新生代大小乘以该参数的值。

2）引用集的处理。在 ParNew 中需要将老生代空间划分成多个块，然后多个线程并行地对每个块进行引用处理，确保老生代引用到新生代的对象都是活跃对象。对于 G1 来说，老生代天然划分成分区。但是因为 G1 的引用集的设计与 CMS、PS 的不一样，所以对于引用集的处理也有所不同。在 G1 中引用关系保存在被引用者所在的分区，所以只需要处理被引用者分区，多个线程即可并行地处理新生代中的每一个分区对应的引用集。

对于增量垃圾回收来说，优先选择垃圾比较多的分区（即活跃对象比较少的分区）。在回收过程中活跃对象越少，复制对象的成本（包含复制对象所需要的时间和空间成本）就越低。老生代的增量回收应该按照分区 7、9、8、5、4、6 这样的顺序依次选择并进行回收；假设回收分区 7，不需要额外的空间存储活跃对象，成本最低，所以应该优先回收；而回收分区 6 时，需要复制大量的对象，空间和时间都消耗很大，这个分区最后回收。当然，为了确保回收的效率，还应该设置当活跃对象超过一定数量的分区时不参与回收（此时回收分区获得空间收益非常小，而时间成本很高）。假设分区 9、8、5 满足回收条件，此时增量回收的示意图如图 6-4 所示。

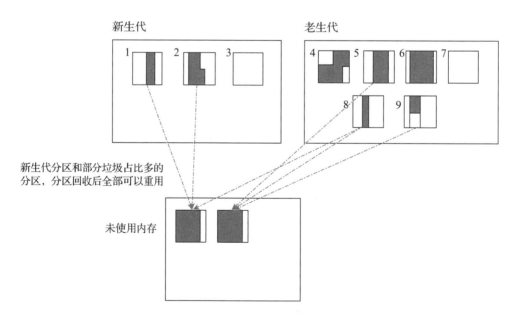

图 6-4　老生代增量回收示意图

在这里有两个问题需要解决：首先，如何确定分区的活跃对象及对象的数量；其次，虽然我们期望按照垃圾从多到少的顺序回收分区，但是要回答需要几次回收完成整个老生代分区、每一次选择哪些分区、什么时候因为回收的成本过高放弃剩余分区的回收这些问题。关于这两个问题，留在并发标记中详细介绍。

新生代回收需要引用集进行标记扫描的加速，针对老生代的增量回收同样需要引用集进行标记扫描的加速。那么该如何设计引用集才能确保增量回收的效率比较高呢？

6.2 引用集设计

在 3.2.5 节中介绍了代际之间引用集的管理。而 G1 中引用集和其他垃圾回收器的实现并不相同，本节介绍 G1 选择这样实现的原因。

6.2.1 引用集存储

首先探讨一下如何执行增量回收的问题。对于老生代进行增量回收，方法是选择部分分区进行回收，为了保证应用在回收后能正确运行，通常会引入 STW，然后执行回收。那么就会存在两种类型的回收：针对新生代的 Minor GC 和针对老生代的增量回收。这种设计非常自然，但存在两种回收，两种 GC 之间需要同步，例如在执行 Minor GC 时不能执行增量回收，同理，执行增量回收时也不能执行 Minor GC。另外，还需要考虑两种回收不同的触发时机。

除了对老生代的分区进行单独的回收之外，还有一种方法是在进行 Minor GC 时，增量回收部分老生代分区。该方法本质上是把两种类型的回收合并为一种，G1 中采用的就是这种方法。为了区别一般的 Minor GC 和同时执行新生代和部分老生代的增量回收，把后者称为混合回收（Mixed GC）。使用混合回收的方式可以减少多种回收交互带来的复杂性，但是混合回收给保证停顿时间这一目标带来了不确定性。

增量回收加上分区的设计，给跨代交互的引用集也带来了新的挑战。下面来看看基于当前的设计，G1 如何处理引用集。

G1 是分代的垃圾回收实现，对于 Minor GC 来说，要实现复制算法中的快速标记，需要记录老生代到新生代的引用。虽然内存是按照分区组织的，但是每一个分区都明确属于一个空间。如果仅仅记录老生代到新生代的引用，可以简单地使用卡表。假设这里采用卡表记录老生代到新生代的引用，对于是否需要记录引用关系（即写卡表），逻辑更为复杂一些。在前面介绍的垃圾回收器中，可以通过新生代和老生代的边界快速判断是否存在跨代引用。但在 G1 中，由于使用分区管理内存，新生代和老生代之间并不存在一个边界，所以需要在写卡表时先根据地址找到所在的分区，再找到分区所属的代，最后判断是否记录引用关系。实际上这一过程所需的成本并不高，业界有一些垃圾回收器采用这种方法。使用卡表记录代际引用示意图如图 6-5 所示。

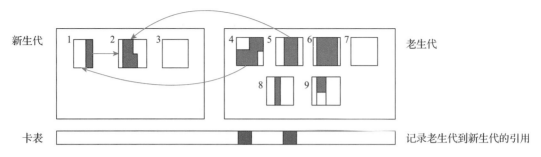

图 6-5　使用卡表记录代际引用

对于 Mixed GC 来说，由于需要同时回收新生代分区和部分老生代分区，Mixed GC 和 Minor GC 使用相同的处理逻辑，也就是说在复制算法中也需要快速完成标记处理。对于新生代可以通过卡表记录老生代到新生代的引用，但是对于部分需要回收的老生代分区该如何处理？当回收这部分老生代分区时，必须能通过引用关系找到活跃对象，其引用关系来自其他老生代分区对于回收分区的引用，这时也可以采用卡表进行保存。但因为回收的分区并不确定，所以引用关系的记录粒度只能进一步细化到分区之间，也就说，在老生代空间中，分区之间的引用关系都需要记录。按照这样的设计，在混合回收时需要处理两张卡表，分别记录老生代到新生代的引用和老生代分区之间的引用。实际上老生代空间比较大，分区较多，分区之间引用也比较多，这会导致卡表记录的数据不够准确，即卡表记录的引用关系的目标分区不在 Mixed GC 的回收范围内。这会导致大量无用的引用者被扫描，极端情况下，除了待回收的老生代分区以外，其他分区都要参与扫描，这就等价于扫描整个老生代。使用卡表记录老生代、新生代代际引用的示意图如图 6-6 所示。

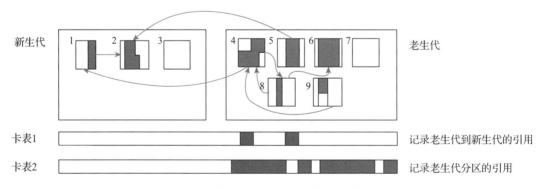

图 6-6　代际引用和代内引用的卡表管理

图 6-6 中为了演示需要，使用了两个卡表分别记录老生代到新生代的引用、老生代到老生代的引用。这两个卡表在实现中可以合并为一个，只不过合并后在 Minor GC 中的效率可能会降低。

使用卡表存储引用关系，可以加速回收过程中的扫描进度。通过卡表存储引用关系，本质上把引用关系保存在引用者关联的位置，除此以外，还可以考虑把引用关系保存在被引用者关联的位置。那么一个自然的方法就是把引用者的地址放在引用者关联的位置，如图 6-7 所示。

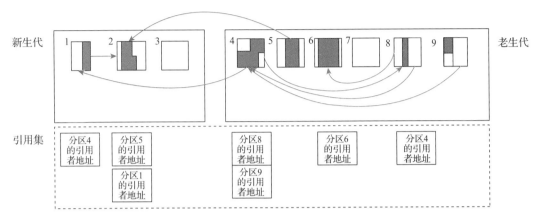

图 6-7　在被引用者处保存引用关系

通过这种方式，Minor GC 和 Mixed GC 都只需要关注回收分区关联的引用者，把这些引用者作为根，就可以保证标记的正确性。两者在算法上完全一致，唯一不同的就是两者处理的分区集合不同。

这里再稍微讨论一下引用集存储的优化：是否所有的引用关系都需要保存？直接保存引用者的地址是否会存在过度消耗内存的问题？

先来回答第一个问题，结论是有些引用关系并不需要保存。主要有 3 种引用关系不需要保存：

1）新生代到老生代的引用。

2）新生代内部分区之间的引用。

3）一个分区内部的引用关系。

第一点是冗余信息，回收时不会使用，第二点和第三点，无论是 Minor GC 还是 Mixed GC，都以分区作为回收单位，即一个分区要么回收要么不回收。在分区回收的时候，如果分区中的对象是活跃的，则该对象会作为待扫描对象，继续处理成员变量，也就说只要分区中的引用者是活跃的，那么分区中的被引用者都能被找到。所以无须记录这两种引用关系。总结下来真正需要的记录的是：老生代到新生代的引用，老生代空间内部分区之间的记录。

对于第二个问题，直接保存引用地址，在引用关系多的情况下，内存消耗可能很多，所以需要一个好的引用存储机制来平衡引用少、一般、非常多的场景。为此，G1 实现了 3 种数据结构，分别处理这 3 种情况。这 3 种数据结构分别是：稀疏表、细粒度表和粗粒度位图。其结构和适用场景如图 6-8 所示。

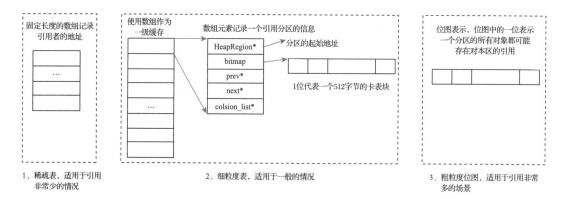

图 6-8　G1 中多种结构保存引用关系

在使用时并不知道分区需要保存多少引用，所以总是从稀疏表开始。当发现稀疏表无法满足存储需求时，会从稀疏表升级到细粒度表；当细粒度表仍然无法满足存储需求时，会升级到粗粒度位图。

稀疏表的长度通常都不长，所以在实际场景中，经常会发生从稀疏表到细粒度表的晋升。注意，在晋升时，由于数据结构不同，因此存在数据迁移的问题。在 JDK 12 之前，有一个开发参数 G1HRRSUseSparseTable 控制是否使用稀疏表，因为该参数并未暴露给用户，所以在 JDK 12 中被移除。如果用户没有设置稀疏表的大小，其大小可以通过公式计算得到，其计算方式为 log（RegionSize/1M）×G1RSetSparseRegionEntriesBase。其中 G1RSetSparseRegionEntriesBase 仍然是一个开发参数，默认值为 4。用户可以通过 G1RSetSparseRegionEntries 来直接设置稀疏表的大小。

由于粗粒度位图把整个分区都作为潜在的引用者，因此在扫描时效率较低，可能会对 GC 带来较大的性能问题。在实际工作中如果发现这样的情况，应该调整细粒度表的存储长度，避免其升级到粗粒度位图。

同样，当使用者没有设置细粒度表的大小时，其大小可以通过分区的大小、控制参数计算得到，其计算方式为 log（RegionSize/1M+1）×G1RSetRegionEntriesBase。其中 G1RSetRegionEntriesBase 是一个开发参数，默认值为 256。用户可以通过 G1RSetRegionEntries 来直接设置细粒度表的大小。

6.2.2　引用集处理流程

被引用者关联的内存中存储引用者信息与引用者关联的内存中存储被引用者信息还有一个区别：一个成员变量在同一时间最多关联一个被引用者，而一个被引用者在同一时间可能赋值给多个引用者。所以通过卡表的存储方式，卡表中的值总是可以唯一地确定，在写卡表时不会存在并发冲突（由于卡表覆盖一定的内存区域，当一个区域内有多个对象时，它们可以同时被多个线程更新引用关系，多个线程需要并发地写卡表，由于多个对象属于同一个区域，实际上相当于多个对象写一个地址，从这一点来说写卡表可能存在冲突。但多个线程并发往同一个地址写同一个数据，写冲突不会影响结果的正确性，所以可以简单地认为卡表的写操作不会导致冲突）。而在被引用者关联的内存中存储引用者信息，当多个线程并发地更新引用者的成员变量时，需要被引用者存储多个引用者，这多个引用值并不相同，并且引用更新先后顺序会影响最终的结果。为什么要保证有序？保证数据有序最主要的原因在于，当一个引用者多次（可以在一个线程执行多次中或者多个线程）更新被引用者时，实际上只有最后一次更新所指向的被引用者才是有效的。如果要准确地记录对象之间的引用关系，则必须保证时间有序。这意味着多个线程需要按照时间顺序并发地操作一个存储结构，这样的操作必须通过锁机制才能达到，而使用锁一定会带来性能急剧下降，所以需要一个合适的方法来实现无锁地记录引用者地址。

要实现按时间顺序的无锁写操作并不容易。实际上这个问题可以抽象为多个客户端同时往一个数据结构中写数据，同时要求数据按照时间有序。写引用集的抽象模型如图 6-9 所示。

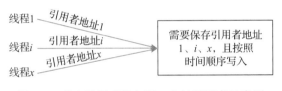

图 6-9　多个引用者指向同一个被引用者示意图

第一个解决问题的方法就是不要求准确记录对象的引用关系，即可以保持冗余。也就是说当一个引用者多次更新被引用者时，在每一个被引用者上都记录这个引用者。这相当于把一个引用者变成了多个引用者，会造成一定的冗余。这样做的效果就是不再需要时间有序，只要保证引用者能在垃圾回收之前被成功记录就可以了。对这一方案继续优化，可以在写操作之前引入一个队列，那么只要让多个线程把数据放入队列中，再慢慢地把队列中的数据放入引用集中，就解决了有序的问题。此时写引用集的抽象模型如图 6-10 所示。

图 6-10　引入队列解决对象引用关系修改的顺序

但是上述模型还有一个问题，那就是多个线程并发写一个队列，仍然存在锁竞争问题。对于这个问题的解决方法是：在每一个线程中都建立一个队列，线程通常只需要写自己的私有队列，满足一定条件的情况下，如果私有队列满了以后，把私有队列放入一个全局队列集合中，然后把全局队列集合的数据写入引用集中即可。此时写引用集的抽象模型如

图 6-11 所示。

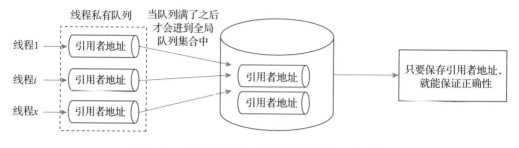

图 6-11　引入队列集合解决多线程写入的锁竞争

在数据写入真正存储空间的地方还可以继续优化处理，由于此时有一个全局队列集合保存所有引用者的地址，而且对写入顺序不做任何要求，那么这个操作可以放在后续的垃圾回收阶段再执行，也可以不放在垃圾回收阶段执行。如果在垃圾回收阶段执行，则会造成垃圾回收的停顿时间增加；但是如果不在垃圾回收阶段执行，即通过并发线程执行写引用集，则需要保证在垃圾回收阶段执行之前，把全局队列集合的所有队列都写入引用集，这样就能保证正确性。所以接下来需要解决的问题就是，通过并发线程写引用集，同时保证正确性。

应用运行会带来大量的写操作，这意味着全局队列集合的数量很多，最好通过多线程机制来并发处理。注意在多线程写引用集的过程中仍然可能涉及锁的问题，这也是为什么在前面提到的细粒度表中按照分区设计，不仅仅是方便组织，也是为了减少锁的冲突，只有当多个线程写同一个数组元素（也就是同一个分区）时才会产生真正的锁等待。

但是如何保证垃圾回收之前，并发线程把全局队列的数据都写入引用集中呢？要达到这样的目标非常困难，原因在于：全局队列集合随着应用的执行会不断地增长，要保证全局队列集合没有数据几乎是不可能的，除非应用暂停，但是如果应用暂停，就不应该再要求并发线程去处理全局引用队列集合，而应该由垃圾回收线程进行处理。所以合理的方案是让并发线程尽量处理全局队列集合中的队列，当垃圾回收发生时，就由垃圾回收线程继续处理尚未处理的队列。在 G1 中并发处理引用关系的线程被称为 Refine 线程。注意，Refine 线程和垃圾回收线程之间需要同步操作。当垃圾回收线程启动以后，Refine 需要暂停执行。多个 Refine 线程并发处理数据的示意图如图 6-12 所示。

接下来的问题就是：该如何设计 Refine 线程，让 Refine 尽可能处理更多的引用关系，且不影响应用的执行，并让垃圾回收线程尽可能少地处理引用关系。

6.2.3　引用集写入

如何才能让 Refine 线程尽可能处理更多的引用关系？简单的做法是使用多个线程处理。因为引用集队列不直接依赖于 Mutator，所以 Refine 线程和 Mutator 可以并发运行。那该启动多少个 Refine 线程并发处理引用集队列呢?

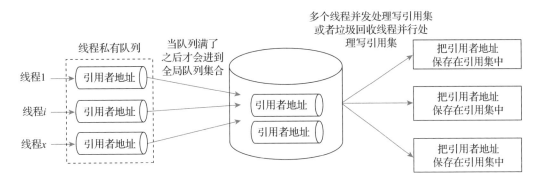

图 6-12　引入多个 Refine 线程读待处理的引用关系

在 JVM 的实现中提供了一个参数用于控制 Refine 线程数[⊖]。我们知道，由于 Refine 线程和 Mutator 并发运行，Refine 线程过多一定会影响 Mutator 的运行效率；Refine 线程过少则会影响引用关系的处理，会把更多的任务留到垃圾回收阶段处理，可能导致停顿时间过长。

在 G1 中的实现方案是：根据队列个数弹性地选择 Refine 线程的个数，当引用集队列个数很少的时候，为了减少 Refine 线程和 GC 工作线程的同步操作，此时 Refine 线程不工作，把所有的写入任务推迟到 GC 工作线程中处理；当引用集队列增加到一定个数之后，Refine 线程并发地把引用关系保存到分区的引用集结构中；当引用集队列继续增加，超过一个较高的阈值以后，Refine 负载很重，此时一个好的方法是让 Mutator（产生引用关系的应用线程）直接把引用关系保存到分区的引用集结构中，即 Mutator 协助 Refine 线程进行工作。

虽然 JVM 中提供了一个参数用于控制 Refine 线程的个数，但 Refine 线程个数并不容易设置，过多或过少都有可能发生。Refine 线程的个数最好与引用关系的个数成正比，当引用关系多的时候，Refine 线程个数多一些，当引用关系少的时候,Refine 线程个数少一些。

综上所述，可以把整个引用集队列划分成 4 个区，称为白区、绿区、黄区和红区，如图 6-13 所示。

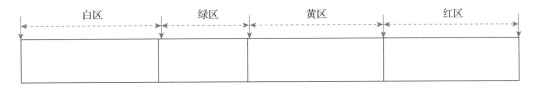

图 6-13　将待处理的引用关系划分为 4 个区

⊖ 参数记为 G1ConcRefinementThreads，该参数的默认值为 0，当没有设置该参数时，该参数与并行线程数（ParallelGCThreads）一样。

这 4 个区在不同的情况下的工作如下。

- □ 白区：留给 GC 工作线程处理的引用集队列。
- □ 绿区：留给 Refine 线程处理的引用集队列，只有部分 Refine 线程参与引用写入工作，说明 Refine 线程任务并不重。
- □ 黄区：留给 Refine 线程处理的引用集队列，所有的 Refine 线程都参与引用写入工作，说明 Refine 线程任务开始趋向于过载。
- □ 红区：留给 Mutator 处理的引用集队列。

这个 4 个分区采用不同数量的 Refine 线程进行并发处理，如图 6-14 所示。

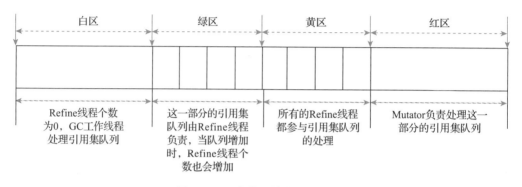

图 6-14　4 个分区并发处理任务

> 注意　4 个区可以通过 3 个值来划分，G1 中提供参数供用户控制每个区间的大小。

在绿区中多个 Refine 线程如何启动才能保证资源消耗最小？最典型的做法就是采用通知（notify）/ 等待（wait）机制。即线程通常处于等待状态，在满足一定条件下被通知激活，并开始工作。

6.3　新生代回收和混合回收

G1 的 Minor GC 和 Mixed GC 采用的是同一复制回收算法，两者唯一的区别就是回收集（Collection Set，简称 CSet）有所不同。Minor GC 仅仅回收新生代空间；Mixed GC 除了回收新生代空间之外，还会回收部分老生代分区。

G1 的复制算法采用的是并行实现，与第 4 章介绍的 ParNew 和第 5 章介绍的 Parallel Scavenge 基本类似。但因为 G1 是基于分区管理的，所以存在两个不同点：

⊖ 3 个参数分别为 G1ConcRefinementGreenZone、G1ConcRefinementYellowZone 和 G1ConcRefinement-RedZone，它们的默认值都是 0。如果用户没有设置这 3 个值，G1 则自动推断这 3 个参数值。

1）内存不再连续，分配和回收都以分区为单位。

2）在对象分配时由于分区存在明确的边界，因此分配时需要考虑边界对齐。

在进行对象分配时，为了加速分配的效率，每个 Mutator 都有一个 TLAB 缓存。在 TLAB 中采用撞针分配方法，TLAB 来自正在使用的分区。在 G1 中对分配的优化是：大对象不从 Eden 中分配。这样做的原因在于：大对象存在的成员变量比较多（注意这里的成员变量是一个泛化的概念，具体还依赖于对象的类型。对一般的大对象来说，成员变量比较多；对于特殊的大对象，比如数组类型对象，是数组元素比较多），产生的引用关系也多。在执行 Minor GC、Mixed GC 时，如果回收大对象，若大对象活跃，复制大对象的成本会比较高。所以 Minor GC 和 Mixed GC 尽量不回收大对象，除非大对象死亡。不回收大对象的简单办法就是把它直接分配在老生代空间中。

G1 中大对象的默认定义是当对象的大小超过 TLAB 的最大值时就是大对象。而 TLAB 的最大值⊖定义为超过分区大小的一半，即 $\dfrac{HeapRegionSize}{2}$。大对象的定义仅仅与分区大小相关。

G1 的回收过程可以分为串行执行部分和并行执行部分，其中串行执行部分主要是针对全局性的信息初始化等工作，例如确定 GC 的子类型（由于 Minor GC、Mixed GC 共享一份代码，为了在日志中进行区分，所以要确定子类型），将 TLAB 中未使用的内存填充为 Dummy 对象（前文提到的堆可解性），初始化 CSet 并选择待回收的分区。然后进入并行执行部分（这是整个垃圾回收的核心），使用多个 GC 工作线程同时处理根集合（root set），并借助标记栈完成对象的复制、标记工作。最后串行执行释放 CSet 空间、尝试释放大对象分区、启动并发标记等收尾工作。整个回收过程的流程图如图 6-15 所示。

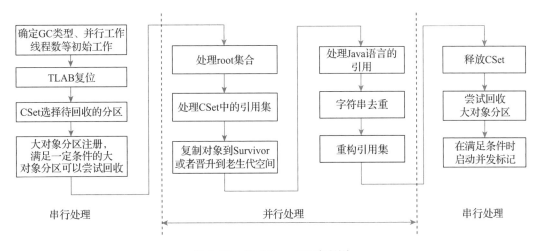

图 6-15　G1 Minor GC 流程图

⊖　注意，G1 中对于 TLAB 最大值并没有提供参数控制，而后文介绍的 ZGC 和 Shenandoah 则有参数控制。 TLAB 的最大值与 TLABSize 并不是一个值。

新生代回收和混合回收整个流程并不复杂，不展开介绍。这里着重介绍一下 G1 和前文提到的 ParNew 和 Parallel Scavenge 的不同之处。

6.3.1 回收过程中引用关系处理

回收过程中的一个特殊之处是需要重构引用集。ParNew 或者 Parallel Scavenge 的引用关系采用卡表的形式存储，在对象移动到 Survivor 或者晋升到老生代空间时，可以根据对象所在地址位置快速判断是否需要记录引用关系，如果需要，则在卡表中记录信息即可。

G1 中引用关系保存在被引用对象相关的数据结构中，垃圾回收执行后，对象被移动到新的位置，需要重构引用集，以确保下一次垃圾回收的根集合正确。在上面的介绍中，为了解耦引用关系的生产者（指的是 Mutator，简称 Producer）和引用关系的消费者（指的是 Refine 线程、GC 工作线程或者 Mutator，统称为 Consumer），使用了队列。

在垃圾回收过程中，对象发生了移动，移动实际上是复制对象到新的位置，复制前的对象称为老对象，复制后的对象称为新对象。移动过程除了复制对象以外，还需要把指向老对象的指针都更新到新对象。而这个指针更新的过程也有新的引用关系产生，这个引用关系也可以放入队列中，在垃圾回收完成后对引用集队列进行处理就能重构 Survivor 分区或者新晋升老生代分区的引用集。

6.3.2 混合回收导致停顿时间不符合预期的处理方法

G1 的设计目标是提供一个暂停时间稳定的垃圾回收器，根据用户提供的期望停顿时间和应用运行的时间，使用历史的数据来预测新生代空间的大小。基于这样的理论基础，Minor GC 的停顿时间大部分情况下都会满足用户的期望[⊖]。

但混合回收完全无视用户需求。在混合回收时会额外回收一部分老生代分区，但是回收这一部分老生代分区所花费的时间成本完全没有考虑。为了尽量避免混合回收停顿时间过长，将可以回收的老生代分区划分成 8 次[⊜]进行回收，而且回收的时候是按照分区中垃圾占比从多到少进行的。在第一次执行混合回收时，由于选择的分区垃圾回收最多，活跃对象最少，复制这些活跃对象花费的时间成本也是最低的，所以对用户预期的停顿时间影响也应该是最小的。在本次混合回收结束后，使用本次新生代的大小、应用运行的时间、垃圾回收的停顿时间等信息预测接下来新生代大小，预测得到的新生代的大小在一定程度上反映了多回收部分老生代分区的信息。

⊖ 偶尔也会存在误差，误差主要是对象复制数据波动性、复制对象在多线程工作时因为任务均衡产生的同步开销等因素造成的。

⊜ 通过参数 G1MixedGCCountTarget 控制混合回收执行的次数，参数的默认值为 8。

但这样的设计无法完全避免垃圾回收停顿时间超出用户预期停顿时间。为了解决这个问题，在 JDK 12 中引入了一个新的 JEP（JDK Enhancement Proposals）[⊖]。这里简单介绍一下这个增强，这个增强的基础来自对停顿时间预测值进一步的细化，在回收的时候将整个回收过程中的步骤细化，并尽可能单独收集数据，然后建立预测模型，这样就可以根据预测时间选择尽可能多的老生代分区。

注意，我们使用预测模型来预测新生代的大小，这里又使用预测模型来回收老生代分区。理论上这是一个悖论，使用相同的预测模型，得到的结果应该是一致的，即额外可以回收的老生代分区为 0 个才符合数学上的推断。但是预测模型实际上存在误差，这个增强就是利用模型的误差来回收更多的老生代分区。一方面，为了让回收老生代分区预测得更为准确，应把整个垃圾回收的步骤划分得更细，以便收集更细粒度的数据。另一方面，G1还会启动一个抽样线程，在抽样线程里面还会进一步对分区相关的卡表、对象复制等信息进行预测，并对分区的信息进行修正，确保预测模型更为准确。

首先对 CSet 进行拆分，拆分为 3 部分：

1）必选分区Ⅰ：新生代分区，包括 Eden、Survivor 分区。

2）必选分区Ⅱ：预测必选分区Ⅰ停顿时间后，预测还可以回收部分老生代分区才会达到目标值。

3）可选分区Ⅲ：预测必选分区Ⅰ和必选分区Ⅱ后，若停顿时间还未达到用户设置的目标值，可用剩余的时间继续回收部分老生代分区。

在执行垃圾回收时，CSet 中必选分区和可选分区分开回收。CSet 中必选分区必须回收，而可选分区则不一定会被回收。可选分区是否回收取决于必选分区在垃圾回收中真正花费的时间，如果执行完必选分区后还有时间，才会真正回收可选分区，且可选分区中可能只有部分分区真正被回收。

> 注意　该 JEP 使用细化的指标对预测模型进行调整，实际上还是不能完全保证准确性。还有一些极端场景出现，例如对必选分区进行预测，如果预测的停顿时间超过用户设置的目标值，该怎么办？在这种情况下，如果不回收老生代分区，那么可能永远都无法回收。在这种情况下，混合回收还是会强制回收一部分老生代分区，强制最少回收的分区个数受参数（G1MixedGCCountTarget）控制。从笔者使用的效果来看，该特性非常有效，可大大减少垃圾回收实际停顿时间超过用于预期停顿时间的情况。但是该特性是基于预测模型来微调的，由于预测值不准确，因此无法从根本上解决这个问题。

⊖　更多信息参考 JEP 344：https://openjdk.java.net/jeps/344。

6.3.3　NUMA-Aware 支持

在第 5 章介绍并行回收中提到，垃圾回收支持 NUMA 特性，可以充分利用硬件的特性，提高分配的性能。

在 JDK 14 中引入了一个新的 JEP 346[⊖]为 G1 提供 NUMA 特性的支持。除了在应用分配对象时考虑 NUMA 亲和性，在垃圾回收器过程中也会考虑 NUMA 亲和性。这里简单介绍一下这个特性。

1）为每个 Node（节点）绑定一个分区，该分区用于处理应用的对象分配请求。

2）对大对象特殊对待，尽量按照内存均衡的原则在不同的 Node 上分配内存，防止某一个 Node 上的应用过多的分配大对象将本地内存耗尽。

3）在垃圾回收执行的过程中，优先保证复制前后的分区位于同一个 Node 上，这样就保证在垃圾回收结束后，应用访问的内存刚好位于本地 Node 上。

> 注意　该特性在当前的 JDK 中存在一个小问题，它没有考虑操作系统由于某些原因（例如 Node 上资源问题）调度导致线程从一个 Node 迁移到另一个 Node 上。在目前的实现中，当发生线程迁移后，需要考虑和 Node 绑定的分区，否则可能导致分区无法在 Minor GC 中被回收[⊜]。

6.3.4　云场景的支持

面向服务器领域的垃圾回收器一直都是被设计为长时间运行，在应用部署时会考虑应用所需要的资源。这可能存在巨大的资源浪费问题，其中一个浪费是 JVM 本身设计带来的。JVM 在启动时会预分配内存，并且在运行时扩展内存直到用户定义的堆空间，当没有服务请求时，JVM 已经分配的内存不会释放，从而造成了大量的内存浪费。在云场景中，这个缺点被放大，流量高峰时，云用户要为使用的资源多付更多的费用；但是在流量低谷时，由于 JVM 本身的缺陷，内存资源并不释放，导致云用户需要在流量低谷时为峰值的流量付费，这一点和云场景中提倡的按需使用、按使用付费相矛盾。所以在 JDK 12 中引入了一个新的 JEP 345[⊜]，为 G1 提供优雅的释放内存的机制。这里简单介绍一下这个特性。

这个特性可以简单总结为：引入额外的线程，该线程周期性地触发 Minor GC，在 Minor GC 中触发并发标记，在并发标记的一个暂停应用的阶段（再标记阶段）释放内存。之所以这么设计，笔者推测主要有以下几方面考虑：

1）由于 G1 中空闲分区通过一个 Free 链表保存，而这个 Free 链表在对象分配时被访

⊖ 更多信息参考 https://openjdk.java.net/jeps/346。
⊜ 关于该问题在毕昇 JDK 中有一个临时的修复方案，具体参考 OpenEuler 关于该问题的相关讨论：https://gitee.com/src-openeuler/openjdk-11/issues/I2A267#note_3889478。
⊜ 更多信息参考 https://openjdk.java.net/jeps/345。

间，因此针对空闲内存的释放需要对 Free 链表的操作与应用同步。从这个角度来说，把内存释放动作放在一个暂停应用的阶段是最为简单的方法。

2）在 Minor GC 中进行释放内存有问题，由于 Minor GC 仅仅回收新生代空间，如果仅仅依赖于 Minor GC，则无法释放老生代空间中不再使用的分区。

3）在 Mixed GC 中释放内存需要一个机制触发并发标记，才能确保 Mixed GC 能够执行。由于触发了并发标记，在并发标记过程中有两个暂停应用的阶段，因此完全可以在并发标记中进行，没有必要把逻辑放入 Mixed GC 中。在并发标记的 Remark 阶段，由于已经进行了一些动作（如释放空的分区），此时释放内存相对来说也比较自然。

4）实际上还可以在 Full GC 中释放，但是 Full GC 暂停时间较长，对应用并不友好，特别是如果遇到流量突然进入的情况，可能影响用户体验。但是 Full GC 中有一个优势，就是释放的内存可能更多一些，效果更为明显。

> 注意　在 JDK 16 中该方案被进一步优化，使用一个额外的线程并发释放内存，从而减少再标记阶段的压力。更多信息可以参考官网[一]。

遗憾的是，在目前主流使用的 JDK 8 和 JDK 11 中并没有支持该特性。幸运的是有临时的方案可以解决这个问题。

1）可以使用华为公司提供的毕昇 JDK 和阿里公司的龙井 JDK。其中毕昇 JDK 是将 JDK 12 的特性移植到 JDK 8 和 JDK 11 中，在移植过程中优化了释放的过程，将并行释放优化为并发释放；而龙井 JDK 与社区方案并不相同，在 Minor GC 中触发内存释放，也是进行并发释放。

2）社区版（OpenJDK）或者 Oracle JDK 版本中并未支持该特性，可以在应用程序代码中加入 System.gc()。对于不想修改代码的应用，可以通过注入一个 Agent 的方式，在 Agent 中周期性地调用 System.gc()[一]。System.gc() 可以触发 Full GC，在 Full GC 中可以释放内存，从而达到内存释放的目的。

6.3.5　并发标记和 Minor GC、Mixed GC 的交互

在本节的开始，提到 Minor GC 在满足一定条件下可以触发并发标记，启动并发标记的 Minor GC 和一般的 Minor GC 在一些处理点上稍有不同（具体的不同之处在下一节介绍）。另外，Mixed GC 共享 Minor GC 代码，为了区别这些不同的 Minor GC，在日志中为这些不同的 Minor GC 使用不同的名字，这里稍微总结一下。

1）Pause Young（Normal）：正常的 Minor GC，仅仅回收新生代空间。

2）Pause Young（Concurrent Start）或者（initial-mark）：正常执行 Minor GC，仅仅回

一　参考 https://bugs.openjdk.java.net/browse/JDK-8236926。
一　关于如何实现一个 Java Agent 并不在本书的讨论范围内，读者可以参考相关文章。

收新生代空间，在本次的 Minor GC 结束后会启动并发标记。

3）Pause Young（Prepare Mixed）：正常的 Minor GC，仅仅回收新生代空间，本次 Minor GC 表示并发标记已经结束，下一次会启动 Mixed GC。

4）Pause Young（Mixed）：Mixed GC，回收新生代空间和部分老生代分区。

上面的 4 种 Minor GC 之间实际上构成了一个状态机，从 Pause Young（Concurrent Start）启动到 Pause Young（Mixed）未执行之前，不能再启动新的一轮并发标记。

但是这一部分逻辑在早期的 JDK 版本中并未理顺，存在一些潜在的问题。例如发生了过多的 GCLocker 导致内存不足，更多内容可参见一些问题的讨论。直到 JDK 9 才对 GC 的状态变换做了修正，并在 JDK 12 中进行了完善，形成 Minor GC 的状态转换图，如图 6-16 所示。

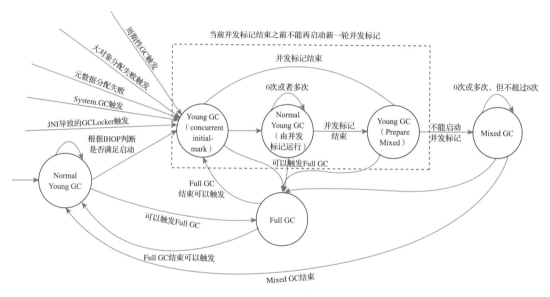

图 6-16　多种 GC 执行的状态转换

这里需要说明的是，状态图仍在不断完善中，例如 GCLocker 在 JDK 14 之前可以触发并发初始标记，但在 JDK 14 中参数 GCLockerInvokesConcurrent 被移除，原因是应用同时触发 GCLocker 和 System.GC 之后，可能导致一些线程一直饥饿（即通常所说的活锁），但是问题又不容易修改，所以在 JDK 14 中直接取消了 GCLocker 触发并发标记的动作。

仅从 GC 执行的角度看来，GC 活动状态如图 6-17 所示。

　　⊖　参考 https://bugs.openjdk.java.net/browse/JDK-8232588。

　　⊜　参考 https://bugs.openjdk.java.net/browse/JDK-8233280。

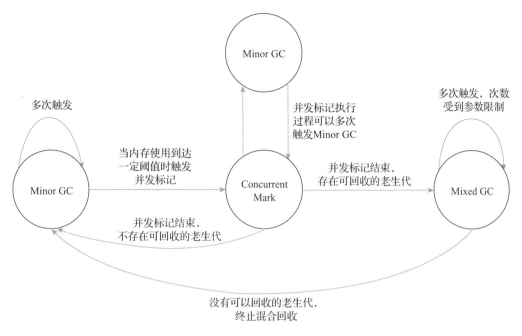

图 6-17 多种 GC 执行活动状态

6.4 并发标记

混合回收的前提是老生代完成了标记。为了减少标记老生代对应用的影响，采用了并发标记。

G1 中采用的并发标记算法和 CMS 并发标记算法并不相同。CMS 采用的是增量并发标记，G1 中使用的是 SATB（Snapshot-At-The-Beginning）算法。

6.4.1 SATB 算法介绍

并发标记指的是标记线程和应用程序线程并发运行。那么标记线程如何并发地进行标记？并发标记时，一边标记垃圾对象，一边还在生成垃圾对象，如何正确地标记对象？为了解决这个问题，以前的垃圾回收算法采用串行执行，这里的串行指的是标记工作和对象生成工作不同时进行，而在 G1 中引入了新的算法。在介绍并发标记算法之前，我们首先回顾一下对象分配，再来讨论这个问题。

在堆分区中分配对象的时候，对象都是连续分配的，所以可以设计几个指针，分别是 bottom、prev、next 和 top。用 bottom 指向堆分区的起始地址，用 prev 指向上一次并发处理后的地址，用 next 指向并发标记开始之前内存已经使用内存的地址，当并发标记开始之后，如果有新的对象分配，可以移动 top 指针，使用 top 指向当前内存分配成功的地址。

next 指针和 top 指针之间的地址就是应用程序线程新增对象使用的内存空间。假设 prev 指针之前的对象已经标记成功，在并发标记的时候从根出发，不仅标记 prev 和 next 之间的对象，还标记 prev 指针之前活跃的对象。当并发标记结束之后，只需要把 prev 指针设置为 next 指针即可开始新一轮的标记处理。

prev 和 next 指针解决了并发标记工作内存区域的问题，还需要再引入两个额外的数据结构来记录内存标记的状态，典型的是使用位图（BitMap）来指示哪块内存已经使用而哪块内存还未使用。所以并发标记引入两个位图 PrevBitmap 和 NextBitmap，用 PrevBitmap 记录 prev 指针之前内存的标记状态，用 NextBitmap 记录整个内存从 Bottom 到 next 指针之前的标记状态。

很多人都很奇怪，既然 NextBitmap 包含了整个使用内存的标记状态，为什么要引入 PrevBitmap 这个数据结构？这个数据结构在什么时候使用？使用 PrevBitmap 最主要的目的是在本次标记中确定上一次标记过的活跃的对象在本次标记后才可能继续存活，使用该位图可以优化很多内存的管理。下面通过示意图来演示一下并发标记的过程。

假定初始情况如图 6-18 所示。

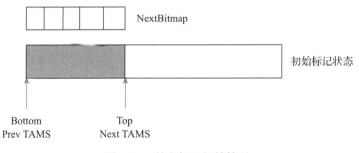

图 6-18　并发标记初始情况

这里用 Bottom 表示分区的底部，Top 表示分区空间使用的顶部，TAMS 指的是 Top-At-Mark-Start，prev 就是前一次标记的地址，即 prev TAMS，next 指向的是当前开始标记时最新的地址，即 next TAMS。并发标记是从根对象[⊖]出发开始并发的标记。在第一次标记时 PrevBitmap 为空，NextBitmap 待标记。开始进行并发标记，结束后如图 6-19 所示。

并发标记结束后，NextBitmap 记录了分区对象存活的情况，假定上述的位图中黑色区域表示堆分区中对应的对象还活着。在并发标记的同时，应用程序继续运行，所以 Top 指针发生了变化，继续增长。

这个时候，可以认为 NextBitmap 中活跃对象及 Next TAMS 和 Top 之间的对象都是活跃的。在进行垃圾回收的时候，如果分区需要被回收，则会复制这些对象；如果分区可用空间比较多，则不需要回收分区。当应用程序继续执行、新一轮的并发标记启动时，初始状态如图 6-20 所示。

⊖　G1 的并发标记以上一次垃圾回收（Minor GC）后的 Survivor 分区作为根对象。

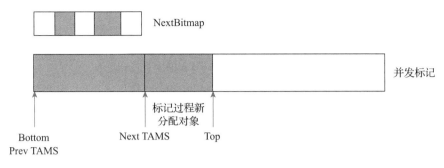

图 6-19　并发标记结束后的状态

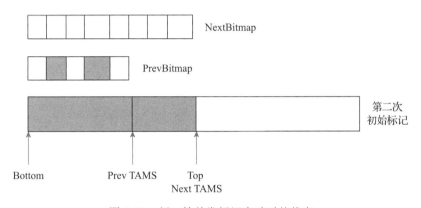

图 6-20　新一轮并发标记启动时的状态

在新一轮的并发标记开始时，交换 BitMap，重置指针。根据根对象对 Bottom 和 Next TAMS 之间的内存对象进行标记，标记结束后的状态如图 6-21 所示。

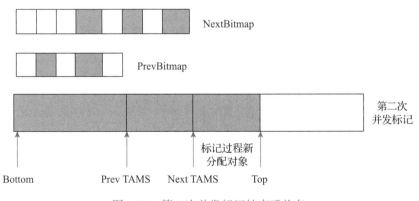

图 6-21　第二次并发标记结束后状态

当标记完成时，如果分区垃圾对象满足一定条件（如分区的垃圾对象占用的内存空间达到一定的数值），分区就可以被回收。

　　SATB 算法的核心是建立一个内存切片，当应用程序和并发标记工作线程对同一个对象进行修改时，使用写屏障记录对象引用关系修改前的对象，然后在合适的时机再对修改对象进行标记。注意，SATB 产生的浮动垃圾通常比 IU 更多。关于并发标记的介绍，参考 4.3 节。

6.4.2　增量并发标记算法

　　老生代分区的回收依赖于 G1 的并发标记算法，这个过程称为"并发标记阶段"。并发标记是指并发标记线程和应用程序线程同时运行，它有 4 个典型的子阶段：初始标记子阶段、并发标记子阶段、再标记子阶段和清理子阶段。在执行并发标记之前，还需要一个并行的根处理阶段，用于识别并发标记的根对象。具体介绍如下。

1. 根处理子阶段

　　此阶段负责标记所有从根集合直接可达的对象。根集合是对象图的起点，初始标记需要将应用程序线程暂停，即需要一个 STW 的时间段。在并发标记中的初始标记子阶段和新生代的初始标记几乎一样。实际上并发标记的初始标记子阶段是借用了新生代回收的结果，即以新生代垃圾回收后的新生代 Survivor 分区作为根，所以并发标记一定发生在新生代回收之后，不需要再进行一次初始标记，这就是所谓的"借道"。

　　并发标记是以 Survivor 分区为根对整个老生代进行标记。那么这样做有没有问题？

　　实际上存在 Java 根直接引用到老生代对象，且没有任何新生代对象到老生代对象的引用的情况，因此仅以 Survivor 分区为根对整个老生代进行标记，并不是对老生代的完全标记，因为老生代分区里面可能存在一些活跃对象是通过 Java 根到达的。这些对象在并发标记的时候并不会被标记，导致可能存活的对象因没有标记而被错误地回收。从这一点来说，仅以 Survivor 分区为根开始标记是不够的，需要把那些直接从根出发引用到老生代或者大对象分区的引用补上。这就是说，简单"借道"是不够的，需要针对触发并发标记的 Minor GC 中增加额外的逻辑。

2. 并发标记子阶段

　　当 Minor GC 执行结束之后，如果发现满足并发标记的条件，并发线程就开始进行并发标记，根据新生代的 Survivor 分区开始并发标记。并发标记的时机是在 Minor GC 后，只有内存消耗达到一定的阈值才会触发。在 G1 中，这个阈值通过参数 InitiatingHeapOccupancy-Percent（默认值是 45，表示当前已经分配的内存加上本次待分配的内存超过内存总容量的 45% 就可以启动并发标记）控制。多个并发标记线程同时执行，每个线程每次只扫描一个分区，从而标记出存活对象。在标记的时候还会计算存活对象的数量及存活对象所占用的内存大小，并计入分区空间。

　　并发标记子阶段会对所有老生代分区的对象进行标记。这个阶段并不需要 STW，标记线程和应用程序线程并发运行，使用 SATB 算法进行并发标记。

3. 再标记子阶段

再标记是最后一个标记阶段。在该阶段中，G1 需要一个 STW 的时间段，找出所有未被访问的存活对象，同时完成存活内存数据计算。引入该阶段的目的是能够达到结束标记的目标。要结束标记的过程，需要满足以下 3 个条件：

1）在从根（Survivor）出发的并发标记子阶段已经标记出所有的存活对象。

2）标记栈是空的。

3）所有的引用变更对象都被处理了。这里的引用变更对象包括新增空间分配的对象和引用变更对象，新增空间中的所有对象都被认为是活跃的（即便是对象已经死亡也没有关系，在这种情况下只会增加一些浮动垃圾），引用变更处理的对象通过一个队列记录，在该子阶段会处理这个队列中的所有对象。

前两个条件是很容易达到的，但是最后一个条件是很难达到的。如果不引入一个 STW 的再标记过程，那么应用会不断地更新引用，也就是说，会不断地产生新的引用变更，因而永远也无法达成完成标记的条件。

4. 清理子阶段

再标记子阶段之后是清理子阶段，该子阶段也需要一个 STW 的时间段。清理子阶段主要执行以下操作：

1）统计存活对象，统计的结果将会用来排序分区，用于下一次的垃圾回收时分区的选择。

2）交换标记位图，为下次并发标记做准备。

3）把空闲分区放到空闲分区列表中，这里的空闲分区指的是全都是垃圾对象的分区。如果分区中还有任何活跃对象都不会释放，真正释放的动作是在混合回收中。

> **注意** G1 一直在演化，不同版本的 JDK 差异较大。上面的操作主要是 JDK 8 的实现。在 JDK 11 及以后的版本中，上述阶段多数被并发化，只有在 STW 进行信息同步。

该阶段比较容易引起误解的地方在于，清理子阶段并不会清理垃圾对象，也不会执行存活对象的复制。也就是说，在极端情况下，该阶段结束之后，空闲分区列表将毫无变化，JVM 的内存使用情况也毫无变化。

在并发标记阶段完成之后，在下一次进行垃圾回收的时候就会回收垃圾比较多的老生代分区，这时进行的垃圾回收称为混合回收。整个 G1 垃圾回收的活动图如图 6-22 所示。

> **注意** 在图 6-22 并发标记阶段中还可以发生 Minor GC（可以是一次 Minor GC，也可以是多次 Minor GC），但为了简化并未体现。另外，在图 6-22 中的混合回收也可能发生多次，因为 G1 对停顿时间是有要求的，G1 会根据预测的停顿时间决定一次回收老生代分区的数量，所以可能需要多次混合回收才能完成并发标记阶段识别出的垃圾比较多的老生代分区。

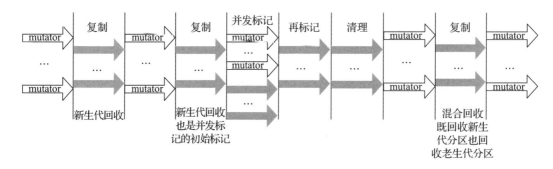

图 6-22 G1 垃圾回收活动图

6.5 Full GC

G1 的设计目标是避免 Full GC 的发生,用户设置合理的内存、期望停顿时间,由 JVM 自适应地调整新生代空间大小。但是当应用的分配速率过大时,会触发并发标记、混合回收。但当混合回收仍然无法满足应用的分区请求时,就会触发 Full GC。若内存或者停顿时间设置得不合理,Full GC 就无可避免地被触发。本节简单讨论一下 G1 中的 Full GC 及其演化。

6.5.1 串行实现算法

G1 中串行回收实现和第 3 章介绍的标记压缩回收完全相同,仅仅在两个地方做了微调:

1)不会跳过任何死亡对象,是一个严格的标记压缩算法。在第 3 章介绍标记压缩算法实现时提到,为了提高压缩的性能,会跳过部分死亡对象。在 G1 中并没有支持这个功能,笔者的理解是,G1 执行 Full GC 后全部分区都被标记为老生代,在标记压缩的过程中由于分区之间的顺序并不固定,比较难确定哪些分区生命周期更长,哪些更短。对生命周期长的分区跳过部分死亡对象符合"强分代理论",对生命周期短的分区跳到死亡对象则不够合理,所以 G1 并没有提供该特性[○]。

2)引用集重构不同。在分代连续内存管理中,如果 Full GC 发生后所有对象都在老生代空间,卡表则直接清除;如果 Full GC 发生后老生代不能存储所有的对象,卡表将全部置位。这样设计的目的是使大多数情况下老生代都能存储所有的对象,卡表清空后,下一次执行 Minor GC 效率比较高。而在 G1 中引用集的存储方式不是采用卡表的形式,Full GC 后所有的分区都是老生代,但是在混合回收时需要知道老生代分区之间的引用关系,所以在 Full GC 结束时必须重构引用集。在 G1 中引用集的重构在早期版本中采用的是并行的处

○ 针对 G1 目前对于强分代理论支持的不足,在 JDK 16 中引入了相关的支持。具体可以参考 https://bugs. openjdk.java.net/browse/JDK-8262068。

理方式，而在 JDK 11 中引用集重构采用并发处理方式。

6.5.2　并行实现算法

在 JDK 10 以前，G1 的 Full GC 只有串行回收实现，在 JDK 10 中有一个 JEP 307[⊖]将串行回收优化为并行回收。串行回收修改为并行回收的思路非常简单。在串行回收中只有一个 GC 工作线程进行回收，如图 6-23 所示。

图 6-23　串行回收示意图

在并行回收中将多个分区划分给多个并行的 GC 工作线程执行，每个线程都执行标记压缩算法，如图 6-24 所示。

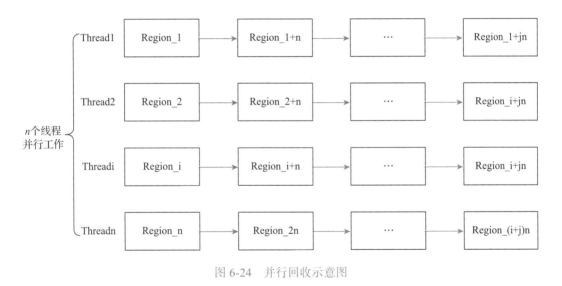

图 6-24　并行回收示意图

> 注意　示意图并不完全准确，更准确地说，多个线程先完成标记，然后多个线程再执行压缩。

另外，图中是一种理想的状态，n 个线程负载都很均衡。但实际上，n 个线程之间的任务可能并不均衡。在当前的实现中，当多个线程出现任务不均衡时，没有一种自动均衡机制。有兴趣的读者可以尝试对此进行优化。

⊖　更多信息参考 https://openjdk.java.net/jeps/307。

除了并行化进行标记压缩实现之外，并行实现中还有两个值得注意的地方：

1）并发重构引用集。在串行回收中，对引用集进行并行重构，目的是保证后续发生的混合回收能正确处理引用关系。而 JDK 11 将并行工作优化为并发工作，进一步减少 Full GC 的停顿时间。这个优化的思路是，当 Full GC 发生后暂时不重构引用集，只保证在混合回收发生前引用集重构完成。所以重构工作可以通过并发标记来触发（原因是并发标记是在混合回收之前执行的），并保证在并发标记结束之前完成引用集重构即可。

2）处理极限内存不足的情况。在内存非常紧张且 GC 工作线程比较多的情况下，很有可能出现下面的情况：多个 GC 工作线程只有最后一个分区是不完全满的，其他分区都已经压缩满了，如图 6-25 所示。

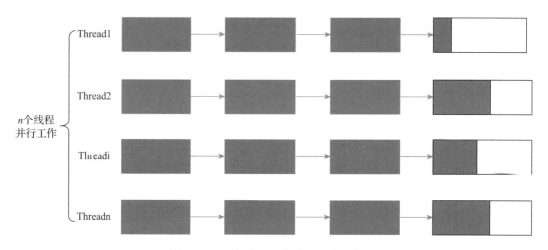

图 6-25　只有最后一个分区不满的场景

对于这种情况，当 Full GC 执行完成后，实际上没有任何一个完整的空闲分区，也就是说无法产生新生代空间，从而也无法响应应用的对象分配请求。对这种情况又进行了一次优化处理，将多个线程中每个线程尾部的最后一个分区拿出来重新进行一次串行压缩，从而释放出完整的自由分区。注意，由于对象头总是与分区头对齐的，因此对所有线程尾部的分区重新进行压缩，完全不影响已经压缩满的分区。

6.6　扩展阅读：OpenJ9 中的 Balanced GC 介绍

OpenJ9 提供一款非常类似于 G1 的垃圾回收器，称为 Balanced GC。Balanced GC 也是一款基于分区的垃圾回收器，而且也是分代的垃圾回收器。在新生代的垃圾回收中采用复制算法，对于老生代也是采用增量的并发标记。同时也有类似 G1 中混合回收的概念（在回收新生代的同时，回收垃圾比较多的分区），也有全局的 Full GC。

　　虽然 Balanced GC 在很多地方和 G1 GC 非常相似，但是两者在很多地方还是有所不同的，例如在内存分配、垃圾回收等细节之处，两者在设计、实现方面都有所区别。本节着重介绍两者的不同，供读者扩展视野，如表 6-1 所示。

表 6-1　G1 和 Balanced GC 比较

特性	G1	Balanced GC	说　明
内存管理	分区的大小为 1MB、2MB、4MB、8MB、16MB 和 32MB；分区个数一般为 2048 个，当堆空间比较大时，增加分区个数；堆空间划分为新生代空间和老生代空间进行管理；使用停顿时间预测新生代的大小	最小分区为 512KB，最大上限不限，只需要保证分区为 2 的幂次；分区个数控制在 1024 个，当堆空间比较大时，增加分区大小；堆空间划分为新生代空间、过渡空间、老生代空间进行管理，默认是 25 个代	G1 倾向于控制分区的大小，Balanced GC 倾向于控制分区的个数。在堆空间比较大时，两者的分配效率和回收效率有差异；在最新的 Balanced GC 中也支持以停顿时间为目标的实现，具体可以参考官网[注]
大对象	大对象采用连续的分区分配	大对象采用不连续的分区分配	一些 JNI API（例如 Critical API）对于底层对象的连续存储和不连续存储会有很大的区别，在使用 Balanced GC 时需要处理，但是 Balanced GC 一直在对此进行优化，实现了二次映射技术
回收算法	借助于标记栈采用复制算法回收，Minor GC 仅回收新生代空间，Mixed GC 回收新生代空间和部分老生代空间	采用复制算法或者标记清除压缩算法回收，未严格区分 Minor GC 和 Mixed GC，统称为部分回收（Partial GC），部分回收也可以回收新生代空间或者部分非新生代空间	Balanced GC 是多代管理，部分回收本质上也可以分为只包含新生代回收（类似于 Minor GC）和包含新生代空间和部分过渡空间的回收（Mixed GC）
并发标记	采用 SATB 的并发标记算法	采用增量并发标记	并发标记都是全局进行的，G1 进行标记，而 Balanced GC 在并发标记之后还可以进行并发清除
Full GC	采用标记压缩算法	采用标记清除压缩算法	

6.6.1　内存管理的区别

　　G1 堆空间划分为新生代空间和老生代空间。而 Balanced GC 默认是 25 个代，分别是新生代空间、过渡代空间、老生代空间，其中第 0 代是新生代空间，第 24 代是老生代空间，第 1 代到第 23 代是过渡代空间，堆空间示意图如图 6-26 所示。

图 6-26　Balanced GC 多代划分示意图

㊀　https://blog.openj9.org/2021/09/24/balanced-gc-performance-improvements-eden-heap-sizing-improvements

6.6.2 大对象设计的区别

G1 中的大对象是指超过一定大小的对象。当对象超过 ·个分区的大小，需要多个分区时，会寻找一块连续的内存。

而 Balanced GC 对于大对象处理稍有不同。大对象通常来自数组对象（实际上几乎没有一个非数组对象的大小达到 512KB，而数组对象则非常容易达到 512KB），所以 OpenJ9 专门对数组进行了优化。对于数组的存储方式称为 Arraylet，一个 Arraylet 通常包含一个 spine（主干）和 leaves（叶子），其中 spine 主要包含数组对象的组织情况，leaves 存储的是数组对象的数据。一个 Arraylet 在内存中的布局如图 6-27 所示[⊖]。

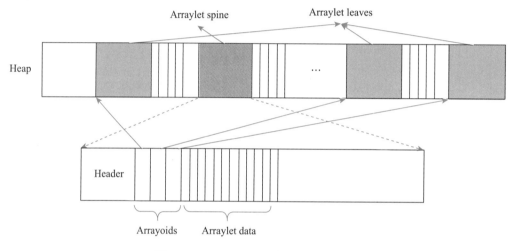

图 6-27　Balanced GC 中 Arraylet 布局

图 6-27 描述的是 Arraylet 一般的存储情况。实际上，Arraylet 在内存中的布局与数组对象的大小相关，可以简单总结如下：

1）在一个分区中连续存储，通常是一个数组对象的大小小于分区的大小。

2）在多个 leaves 分区不连续存储数据，但 spine 中并不包含数据。

3）混合存储，spine 中包含 Arraylet 的组织信息和部分数据，多个 leaves 仅仅包含数据。图 6-27 就是一个混合存储的例子。

OpenJ9 引入的 Arraylet 机制有效解决了大数组对象在分区内存管理下要求内存连续的存储问题。但遗憾的是该方案并不完善，在一些情况下可能导致应用运行出错。最典型的情况就是应用使用 JNI 的 API，例如 JNI 中有一些 API（如 GetPrimitiveArrayCritical）可以获得对象的地址，并在本地代码中使用对象的地址进行读、写操作，由于使用地址访问内存，而底层数据在内存中并不连续，这样的方式会导致应用崩溃。所以在 OpenJ9 中，对于

⊖　关于 Arraylet 的描述来自 https://blog.openj9.org/2019/05/01/double-map-arraylets/。

分区的垃圾回收器，在使用这类 API 必须特殊处理，一个典型的方法就是把 Java 对象的内存复制到本地内存中，当使用完毕后再将本地内存数据复制到 Java 对象中，只有这样才能保证 JNI 的正确性。这点与 JVM 中分区的垃圾管理器完全不同。

虽然可以通过复制内存的办法来避免这个问题，但这将严重影响性能。在 OpenJ9 不断的演化中，提出了一种所谓两次映射（Double-Mapping）的概念，这个方法的思路是给数组对象分配一个连续的地址，但是利用操作系统的虚拟地址方式，再将其中的片段映射到分区中，如图 6-28 所示。

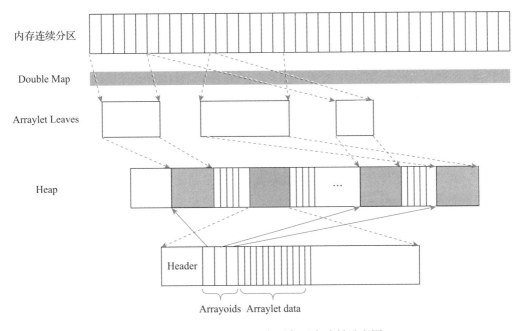

图 6-28　Balanced GC 大对象两次映射示意图

该方法通过两次映射技术将不连续的内存呈现为连续的地址，从而解决了 Arraylet 在 JNI 中使用低效的问题。

6.6.3　回收的区别

G1 中 Minor GC 仅仅回收新生代，Mixed GC 回收新生代空间和部分老生代。统一采用复制算法。

Balanced GC 中的部分回收采用复制算法、标记清除压缩的复合算法。复制算法回收效率高、内存利用率低，而标记清除压缩算法回收效率低、内存利用率高。通常采用复制算法进行回收，而在复制算法中采用宽度优先遍历或者层次遍历的回收算法（具体哪一种可以通过参数控制，更多信息参考第 3 章扩展阅读）。当内存不足或者出现一些特殊情况时，例如在 JNI 中使用 Critical 的 API，要求内存不能移动，此时采用标记压缩算法就更为合理。

另外，Balanced GC 可以通过参数控制复制和标记清除压缩的执行情况，例如设置参数，要求执行复制算法以后执行标记清除压缩，或者执行标记清除压缩以后执行复制算法。

在 Balanced GC 中，对于混合回收来说，除了回收新生代空间之外，对过渡代空间中的哪些代可以回收则是通过参数控制的，默认是回收过渡代空间中的第 1 代，而对于老生代空间总是不回收。

6.6.4 并发标记的区别

G1 采用 SATB 的增量并发标记算法，通过写屏障保证引用的正确性。Balanced GC 采用典型的分阶段的增量并发标记算法，也是通过写屏障保证引用的正确性。

在 G1 中并发标记由 Minor GC 触发，并发标记是以 Minor GC 回收后的 Survivor 分区作为根，在对根进行标记的时候，不能再启动 Minor GC。当并发标记执行的时候不能再次启动新一轮的并发标记。关于 G1 中 GC 的状态转换，可参考 6.3.5 节。

在 Balanced GC 中，并发标记和复制回收之间并没有明确的依赖关系。Balanced GC 中通过参数控制复制回收和并发标记的触发情况，即设置复制回收和并发标记的执行比例，默认是 1∶1，即每执行一次复制回收就会启动一次并发标记。注意，复制回收和并发标记使用相同的触发逻辑，都是在对象分配时决定是否启动。由于并发标记是分阶段的增量标记，可以通过参数设置每一阶段运行的时间，当运行超时后，并发标记中止；当新一轮并发标记启动后，会继续执行并发。Balanced GC 并发标记的状态转换图如图 6-29 所示。

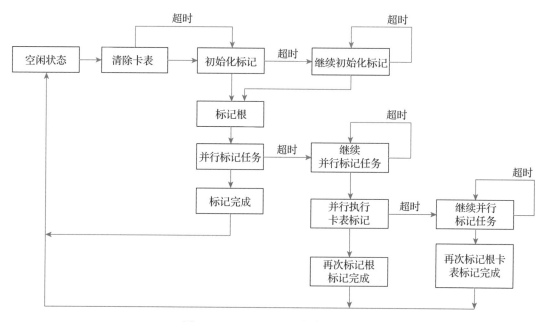

图 6-29　Balanced GC 状态转换图

在图 6-29 中，发生超时后判断通常在任务完成后进行，当超时发生后会结束并发标记的执行，新一轮并发标记启动后从超时返回后的状态开始执行。

Balanced GC 的并发标记对复制有影响，混合回收时必须要求过渡代空间的分区完成标记。Balanced GC 与 G1 相比还有一个不同的点是，并发标记执行完成后，可以执行并发清除操作，而 G1 中也有清除阶段，但是是并行执行的，同时清除仅仅是针对完全空的老生代分区，让其立即被重用。

6.6.5　Full GC 与 Balanced GC 的区别

G1 中 Full GC 采用并行、串行标记压缩算法，而 Balanced GC 采用并行的标记清除压缩算法，两者在执行过程中都会导致应用暂停。因为 Balanced GC 中存在一个额外的清除阶段，所以需要遍历堆空间一次。但是 Balanced GC 在清除之后，整个堆空间都是活跃对象，所以在执行压缩时可以选择复制或者就地压缩。

Shenandoah

JVM 提供串行、并行、CMS 和 G1 垃圾回收器，不同的垃圾回收器在吞吐量和停顿时间的侧重点上表现不同，在设计和实现时应尽力寻找两者的平衡点。一方面，由于这些垃圾回收器都存在一个较长的暂停应用的阶段，而在实际场景中对停顿时间的诉求越来越多，希望停顿时间越短越好，最理想的状况是垃圾回收不会暂停应用的执行。另一方面，随着计算机硬件的发展，内存价格越来越便宜，计算机配置的内存也越来越大，但是内存越大，垃圾回收所花费的暂停时间也必然随之增大。这样的诉求就要求发展新的垃圾回收器，即完全并发垃圾回收器，垃圾回收完全与应用并发运行，且需要主动地进行垃圾回收，确保应用总是有内存可用。

2014 年，Red Hat 公司提出了一款完全并发的垃圾回收器，称为 Shenandoah，目标是利用现代计算机多核 CPU 的优势，减少大堆内存在垃圾回收时产生的停顿时间。Shenandoah 最初的目标是把垃圾回收停顿时间降到毫秒级，并且对内存的支持扩展到 TB 级别。为了缩短停顿时间，垃圾回收器需要并发执行垃圾回收任务，在缩短停顿时间的同时能够支持更大的堆空间，也需要对内存进行分区设计，进行部分回收。在 JDK 12 中，Shenandoah 作为实验性质的垃圾回收器正式合入 OpenJDK 中；在 JDK 15 中，Shenandoah 作为正式产品特性发布。

Shenandoah 是 G1 的演化版本，在 G1 的基础上进行了改进，将并行复制修改为并发复制。我们先回顾一下复制算法，它可以概括为 3 个阶段，分别为标记（Mark）、转移（Relocate 或者 Copy）和重定位（Remap）。这 3 个阶段完成的功能如下。

1）标记：从根集合出发，标记活跃对象，此时内存中存在活跃对象和死亡对象。

2）转移：把活跃对象转移（复制）到新的内存空间，原来的内存空间可以回收。

3）重定位：因为对象的内存地址发生了变化，所以所有指向对象老地址的指针都要调整到对象新的地址上。

复制算法示意图如图 7-1 所示。

并发垃圾回收算法实际上把上述 3 个阶段都修改成并发处理。并发复制算法示意图如图 7-2 所示。

图 7-1　复制算法示意图　　　　　图 7-2　并发复制算法示意图

> 💿 注意　更多的文献通常将 Shenandoah 及后文介绍的 ZGC 称为并发压缩回收器。称为并发压缩的主要原因是并发回收将整个垃圾回收分为标记、转移和重定位 3 个步骤，在转移的时候先计算对象的目标地址，然后再转移，这一过程与标记压缩算法类似。笔者更喜欢将其称为并发复制回收器，主要原因是在垃圾回收过程中将整个分区的活跃对象转移到新的分区，原来的分区在回收后被重用。还有一些文献仅仅将其称为并发回收器，而不做进一步区分。读者在阅读不同的文献时请注意区别。

由于 Shenandoah 是基于 G1 的技术路线演化的，因此在很多细节的设计和实现上两者都非常类似。我们先比较一下两者的不同，如表 7-1 所示。

表 7-1　G1 和 Shenandoah 的比较

特　性	G1	Shenandoah
内存连续性	G1 堆内存是基于分区实现的，最小的分区为 1MB，最大的分区可为 32MB	Shenandoah 基于分区理论实现，最小的分区为 256KB，最大的分区可为 32MB
是否支持分代	支持	目前暂不支持，未来可能会支持
是否 Full GC	G1 的新生代分区在 Minor GC/Mixed GC/Full GC 都会被全部回收，老生代在 Mixed GC 时回收部分分区，在 Full GC 时回收全部分区	Shenandoah 目前是部分回收，可以通过设置不同的回收策略及参数控制回收的分区力度
屏障	支持写屏障，写屏障分为：写前处理，主要处理 SATB（保证并发标记的正确性）；写后处理，主要处理代际引用关系	不同版本屏障支持不同： 在 JDK 15 之前，存在读屏障、写屏障和比较屏障，在并发标记阶段，使用写屏障保证标记正确性，在并发转移阶段使用读屏障、写屏障和比较屏障保证正确性，在并发重定位阶段使用读屏障、比较屏障保证正确性 从 JDK 15 开始，支持写屏障和读屏障。写屏障（使用 SATB 或者增量并发回收算法）保证并发标记的正确性；读屏障保证并发转移、并发重定位的正确性
垃圾回收时的并发性	目前只支持并发标记	支持并发标记、并发转移和并发重定位

（续）

特　　性	G1	Shenandoah
垃圾回收的触发策略	通常是在内存分配失败时触发 Minor GC，在 Minor GC 中根据内存的使用情况确定是否可以触发 Mixed GC	在分配失败时也会触发垃圾回收，但主要是主动触发并发垃圾回收，提供了多种触发垃圾回收的策略，有 static、passive、aggressive、compact、adaptive，用于控制垃圾回收的力度
NUMA 支持	JDK 14 之前不支持，从 JDK 14 开始支持 NUMA	不支持
字符串去重	支持	支持
引用处理	并行处理	并行处理

目前 Shenandoah 暂不支持分代，但 Shenandoah 关于分代已经有 JEP 草案，具体参考 https://bugs.openjdk.java.net/browse/JDK-8260865。

下面主要介绍 Shenandoah 在实现并发回收时的不同之处。

7.1　内存模型

7.1.1　内存分配

Shenandoah 和 G1 都是基于分区的管理机制。当用户不指定分区大小时，分区的取值可以为 256KB、512KB、1MB、2MB、4MB、8MB、16MB、32MB；当用户指定分区大小时可以设置其他的值，但要满足分区大小为 2 的幂次，且需要同时设置最小分区和最大分区的大小。

Shenandoah 中也有大对象的概念。在 G1 中，大对象是分区大小的一半，且不可调整。Shenandoah 中大对象的大小可以通过参数控制，分区大小乘以参数（参数默认值为 100%）即可，即大对象的大小默认和分区的大小一样。另外，在大对象需要多个分区时，在分配时也需要连续地址的分区才能满足分区要求。

7.1.2　垃圾回收的触发

Shenandoah 垃圾回收的触发机制是主动和被动的混合机制，既可以在内存不足时被动触发，或者用户通过代码被动触发，也可以由 Shenandoah 主动触发。Shenandoah 通过一个控制线程来统一管理主动触发和被动触发，所有的垃圾回收触发都被转换为垃圾回收请求。第 3 章中介绍过一般的触发处理机制，其中提到如何通过额外的控制线程来进行主动触发，这里不赘述控制线程相关设计。在 Shenandoah 中控制线程处理的垃圾回收请求主要有：

1）分配失败。由于分配失败，将导致 Shenandoah 启动暂停应用的回收（可能是 Full GC 或者是降级回收）。

2）显式触发，例如在应用中调用 System.gc()。

3）隐式触发，例如 Shenandoah 设计了不同层次的垃圾回收，不同层次指的是垃圾回收对应用的停顿时间影响不同，停顿时间最少的回收方式是并发回收，其次是降级回收（降级回收将在后文介绍），最差的是 Full GC。当从停顿时间少的回收方式升级为停顿时间多的回收方式时产生的垃圾回收就是隐式触发。

4）启发式主动触发，在主动触发中，判断内存的使用等情况，当发现满足条件时就会主动触发垃圾回收。

Shenandoah 的控制线程每间隔一定时间就会判断是否有垃圾回收请求，如果有的话就会执行垃圾回收。控制线程中的间隔时间不固定，默认取值范围为 1～10 毫秒。时间调整的思路是：当发现内存有变化（通常指应用程序线程或者 GC 工作线程分配了新的分区）时，间隔 1 毫秒判断是否需要垃圾回收，如果内存没有变化，则间隔时间加倍，最大不超过 10 毫秒。这 3 个时间（取值范围的上下边界值、间隔时间）都可以通过参数进行配置。

为什么 Shenandoah 设计了这么多触发模式？其根本目的还是防止应用在运行时内存分配失败。通常来说，内存分配失败时的处理方式如下：

1）立即触发垃圾回收，满足应用的分配请求。

2）扩展堆空间，在堆空间还可以扩展的基础上扩展内存供应用使用。

Shenandoah 中的主动触发垃圾回收从另外一个方面避免应用运行时内存分配失败。但是主动触发并不能完全保证不会出现内存分配失败，当应用的分配速率大于垃圾回收的速率时，应用仍然会遇到分配失败的情况。通常主动进行的垃圾回收是并发执行的，而内存分配失败启动垃圾回收一般是并行执行的。在实际场景中可能会有并发执行期间尚未执行完毕，就出现内存分配失败的情况，此时比较理想的状况是重用并发执行的结果，从并发执行转变为并行执行，而不是完全丢弃并发执行的结果，这样可以提高垃圾回收的效率。这样的设计就称为降级回收。当然还可能出现降级回收仍然不能满足应用的情况，主要原因是降级回收基于并发回收的中间结果，而并发回收在执行时会考虑执行效率，在回收时会有一定的策略（如控制回收的分区，只回收垃圾多的分区，见下一节介绍），所以降级回收的回收力度仍然比较小。如果在降级回收执行后，仍然检测到应用分配失败，会将降级回收升级为 Full GC。

除了回收升级的设计之外，并发回收中还有一种常见的设计，就是让 Mutator 暂停，等待垃圾回收完成后继续执行。这样的场景特别适合少数 Mutator 在运行过程中消耗内存比较多的情况，而其他 Mutator 的内存分配需求完全可以由并发回收满足。理想的做法是让少数 Mutator 等待并发回收结束、释放内存后继续执行，这样将能提升应用整体的运行效率。该机制在 ZGC 中称为 Stall 机制。该机制的最大问题是某些 Mutator 存在停顿时间过长的情况，其主要原因是 Mutator 必须等到有可用的内存时才可以继续执行，此时 Mutator 一般会触发同步的垃圾回收（在 JDK 17 中 Stall 机制被移除）。而 Shenandoah 中也有类似的设计，称为 Pace 机制。但 Shenandoah 的 Pace 机制与 ZGC 中 Stall 机制最大的不同在于，Pace 是主动触发，即 Mutator 在内存分配时，首先判断当前内存的使用情况，如果发现内存紧张，Mutator 进行一段时间的暂停，然后再继续执行。Shenandoah 中提供了一些参数用于控制 Pace 的发生、Mutator 暂停的最大时间等。Shenandoah 的设计本质上是降低 Mutator 的分配速率（Pace 在此处的含义就是节奏调整）。

Shenandoah 在内存管理上与 G1 非常类似，最大的不同就是在分配中引入了 Pace 机制。此处简单地整理了一下 Shenandoah 引入 Pace 以后的分配流程，如图 7-3 所示。

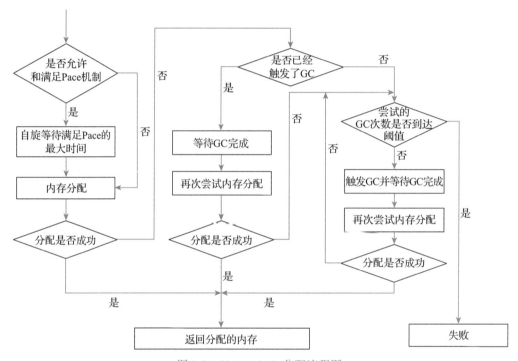

图 7-3 Shenandoah 分配流程图

7.2 并发标记设计

Shenandoah 和 G1 的并发标记是完全一样的，都采用 SATB 的并发标记算法。在并发标记算法中需要两个暂停阶段：初始标记和再标记。Shenandoah 并未改进 SATB 中的不足点，例如在初始标记、再标记阶段都可能存在停顿时间过长的问题，所以使用 Shenandoah 时如果遇到标记导致停顿时间过长的情况，则需要进行额外的调优。

在 JDK 16 中增加了增量并发方法。增量并发方法与 SATB 算法相比，其产生的浮动垃圾可能会少一些。当然在 Shenandoah 中两者仅在进行屏障处理时不同，SATB 屏障在对象写时对删除引用对象进行再标记，增量标记是对写对象时的源对象进行再标记。

增量并发回收在第 4 章有详细介绍，SATB 标记算法在第 6 章有详细介绍，本章不再赘述。

7.3　并发转移设计

并发转移是整个并发回收的难点，主要原因是 Mutator 和 GC 工作线程都会访问对象。Mutator 可以读、写（修改）对象；GC 工作线程同样会读、写对象，同时还要将对象转移到新的内存位置。并发回收要求对象能保证一致，所以它们之间的同步非常重要。并发垃圾回收过程通过屏障技术让 Mutator 和 GC 工作线程所看到的对象是一致的。

但是对象一致的时机有所不同，例如当 Mutator 进行对象修改后（即写对象后），GC 工作线程是否可以立即感知，或者 GC 工作线程进行对象转移后 Mutator 是否可以立即感知。对象并发转移示意图如图 7-4 所示。

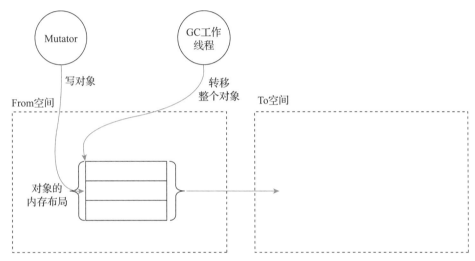

图 7-4　对象并发转移示意图

在并发工作中，Mutator 和 GC 线程访问同一个对象，Mutator 写对象，GC 线程转移对象。当 Mutator 先写对象，GC 线程后转移对象时，转移后对象的状态是正确的；但是当 GC 线程先转移对象，而 Mutator 后写对象时，转移后对象的状态就不正确了，如图 7-5 所示。

并发回收就要解决这样的问题，确保即便是 GC 线程先于 Mutator 转移对象执行，对象在转移后的状态仍然是正确的。有 3 种不同的方案，包括保证对象的一致性，不同的方案对象一致性感知的时机不相同，最终体现为实现的难度及并发回收的性能也都有所不同。这 3 种方法如下：

1）引用不变性：Mutator 并不关心对象所在的区域（源空间或者目标空间），只需要在引用对象时都引用一个状态正确的对象即可。对于这样的设计，通常需要读屏障、写屏障和比较屏障。

2）目标空间（To-Space）不变性：当访问对象时，如果发现对象没有位于目标空间，则会启动对象的转移，帮助 GC 工作线程转移对象。而读、写、比较等操作都会涉及对象的加载（写对象之前必须先找到对象，这其实就是一个读动作），所以统一使用 Load 屏障（实际上就是读屏障）。

3）源空间（From-Space）不变性：Mutator 读、写对象时，总是从源空间操作对象。而 GC 工作线程负责从源到目的空间的转移。源空间不变性蕴含了一个特性：目标空间不会存在指向源空间的指针引用。使用源空间不变性，最为复杂的是：源空间的对象不断变换，当对象已经被转移后，如果对象再次被 Mutator 更新，GC 工作线程还需要再次转移对象。

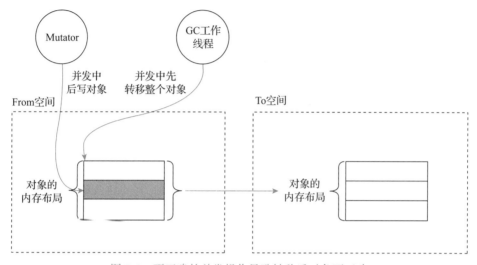

图 7-5　不正确的并发操作导致转移后对象不正确

下面详细介绍这 3 种不变性。

7.3.1　引用不变性

Shenandoah 在 JDK 13 之前的实现采用引用不变性的设计。引用不变性需要对读、写和比较增加屏障动作，确保正确性。这 3 种屏障的作用如下。

1）读屏障中判断对象是否发生转移，如果对象转移，则使用目标空间的对象，如果对象尚未转移，则使用源空间的对象。

2）写屏障要保证对象的一致性，只要协助 GC 工作线程先把对象转移到目标空间，再进行写对象，就能保证对象的一致性了。

3）比较屏障是为了确保转移的对象在进行源空间和目标空间比较时结果为真，所以 Mutator 需要使用屏障将需要比较的两个对象都使用读屏障，保证其引用不变，这样才能确保比较的正确性。

引用不变性最典型的方案是 Brooks 的设计方案，即在对象头部增加一个 Brook Pointer（也称为转发指针，指向源空间的原始对象或者目标空间中的新副本）。假设为对象增加该指针以后，初始对象的状态如图 7-6 所示。

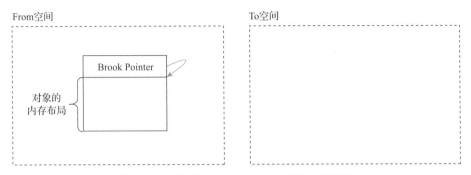

图 7-6 对象增加 Brook Pointer 后的初始状态

在初始状态，对象的 Brook Pointer 指向自己。在这种情况下，通过 Brook Pointer 读到的对象位于源空间。在并发转移中，如果遇到写操作，Mutator 会启动对象的转移，将对象转移到目标空间，转移后的状态如图 7-7 所示。

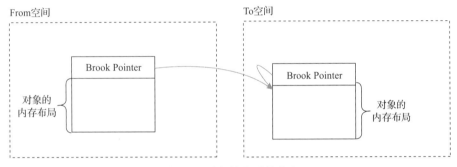

图 7-7 对象转移后的状态

对象转移到 To 空间后，当 Mutator 或者 GC 工作线程再次访问对象，且对象访问来自源空间时，Brook Pointer 将其转发到目标空间；当对象访问来自目标空间时，目标空间中对象的 Brook Pointer 指向自己。所以无论是从源空间还是从目标空间访问对象，都访问到目标空间的对象，当写对象时，也都是写目标空间的对象。这样通过一次额外的 Brook Pointer 访问对象，并辅以屏障技术，就保证了访问的对象总是一个，从而保证了对象访问的正确性。

 注意 GC 工作线程启动的并发转移中将对象转移后也是同样的对象状态。

7.3.2 目标空间不变性

目标空间不变性的思路更为简单，无论是 Mutator 还是 GC 工作线程访问对象，只要发现对象还没有转移到目标空间，就会先启动转移。当发现对象已经转移时，则通过转发指针获得目标空间中的对象并访问。图 7-8 演示了 Mutator 写对象时先转移对象到目标空间，再在目标空间中写对象。

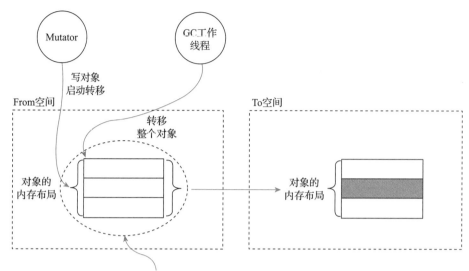

当再次访问到源空间的对象时，将其重新转发到目标空间的对象

图 7-8　先转移对象后操作对象

图 7-8 中为了简化描述并未画出转移指针（Forward Pointer），也没有体现出对象转移后 Mutator 的引用不再指向源空间而是指向目标空间。

Shenandoah 在 JDK 13 和以后版本中采用目标空间不变性的设计，最主要的原因是，Brooks 方案的优势在于在读多写少的场景下效率较高（实际应用中也是读多写少），但缺点也非常明显，它实现复杂，需要读屏障、写屏障和比较屏障。

另外，Brooks 的方案中还需要一个额外的转发指针，该指针所占用的额外负担并不小，据测试，引入 Brook Pointer 带来的内存开销为 5%～10%。当然在目标不变性的设计中也需要转发指针，但是 JVM 中有相应的功能，可以重用，但 Brook Pointer 基于设计原因无法重用。下面通过一个示例来演示 JVM 中内存布局的情况。

假设一个对象有 3 个成员变量，分别为 Field 1、Field 2、Field 3，这 3 个字段都占用 8 字节。在 64 位 JVM 的内存中布局如图 7-9 所示。

在引入了 Brook Pointer 以后，需要引入一个额外的指针。注意，Mark Word 中也有一个 Forward Pointer 用于指向 GC 工作线程移动后的对象，而 Brook Pointer 也是指向移动后的对象，为什么不可以重用？其最重要的原因是保证并发读的正确性，在读的时候 Brook Pointer 需要指向自己。而 Mark Word 中的标记组合位已经使用完毕，如果要重用原来的 Forward Pointer，则需要重新编码。为此引入一个额外的指针，此时对象的内存布局如图 7-10 所示。

在引入读屏障以后，则不需要指向自己的指针，所以 Brook Pointer 原来的内存占用可以移除，重用 Mark Word 中的 Forward Pointer。此时对象的内存布局如图 7-11 所示。

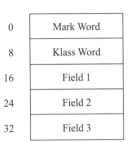

		-8	Brook Pointer				
0	Mark Word	0	Mark Word		0	Mark Word(Brook Pointer)	
8	Klass Word	8	Klass Word		8	Klass Word	
16	Field 1	16	Field 1		16	Field 1	
24	Field 2	24	Field 2		24	Field 2	
32	Field 3	32	Field 3		32	Field 3	

图 7-9　对象内存布局　　　图 7-10　增加 Brook Pointer　　　图 7-11　读屏障下对象的内存布局
　　　　　　　　　　　　　　　　后对象的内存布局

> 注意　只使用读屏障后仍然采用目标不变性的设计，仅仅是通过读屏障优化了原来屏障的设计及内存布局。

　　除了在 Shenandoah 较新的版本中采用目标空间不变性的设计以外，ZGC 和 Android 中的 Concurrent-Copying 算法也都采用这一设计。

7.3.3　源空间不变性

　　源空间不变性的设计可保证对象总是访问源空间，仅仅由 GC 工作线程进行对象转移。举一个例子，GC 工作线程先转移对象，Mutator 随后访问源空间中的对象，此时 Mutator 会修改源空间中的对象，从而造成源空间和目标空间对象的不一致，如图 7-12 所示。

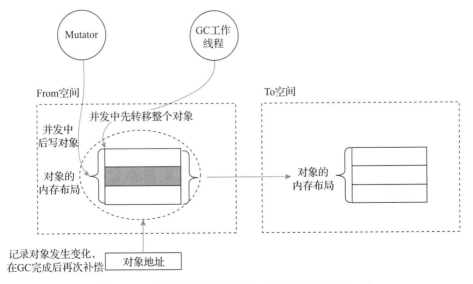

图 7-12　对象转移后再被修改，导致对象状态不一致

对于这种情况，一种常见的设计是，当对象被修改时通过写屏障对修改的对象进行记录，再由 GC 工作线程对修改的对象再次转移，如图 7-13 所示。

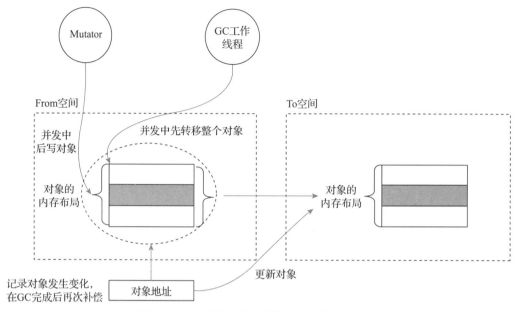

图 7-13　通过写屏障记录修改对象并再次转移

源目标不变性的设计也比较简单，其最大的问题就是当修改对象比较多时，需要花费较大的成本再次转移修改的对象。

7.4　垃圾回收实现

7.4.1　垃圾回收策略

Shenandoah 为了满足不同的使用场景，在垃圾回收时设计了 4 种⊖不同的垃圾回收策略，分别是 static、aggressive、adaptive 和 compact。每种策略触发垃圾回收的条件略有不同。

不同的回收策略除了控制如何启动垃圾回收之外，还会控制内存中的哪些内存可以被回收。这 4 种策略对应的回收触发条件和回收范围总结如表 7-2 所示。

⊖　在 JDK 15 之前的版本中 Shenandoah 提供了 6 种启发式回收策略，除了表中所列的 4 种外，还有一种 traversal 策略，后来在 JDK 14 中将 traversal 策略修改为垃圾回收模式。但是因为 traversal 模式相关代码非常复杂，问题很多，在 JDK 15 中将 traversal 回收模式相关代码完全移除。另外，passive 策略被修改为回收模式。

表 7-2　Shenandoah 垃圾回收策略

策　略	触发的条件	选择回收分区的条件
static	当使用的内存达到一定的阈值之后（默认是内存使用了 10%，可以通过参数调整），将启动垃圾回收	在垃圾回收的时候，只选择垃圾超过一定阈值的分区（默认是垃圾占分区的比例超过 25%，可以通过参数调整）
aggressive	总是启动垃圾回收	在垃圾回收的时候，只要分区有垃圾就会被回收
adaptive	当内存可用空间达到一定的阈值之后，或者从上次垃圾回收到现在已经使用的内存超过一定阈值后，或者根据使用的内存预测可用的内存不足以支撑到下一次垃圾回收时，将启动垃圾回收	在进行垃圾回收的时候，首先计算一次回收后活跃对象占用内存的上限，防止回收时间过长。在满足回收上限的范围内，对分区按照垃圾由多到少排序，优先选择垃圾超过一定阈值的分区（默认是垃圾占分区的比例超过 25%，可以通过参数调整），或者虽然分区垃圾占比低于阈值，但是总体回收后的空闲内存满足一定的预留空间（预留空间是为了下次进行垃圾回收时使用）
compact	当内存可用空间达到一定的阈值之后，或者从上次垃圾回收结束到现在已经使用的内存超过一定阈值后，将启动垃圾回收	在进行垃圾回收的时候，首先计算一次回收后活跃对象占用内存的上限（上限为 75% 的空闲内存）。在满足回收上限的范围内，只选择垃圾超过一定阈值的分区（默认是垃圾占分区的比例超过 25%，可以通过参数调整）。和自适应策略相比，此策略回收的分区更多

　　垃圾回收的策略可以通过参数控制，默认的策略是 adaptive。另外，这 4 种模式回收的分区在不同的版本中可能略有区别，但总体来说差别不大。

7.4.2　垃圾回收模式

　　在 JDK 12 中只有一种回收模式，但是存在 6 种回收策略，其中 traversal 是一种比较特殊的策略。本质上 traversal 并不是一种回收策略，而是一种回收模式。回收策略定义在回收模式时垃圾回收的粒度，回收模式定义垃圾回收的整个流程。所以 traversal 策略实际上定义了一种回收模式。但是 traversal 相关代码复杂度太高，存在不少问题，所以 JDK 15 将该模式相关代码移除。但同时 Shenandoah 又引入了一种新的模式，称为增量更新。

　　在最新的 JDK 17 中 Shenandoah 支持 3 种回收模式[⊖]：

　　1）SATB 或者 Normal 模式，在 JDK 16 之前，名字使用 Normal，在 JDK 16 中名字使用 SATB。该模式表示在并发标记时使用 SATB 的标记算法，可以使用除了 Passive 策略以外的 4 种回收策略。

　　2）Incremental-Update（IU），该模式是在 traversal 移除后新增的回收模式。该模式指的是在并发标记时使用增量回收的标记算法，可以使用除了 Passive 策略以外的 4 种回收策略。

　　3）Passive 模式，该模式仅仅使用 Passive 回收策略。由于 Passive 策略仅仅在执行 OOM

⊖　可以通过参数 ShenandoahGCMode 设置不同的回收模式。

时才会触发垃圾回收，所以 Passive 模式在执行垃圾回收时是暂停执行的。

其中 SATB 模式是成熟的模式，IU 模式是实验模式，Passive 模式几乎不使用。SATB 模式和 IU 模式最大的区别是通过屏障技术解决并发标记正确性问题的方式不同，SATB 模式通过屏障记录修改前的对象，而 IU 模式通过屏障记录引用者。除了上述 3 种回收模式以外，本书也稍微提一下已经移除的 traversal 模式，该模式是一种非常激进的回收方式。

7.4.3　正常回收算法

在 JDK 15 之前，Shenandoah 中有两种正常回收模式：一般模式和优化模式。一般模式和优化模式的区别在于是否在标记的时候执行重定位，如果在标记的过程中执行重定位，则称为优化模式，否则称为一般模式。这两种模式可以通过参数 ShenandoahUpdateRefs-Early 控制$^{\ominus}$，取值为 off/false 表示垃圾回收执行优化模式，on/true/adaptive 表示执行一般模式。

一般模式垃圾回收的步骤如下：

1）初始标记：从根集合出发，标记根集合所有引用的对象，这些对象作为下一步并发标记的出发点。这一步是在 STW 中进行的。

2）并发标记：以第一步标记的对象作为出发点，开始并发地标记对象。

3）预清理：在进入再标记阶段之前，先处理引用对象，把仍然活跃的引用对象重新激活，不进行真正的垃圾回收。该阶段支持并发执行，但是只有一个并发工作线程执行预清理。

4）再标记：该阶段要做 3 件事情，分别为终止标记、计算回收集、转移根集合直接的引用对象。这一步是在 STW 中进行的。

5）清理：再标记结束后，部分分区可能已经没有任何活跃对象，这些分区就可以被回收了。

6）并发转移：根据转移集，对所有在转移集中的活跃对象进行转移。

7）初始重定位：初始重定位将根据标记过程中识别的活跃对象更新分区中对象的内存地址。这一步是在 STW 中进行的。

8）并发重定位：遍历不属于回收集合中的分区的对象，根据 Brook Pointer 更新对象的引用指针。

9）结束重定位：遍历根集合中所有引用的对象，更新对象的引用指针。这一步是在 STW 中进行的。

10）再次清理：因为回收集合中对象全部转移完成，所以可以释放空间。

整个垃圾回收的活动如图 7-14 所示。

　　$\ominus$　优化模式在 JDK 15 中被移除，具体参考 https://bugs.openjdk.java.net/browse/JDK-8240868。

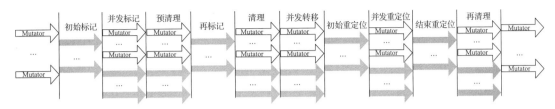

图 7-14 整个垃圾回收活动示意图

7.4.4 优化模式垃圾回收

优化模式与一般模式非常类似，唯一的区别在于是否合并标记和引用更新。如果合并这两个阶段，则称为优化模式。优化模式可以减少一次堆遍历，但是在 Shenandoah 中的优化模式把内存释放一直推迟到下一个垃圾回收周期，这将导致本应该快速释放的内存无法释放。在比较优化模式的成本与收益后，在 JDK 15 中正式将该模式移除。优化回收的步骤如下。

1）初始标记：和一般模式中的初始标记相同。

2）并发标记：以第一步标记的对象作为出发点，开始并发地标记对象。注意在这一步首先判断对象是否需要重定位，如果需要则进行重定位。

3）预清理：和一般模式中的预清理相同。

4）再标记：该阶段主要做 4 件事情，分别为更新根集合中所有对象的引用、终止标记、计算回收集、转移根集合直接的引用对象。这一步是在 STW 中进行的。

5）清理：和一般模式中的清理相同。

6）并发转移：和一般模式中的并发转移相同。

7）结束转移：设置转移结束标记，重置 TLAB 等信息。这一步是在 STW 中进行的。

7.4.5 垃圾回收的降级

降级回收算法（也称为 Degenerated GC）指在垃圾回收过程中，如果遇到内存分配失败，就进入降级回收。降级回收实质上是在 STW 中并行执行的。

在正常回收运行的过程中，应用程序和垃圾回收线程都可能需要分配内存空间，也都有可能遇到内存不足导致分配失败的情况，此时正常回收将进入降级回收。如果在降级回收时再遇到内存不足的情况，将进入 Full GC。这 3 种算法交互的流程如图 7-15 所示。

降级回收的步骤和正常回收基本一致，只不过降级回收是并行执行的。降级回收中若再次遇到分配失败，将被进一步降级为 Full GC（在并发回收中的分配失败通常是应用请求内存分配导致的，而降级回收中的分配失败是 GC 工作线程请求内存分配导致的）。Full GC 采用典型的并行标记压缩回收，和 G1 的实现非常类似，这里不再赘述。

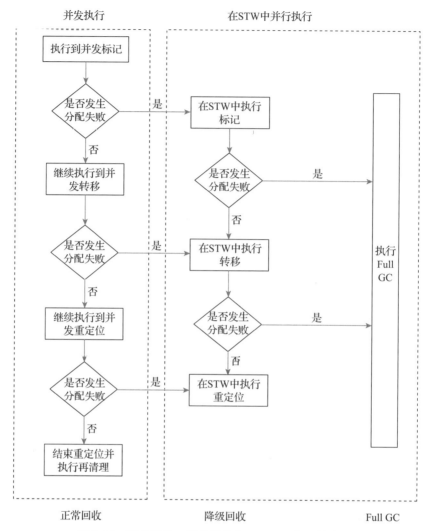

图 7-15 正常回收、降级回收和 Full GC 交互的流程

7.4.6 遍历回收算法

在介绍垃圾回收时，可以把重定位阶段和标记阶段进行合并，这个思路就是 Shenandoah 的优化回收。那么还能不能再进一步优化这个算法，把并发标记、并发转移和并发重定位合并放在一个并发步骤中？Shenandoah 中的遍历回收实现就是把这 3 个并发阶段合并到一个阶段，如图 7-16 所示。

从图 7-16 中可以看出，在遍历回收中，第一次垃圾回收启动时进行并发标记，第二次垃圾回收启动时进行并发标记和并发转移，第三次垃圾回收和以后的垃圾回收启动时都可以执行并发标记、并发转移和并发重定位。

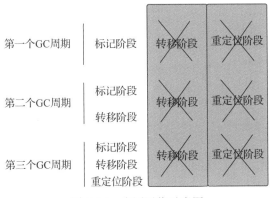

图 7-16　遍历回收示意图

由于代码的复杂性，遍历回收在 JDK 15 中被移除。

7.4.7　垃圾回收触发的时机

Shenandoah 中垃圾回收触发的时机与垃圾回收的模式和策略密切相关，在第 13 章介绍相关参数时会详细介绍。例如，Adaptive 策略有 6 种触发垃圾回收的条件。

7.4.8　其他细节

Shenandoah 的实现还有很多细节值得仔细推敲，限于篇幅，这里只是稍微介绍读者容易忽略的两个细节。

（1）并发转移是否可以利用 SATB 相关信息优化

在并发标记中使用了 SATB 引入的 TAMS 指针，分区中该指针以后的对象都是并发标记启动以后新分配的对象。并发转移阶段中的分区分为两种：分区中的对象将要被转移，分区被回收，这些分区位于 CSet 中；分区不参与回收。CSet 中的分区将不会再用于分配对象，非 CSet 中的分区可以继续用于分配对象。对于非 CSet 的分区可以利用 TAMS 指针，在并发转移启动以后，TAMS 指针以后新分配的对象状态都是正确的，新分配的对象如果指向尚未完成转移的对象，就会通过读屏障将尚未转移的对象转移到新的位置，所以 TAMS 指针以后分配的对象都不需要再次更新对象的引用。所以在并发转移中也使用 TAMS 指针区分新分配对象和尚未完成更新的对象，这将提高并发更新引用的效率。TAMS 指针在并发转移中的使用如图 7-17 所示。

（2）并发转移中出现转移失败该如何处理

在 G1 的垃圾回收过程中会申请内存用于转移对象，当无法申请到内存时就会导致对象无法转移，此时称为转移失败。当转移失败后，需要对转移失败的对象进行特殊处理，通常是将转移对象的转移指针指向自己，避免该对象再次被转移，同时并不中断垃圾回收的过程。在垃圾回收结束后，对转移失败的情况重新设置对象头，并更新引用集等信息。

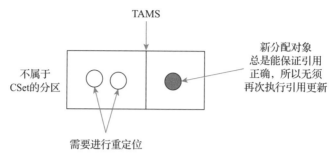

图 7-17　TAMS 指针在并发转移中的使用

G1 的转移是并行处理，整个处理不会出现对象状态
不一致的情况。而 Shenandoah 是并发转移，当出现转
移失败时，需要额外处理，否则将出现对象不一致的情
况。用一个简单的例子来演示 Shenandoah 并发转移可能
存在的问题。假设垃圾回收处于并发转移阶段，有两个线
程 T1 和 T2 可以访问同一个对象，运行时信息如图 7-18
所示。

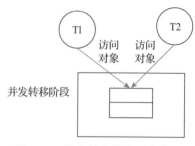

当线程 T1 或者 T2 访问对象时，都会先转移对象到
目标空间。假设 T1 在转移对象时遇到无法分配内存的

图 7-18　并发转移阶段两个线程
访问同一对象

情况，对 T1 来说就发生了转移失败，T1 会尝试标记对象转移失败（假设也使用转移指针
指向自己）。同时，线程 T2 访问对象时也会转移对象，假设 T2 有充足的内存（例如 T2 的
TLAB 中有空闲空间）可以成功转移内存。此时运行时信息如图 7-19 所示。

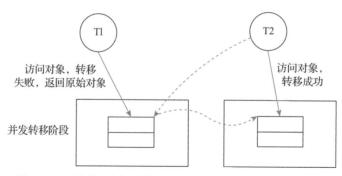

图 7-19　两个线程同时转移一个对象，一个成功，一个失败

线程 T1 先访问对象，转移失败，返回原始对象；线程 T2 后访问对象，转移成功，返
回目标空间的对象。图 7-19 中为了说明这一结论直接使用指针指向了不同的对象，实际上
是两个线程得到的返回对象地址不同。

在这种情况下就出现了问题，两个不同的线程指向了两个不同的对象，根据并发转移
的要求，需要保证目标空间不变性。对于 T1 出现的转移失败情况需要特殊处理，理想的运

行状态是 T1 也应该访问目标对象，同时在其他的线程转移完成后再进行转移失败处理，如图 7-20 所示。

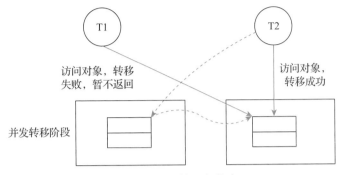

图 7-20　理想的运行状态

那么该如何保证有这样的状态？目前，Shenandoah 设计了一个特殊的机制，来处理转移中可能遇到的失败情况。具体步骤如下：

1）当线程进入对象转移时，增加计数器。

2）当线程成功转移对象后，减少计数器。

3）当某一个线程出现转移失败后，等待其他线程完成转移后才能继续执行；线程会重新确定对象是否转移，如果对象已经转移，则获取转移后的对象。

（3）Shenandoah 对 JNI 的优化

当 Java 应用执行的本地代码中包含 JNI Critical API 时，因为本地代码会操作 Java 堆空间中的内存对象，而垃圾回收执行时会移动对象，这两个需求是矛盾的，所以在执行 JNI Critical API 时会设置一个 GCLocker 标志，告诉垃圾回收暂停执行，直到 JNI Critical API 执行完毕才会再执行垃圾回收。这样的设计的合理性是值得商榷的。

在 Shenandoah 中优化了这一设计，即在本地代码执行 JNI Critical API 时仍然可以执行垃圾回收。其方法是，仅仅将 JNI Critical API 访问对象所在的内存固定（称为 Pinned），即垃圾回收可以继续执行，当遇到内存固定的区域时不进行回收。由于 Shenandoah 采用分区设计，因此垃圾回收也是基于分区进行的。固定 JNI Critical API 访问对象所在内存可以将整个分区固定，只要在垃圾回收时跳过这样的分区即可。该优化在有较多 JNI Critical API 的应用中有较好的效果。

目前 JVM 中仅 Shenandoah 支持该优化，实际上 G1 GC 和 ZGC 也是基于分区设计的，要想实现类似的优化并不困难。

（4）为什么 Shenandoah 需要多种屏障

Shenandoah 使用 SATB 屏障（本质是写屏障）保证并发标记的正确性。在 JDK 13 之前，并发转移阶段使用读屏障、写屏障和比较屏障；在 JDK 13 之后，并发转移阶段使用 Load 屏障（本质是读屏障）。在其他的垃圾回收器实现中，如 JVM 的 ZGC、Android 的 Concurrent

Copying 都仅仅使用了 Load 屏障完成标记和转移。那为什么 Shenandoah 没有统一多种屏障为一种？原因主要是不同的屏障性能不同。Shenandoah 的一个主要维护者 Alckscy Shipilev 在介绍 Shenandoah 时比较过使用不同屏障的成本[⊖]，如表 7-3 所示。

表 7-3　SATB 屏障和 Load 屏障在测试集上的成本比较

测试套	吞吐率（Throughput）/%	
	SATB 屏障	Load 屏障
cmp	−2.1	−11.3
cps	—	−9.2
cry	—	—
der	−1.7	−5.9
mpg	—	−11.7
smk	−0.8	−1.8
ser	−1.6	−6.0
xml	−2.4	−11.6

测试的基准是无屏障的情况。在表 7-3 中可以明显看出 Load 屏障的成本更高。这也可能是 Shenandoah 选择 SATB 算法进行并发标记的原因。

7.5　扩展阅读：OpenJ9 中的实时垃圾回收器 Metronome 介绍

OpenJ9 中提供了一个实时垃圾回收器 Metronome，默认的停顿时间为 3 毫秒，吞吐率达到 70%，停顿时间和期望吞吐率可以通过参数设置。Metronome 是一个软实时的垃圾回收器，在大多数情况下可以保证停顿时间，但是可能仍然存在超时的情况。当然要实现实时垃圾回收，不能一次性回收太多内存，所以 Metronome 也采用分区的设计，其分区的设计思路及大对象的处理与 Balanced GC 相同。

从使用角度来看，Metronome 达到的效果类似于并发回收器的效果：满足大内存的使用，停顿时间在毫秒级。但是 JVM 中提供的实现方法都是将回收算法通过并发化实现的。而 Metronome 是一个非常典型的增量标记清除回收，其本质是将并行垃圾回收阶段划分为更小的阶段，在每一个小阶段完成后，检测是否需要放弃执行垃圾回收，当停顿时间达到后就会放弃垃圾回收的执行，从而尽量保证停顿时间满足用户的期望。标记清除和 Metronome 的对应关系如图 7-21 所示。

⊖　更多信息可以参考 https://shipilev.net/talks/jugbb-Sep2019-shenandoah.pdf。

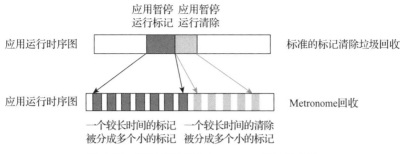

图 7-21　标记清除和 Metronome 的对应关系

Metronome 的设计思路并不复杂，就是将大任务拆解成小任务，然后在小任务结束后判断是否需要放弃垃圾回收，如果需要则终止垃圾回收返回应用执行，如果不需要则继续执行。当然，由于 Metronome 也可能存在回收速率赶不上内存的分配速率的问题，会导致应用内存分配请求失败。此时不再中断小任务的执行，会一直运行，直到本次垃圾回收执行完毕（相当于降级回收）。

但这种实现也有其独特的地方，这里介绍 Metronome 中 Thread 栈标记任务拆解：对于根在遍历时会并行地一个一个处理，当处理到某一个线程栈时发现达到了最大执行时间，就会放弃执行垃圾回收；当再次进入垃圾回收过程时会继续执行线程栈的标记任务。这就是典型的线程栈增量并发标记，如图 7-22 所示。

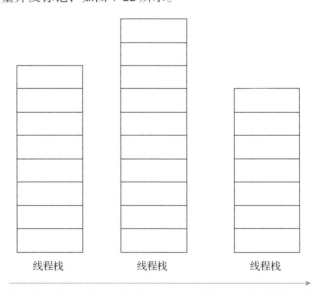

增量标记线程栈，每次处理一个线程栈，当一个线程栈处理完毕时判断是否放弃标记

图 7-22　线程栈增量并发标记

增量并发栈扫描的难度是，如果已经扫描的栈在并发运行后，栈中指针指向了未扫描的线程栈的指针，将导致正确性问题。

例如，T1 线程栈完成了扫描，此时放弃根标记，但 T2、T3 线程栈尚未完成扫描。在继续执行应用时，如果将 T1 中栈引用修改到 T2 中栈引用到的对象，因为 T1 线程栈已经完成了标记，但是 T2 的线程栈尚未标记，所以必须对 T1 线程栈修改的对象进行再标记，否则将导致漏标记。

这里仍然可以使用三色标记法来分析正确性。把已经完成标记的线程栈表示为黑色的，扫描完成的线程栈中的指针指向的对象是灰色的，尚未扫描的栈及栈中指针指向的对象都是白色的。要保证标记的正确性，只要不让黑色对象存在指向白色对象的指针即可。所以需要设计屏障，保证已经扫描的栈不能指向未扫描栈的引用。

SATB 是一种典型的屏障技术，G1、Shenandoah、Balanced GC 等都使用过。使用 SATB 主要是针对删除对象进行再标记，同时认为新分配的对象都是活跃对象。Metronome 也用 SATB 屏障技术保证标记的正确性（与 SATB 屏障相关的知识请参考 6.4.1 节），然而仅仅使用 SATB 屏障还不能满足 Metronome 的增量线程栈，Metronome 对于增量线程栈的标记采用的是 Double 屏障，Double 屏障指的是不仅记录 SATB 屏障删除对象，还会记录新指向的对象，然后对所有记录的对象进行再标记。我们先来介绍一下 Double 屏障，然后再介绍为什么需要 Double 屏障。

假定有一个线程 T1，其中有一些局部变量，如 T1a、T1b 指向堆空间中的对象。假设初始状态如图 7-23 所示。

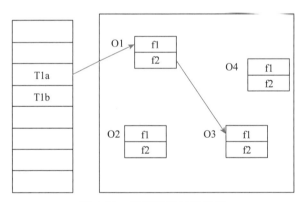

图 7-23　应用运行初始状态

假设应用执行修改对象引用关系，例如执行 O1.f2 = O2 这样的代码，Double 屏障需要继续标记 O3 和 O2 两个对象（其中 O3 是 SATB 屏障记录，O2 是新增屏障记录），然后对这两个对象进行再标记，如图 7-24 所示。

为什么需要 Double 屏障？SATB 在哪种情况下可能导致问题？下面继续完善这个例子来演示 Double 屏障的必要性。假设有 3 个线程，线程栈分别存在一些变量访问堆中的对象，如图 7-25 所示。

假设只使用 SATB 屏障，看看是否满足标记的正确性。假设线程 T2 和 T3 都可以通过局部变量指向对象 O1，其中 T2 执行 T2a.f2 = T2b（等价于 O1.f2 = O2），T3 执行 T3a.f2 =

T3b（等价于 O1.f2 = O4）。那么 SATB 屏障会记录哪些对象（注意，SATB 屏障记录引用关系修改前的对象）？

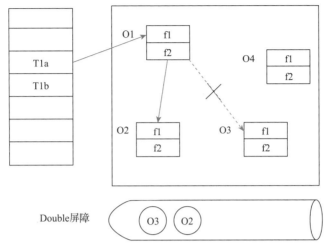

图 7-24 Double 屏障示意图

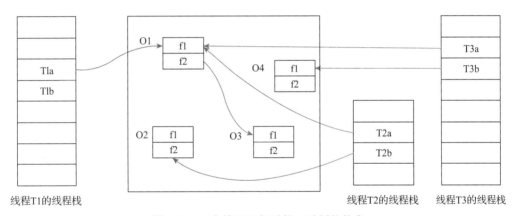

图 7-25 3 个线程运行时某一时刻的状态

答案是不确定。最主要的原因是 T2 和 T3 并发执行，SATB 屏障记录的对象与它们执行时看到的引用关系相关。

1）假设 T2 先执行，T3 后执行。T2 执行时看到 O1.f2=O3，SATB 会记录对象 O3；T3 执行时看到 O1.f2=O2，SATB 会记录对象 O2，所以 SATB 会记录 O3 和 O2。

2）同样，如果 T3 先执行，T2 后执行，那么 SATB 会记录 O2 和 O3。

3）如果 T3 和 T2 同时执行，即 T2 和 T3 看到的都是 O1.f2=O3，当 T2 和 T3 执行时都只会记录 O3。

当 T2 和 T3 同时执行时就会产生问题，我们来构造这样的一个场景：

i. 垃圾回收中完成 T1 的线程栈扫描，可以认为 T1 的线程栈是黑色的，此时放弃垃圾回收继续执行。

ii. 线程 T2 执行代码 T2a.f2 = T2b，线程 T3 执行代码 T3a.f2 - T3b，且线程 T2 和线程
T3 同时执行。

iii. 线程 T1 执行代码 T1b = T1a.f2。

iv. 线程 T2 执行代码 T2b = null。

v. 垃圾回收恢复执行，增量执行线程栈的标记，对线程 T2 进行标记。

假设只使用 SATB 屏障，可以看到仅仅 O3 被记录，但是线程 T1 中有一个指针 T1b
指向 O2，但是 O2 是一个未被扫描的对象。T1 的线程栈已经完成扫描（黑色节点），但是指
向了一个未被扫描的对象（白色节点），这就打破了黑色节点不能指向白色节点的要求。出
现这种情况就意味着发生了漏标（即 O2 漏标）。上述执行过程的最终状态如图 7-26 所示。

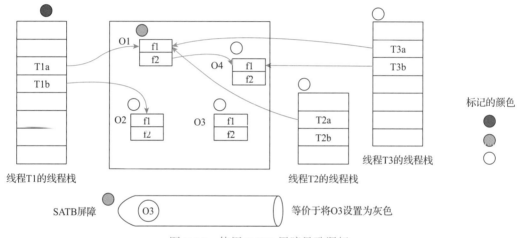

图 7-26   使用 SATB 屏障导致漏标

而使用了 Double 屏障，将修改前后的对象都设置为灰色，则可以避免问题。但是
Double 屏障的成本并不低，所以只需要在增量标记线程栈时使用 Double 屏障，当所有的线
程栈标记完成后，只需要 SATB 屏障即能保证正确性。

另外，在 Metronome 中尽量避免锁的使用，当使用锁时需要进入操作系统的内核态，
需要比较长的时间，这将影响垃圾回收返回应用的时间。所以 Metronome 尽量使用无锁的
数据结构，例如在并行 / 并发标记阶段，除了使用本地的标记栈外，当多个线程操作一个公
共的标记栈时（如根标记结束后，所有 GC 工作线程进行标记工作），就需要锁保证多个线
程的正确性，为此 Metronome 设计了无锁的栈结构。关于这一部分内容，本书不再进一步
介绍，读者可以参考相关文献[⊖]。

⊖ IBM 在 2009 年举办了一次学术讨论会，会上详细介绍了 Metronome 的相关知识。学术讨论会上的所
有资料可以通过链接 https://www.cs.uoregon.edu/research/summerschool/summer09/lectures/ 访问，其中
Metronome 的相关资料是 BaconDFBLecture1、BaconDFBLecture2 和 BaconDFBLecture3。本节内容主要
来自学术讨论会资料。

ZGC

2017 年，Oracle 公司宣布实现一款新的垃圾回收 ZGC，并将贡献给 OpenJDK 社区。在 2018 年 9 月发布的 JDK 11 中，ZGC 作为实验性质的特性被正式引入 JVM 中。自首次发布到目前为止，它是社区最活跃的项目。在随后的 JDK 12、JDK 13、JDK 14 中都有重要的特性发布；在 JDK 15 中，ZGC 正式升级为产品特性；ZGC 的发展并没有停止，在 JDK 16 中引入了并发栈扫描，进一步减少停顿时间。

在 ZGC 发布以前，JVM 的所有垃圾回收器中对停顿时间管理得最好的是 G1。G1 的设计思路是以停顿时间为目标，并在吞吐量和停顿时间之间寻找平衡，但是在一些要求极致停顿时间的场景中的表现差强人意。G1 是一款并发的垃圾回收器，但是 G1 仅仅在标记时采用并发操作，在执行 Minor GC 时仍然采用并行操作。ZGC 吸收了 G1 的优点，并着力解决 G1 的一些不足。下面先看看 G1 的不足。

G1 的目标是在可控的停顿时间内完成垃圾回收，所以对内存进行了分区设计。在回收时采用部分内存回收（在执行 Minor GC 时会回收所有新生代分区，在混合回收时会回收所有新生代分区和部分老生代分区），支持的内存也可以达到几十 GB 甚至上百 GB。为了进行部分回收，G1 实现了 RSet 管理对象的引用关系。但由于设计上的特点，导致 G1 存在下面的问题：

1）停顿时间过长，通常 G1 的停顿时间要达到几十到几百毫秒。这个数字其实已经非常小了，但是因为垃圾回收要求应用暂停，导致应用程序在这几十或者几百毫秒中不能提供服务。在某些场景中，特别是对用户体验有较高要求的情况下，它不能满足实际的需求。

2）内存利用率不高，通常引用关系的处理需要额外消耗内存，一般占整个内存的 1%～20%（在 JDK 17 中对这一部分做了较大的优化，但额外存储成本仍然较高）。

3）支持的内存空间有限，不适用于超大内存的系统，特别是在 100GB 内存以上的系统中，内存过大会导致停顿时间增加。

ZGC 作为新一代的垃圾回收器，在设计之初就定下了三大目标：支持 TB 级内存，停顿时间控制在 10 毫秒之内，对程序吞吐量影响小于 15%。实际上，目前 ZGC 已经基本满足设计之初时定下的目标，支持 4TB～16TB[⊖]堆空间，从实际测试的情况来看，停顿时间通常都在 10 毫秒以下[⊜]，并且垃圾回收所引起的暂停时间并不会随着内存的增大而延长。它应该怎么设计或者怎么改进以前的垃圾回收器才能实现这些目标呢？

ZGC 的设计思路借鉴了一款商业垃圾回收器 Azul 的 C4，关于 C4 的介绍，可以参考 Tene G 等人的论文 C4: The Continuously Concurrent Compacting Collector。ZGC 希望能达到 10 毫秒以内的停顿时间，但不是所有的垃圾回收活动都能在 10 毫秒内完成，停顿时间指的是需要 STW 的初始标记、重新标记和重定位阶段花费的时间。另外要提一下，这里的 10 毫秒是一个目标值。有哪些因素可能影响 ZGC 的目标停顿时间？除了 ZGC 中本身的 STW 活动以外，还有进入安全点（执行垃圾回收活动之前）的花费，比如我们知道，在 JVM 中进入安全点时会进行字符串回收（这里的字符串回收针对的是使用 String 类中 intern 方法导致的垃圾），所以 ZGC 为了保证进入安全点的时间足够短，会把这一部分工作优化成并发处理。

回到 ZGC 如何设计达成目标这一问题。简单的回答是 ZGC 把一切能并发处理的工作都并发执行。从技术发展路径上看，可以认为 ZGC 是 G1 在并发执行方面的进一步发展。

我们知道，G1 中实现了并发标记，标记已经不会再影响停顿时间了，所以 G1 中的停顿时间主要是在垃圾回收阶段（Minor GC 和 Mixed GC）复制对象造成的。在复制算法中，需要把对象转移到新的空间中，并且更新其他对象到这个对象的引用。实际中对象的转移涉及内存的分配和对象成员变量的复制，而对象成员变量的复制是非常耗时的。在 G1 中对象的转移都是在 STW 中并行执行的[⊜]，而 ZGC 把对象的转移也并发执行，从而满足停顿时间在 10 毫秒以下。下面看一个实际的例子，这是使用 G1 作为垃圾回收器运行 Cassandra 的一个日志片段。在 Cassandra 的配置中，希望每次停顿时间为 100 毫秒。但是 G1 在这一次垃圾回收中花费了 497.945 毫秒，其中仅 Evacuate Collection Set 就花费了 493 毫秒。日志片段如下：

```
GC(259) Pause Young (Normal) (G1 Evacuation Pause)
GC(259) Using 8 workers of 8 for evacuation
GC(259) MMU target violated: 101.0ms (100.0ms/101.0ms)
GC(259)    Pre Evacuate Collection Set: 0.1ms
GC(259)    Evacuate Collection Set: 493.0ms
GC(259)    Post Evacuate Collection Set: 3.5ms
GC(259)    Other: 1.2ms
```

⊖ 在 ZGC 最初发布时仅支持最大 4TB 的堆空间，在 JDK 13 中堆空间最大支持 16TB。

⊜ 在 ZGC 最初发布时，对大多数应用可以满足停顿时间在 10 毫秒以下，但存在一些应用停顿时间还是会超过 10 毫秒，其主要原因是最初的版本不支持类卸载或者超大的根集合。在最新的 JDK 16 发布后，测试表明大多数应用的停顿时间在 1 毫秒以下。

⊜ 串行回收器、并行回收器和 CMS 中的复制也是在 STW 中执行的。

```
GC(259) Eden regions: 163->0(164)
GC(259) Survivor regions: 16->15(23)
GC(259) Old regions: 520->523
GC(259) Humongous regions: 3->3
GC(259) Metaspace: 48742K->48742K(1093632K)
GC(259) Pause Young (Normal) (G1 Evacuation Pause) 2804M->2162M(14336M) 497.945ms
GC(259) User=2.18s Sys=0.01s Real=0.50s
```

Evacuate Collection Set 就是对整个回收集合的分区进行标记和转移。493 毫秒包含了标记和转移，如果使用一些诊断参数查看更细粒度的统计数据，通常转移时间占比在 80% 左右，转移时因为包括内存复制，所以极其耗时，从而导致停顿时间不可控。ZGC 的改进就是把这步最耗时的动作变成并发执行。

另外，在 G1 中可能会存在 Full GC，如果发生了 Full GC，也可能导致停顿时间不可控。在目前的 ZGC 中，垃圾回收就是 Full GC，也就是每发生一次垃圾回收就是一次 Full GC，而每次垃圾回收的停顿时间在 10 毫秒以下，所以困扰 G1 的 Full GC 导致停顿时间不可控的问题也解决了。因为 ZGC 每次垃圾回收都是 Full GC（即每次都是全量回收），那么大家可能会问，如果对象分配不成功，ZGC 是怎么处理这种情况的呢？这里先留一个疑问，后文回答。

ZGC 除了并发转移以外，还对整个垃圾回收在进入 STW 的过程做了改进，把原来串行 / 并行执行的动作也优化为并发执行。在这里比较一下不同垃圾回收器在并发粒度上的区别，如表 8-1 所示。

表 8-1　不同垃圾回收器的并发执行[一]

并发性	垃圾回收器				
	串行回收器	并行回收器	CMS	G1	ZGC
标记	不支持	不支持	支持	支持	支持
转移	不支持	不支持	不支持	不支持	支持
引用处理	不支持	不支持	不支持	不支持	支持
符号表	不支持	不支持	不支持	不支持	支持
字符串表	不支持	不支持	不支持	不支持	支持
弱引用处理	不支持	不支持	不支持	不支持	支持
类卸载	不支持	不支持	不支持	不支持	支持[二]

这里的不支持并发执行不同的 GC 实现隐含的意义稍有不同，对于串行回收器，所有步骤是串行执行的。其他垃圾回收器不支持还分成两种，一种是并行执行，例如转移、引用处理、弱引用处理；另一种就是串行执行，如符号表、字符串表、类卸载，它们通常是在进入安全点的时候执行。这样的设计是在实现的复杂性和效率之间寻找平衡，通常来说并发处理效率高，但是实现复杂；串行 / 并行效率略低，但实现简单。

　㊀　本表参考了 http://cr.openjdk.java.net/~pliden/slides/ZGC-Devoxx-2018.pdf。

　㊁　从 Java 12 开始支持并发类卸载。

最后对 ZGC 的特性做一个简单的总结。除了并发执行这个显著特点之外，ZGC 还有以下特性：

1）不分代的垃圾回收器，即垃圾回收时对全量内存进行标记，但是回收的时候仅针对部分内存回收，优先回收垃圾比较多的页面（分代已经在实现中）。

2）最初仅支持 Linux 64/X86 位系统，后又扩展至 Mac、Windows 系统和 AArch64 平台。

3）内存分区管理，且支持不同的分区粒度。在 ZGC 中分区称为页面（Page），有小页面、中页面、大页面 3 种。

4）颜色指针，通过设计不同的标记位区分不同的虚拟空间，而这些不同标记位指示不同虚拟空间通过 mmap 被映射在同一物理地址。颜色指针用于快速实现并发标记、转移和重定位。

5）设计了读屏障，实现了并发标记和并发转移的处理。

6）支持 NUMA，尽量把对象分配在应用访问速度比较快的地方。

关于这些特点后文会一一介绍。截至目前，ZGC 表现优异，而且越来越多的人参与开发并使用它。

8.1 内存管理

在内存管理上，ZGC 吸收了以前垃圾回收器的经验，并对其不足做了增强。具体来说可以总结为两点：

1）在 JVM 内部对内存进行了抽象，设计了虚拟内存管理和物理内存管理。其中虚拟内存的管理是面向应用的，为应用提供以分页为粒度的管理方式；而物理内存的管理是面向 OS 的，当向 OS 请求内存时不再需要连续的内存空间。

2）提供高速的分配机制，设计了不同层次的缓存，包括：应用线程级缓存、CPU 级缓存和节点级缓存。

下面对这两个特点进一步展开介绍。

8.1.1 内存管理模型

在 JVM 早期的垃圾回收器中，应用看到的堆空间为新生代和老生代。在 JVM 内部表现为一整块内存，并且这块内存是垃圾回收器在启动时向 OS 请求，要求 OS 提供一个可以连续使用的虚拟内存空间。从应用、JVM 和 OS 角度来看，堆空间的布局如图 8-1 所示。

该内存模型非常简单，从应用到 OS 看到的内存是一致的，JVM 管理非常简单。但是这样的内存模型有一个比较大的缺点：应用启动时 JVM 必须划分好新生代和老生代的比例，同时需要向 OS 申请虚拟空间。这样的设计要求使用者非常了解应用，才能保证获得较高的效率。

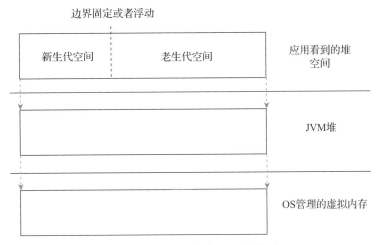

图 8-1 GC 堆内存布局一般模型

另外，当内存比较大时，这样的设计在串行或者并行回收中很难保证停顿时间。所以一种自然而然的做法是将应用使用的内存划分成较小的块（G1 中称为分区，ZGC 称为页面），如图 8-2 所示。

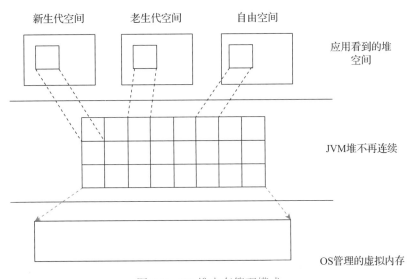

图 8-2 G1 堆内存管理模式

这是 G1 采用的内存管理模型。在该内存模型中，应用仍然可以感知到新生代和老生代，但是新生代和老生代的划分由停顿预测模型来预测。

该内存模型可以有效解决停顿时间过长的问题。但是还有一个问题该内存模型并没解决：需要向 OS 申请一块大的连续虚拟内存。这通常不是一个问题，因为 OS 有非常大的虚拟内存供应用使用。但是该设计隐含的问题是：JVM 在向 OS 归还内存时稍微有些麻烦。

在 G1 中内存按照分区设计，当内存不再使用后，JVM 可以将内存归还给 OS，而归还的方式也是按照分区来执行的。因为归还的分区是应用不再使用的分区，所以分区在应用中一般都是不连续的，归还给 OS 后，可能会导致 OS 的虚拟内存不连续。可能存在一种情况，虚拟内存有较大的可用空间，但是因为地址不连续，无法响应应用的大对象分配请求（大对象要求多个分区必须连续分配，具体信息参考第 6 章相关内容），从而导致垃圾回收。

所以 ZGC 继续在 G1 的内存模型上优化，引入虚拟地址管理和物理地址管理。虚拟内存提供分页管理机制，用于满足应用的分区请求；而物理内存管理则负责向 OS 请求和归还内存。内存模型如图 8-3 所示。

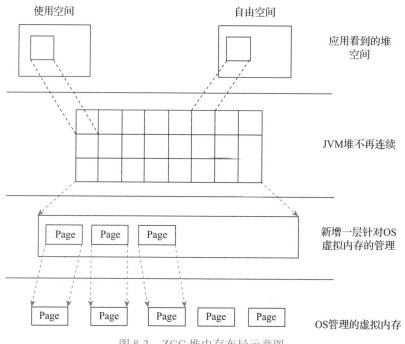

图 8-3　ZGC 堆内存布局示意图

因为现代操作系统都采用页面式管理方式，所以 ZGC 中也是以页面的形式对 OS 的虚拟内存进行管理。图 8-3 中为了便于演示，将 ZGC 物理内存管理的页面和 OS 虚拟内存的页面一一对应，实际上 ZGC 的页面一般比 OS 的页面大，所以通常来说 ZGC 的一个页面会包含多个 OS 的页面。

8.1.2　高速分配设计

ZGC 另外一个值得学习的地方是对分配进行细致的优化，更加适用于现代计算机体系结构的发展趋势，特别是多核、多节点的计算机体系结构。

在 JVM 中有一个概念称为 TLAB（Thread-Local-Allocation-Buffer），用于提高应用多线程之间的分配效率（JVM 等也有类似的实现）。TLAB 的思想是为每一个 Mutator 申请一块缓存，这个缓存被称为 TLAB，当 Mutator 分配内存时只从自己的 TLAB 中进行分配，多个 Mutator 分配内存互不干涉，这样多线程访问同一内存的锁竞争就被消除了。而 ZGC 在此基础上又对内存分配做了进一步的优化，主要表现如下：

1）引入了 CPU 的缓存。TLAB 虽然能解决多个 Mutator 之间内存分配的问题，但是在使用 TLAB 时，需要为每一个 Mutator 分配一个 TLAB，而这样的 TLAB 缓存需要从全局堆空间中获取，所以在申请一个新的 TLAB 时仍然需要锁。而 ZGC 引入 CPU 缓存，每个 CPU 包含一个分页（Page），该 CPU 上所有的 Mutator 在申请 TLAB 时都从 CPU 的缓存中获得。因为同一 CPU 一个时刻只有一个 Mutator 获得运行，所以该 CPU 上的多个 Mutator 并不需要锁，进一步优化了锁竞争，从而将 Mutator 的 TLAB 之间的锁竞争转化为多个 CPU 之间的缓存分配竞争。

2）引入 NUMA 缓存。由于多个 CPU 位于同一个 NUMA 节点，在分配时 CPU 使用的缓存尽量从本 NUMA 节点的缓存获取，减少跨 NUMA 节点的分配，进一步优化了 Mutator 分配的效率。

ZGC 设计的三级分配缓存如图 8-4 所示。

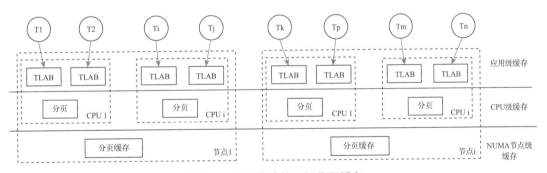

图 8-4　ZGC 设计的三级分配缓存

当然，现代计算机体系结构设计得非常复杂，在 NUMA 架构中从 CPU Core 到 Socket 可能还有进一步的划分，例如将在第 15 章介绍的鲲鹏 920，多个 CPU Core 首先组成 CPU Cluster，多个 CPU Cluster 组成一个 CPU Die，两个 CPU Die 组成一个 Socket，两个 Socket 组成一个处理器，而这样复杂的设计必然对内存的访问速度有影响。但是目前 NUMA 相关 API 并不能反映这些细节，所以无法在 JVM 的实现中体现。未来，随着 NUMA 相关 API 的完善，在内存管理上还可以进一步优化。

ZGC 中 CPU 缓存和 NUMA 缓存是以页面为基础的，其中页面类似于 G1 GC 中的 Region。但是 ZGC 对页面进行进一步的细化，设计了大、中、小 3 种类型的页面。3 种不同的页面管理的对象大小也不同。3 种页面的具体信息如表 8-2 所示。

表 8-2 ZGC 页面分类总结

页面类型	页面大小	页面内对象的大小	页面内对象对齐的粒度
小页面	2MB	小于等于 256KB	MinObjectAlignmentInBytes
中页面	32MB	在 256KB 和 4MB 之间	4KB
大页面	X*MB，受操作系统控制	大于 4MB	2MB

表 8-2 中 MinObjectAlignmentInBytes 的默认值是 8，它由参数 ObjectAlignmentInBytes 控制，大小为 8～256，且为 2 的幂次。对象对齐的粒度影响对象的分配、访问速度及内存空间的浪费，通常来说，粒度越大，处理器访问内存的速度越快，但可能导致过多的浪费。在实际中，可以根据应用系统对象的平均大小来合理地设置该值。

为什么设计 3 种类型的页面？其主要原因在于减少垃圾回收对大对象的转移。一般来说，对象的平均大小并不大（有研究表明，对象的平均大小为 47 字节，当然这与应用相关），按照不同大小来组织内存管理，可以有效地减少因对象对齐造成的浪费。在 ZGC 的实现中，大页面不参与垃圾回收，除非整个页面中的对象都已经死亡。

ZGC 中的小页面和中页面都基于 OS 的页面，它们唯一的区别就是需要连续的虚拟页面的大小并不相同。

ZGC 的页面最小为 2MB，这个特性非常适合 Linux 的大页管理方式。在 Linux 中启动大页管理时，页面的大小为 2MB。所以在使用 ZGC 的时候，使用 OS 的大页管理通常可以获得更好的性能。

8.2 回收设计

ZGC 的并发回收算法采用的也是"目的空间不变性"的设计，关于目的空间不变性的更多内容可以参考第 7 章。

在第 7 章中提到，Shenandoah 从 JDK 13 开始也采用"目的空间不变性"的设计。但是 ZGC 与 Shenandoah 相比，还是有不少细节并不相同，如表 8-3 所示。

表 8-3 Shenandoah 和 ZGC 比较

并发阶段	Shenandoah	ZGC
并发标记	采用 SATB 的并发标记算法，正在开发增量标记	使用 Color Pointer 标记活跃对象，采用统一的读屏障，保证并发标记的正确性
并发转移	采用目的空间不变性，使用读屏障，保证并发转移的正确性	采用统一的读屏障，保证并发转移的正确性，使用了额外的 Forwarding Table 保存对象转移前后的地址，堆空间立即释放
并发重定位	在正常回收的模式中，并发重定位会立即执行，当执行完成后，堆空间被立即释放 在优化回收模式下，并发重定位被推迟到下一次 GC 周期中和并发标记一起完成，上一个 GC 周期完成转移的分区推迟到本次 GC 周期中释放，该模式在 JDK 15 中被移除	由于 ZGC 使用额外的信息保存了转移前后的地址，因此并发重定位和下一次 GC 周期的并发标记合并，并通过读屏障保证对象引用的正确性

本节主要围绕 ZGC 算法的特殊点进行介绍。

8.2.1　算法概述

ZGC 基于分区管理，在回收的时候采用的是单代、部分回收，即选择部分垃圾比较多的分区进行回收。整个回收算法经历 3 个阶段，分别是标记、转移和重定位。

在使用 ZGC 时，堆空间按照页使用，在启动垃圾回收时，部分页面已经满了，其中有活跃对象也有死亡对象。另外，整个堆空间还有一部分空闲的页面，这些页面用于垃圾回收过程中对象的转移。关于垃圾回收启动的时机，后文将详细介绍。

在 JDK 16 之前，ZGC 进行回收时一定需要空闲的页面才能完成对象的转移，这实际上降低了内存的利用率。在 JDK 16 中引入了新的优化，在一定条件下对象的转移还是在本页面内（称为 in-place relocation）进行，也称为本地转移。

在标记阶段完成堆内活跃对象的识别。ZGC 的标记阶段分为初始标记、并发标记、再标记和弱根标记。

1）初始标记：使用 STW 的方式，暂停 Mutator，完成从根集合出发到堆内对象的标记。

2）并发标记：将根集合识别出的活跃对象作为并发标记的起点，完成整个堆空间内活跃对象的标记。

3）再标记：使用 STW 的方式，暂停 Mutator，再次完成根集合到整个堆内空间的标记。再标记主要是为了解决某些 Mutator 在并发标记阶段因各种因素，无法执行新增根集合到堆空间的标记的问题。

4）弱根标记：此阶段处理弱根（包括 Java 语言中的引用），弱根处理的目的是将标记阶段识别出来的对象再次进行标记处理，确定这些对象是否真的活跃。

关于标记的实现将在 8.3.1 节介绍。在标记完成后，整个堆空间的状态如图 8-5 所示。

图 8-5　标记完成后堆空间状态

在标记完成后，进入转移阶段。在进入转移阶段时，会选择到底转移哪些页面（活跃对象比较多的页面不转移，以提高转移的效率）。ZGC 的转移阶段分为初始转移和并发转移。

1）初始转移：使用 STW 的方式，暂停 Mutator，完成从根集合出发到堆内转移集合对象（即对象必须位于转移页面）的转移；根集合中引用到的不在转移集合中的对象则不会转移。

2）并发转移：根据选择的转移集合⊖，对其中的活跃对象进行转移。

关于转移的实现在 8.3.2 节介绍。转移完成后，整个堆空间的状态如图 8-6 所示。

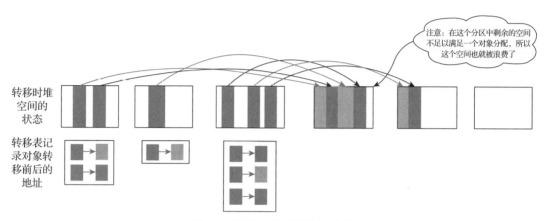

图 8-6　转移完成后堆空间状态

在转移的过程中使用了转移表（Forwarding Table）来记录对象转移前后的地址。这样在转移完成后，转移集合中的页面都可以被释放，然后被立即重用。

> 🔖 注意　这里演示的是所有页面都参与转移并释放内存，在实现中为了提高转移的效率，只有当页面中的垃圾达到一定比例后才会参与转移，比例可通过参数控制。

当转移完成后释放转移完成的分区，整个堆空间的状态如图 8-7 所示。

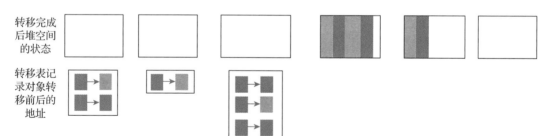

图 8-7　释放转移完成的分区后堆空间的状态

在转移完成后，进入重定位阶段。在 ZGC 的实现中将重定位和标记阶段进行了合并。

⊖ 注意，虽然 ZGC 的转移仅仅处理转移集合中的活跃对象，但为什么必须有一个初始转移阶段？是不是可以通过读屏障完成根集合相关引用对象的转移？单从转移角度来说，对象可以被并发转移线程正确地转移。但是从访问角度就会出现问题，此时如果有新的应用程序线程也访问这个对象，如果对象已经被转移，那么这个新应用程序线程会通过读屏障访问到新对象；如果对象还未转移，这个新应用程序线程则会通过读屏障先转移对象再访问。结论就是两个应用程序线程，一个访问老对象，一个访问新对象，如果两个应用程序线程都修改对象，就会发生数据不一致的问题，导致错误。

在标记的时候，如果发现对象使用了过时的对象（例如这个对象发生了转移），只需要从转移表中根据当前的地址找到转移后的地址，并更新相关引用地址即可。

在 ZGC 的设计中采用了目标空间不变性来保证并发操作的正确性。在实现中通过读屏障来完成，当读到堆内对象时，首先判断对象状态是否正确，如果不正确，则通过屏障来保证对象的正确性。所以在标记阶段，读屏障的目的是帮助标记活跃对象；在转移阶段，读屏障的目的是帮助将转移集中的活跃对象转移到新的页面中。

为了区别不同的阶段，ZGC 引入了视图状态，并在不同的阶段采用不同的读屏障。下面介绍一下视图和读屏障。

8.2.2　视图状态

ZGC 使用了 3 种视图状态，分别为 Marked0（也称为 M0）、Marked1（也称为 M1）和 Remapped。其中 M0 和 M1 表示标记阶段，Remapped 表示转移阶段。ZGC 在初始化之后，整个内存空间的地址视图被设置为 Remapped，当进入标记阶段时，视图转变为 M0 或者 M1，标记阶段结束进入转移阶段时，视图再次被设置为 Remapped。采用视图表示后，具体的算法如下。

（1）初始化阶段

在 ZGC 初始化之后，地址视图为 Remapped，程序正常运行，在内存中分配对象，满足一定条件（关于垃圾回收的触发时机将在后文介绍）后垃圾回收启动。此时进入并发标记阶段。

（2）并发标记阶段

第一次进入并发标记阶段时视图为 M0，在并发标记阶段应用程序和标记线程并发执行。那么对象的访问可能来自：

1）GC 工作线程。GC 工作线程访问对象的目的就是对对象进行标记。它从根集合开始标记对象，在标记前先判断对象的地址视图是 M0 还是 Remapped。

❏ 如果对象的地址视图是 M0，则说明对象是在进入并发标记阶段之后新分配的对象，或者对象已经完成了标记，也就是说对象是活跃的，无须处理。

❏ 如果对象的地址视图是 Remapped，则说明对象是前一阶段分配的，而且通过根集合可达，所以把对象的地址视图从 Remapped 调整为 M0。

2）Mutator 运行用户代码时访问对象，所做的工作有：

❏ 如果 Mutator 创建新的对象，则对象的地址视图为 M0。

❏ 如果 Mutator 访问对象并且对象的地址视图是 Remapped，则说明对象是前一阶段分配的，只要把该对象的视图从 Remapped 调整为 M0 就能防止对象漏标。注意，只标记 Mutator 访问到的对象还不够，实际上还需要标记对象的成员变量所引用的对象，可以通过递归的方式完成标记（为了不影响 Mutator 的运行，该工作将会转入 GC 工作线程中完成）。

❑ 如果 Mutator 访问对象并且对象的地址视图是 M0,则说明对象是在进入并发标记阶段之后新分配的对象或者对象已经完成了标记,无须额外处理,直接访问。

> 💿 **注意** Mutator 访问对象的操作主要是指读操作。对于写操作来说,会对操作的右值对象(等号操作符右边的对象)进行标记,所以也包含了读操作。

总之,在标记阶段结束之后,对象的地址视图要么是 M0,要么是 Remapped。如果对象的地址视图是 M0,则说明对象是在标记阶段被标记的或者是新创建的,是活跃的;如果对象的地址视图是 Remapped,则说明对象在标记阶段既不能通过根集合访问到,也没有Mutator 访问它,所以是不活跃的,即对象所使用的内存可以被回收。

当并发标记阶段结束后,ZGC 使用对象活跃信息表记录所有活跃对象的地址,活跃对象的地址视图都是 M0。

（3）并发转移阶段

标记结束后就进入并发转移阶段,此时地址视图再次被设置为 Remapped。转移阶段会把部分活跃对象(只有垃圾比较多的页面才会被回收)转移到新的内存中,并回收对象转移前的内存空间。在并发转移阶段,应用程序和标记线程并发执行,那么对象的访问可能来自:

1）GC 工作线程。GC 工作线程根据标记阶段标记的活跃对象进行转移,所以只需要针对对象活跃信息表中记录的对象进行转移。当转移线程访问对象时:

❑ 如果对象在对象活跃信息表中并且对象的地址视图为 M0,则转移对象,转移以后对象的地址视图从 M0 调整为 Remapped。

❑ 如果对象在对象活跃信息表中并且对象的地址视图为 Remapped,则说明对象已经被转移,无须处理。

2）Mutator 运行用户代码时访问对象,所做的工作有:

❑ 如果 Mutator 创建新的对象,则对象的地址视图为 Remapped。

❑ 如果 Mutator 访问对象并且对象不在对象活跃信息表中,则说明对象是新创建的或者对象无须转移,无须额外处理。

❑ 如果 Mutator 访问对象并且对象在对象活跃信息表中,且对象的地址视图为 Remapped,则说明对象已经被转移,无须额外处理。

❑ 如果 Mutator 访问对象并且对象在对象活跃信息表中,且对象的地址视图为 M0,则说明对象是标记阶段标记的活跃对象,所以需要转移对象。在对象转移以后,对象的地址视图从 M0 调整为 Remapped。

至此,ZGC 一个垃圾回收周期中并发标记和并发转移就结束了。我们提到,在标记阶段存在两个地址视图 M0 和 M1。上面的算法过程显示只用到了一个地址视图,为什么设计成两个呢?简单地说,是为了区别前一次标记和当前标记。

第一次垃圾回收时地址视图为 M0,假设标记了两个对象 Obj_A 和 Obj_B,说明 Obj_A 和 Obj_B 都是活跃的,它们的地址视图都是 M0。在转移阶段,ZGC 按照页面进行部分内存垃圾回收，也就是说当对象所在的页面需要回收时，页面里面的对象需要被转移，如果页面不需要转移，页面里面的对象也就不需要转移。假设 Obj$_A$ 所在的页面被回收，所以 Obj$_A$ 被转移，Obj$_B$ 所在的页面在这一次垃圾回收中不会被回收，所以 Obj$_B$ 不会被转移。Obj$_A$ 被转移后，它的地址视图从 M0 调整为 Remapped，Obj$_B$ 不会被转移，Obj$_B$ 的地址视图仍然为 M0。那么下一次垃圾回收标记阶段开始的时候，存在两种地址视图的对象，对象的地址视图为 Remapped 说明在并发转移阶段被转移或者访问过；对象的地址视图为 M0，说明在前一次垃圾回收的标记阶段被标记过。如果本次垃圾回收标记阶段仍然使用 M0 这个地址视图，那么就不能区分对象是否是活跃的，还是上一次垃圾回收标记过的。所以新一次标记阶段使用了另外一个地址视图 M1，则标记结束后所有活跃对象的地址视图都为 M1。此时这 3 个地址视图代表的含义如下。

1）M1：本次垃圾回收中识别的活跃对象。

2）M0：前一次垃圾回收的标记阶段被标记过的活跃对象，对象在转移阶段未被转移，但是在本次垃圾回收中被识别为不活跃对象。

3）Remapped：前一次垃圾回收的转移阶段发生转移过的对象或者被应用程序线程访问的对象，但是在本次垃圾回收中被识别为不活跃对象。

这里通过一个简单的场景来演示并发标记算法。假设在 ZGC 初始化后，Mutator 创建对象 0、对象 1 和对象 2，此时它们的地址视图都是 Remapped。之后因为某种因素触发垃圾回收，则进入标记阶段。在标记阶段假设对象 0 和对象 2 可以通过根集合访问并标记，另外，应用程序线程在并发运行过程中新创建对象 3。标记结束后发现对象 1 不可以从根集合访问到，此时对象 0、对象 2 和对象 3 的地址视图为 M0，表示为活跃对象，对象 1 的地址视图还是 Remapped，表示为垃圾对象，如图 8-8 所示。

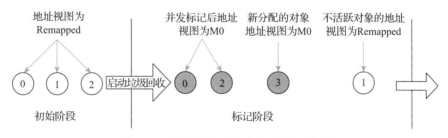

图 8-8　并发算法初始和标记阶段示意图

标记阶段结束之后，进入转移阶段。假设应用程序线程并发运行过程中新创建对象 4；对象 0 所在的页面需要回收，所以对象 0 转移到新的页面，这个新的对象称为对象 0'；对象 2 和对象 3 没有被访问到。此时对象 2 和对象 3 的地址视图为 M0，对象 4 和对象 0' 的地址视图为 Remapped，对象 0 所在的页面将被回收，对象 1 所在的页面可能被回收，也可能不被回收。如果对象 1 所在的页面被回收，则对象 1 不存在，如果页面没有回收，则对象 1 的地址视图为 Remapped，如图 8-9 所示。

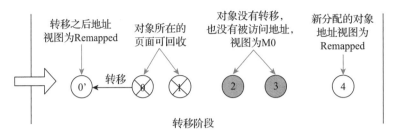

图 8-9　并发算法转移阶段示意图

经过一段时间的运行后，再次触发垃圾回收。因为对象 1 不活跃，下一次垃圾回收时也不会被标记，所以我们不再关注对象 1。假设在新的标记阶段，只有对象 4 从根集合可达，对象 2、对象 3 和对象 0' 都是不可达的，对象 6 是应用程序新分配的对象。此时对象 2 和对象 3 的地址视图为 M0，表示垃圾对象，对象 0' 的地址视图为 Remapped，也表示为垃圾对象，对象 4 和对象 6 的地址视图为 M1，表示活跃对象，如图 8-10 所示。

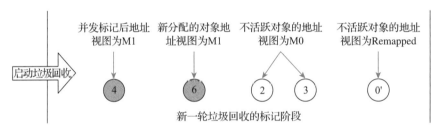

图 8-10　并发算法新一轮垃圾回收的标记阶段示意图

标记完成后会再次进入转移阶段，转移阶段和前一次转移阶段过程类似，不赘述。

8.2.3　读屏障

由于 ZGC 是并发执行，也就是说 Mutator 和 GC 工作线程可以同时修改同一个对象，如果没有合理的同步机制，将导致运行出错。Mutator 修改对象是为了程序的正常执行，而 GC 工作线程修改对象是为了垃圾回收。两者虽然可能会同时修改同一个对象，但它们所做的事情完全不同。

一种常见的保证正确性的设计是：Mutator 在修改对象前先做 GC 工作线程的工作，然后再修改对象，这样 GC 工作线程就不用与 Mutator 竞争[⊖]修改对象了。

ZGC 采用读屏障的方式来确保正确性。即 Mutator 在读对象的时候，判断 GC 周期正在执行的操作，然后判断访问的对象是否已经执行了 GC 的操作，如果没有执行，那么 Mutator 先执行 GC 操作，再继续访问对象。

⊖　两者之间还是存在竞争的，但两者的竞争不再是对同一对象的修改，此时的竞争变成谁能成功访问对象。

读屏障的具体实现是在字节码层面或者编译代码层面给读操作增加一段额外的处理（执行对应的 GC 操作）即可。

读屏障是由读命令触发的。JVM 有 3 种运行状态：解释执行、C1 和 C2 优化执行。不同的运行状态，读屏障的触发代码略有不同，但它们使用的读屏障是完全一样的。我们从最简单的解释执行看一下读屏障的实现。读屏障在解释执行时通过 load 相关的字节码指令加载数据。大家可以参考相关的书籍或者文章了解 load 指令的具体执行过程。我们直接从堆空间中加载对象的地方了解一下读屏障，其代码如下：

```
template <DecoratorSet decorators, typename BarrierSetT>
template <typename T>
inline oop ZBarrierSet::AccessBarrier<decorators, BarrierSetT>::oop_load_in_
heap(T* addr) {
    verify_decorators_absent<ON_UNKNOWN_OOP_REF>();

    const oop o = Raw::oop_load_in_heap(addr);
    return load_barrier_on_oop_field_preloaded(addr, o);
}
```

这里调用的 load_barrier_on_oop_field_preloaded 就是读屏障，在对象加载完成后做额外的处理。这里不分析具体的代码，直接给出 ZGC 中读屏障的流程图，如图 8-11 所示。

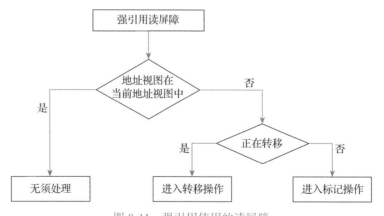

图 8-11　强引用使用的读屏障

📝 注意　这里给出的读屏障是强引用读操作的屏障。图 8-11 中，读屏障[⊖]中的转移操作可能存在一定的性能损失。非强引用的读屏障如图 8-12 所示。

⊖　读屏障增加了额外的代码，所以会引起性能下降。据 Per Linda 的介绍，SPECjbb 测试表明，使用读屏障之后，性能大约降低 4%。Shenandoah 对于读屏障的测试发现，性能下降更多。所以 Shenandoah 使用了两种类型的屏障，在标记时采用写屏障，在转移时采用读屏障。

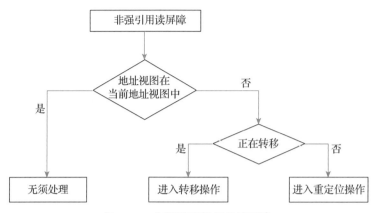

图 8-12 非强引用使用的读屏障

整个读屏障会根据垃圾回收的阶段来判断执行什么操作，操作有标记、转移和重定位。

1）标记：将对象标记为活跃对象，在 Mutator 进行标记后，还需要标记已标记完成对象的成员变量，但为了减少标记对于 Mutator 的影响，一般将对象送入 GC 工作线程中标记。为了减少 Mutator 和 GC 工作线程之间的影响，需要设计无锁的数据结构来处理这种情况。ZGC 使用线程局部栈的结构保存每个 Mutator 需要遍历的对象，在 Mutator 的本地标记栈满的情况下，会将其放入 GC 工作线程的待标记数据结构中。

2）转移：将转移集中的对象转移到新的页面中。Mutator 辅助转移仅仅转移对象本身，不会做额外的事情，GC 工作线程负责页面集中其他所有对象的转移。但是 Mutator 的转移有潜在的两个问题。

❑ 当有大量的对象需要 Mutator 辅助转移时，Mutator 的效率会下降；当 Mutator 在转移时遇到没有可供待转移对象分配的内存空间时，会导致 Mutator 本身暂停。

❑ 为了保证转移的效率，Mutator 辅助转移和 GC 工作线程的转移通常使用不同的目标内存，减少锁的使用。这在一定程度上破坏了内存数据的局部性。

3）重定位：发现对象的地址过时（发现对象在上一次 GC 周期已经转移）时，应根据转移表获取对象转移后的地址，并更新该值即可。

8.2.4 高效的标记和转移设计

在 GC 的实现中，两个关键的操作分别是标记和转移。在其他的垃圾回收实现中标记需要修改对象头，设置一个特殊的状态表示对象是活跃的。而设置对象头需要发生一次真实的内存访问，并将对象头修改写回内存。

ZGC 中采用了一种称为 Color Pointer 的机制来避免这样的内存访问。具体的思路是：借助于对象的地址位，在地址位上设置不同的标记状态。例如使用一个地址位表示对象是否活跃，当设置为 0 时表示对象死亡，设置为 1 时表示对象活跃。那么标记时不再需要修改对象头，只需要修改对象的地址位即可。这样做的好处就是标记对象存活根本不需要真正访问对象，从而减少了因为 GC 工作频繁地访问内存。

在上面介绍了 ZGC 使用视图状态来描述 GC 的工作状态。把视图状态和 Color Pointer 结合，即用地址位来描述视图状态，既可以表达 GC 的工作状态，又可以减少内存的访问。

在 JDK 11 和 JDK 12 中，ZGC 支持的最大的堆空间为 4TB。从 JDK 13 开始，支持的最大的堆空间为 16TB。其中最主要的原因就是 ZGC 使用了对象不同的地址位。我们先以 JDK 11 为例来介绍一下 ZGC 如何使用地址位。

ZGC 支持 64 位系统，以 ZGC 支持 4TB 堆空间为例，看一下 ZGC 是如何使用 64 位地址的。ZGC 中低 42 位（第 0～41 位）用于描述真正的虚拟地址，接着的 4 位（第 42～45 位）用于描述元数据，其实就是上面所说的 Color Pointer，还有 1 位（第 46 位）暂时没有使用（所以也设置为 0），最高 17 位（第 47～63 位）固定为 0，如图 8-13 所示。

```
// 6            4 4  4 4
// 3            6 5  2 1                                          0
// +--------------------+----+----+--------------------------------------+
// |00000000 00000000 00|1111|11 11111111 11111111 11111111 11111111 11111111|
// +--------------------+----+----+--------------------------------------+
// |                    |    |    |
// |                    |    |    * 0~41 Object Offset (42-bits, 4TB address space)
// |                    |    |
// |                    * 42~45 Metadata Bits (4-bits)  0001 = Marked0    (Address view 4-8TB)
// |                                                    0010 = Marked1    (Address view 8-12TB)
// |                                                    0100 = Remapped   (Address view 16-20TB)
// |                                                    1000 = Finalizable (Address view N/A)
// |
// * 46~63 Fixed (18-bits, always zero)
```

图 8-13　ZGC 支持 4TB 空间地址位使用示意图

42 位地址最大的寻址空间就是 4TB。在 JDK 13 中堆空间扩展为 16TB，其地址位使用的示意图如图 8-14 所示。

```
// 6            4 4 4 4
// 3            8 7 4 3                                           0
// +--------------------+----+----+--------------------------------------+
// |00000000 00000000 |1111|1111 11111111 11111111 11111111 11111111 11111111|
// +--------------------+----+----+--------------------------------------+
// |                  |    |    |
// |                  |    |    * 0~43 Object Offset (44-bits, 16TB address space)
// |                  |    |
// |                  * 44~47 Metadata Bits (4-bits)  0001 = Marked0    (Address view 16-32TB)
// |                                                  0010 = Marked1    (Address view 32-48TB)
// |                                                  0100 = Remapped   (Address view 64-80TB)
// |                                                  1000 = Finalizable (Address view N/A)
// |
// * 48~63 Fixed (16-bits, always zero)
```

图 8-14　ZGC 支持 16TB 内存地址位使用示意图

从 JDK 13 开始，ZGC 设计为支持 4TB、8TB 和 16TB 的内存。那么是否可以支持更大的内存空间呢？目前来说非常困难，主要是受硬件限制。目前大多数处理器地址线只有 48 条，也就是说 64 位系统支持的地址空间为 256TB。为什么处理器的指令集是 64 位的，但是硬件仅支持 48 位的地址呢？最主要的原因是成本。即便到目前为止由 48 位地址访问的 256TB 的内存空间也是非常巨大的，也没有多少系统有这么大的内存，所以 CPU 在设计时仅仅支持 48 位地址，可以少用很多硬件。如果未来系统需要扩展，则无须变更指令集，只要从硬件上扩展即可。

对于 ZGC 来说，由于多视图（也称为 Color Pointer）的缘故，会额外占用 4 位地址位，所以真正可用的应该是 44 位。理论上 ZGC 最大可以支持 16TB 的内存，但是如果要扩展得更多，超过 16TB 时，则需要重新设计这一部分。

ZGC 使用 Color Pointer 机制减少内存的访问，还需要解决一个问题，就是需要有一个机制来识别对象设置不同的地址位（即对象的地址不同），但是对象仍然处于同一个内存地址。这看起来非常怪异，一个对象是由唯一的地址确定的，但是目前需要有一个机制把多个地址和一个对象关联起来，只有这样的机制才能真正解决内存访问的问题。幸运的是，目前的 OS 都支持这样的方式，即多地址视图映射机制，把多个虚拟地址映射到一个物理地址上。

以 JDK 11 管理的 4TB 内存为例，按照图 8-13 的介绍，堆空间被划分为 3 个视图，分别是 M0（即 Marked0）、M1（即 Marked1）和 Remapped。这 3 个视图的地址布局如图 8-15 所示。

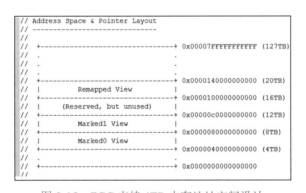

图 8-15　ZGC 支持 4TB 内存地址空间设计

在 ZGC 中常见的虚拟空间有 [0，4TB)、[4TB，8TB)、[8TB，12TB)、[16TB，20TB)，其中 [0，4TB) 对应的是 Java 的堆空间；[4TB，8TB)、[8TB，12TB)、[16TB，20TB) 分别对应 M0、M1 和 Remapped 这 3 个视图。最为关键的是 M0、M1 和 Remapped 这 3 个视图会映射到操作系统的同一物理地址。这几个空间的关系如图 8-16 所示。

该图是 ZGC 在运行时虚拟地址和物理地址的转化。从图 8-16 中我们可以得到：

1）4TB 是的堆空间，其大小受限于 JVM 参数。

2）0~4TB 的虚拟地址是 ZGC 提供给应用程序使用的虚拟空间，它并不会映射到真正的物理地址。

3）操作系统管理的虚拟内存为 M0、M1 和 Remapped 这 3 个空间，且它们对应同一物理空间。

4）在 ZGC 中，这 3 个空间在同一时间点有且仅有一个空间有效。为什么这么设计？这就是 ZGC 的高明之处，利用虚拟空间换时间。这 3 个空间的切换由垃圾回收的不同阶段触发。

5）应用程序可见并使用的虚拟地址为 0～4TB，经 ZGC 转化，真正使用的虚拟地址为 [4TB，8TB)、[8TB，12TB) 和 [16TB，20TB)，操作系统管理的虚拟地址也是 [4TB，8TB)、[8TB，12TB) 和 [16TB，20TB)。应用程序可见的虚拟地址 [0，4TB) 和物理内存直接的关联由 ZGC 来管理。

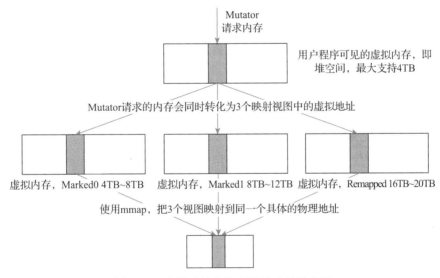

图 8-16　虚拟地址和物理地址映射示意图

使用地址视图的好处就是加快标记和转移的速度。比如对于对象在标记阶段只需要转换地址视图。而地址视图的转化非常简单，只需要设置地址中第 42～45 位中相应的标志位即可。而在以前的垃圾回收器中，要修改对象的对象头，把对象头的标记位设置为已标记，这就会产生内存存取访问。而在 ZGC 中无须任何的对象访问。这就是 ZGC 在标记和转移阶段速度更快的原因。

在标记过程中有一个技术细节值得注意：当对象被多个对象引用时，如何保证对象仅仅标记一次？下面通过一个简单的例子来演示这个问题，假定对象引入关系初始状态如图 8-17 所示。

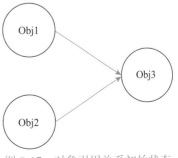

图 8-17　对象引用关系初始状态

假设标记开始前地址视图为 Remapped，GC 工作线程将 Obj1 和 Obj3 标记，首先从一个视图（Remapped）映射到另外一个视图（M1）。此时 Obj1 和 Obj3 的地址视图为 M1，而 Obj2 尚未完成标记，地址视图仍然为 Remapped，并且 Obj2 中成员变量也没有更新，所以它指向的 Obj3 仍然是老的地址视图。也就是说，Obj1 中指向的 Obj3 其地址位为 M1+Address，Obj2 指向的 Obj3 其地址位为 Remapped+Address。部分对象标记后的地址视图如图 8-18 所示。

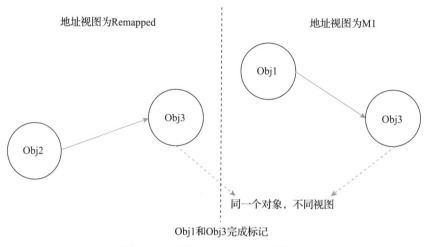

图 8-18　部分对象标记后视图信息

当 Obj2 完成标记后，其地址视图也变成了 M1，但是 Obj2 指向的 Obj3 地址仍然为 Remapped+Address。实际上 Obj3 已经通过 Obj1 的引用链完成了标记。该如何处理 Obj2 中仍然指向的过时对象视图呢？示意图如图 8-19 所示。

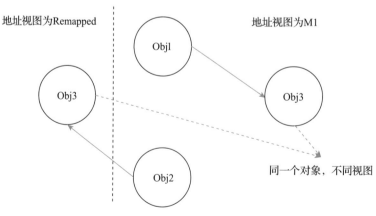

图 8-19　对象引用过时的对象视图

由于 Obj3 已经被标记过，意味着 Obj2 指向过时对象 Obj3，无须再次标记。所以对于

Obj2 处理时只需要让 Obj2 修正引用指针即可。注意，这里的修正和前文提到的因为对象转移后对象地址变化的修正稍有不同，这里进行修正，是因为标记过程对象地址视图不同。

处理方法是，通过 Obj2 的引用获得 Obj3 过时的指针，通过该指针访问 oop 对象。因为底层 oop 只有一个，所以此时获取的对象既可能反映 Remapped 视图，也可能反映 M1 视图，只要保证通过 oop 对象获得 M1 地址视图，就说明对象 Obj3 已经标记，无须再次标记。所以可以访问 oop 的成员，只要该成员能反映 Obj3 的地址视图就可以。在 JVM 中，oop 有一个 oopDesc 信息（也就是对象头），oopDesc 在 oop 的头部，所以可以通过 oop 获取 oopDesc 的地址，通过 oopDesc 的地址视图判断 Obj3 处于哪个视图中。相关伪代码如下：

```
inline uintptr_t ZOop::to_address(oop o) {
    return cast_from_oop<uintptr_t>(o);
}
template <class T> inline T cast_from_oop(oop o) {
    return (T)((oopDesc*)o);
}
```

8.2.5　垃圾回收触发的时机

ZGC 中采用了主动垃圾回收的方式，设计了一系列规则，只要系统运行时满足其中的一个规则就会触发并执行垃圾回收。设计的规则如下。

（1）基于固定时间间隔触发

该规则的目的是希望 ZGC 的垃圾回收器以固定的频率（或者时间间隔）触发。这在一些场景中非常有用，例如应用程序在请求量比较低的情况下运行了很长时间，但是 ZGC 不满足其他垃圾回收器的触发条件，所以一直不会触发垃圾回收，这通常没什么问题，但如果在某一个时间点开始请求暴增，则可能导致内存使用也暴增，而垃圾回收器来不及回收垃圾对象，这将降低应用系统的吞吐量。所以 ZGC 提供了基于固定时间间隔触发垃圾回收的规则。

这个规则的实现非常简单，就是判断前一次垃圾回收结束到当前时间是否超过时间间隔的阈值，如果超过，则触发垃圾回收，如果没超过，则直接返回。

需要说明的是，时间间隔由一个参数 ZCollectionInterval 来控制，这个参数的默认值为 0，表示不需要触发垃圾回收。在实际工作中，可以根据场景设置该参数。

（2）预热规则触发

该规则是说，当 JVM 刚启动时，还没有足够的数据来主动（或者智能的）触发垃圾回收的启动，所以设置了预热规则，用于强制触发垃圾回收。

预热规则指的是 JVM 启动后，当发现堆空间使用率达到 10%、20% 和 30% 时，会主动触发垃圾回收。ZGC 设计最多前 3 次垃圾回收由预热规则触发。也就是说，当垃圾回收触发（无论是由预热规则还是主动触发垃圾回收）的次数超过 3 次，预热规则将不再生效。

（3）根据分配速率

根据分配速率来预测是否能触发垃圾回收。这一规则设计的思路如下。

1）收集数据：在程序运行时，收集过去一段时间内垃圾回收发生的次数、执行的时间、内存分配的速率 mem_{ratio} 和当前空闲内存的大小 mem_{free}。

2）计算：根据过去垃圾回收发生的情况预测下一次垃圾回收发生的时间 $time_{gc}$，按照内存分配的速率预测空闲内存能支撑应用程序运行的实际时间 $time_{oom}$，例如 $time_{oom} = mem_{free} / mem_{ratio}$。

3）设计规则：若 $time_{oom}$ 小于 $time_{gc}$（垃圾回收的时间），可以启动垃圾回收。这个规则的含义是，如果从现在起到 oom 发生前开始执行垃圾回收，刚好在 OOM 发生前完成垃圾回收的动作，从而避免 oom。在 ZGC 中 ZDirector 是周期性地运行的，所以在计算时还应该用 oom 的时间减去采样周期的时间。采样周期记为 $time_{interval}$，则规则为：当 $time_{oom} < time_{gc} + time_{interval}$ 时触发垃圾回收。

那么任务就变成了如何预测下一次垃圾回收时间 $time_{gc}$ 和内存分配的速率 mem_{ratio}（因为 mem_{free} 是已知数据，无须额外处理）。

下面以预测垃圾回收时间 $time_{gc}$ 为例来看看如何预测。最简单的想法是，根据已经发生的垃圾回收所使用的时间来预测下一次垃圾回收可能花费的时间。这里提供几种思路：

1）收集过去一段时间内垃圾回收发生的次数和时间，取过去 N 次垃圾回收的平均时间作为下一次垃圾回收的预测时间。这一方法最为直观，但是准确度可能不高。

2）收集过去一段时间内垃圾回收发生的次数和时间，建立一个逻辑回归模型，从而预测下一次垃圾回收的预测时间。这一方法虽然比第一种方法有改进，根据垃圾回收的趋势来预测下一次垃圾回收的时间，但这一方法最大的问题是逻辑回归模型太简单。实际上，如果我们能提供更多的输入，比如应用程序使用内存的情况、线程数等建立动态模型，这应该是一个非常好的方法。

3）使用衰减平均时间来预测下一次垃圾回收花费的时间。衰减平均方法实际上是第一种方法和第二种方法组合后的一种简化实现。它是一种简单的数学方法，用来计算一组数据的平均值，但是在计算平均值的时候最新的数据有更高的权重，即强调近期数据对结果的影响。衰减平均计算公式如下：

$$\begin{cases} davg_n = V_n, & n=1 \\ davg_n = (1-\alpha) \times V_n + \alpha \times davg_{n-1}, & n>1 \end{cases}$$

式中 α 为历史数据权值，$1-\alpha$ 为最近一次数据权值。即 α 越小，最新的数据对结果影响越大，最近一次的数据对结果的影响最大。不难看出，其实传统的平均就是 α 取值为 $(n-1)/n$ 的情况。在 G1 中预测下一次垃圾回收时间采用的就是这种方法。

4）直接采用已经成熟的模型来预测下一次垃圾回收时间。ZGC 中主要基于正态分布来预测。

学过概率论的读者都知道正态分布。简单回顾一下正态分布的相关知识。首先它是一条中间高、两端逐渐下降且完全对称的钟形曲线，如图 8-20 所示。

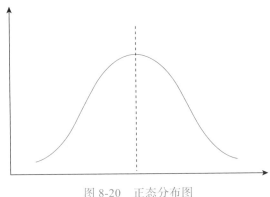

图 8-20　正态分布图

正态分布也非常容易理解，它指的是大多数数据应该集中在中间附近，少数异常的情况才会落在两端。

对于垃圾回收算法中的数据——内存的消耗时间和垃圾回收的时间也应该符合这样的分布。注意，并不是说 G1 中的停顿预测模型不正确或者效果不好，而是说使用正态分布来做预测有更强的数学理论支撑。在使用中，ZGC 还对这个数学模型做了一些改变。

通常使用 N 表示正态分布，假设 X 符合均值为 μ、方差为 σ^2 的分布，做数学变换令 $Y = (X-\mu) / \sigma$，则它符合 $N(0, 1)$ 分布。如下所示：

$$X \sim N(\mu, \delta^2), \quad Y = \frac{x - \mu}{\delta} \sim N(0,1)$$

正态分布有一些很好的数学特性，均值位于曲线的中间（见图 8-20 中虚线），当标准差 $\sigma = \mu$ 时，该区间的概率可以达到 68.27%，即大多数情况下都位于该区间。

假设内存分配的时间符合正态分布，我们可以获得抽样数据，从而估算出内存分配所需时间的均值和方差。这个均值和方差是我们基于样本数据估算得到的，它们与真实的均值和方差相比可能有一定的误差。所以如果我们直接使用这个均值和方差，可能会因样本数据波动而出现不准确的情况，因此在概率论中引入了置信度和置信区间。简单地说，置信区间指的是这个参数估计的一个区间，区间是这个参数的真实值的一定概率落在测量结果周围的程度。而置信度指的就是这个概率。

假定给定一个内存分配花费的时间序列 X_1，X_2，$\cdots$，X_n，我们想要知道在 99.9% 的情况下内存分配花费的时间。方法如下：

已知点估计量服从的分布如下[⊖]：

$$\overline{X} = \frac{1}{n} \sum_{i=1}^{n} X_i \sim N\left(\mu, \frac{\sigma^2}{n}\right)$$

其中 μ 为样本均值，σ 为样本标准差。

⊖　点估计服从的分布根据参数 X 的正态分布推断得到。

对应 99.9% 置信度，查标准正态分布表得到统计量为 3.290 527。所以可以得到 99.9% 的情况下内存分配花费的时间的概率为

$$P\left\{\left|\frac{\overline{X}-\mu}{\sigma/\sqrt{n}}\right|<3.290\ 527\right\}=0.999$$

等价于

$$P\{\overline{X}-3.290\ 527\times\sigma/\sqrt{n}<\mu<\overline{X}+3.290\ 527\times\sigma/\sqrt{n}\}=0.999$$

由此可以得到置信区间为 $\overline{X}-3.290\ 527\times\sigma/\sqrt{n}<\mu<\overline{X}+3.290\ 527\times\sigma/\sqrt{n}$。可以得到最大的内存消耗在满足 99.9% 的情况下不会超过 $\overline{X}+3.290\ 527\times\sigma\sqrt{n}$ 这个时间。在 ZGC 中对这个公式又做了一点修改，实际上是把这个值变得更大，对均值提供了一个参数，用于放大或者缩小均值，参数为 ZAllocationSpikeTolerance，简单记为 Tolerance，则公式为 $\overline{X}\times\text{Tolerance}+3.290\ 527\times\sigma$。Tolerance 的默认值为 2，这样的结果使得置信度更高，即远大于 99.9%。

在 ZGC 中，内存分配的速率 mem_{ratio} 的处理和 time_{gc} 完全相同，从而 ZGC 利用正态分布完成预测，并利用预测的时间来设计触发垃圾回收的规则。这个规则应该是 ZGC 中最常见的垃圾回收触发规则。

在这里稍微提一下，从统计角度来说，当数据样本足够大的时候（比如样本个数大于 30 个时）使用正态分布比较准确；当样本个数不多时，使用 t 分布效果比较好。在上述代码中实际上修正了真正的置信区间，使得置信度更高。如果读者有兴趣，可以实现 t 分布，并验证 t 分布和正态分布预测的准确度。

（4）主动触发

该规则是为了实现应用程序在吞吐量下降的情况下，当满足一定条件时，还可以执行垃圾回收。这里的满足一定条件指的是：

1）从上一次垃圾回收完成到当前时间，应用程序新增使用的内存达到堆空间的 10%。

2）从上一次垃圾回收完成到当前时间，已经过去了 5 分钟，记为 $\text{time}_{elapsed}$。

如果这两个条件同时满足的话，预测垃圾回收时间为 time_{gc}，定义规则：如果 $\text{num}_{gc}\times\text{time}_{gc}<\text{time}_{elapsed}$，则触发垃圾回收。其中 num_{gc} 是 ZGC 设计的常量，假设应用程序的吞吐率从 50% 下降到 1% 后需要触发一次垃圾回收。

这个规则实际上是为了弥补程序吞吐率骤降且长时间不执行垃圾回收而引入的。有一个参数 ZProactive 用来控制是否开启和关闭主动规则，默认值是 true，即默认打开主动触发规则。

实际上这个规则和第一个规则（基于固定时间间隔规则）在某些场景中有一定的重复，第一个规则只强调时间间隔，本规则除了时间之外还会考虑内存的增长和吞吐率下降的快慢程度。

（5）阻塞内存分配请求触发

阻塞内存分配由参数 ZStallOnOutOfMemory 控制，当参数 ZStallOnOutOfMemory 为

true 时进行阻塞分配，如果不能成功分配内存，则触发阻塞内存分配（该规则在 JDK 17 中被移除）。

（6）外部触发

外部触发是指在 Java 代码中显式地调用 System.gc() 函数，在 JVM 执行该函数时，会触发垃圾回收。该触发请求是从用户代码主动触发的，从编程角度来看，说明程序员认为此时需要进行垃圾回收（当然前提是程序员正确使用 System.gc() 函数）。所以 ZGC 把该触发规则设计为同步请求，只有在执行完垃圾回收后，才能执行后续代码。

（7）元数据分配触发

元数据分配失败时，ZGC 会尝试进行垃圾回收，确保元数据能正确地分配。

异步垃圾回收后会尝试是否可以分配元数据对象空间，如果不能，则尝试进行同步垃圾回后是否可以分配元数据对象空间，如果还不成功，则尝试扩展元数据空间，若分配成功，则返回内存空间，不成功则返回 NULL。

8.3 垃圾回收实现

由于 ZGC 的发展非常快，从 2018 年 9 月正式发布至今，每个版本的 ZGC 都是 JDK 中变动最大的一部分。垃圾回收的实现在每个版本中也略有不同。这里我们以 JDK 11 为例来说明垃圾回收的实现。

8.3.1 回收实现

整个垃圾回收算法包括 10 个步骤，每一步所完成的主要工作如下：

1）初始标记。该步骤从根集合出发找出根集合直接引用的活跃对象，并将其入栈。此步骤需要在 STW 阶段进行。

2）并发标记。将初始标记找到的对象作为并发标记的根对象，使用深度优先遍历对象的成员变量进行标记。此步骤需要解决标记过程中引用关系变化导致的漏标记问题。

3）再标记和非强根并行标记。在并发标记结束后尝试终结标记动作，理论上并发标记结束后所有待标记的对象会全部完成，但是因为 GC 工作线程和应用程序线程是并发运行的，所以可能在 GC 工作线程执行结束标记时，应用程序线程又有新的引用关系变化，从而导致漏标记。所以这一步先判断是否真的结束了对象的标记，如果没有结束，还会启动并行标记。这一步需要在 STW 阶段进行。另外，还会对非强根进行并行标记。

4）并发处理非强引用和非强根并发标记。在进行非强引用处理的时候对定义了 finalize() 函数[⊖]的对象需要特殊处理，为此 ZGC 设计了特殊的标记，后文会详细介绍。另

⊖ 在 Java 中，finalize() 函数非常类似于 C++ 的析构函数，但是它与 C++ 的析构函数完全不同，它是通过 Java 的引用机制实现的。更详细的内容在后文介绍。

外，ZGC 为了优化停顿时间，把一些需要在 STW 中并行处理的任务并发运行，这都被设计成非强根的并发标记。

5）重置转移集合中的页面。后文会介绍为什么需要进行这一步。实际上第一次进行垃圾回收的时候无须处理这一步。

6）回收无效的页面。后文会介绍为什么需要进行这一步。实际上在内存充足的情况下不会触发这一步。

7）并发选择对象的转移集合。转移集合中就是待回收的页面。

8）并发初始化转移集合中的每个页面。在后续重定位（也称为 Remap）时需要的对象转移表（Forwarding Table）就是在这一步初始化的。

9）转移根对象引用的对象。这一步需要执行 STW。

10）并发转移。把对象移动到新的页面中，这样对象所在的老的页面中的所有活跃对象都被转移了，页面可以被回收重用。

整个垃圾回收过程可以分为标记、转移和重定位，其中标记和重定位被合并为一个阶段。在整个垃圾回收实现的过程中，为了实现多个 GC 工作线程并行 / 并发的工作，在实现时需要考虑一些细节，例如：

1）如何高效地让多个 GC 工作线程进行并发标记和并发回收？

2）标记和重定位是合并还是不合并，在实现时分别有哪些优势和不足？

3）垃圾回收的过程是否可以继续优化？

ZGC 的发展过程中还有很多值得学习的地方，这里仅仅对这几个比较令人注意的问题稍做探讨。

此外，在 JDK 17 中对 ZGC 的执行也进行了优化，步骤稍微有些变化，但基本流程还是一样的，具体细节不再介绍。

8.3.2 多线程高效地标记

整个算法的第一步是通过初始标记对根集合进行标记。在对根集合的标记过程中，采用多个 GC 工作线程并行工作。在对根集合标记完成后，待继续标记的对象放入标记栈中等待后续的并发标记。在并发标记期间，多个 GC 工作线程访问标记栈获取待标记的对象，并对待进一步标记的对象进行并发标记工作。这里有两点值得进一步思考：

1）由于多个 GC 工作线程都会从并发栈访问对象，如何设计才能减少多个 GC 工作线程对标记栈并发的访问？

2）由于标记阶段是并发进行的，因此 Mutator 也会帮助 GC 工作线程进行标记。如何保证 Mutator 的标记效率，同时减少 Mutator 和 GC 工作线程的同步开销？

解决这两个问题的关键在于对标记栈的访问。由于多个 GC 工作线程可能会同时访问标记栈，为了保证数据的一致性，通常需要加锁。初始标记阶段主要是多个线程写标记栈，并发标记阶段是多个线程同时读、写标记栈。另外，在并发阶段，Mutator 帮助 GC 工作线程标记对象，但是为了保证 Mutator 的执行效率，通常 Mutator 仅仅标记对象本身，并不会标记对象的成员变量（即成员变量的标记由 GC 工作线程负责），这就意味着 Mutator 也需要访问标记栈，这进一步加剧了标记栈锁的使用。所以解决这两个问题的核心在于如何设计高效的数据结构，减少锁的使用，提高执行效率。

　　另外，还有一个细节值得注意。初始标记和并发标记虽然都有多个 GC 工作线程进行标记动作，但是这两个阶段采用的 GC 工作线程数目可能并不相同。其原因在于并发标记阶段 GC 工作线程会影响应用的吞吐率，通常来说，并发阶段采用的 GC 工作线程数量少于并行阶段使用的 GC 工作线程数量。由于不同阶段 GC 工作线程数量不同，因此不能简单地通过线程共享机制来减少初始标记和并发标记阶段数据的传递。

　　最后一点，由于多个 GC 工作线程进行标记，在初始标记阶段是并行执行的，JVM 设计了并行任务的平衡机制（通过任务窃取让多个 GC 工作线程任务均衡），而并发执行中，也需要考虑多个 GC 工作线程的任务均衡。

　　解决高并发访问标记栈问题的一个方法是将标记栈划分为两级：全局标记栈和线程局部标记栈。每个 GC 工作线程在标记对象时首先处理自己的线程局部标记栈，如果线程的局部标记栈满了（无法存储新的待标记对象），标记对象会放入全局标记栈中。另外，为了实现多个 GC 工作线程在并行标记阶段的任务均衡，可将全局标记栈划分为相等的标记条（Strip），这样每个 GC 工作线程的标记工作相对就比较均衡。具体如图 8-21 所示。

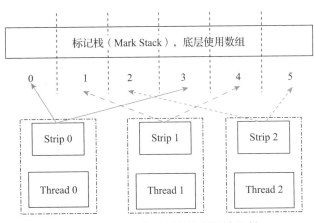

图 8-21　ZGC 线程任务均衡设计机制

　　在第 5 章扩展阅读中简单介绍了并行的任务均衡设计。在并发标记阶段也会存在多个线程的任务均衡问题。但是这个均衡机制相对并行设计来说复杂了很多，因为 Mutator 也会写标记栈。所以 ZGC 将任务均衡做了简化，在 GC 工作线程完成当前的标记工作后，并不去窃取其他 GC 工作线程的任务[○]，而是把 Mutator 的局部线程标记栈刷新到全局标记栈，然后继续执行。

　　○　如果要支持 GC 线程的任务窃取，需要重新增强相关的数据结构，以减少因为任务窃取带来的额外锁操作。

8.3.3 多线程高效地转移

在垃圾回收的最后一步需要把活跃对象从老的页面中转移到新的页面中，以便能回收老的页面。当多线程进行并发转移时，同样要考虑多个 GC 工作线程并行工作的问题。在 ZGC 的设计中，页面大小最小为 2MB，为了加速页面的转移，可以把页面划分成多个段（Segment），每个 GC 工作线程以段为粒度进行活跃对象的转移。

为了方便转移，在标记阶段对每个页面按照段粒度进行对象的统计（确定每个段中活跃对象的位置、大小、个数），基于这些统计信息，多个 GC 工作线程就可以独立地进行活跃对象的转移。

为了高效地转移，ZGC 将一个页面划分为 64 个段，并分别统计信息，如图 8-22 所示。

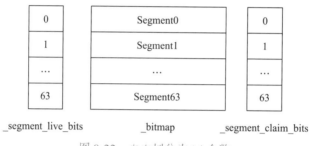

图 8-22 页面划分为 64 个数

8.3.4 标记和重定位合并的优缺点

ZGC 和 Shenandoah 的并发回收算法稍有不同。Shenandoah 在一个完整的垃圾回收周期中完成活跃对象的标记、转移和重定位，而 ZGC 则是把标记和重定位进行合并。这样不同的设计最重要的区别是：两者在内存回收时机所做的处理并不相同。Shenandoah 和 ZGC 都是在一个垃圾回收周期中释放内存。但是由于会重定位，ZGC 会推迟到下一个垃圾回收周期释放内存，也就说在垃圾回收周期结束时还有一些对象的成员变量引用到已经释放的页面内存中。为了解决这个问题，ZGC 引入了一个 Forwarding Table，其中存储了对象转移前、后的地址，当发现有对象引用到已经释放的内存时，可以通过 Forwarding Table 根据对象的老地址找到对象最新的地址，并完成对象引用的更新。

ZGC 的优势在于标记和重定位合并，可以减少垃圾回收周期执行的时间，但是 ZGC 需要占用额外的内存来保存对象转移前、后的地址。这个额外内存的消耗并不小，有研究表明，Forwarding Table 的大小可以达到页面大小的 35% 左右 ⊖，如图 8-23 所示。

图中横坐标表示 GC 发生的次数，纵坐标表示转移过程中存储对象转移前后地址占用的内存空间和转移页面的比值。从图中可以看出这个额外消耗并不小，所以 ZGC 倾向于使用额外的内存来换取更多的停顿时间。

⊖ https://inside.java/2020/06/25/compact-forwarding

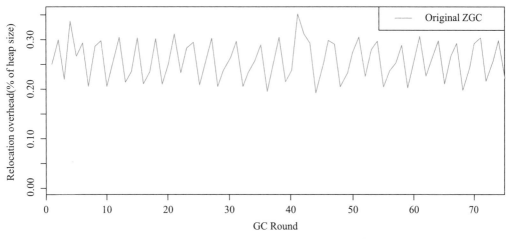

图 8-23　ZGC 中 Forwarding Table 的成本示意图

8.4　ZGC 新特性概览

ZGC 自 2018 年 9 月发布以后就成为 OpenJDK 中最为活跃的项目，在每个版本中都有重要的特性发布。下面简单梳理一下 ZGC 从 JDK 11 到 JDK 16 的主要特性，如表 8-4 所示。

表 8-4　ZGC 重要特性发布概览

版　本	特　性	发布时间
JDK 11	作为实验性质发布，仅支持 Linux/X86 平台，不支持类卸载的功能	2018 年 9 月 25 日
JDK 12	加入并发类卸载的功能	2019 年 3 月 19 日
JDK 13	增强堆空间最大支持 16TB，支持将无用内存归还给操作系统[一]，支持 Linux/AArch64	2019 年 9 月 17 日
JDK 14	适配 ZGC 到 Mac[二]和 Windows 系统[三]	2020 年 3 月 17 日
JDK 15	正式作为产品[四]，优化支持指针压缩、CDS、NVRAM、JFR 等功能	2020 年 9 月 15 日
JDK 16	支持并发栈扫描[五]，进一步降低停顿时间	2021 年 3 月 16 日

在这些特性中有两个特性是针对停顿时间进一步的优化，分别是 JDK 12 引入的并发类卸载和 JDK 16 引入的并发栈扫描。下面对这两个特性进一步介绍。

　㊀　http://openjdk.java.net/jeps/351

　㊁　http://openjdk.java.net/jeps/364

　㊂　http://openjdk.java.net/jeps/365

　㊃　http://openjdk.java.net/jeps/371

　㊄　http://openjdk.java.net/jeps/376

8.4.1　并发类卸载

在 JVM 中类卸载很常见，指的是在垃圾回收的过程中将应用不再使用的类及相关元数据占用的内存进行回收。故类卸载也称为类回收。

并发类卸载的核心在于将位于 STW 中的并行标记优化为并发标记，从而达到减少停顿时间的目的。在垃圾回收的过程中，需要遍历线程栈，如果发现栈变量指向的堆空间中的对象，则说明对象活跃。而在栈扫描的过程中需要处理本地栈。这里的本地栈指的是 Java 代码被 JIT 编译成本地代码，本地代码在执行时使用的栈。本地栈中同样存在栈变量指向的堆空间中的对象，所以在初始标记阶段会并行地处理本地栈。

在再标记阶段，由于线程栈发生了变化（例如新增了线程栈帧），因此需要重新扫描线程栈。

并发类卸载指的是将并行标记本地栈的工作尽量并发执行。将本地线程栈帧分为两种，并对这两种不同状态的本地线程栈帧做不同的处理。

1）初始标记阶段已经执行的本地线程栈帧：在初始标记阶段全部遍历线程中的本地线程栈帧，遍历得到对象作为根集合待并发标记执行。

2）并发阶段新增待执行的本地线程栈帧：截获新进入的本地线程栈帧，当发现线程需要执行新的本地线程栈帧时，线程帮助 GC 工作线程主动地遍历栈变量，并将其作为标记的根集合。

对于第一种情况，不需要做任何额外的动作。对于第二种情况，ZGC 引入了一种新的本地方法——屏障，用于识别新进入的本地线程栈帧，用 Java 字节码方法编译成本地方法后，在本地方法注册到 JVM 中（待后续替换字节码方法），会先遍历本地方法中用到的对象（JIT 在编译的时候知道所有对象的信息，并将这些信息通过一个数据结构进行保存），并将这些对象作为根集合对象，遍历其成员变量。这两种栈帧的标记方式如图 8-24 所示。

图 8-24　ZGC 中两种栈帧标记示意图

对于本地方法，还需要考虑弱引用的支持，特别是重写了 finalize 函数或者使用了虚引用时。对于这些本地方法，需要在处理完弱引用后才能回收。

本地方法之间通过链表关联，所有的本地方法都可以从链表头对所有的本地方法进行遍历，如图 8-25 所示。

在所有的本地方法中，如果在标记阶段完成了标记，则说明本地方法是强根，所发现的对象都是强引用。所以还需要把本地方法作为弱根继续遍历，没有执行过的本地方法，通过 GC 工作线程进行标记，被视为弱根。但是由于 Mutator 和 GC 工作线程并发执行，可能存在一些对象，先由 GC 工作线程进行标记，后被 Mutator 激活，此时这些对象并不需要重新标记，但是需要将对象变成强根处理。

图 8-25　编译后本地方法管理链表

8.4.2　并发根扫描

并发根扫描是进一步减少停顿时间的一个重要手段。对于已经生产的线程栈帧，在初始标记时需要一次性地全部标记完成。这在一些场景中（例如线程在执行过程中调用深度很深，则线程栈中包含了大量的栈帧）可能会导致初始标记时间很长，所以需要进一步将线程栈帧并发处理，以保证 STW 总是在一个很短的时间内完成。

并发处理的一个思路是：在进入初始标记阶段，仅仅标记当前正在执行的栈帧，同时设置一个屏障（记录已经标记的栈帧）。在进入并发标记阶段时，如果 Mutator 没有访问到尚未标记处理的栈帧（通过屏障可以判断），则这些栈帧可以由 GC 工作线程进行标记。如果 Mutator 访问到这些尚未标记的栈帧，则由 Mutator 帮助 GC 工作线程对栈帧进行标记。ZGC 使用一个水印（WaterMark）来记录已经标记的栈帧地址。

虽然思路并不复杂，但实现起来并不容易。其中一个难点在于参数的处理。首先通过一个简单的例子来了解一下参数的传递。假设有两个方法，分别为 caller 和 callee，其中 caller 调用 callee，并传递两个参数给 callee。

在方法调用的过程中，不同的平台对于参数传递有不同的约定（主要涉及寄存器的保存、参数传递的方式等）。在 X86 和 AArch64 等主流平台上，对于参数通常的处理方法是在 caller 线程栈中分配局部内存，并将参数复制到栈中，而在 callee 中通过栈帧指针的偏移可以访问 caller 中的参数，如图 8-26 所示。

由于 caller 和 callee 都可以访问参数，如果参数中指向了堆中的对象，仅仅标记当前栈帧（callee），没有标记 caller 中的栈帧，此时 callee 可能指向一个过时的对象，并且后续所有的对象都指向一个过时的引用。这意味着在标记阶段结束后，有的对象的状态不正确。

为此 ZGC 中是在标记"当前栈帧"，但实际上是把当前栈帧的 callee 和 caller 同时进行遍历。另外，JIT 中为了执行一些本地方法，通常会生成一个 stub 函数用于辅助本地方法的执行。所以 ZGC 在对"当前栈帧"遍历时实际上处理了 stub、callee 和 caller 这 3 个栈帧，同时设置 WaterMark 用于标记栈帧是否处理，如图 8-27 所示。

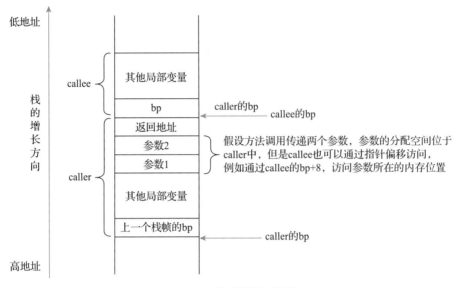

图 8-26 调用访问示意图

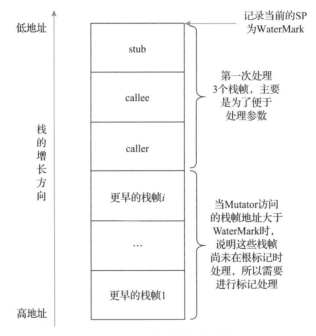

图 8-27 并发栈标记示意图

并发根扫描技术可有效地降低停顿时间。最新的测试报告显示，对于 Specjbb 2015，停顿时间低至 0.2 毫秒[⊖]，这对于许多应用来说是非常有利的。

———————————

　⊖　https://malloc.se/blog/zgc-jdk16

但是，需要指出 ZGC 一个最大的缺点：虽然 ZGC 将全局停顿时间减少到亚秒级，但是它是以降低吞吐量为前提的，Mutator 在内存不足时，会暂停自己，等待垃圾回收完成后再继续执行（在日志中会出现 Stall Allocation）。另外需要说明的是，当一个 Mutator 出现暂停执行的情况时，通常其他 Mutator 也会出现类似的情况，这在本质上等价于全局暂停。目前对于这样的情况，ZGC 并没有很好的解决方法，通常可以通过增加内存，或者调整参数让垃圾回收更早发生或者更高效地回收来解决。

8.5　扩展阅读：分配预测模型的理论基础

ZGC 中使用两个数学模型进行系统中数据的预测，这两个模型分别是正态分布模型和衰减均值模型。在 6.1.2 节中介绍了衰减平均值模型，在 8.2.5 节中介绍了正态分布模型。这两个模型分布用于什么场景？

1）正态分布使用历史数据对未来数据进行预测，是使用最广的一个模型，它的使用场景是：变量的变化受外部变量的影响，即变量变化除了随着自身系统的运行变化以外，还有外部输入对其产生影响，此时使用衰减平均值模型不能反映外部输入变化。所以假定变量符合一定的概率分布，然后通过分布模型来预测。例如 ZGC 中在考虑内存在多长时间被 Mutator 分配完毕时就采用了正态分布进行预测，其主要原因是分配时间与 Mutator 对内存使用密切相关。

2）衰减平均值通常用于单一变量的预测，即使用历史数据来预测未来的数据，同时给不同时间的历史数据使用不同的权重系数，距离当前时间越近，权重越大，距离当前时间越远，权重越小。使用衰减均值模型比一般的算术均值模型更为强调最新数据的重要，能较快地反映变量的波动性。使用衰减平均值的情形通常是：变量的变化不受外部变量的影响（或者说影响变量的因素太多），即变量只随着系统本身的变化而变化，并没有输入的影响。例如，在 ZGC 中通常对于 GC 的执行时间使用衰减平均值模型，其基本的假设是 GC 的运行不受外部应用的影响，只与 JVM 本身有关。

在使用衰减平均值模型时，需要考虑一个问题：该收集多少历史数据才可以比较准确地预测未来的数据？

在 ZGC 的实现中经常看到魔数 3，例如预热规则中要求触发 3 次垃圾回收就认为有足够的数据。为什么选择数字 3？其理论依据是什么？

在 JVM 的实现中用到两种平均值进行预测，分别是算术平均和加权平均。下面通过例子简单地介绍相关概念。

假设有 n 个数，记为 $X_1, X_2, \cdots, X_n$。则 n 个数的算术平均值为 $X = \dfrac{1}{n}\sum\limits_{i=1}^{n} X_i$。如果每个数的权重不同，权重记为 $W_1, W_2, \cdots, W_n$，则 n 个数的算术加权平均值为 $X = \sum\limits_{i=1}^{n} W_i X_i$，其

中 $\sum_{i=1}^{n} W_i = 1$ 。

利用均值做预测的优势是计算量少，如果输入序列随着时间不断地增加，则均值能较好地反映输入序列的趋势。

在实际场景中，最新的输入值更能反映系统最近的状态，所以携带了更多的信息。那么从均值角度来看，给最新的输入值以更大的权重计算得到的均值更符合实际情况。

均值法的基本原理如下：通过移动平均值消除时间序列中不规则的变动和其他变化，从而揭示时间序列的长期趋势。

如何优化计算和存储呢？

对于算术平均值可以简单地记录总的值和总的次数，每当有新的输入值的，执行：sum += new，count++，Sum 和 count，则有 Avg = sum /count。早期使用的就是这样的方式，如 CMS 中的预测计算公式。

然而效果更好的加权均值则无法通过上述方法进行优化，因为每次计算时每个输入值的权重不同，这就要求把所有的输入值都保存，进而产生了很大的存储消耗，所以需要进一步对加权进行变化和优化。公式如下：

$$F_{t+1} = \alpha X_t + (1-\alpha)F_t$$

其中 X_t 为最新的输入，α 是 X_t 权重。

在计算均值的过程中，越早的输入权重越低。权重是指数变化趋势，所以这个公式称为数值加权平均。

简单的总结就是：只需要知道本次的真实输入值 X_t 及预测值 F_t 来预测下一次值 F_{t+1}。这个公式使用起来稍有不便，对其做一个简单的变换，使用本次的输入值和上一次预测值来预测当前的值：

$$V_n = aX_n + (1-\alpha)V_{n-1}$$

物理意义：系数 α 越大，说明过往预测值的权重越低，当前输入值的权重越高，计算得到的均值时效性越强；反之，系数 α 越小，计算得到的均值时效性就越弱。指数加权平均还有一个特点，就是具有吸收瞬时突发的能力，从而得到更加平滑的曲线趋势。当然，系数 α 越小，曲线的平滑越好，α 越大，曲线的平滑越差。

如何计算系数 α 及确定存储的长度？推导过程如下：

$$V_n = \alpha X_n + \alpha (1-\alpha) X_{n-1} + \alpha (1-\alpha)^2 X_{n-2} + \alpha(1-\alpha)^3 X_{n-3} + \cdots + \alpha(1-\alpha)^{n-1} X_1$$

对于公式来说，如果某一项的值趋近于 0，则可以忽略。由于 $1-\alpha$ 小于 1，因此 $(1-\alpha)^{n-1}$ 会越来越小，最终趋近于 0。已知 $\lim_{n \to \infty}\left(1+\frac{1}{n}\right)^n = e$，可以得到 $\lim_{n \to \infty}\left(1-\frac{1}{n}\right)^n = \frac{1}{e}$，$\frac{1}{e}$ 约等于 0.35。如果取系数 α 为 $\frac{1}{n}$，则可以得到 $(1-\alpha)^n$ 的值为 $\frac{1}{e}$，即 0.35，最后一项为 $\frac{0.35}{n} X_1$，只

要 $\dfrac{0.35}{n}$ 足够小，那么最后一项可以忽略。

　　假设 $\dfrac{0.35}{n}$ 足够小，那么在不同的系数 α 的设定下就可以计算得到 n 的大小。例如，α 取 0.5，则 n 只需要取 2 就可以；如果 α 取 0.1，则 n 只需要取 10 就可以；如果 α 取 0.02，则 n 只需要取 98 就可以。在 JVM 中 α 取 0.3，所以只需要 3 个数据就可以了。

　　另外一个问题，当有多少个初始数据以后就可以启动进行预测？如果前序数据太少，会导致整个预测失真。所以对上述公式进行修正，修正的方式也很简单，为每一个预测值增加一个系数。

$$V_t' = \frac{V^t}{1 - \alpha^t}$$

等价于

$$V_t' = \frac{\alpha X_n + (1 - \alpha)V_{n-1}}{1 - \alpha^t}$$

　　由于 α^t 随着 t 的变大而变小，当 t 足够大时，α^t 趋近于 0。当数据足够多时，V_t' 和 V_t 一致。同样的道理，只要任务 α^t 趋近于 0，就可以启动预测。α 取 0.3，所以只需要经过 3 次预热就能保证预测的启动误差比较小。所以在 ZGC 实现中，只要经过 3 次预热就可以使用公式进行预测的理论基础就源于此。

JVM 中垃圾回收
相关参数介绍

用好 JVM 的垃圾回收功能有两个关键点：一是需要理解 GC 算法的原理和实现，二是需要知道 JVM 到底提供了哪些参数，这些参数用于控制什么。然而实际工作更为困难，一方面是要理解参数，需要理解实现细节；另一方面，JDK 不断升级变化，在升级的过程中 GC 的实现也会发生变化，参数会增加或删除，某些版本中甚至存在一些错误的实现，从而导致参数的含义发生了变化。长期以来，官方提供的参数说明文档是程序员唯一可以信赖的理解参数作用的文档。但是官方提供的文档非常简单，通常只有一句简单的描述，根本不足以满足调参的需要。这一部分着重介绍 JVM 提供的参数。

要想用好参数，首先需要理解参数的作用。目前生产环境中使用最为广泛的是 GC 还是分代垃圾回收器，不同 GC 的实现不同，提供的参数也不同。下面以 G1 为例演示 GC 调优的一般思路。首先来看看分代对应用的影响，如下图所示。

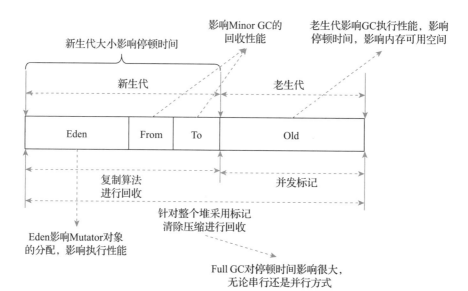

根据图中介绍，新生代大小会影响停顿时间，Survival 的大小，即 Form 和 To 空间会影响 Minor GC 的回收性能，Eden 的大小会影响 Mutator 的分配，即执行效率，老生代的大小会影响 GC 执行性能、停顿时间、内存可用空间等，Full GC 影响停顿时间。

在 GC 调优时，应根据应用运行的特点调整相关参数，从而保证应用运行效率高、GC 停顿时间短。就 G1 来说，可以从以下几方面调整参数。

1）堆空间：最大堆和最小堆、目标停顿时间设置、分区大小。

2）新生代：TLAB 大小、YoungPLAB 大小、ResizeTLAB 设置、ResizePLAB 设置、

SurvivalAge 设置。

　　3）老生代：并发标记触发时机、OldPLAB 大小，混合回收时老生代参与回收的限制。

　　4）硬件特性适配：NUMA-Aware、NV-DIMM。

　　5）代际管理：存储粒度、并发处理和 Minor GC 的交互。

　　6）Minor GC、Mixed GC、Full GC 并行的线程数目，以及并行任务均衡和终止机制。

　　7）引用集处理并发的线程数目。

　　8）并发标记的线程数目。

　　9）Java 语言中引用回收方式和执行方式。

　　10）GC 过程异常情况的处理：晋升失败、保留内存等。

　　由此可以看出，GC 调优不仅需要掌握相关理论的知识，还需要掌握实现的细节及控制细节的参数。本节将详细介绍各种 GC 相关的参数。

　　由于不同的 JDK 版本参数有所变化，大家通常使用的是 LTS 版本的 JDK，所以本书仅对 JDK 8、JDK 11 和 JDK 17 的参数做总结和梳理。

　　实现中提供了不同类型的参数，比如生产参数、实验参数、诊断参数、可动态调整的参数、验证参数、开发参数等，不同的参数类型主要是告诉使用者参数的作用。

　　1）生产参数：参数说明中包含 product，生产参数表示参数已经非常稳定，经过了长期的验证，可以用在生产环境中。

　　2）实验参数：使用实验参数时需要添加 -XX:+UnlockExperimentalVMOptions 才能开启。这些参数并未经历过大规模的使用，可能存在一定的性能、稳定性风险。通常这些参数配合一些新开发的特性来使用。

　　3）诊断参数：在诊断 JVM 系统的内部行为时使用，使用时需要添加 -XX:+UnlockDiagnosticVMOptions 才能开启。该类参数通常会暴露更多的运行时信息，以便使用者理解系统。诊断参数通常会影响性能，所以一般不会直接用在生产环境中，通常用于问题定位。

　　4）可动态调整的参数：JVM 的很多参数在启动后就确定下来，但是还有一些参数可以在系统运行的过程中通过 API 动态地修改，以便控制或者改变 JVM 内部运行的机制。

　　5）验证参数：JVM 还提供了一些以 Verify 开发的系列参数，这类参数通常用于验证 JVM 的运行状态是否符合运行的预期，是 JVM 开发和测试非常有用的助手。

6）**开发参数**：开发参数在普通的 Release 版本中并不存在，仅仅适用于调试版本。这类参数通常能给 JVM 开发者提供详细的信息，以便开发者理解 JVM 运行是否符合预期。

通常 Java 开发者使用的都是 Release 版本，所以本书仅仅关注生产参数、诊断参数、实验参数和可调整的参数。

JVM 对 GC 的相关参数组织一直在优化，在早期几乎所有的 GC 参数都放在一个配置文件中，后续随着 GC 实现越来越多，不同参数适用的范围不同，JVM 努力将不同的 GC 参数放在不同的配置文件中，但是还有一部分参数适用于所有的 GC。本部分主要内容如下：

第 9 章介绍通用的 GC 参数，主要来自 GC 公共配置文件。但是该文件中的一部分参数适用于所有的 GC，而另一部分参数适用于部分 GC。

第 10 章介绍并行回收相关的参数。

第 11 章介绍并发回收 CMS 相关的参数。

第 12 章介绍 G1 相关的参数。

第 13 章介绍 Shenandoah 相关的参数。

第 14 章介绍 ZGC 相关的参数。

串行回收基本上没有独立的参数，Epsilon GC 只分配不回收，通常只用于测试或验证应用的分配情况，不会用于生产环境，所以这两款 GC 没有单独的章节介绍。

本部分中的参数以表格形式按照参数名、适用版本和适用的垃圾回收器 3 列信息进行介绍，同时会解释参数的功能和用法。读者在使用参数时要注意其适用的版本，通常来说，对于不支持的参数，JVM 无法正常启动，不适用于某些垃圾回收器的参数则会被 JVM 忽略。

另外需要注意的是，相同的参数在不同的 JDK 版本中意义可能会发生变化，所以需要注意使用的 JDK 版本。

GC 通用参数

Hotspot 中实现了 6 种垃圾回收器（GC），虽然每种在实现时都有所不同，但是它们还是有一些共同的地方，例如都需要设置堆大小、TLAB、并行 / 并发线程数等。本章介绍这些通用参数，其中部分参数适用于所有 GC，部分参数适用于某几个 GC，少数参数只适用于某一个 GC。

9.1 GC 生产参数

9.1.1 GC 选择相关参数

Hotspot 提供了 6 种 GC，但只能选择一种使用。每种 GC 使用一个参数进行控制，满足不同场景的诉求。

UseSerialGC	JDK 8、JDK 11、JDK 17	Serial

该参数使用串行垃圾回收器进行垃圾回收。参数的默认值为 false，表示 JVM 启动后并不使用串行回收，关于串行回收，请参考第 3 章。

UseParallelGC	JDK 8、JDK 11、JDK 17	Parallel GC
UseParallelOldGC	JDK 8、JDK 11	Parallel GC

参数 UseParallelGC 表示使用并行复制回收新生代，参数 UseParallelOldGC 表示使用并行标记压缩回收整个堆空间。

当参数 UseParallelGC 设置为 true 时，参数 UseParallelOldGC 也默认设置为 true。如果参数 UseParallelGC 设置为 true，UseParallelOldGC 设置为 false，则使用并行复制回收新生

代，使用串行标记压缩算法对整个内存进行垃圾回收。关于并行垃圾回收，参考第 5 章。

在 JDK 9 之前，并行垃圾回收器是默认的垃圾回收器，即参数 UseParallelGC 默认为 true，从 JDK 9 开始该参数默认为 false。

参数 UseParallelOldGC 在 JDK 17 中被删除，当设置 UseParallelGC 为 true 时，默认使用并行标记压缩回收整个堆空间（相当于只允许 UseParallelOldGC 为 true）。删除参数的原因是并行新生代回收和串行标记压缩配合没有任何实际意义，不应该存在这样的配置。

| UseConcMarkSweepGC | JDK 8、JDK 11 | CMS |

该参数表示使用 CMS 进行垃圾回收。该参数默认使用 ParNew 回收新生代，使用并发标记清除回收老生代，使用串行标记压缩回收整个堆空间。参数的默认值为 false，表示不使用 CMS 进行垃圾回收。关于 CMS 垃圾回收，请参考第 4 章。

> 注意 JDK 9 之后 CMS 垃圾回收器被标记为丢弃（表示不推荐使用），JDK 14 中正式移除 CMS 相关实现（不再支持，无法使用）。

| UseG1GC | JDK 8、JDK 11、JDK 17 | G1 |

该参数表示使用 G1 进行垃圾回收。在 JDK 9 之后，G1 GC 是默认的垃圾回收器（参数默认值为 true）。关于 G1，请参考第 6 章。

> 注意 在 JDK 8u40 以前的版本中要谨慎使用 G1，原因是 G1 成熟度不高，存在较多的 bug。

| UseZGC | JDK 11、JDK 17 | ZGC |

该参数表示使用 ZGC 进行垃圾回收。参数的默认值为 false，表示不使用 ZGC 进行垃圾回收。关于 ZGC，请参考第 8 章。

> 注意 在 JDK 11 中 ZGC 是实验参数，在 JDK 15 中变成生产参数。

| UseShenandoahGC | JDK 17 | Shenandoah |

该参数表示使用 Shenandoah GC 进行垃圾回收。参数的默认值为 false，表示不使用 Shenandoah 进行垃圾回收。关于 Shenandoah，请参考第 7 章。

| NeverActAsServerClassMachine AlwaysActAsServerClassMachine | JDK 8、JDK 11、JDK 17 | All |

JVM 内部会根据机器的性能来推断使用哪种 GC 进行垃圾回收。GC 选择的逻辑如下：

1）参数 NeverActAsServerClassMachine 为 true，使用 Serial 回收。

2）参数 NeverActAsServerClassMachine 为 false、参数 NeverActAsServerClassMachine

和 AlwaysActAsServerClassMachine 同时为 true，优先使用 G1，当 G1 不可用时（指的是没有编译配置 G1）选择 Parallel GC，Parallel GC 不可用时（没有编译配置 Parallel GC）选择 Serial 回收。

3）参数 NeverActAsServerClassMachine 为 true，且参数 AlwaysActAsServerClassMachine 为 false，根据硬件信息确认使用哪种模式，判断逻辑为：如果 CPU 核数大于 2 个并且内存大于 2GB，则优先使用 G1，当 G1 不可用时选择 Parallel GC，Parallel GC 不可用时选择 Serial 回收，否则直接使用 Serial 回收。

另外值得一提的是，参数 NeverActAsServerClassMachine 的值还与使用的编译优化模式相关，如果只开启了 C1，则参数 NeverActAsServerClassMachine 为 true，如果开启了 C2，则参数 NeverActAsServerClassMachine 为 false。

参数 NeverActAsServerClassMachine 的默认值与平台相关，在 X86 平台上 C1 编译器的默认值为 true、C2 编译器的默认值为 false，参数 AlwaysActAsServerClassMachine 的默认值为 false。

提供两个参数的原因是不同的平台上 OS 获得的硬件信息会有差别，这可能导致不同平台上 JVM 的行为不一致，如果发现这样的情况，且需要保证多平台行为的一致性，可以直接通过这两个参数控制。

9.1.2　GC 工作线程相关参数

除了串行回收，Parallel GC、CMS、G1、ZGC 和 Shenandoah 中涉及多个线程并行或者并发工作，线程个数可以通过参数控制，本节介绍相关参数。

ParallelGCThreads	JDK 8、JDK 11、JDK 17	Parallel GC/CMS/G1/ZGC/Shenandoah

该参数用于设置并行 GC 工作线程的数目，参数的默认值为 0。如果参数没有设置（即保持默认值），JVM 根据机器硬件计算得到并行工作线程数。不同的 GC 计算略有不同，如下：

对于 Parallel GC/CMS/G1/Shenandoah，计算公式如下：

$$ParallelGCThreads = \begin{cases} ncpus & , ncpus \leqslant 8 \\ 8 + \dfrac{ncpus-8}{8} \times 5, & ncpus > 8 \end{cases}$$

对于 ZGC，计算公式如下：

$$ParallelGCThreads = ncpus \times 60\%$$

其中 ncpus 为 CPU 的核数。

根据 CPU 个数计算并行线程数的目的是防止在一些高性能计算机上 CPU 核数非常多，比如可以达到 128 个，如果不对并行线程数做限制，并行工作线程会非常多，可能会导致应用性能下降。性能下降的主要原因是在并行工作时多线程可能会发生任务均衡，同时多

个线程需要同步达到终止状态，当并行线程过多时，可能会因为任务窃取效率低下及大量
线程同步而出现整体性能下降。关于任务均衡，可以参考 5.4 节。

ConcGCThreads	JDK 8、JDK 11、JDK 17	CMS/G1/ZGC/Shenandoah

该参数用于设置并发 GC 工作线程的数目，参数的默认值为 0。JVM 内部要求 ConcGC-
Threads 小于 ParallelGCThreads，如果设置参数，必须为小于 ParallelGCThreads 的值；如
果没有设置参数，JVM 会根据不同的 GC 计算参数的值。计算方法如表 9-1 所示。

表 9-1　不同 GC 计算参数 ConcGCThreads 的方法

GC	ConcGCThreads 的计算方法
CMS	(ParallelGCThreads+3）/4
G1	(ParallelGCThreads+2）/4
Shenandoah	ncpus / 4
ZGC	ncpus × 12.5%

> 注意　若参数 ConcGCThreads 过大，可能导致更多的资源用于 GC 工作，从而导致应用的
> 性能受到影响。

UseDynamicNumberOfGCThreads	JDK 8、JDK 11、JDK 17	Parallel GC/CMS/G1/Shenandoah

该参数用于设置是否允许动态调整并行 / 并发 GC 工作线程的数目。对于不同的 GC，
该参数的作用范围不同。具体如下：

1）Parallel GC 中可以调整并行工作线程数，影响 Minor GC 和 Full GC。

2）G1 中可以调整并发标记的线程数，也可以调整 Refine 线程数，还可以调整并行工
作线程数。

3）CMS 中可以调整并行工作线程数，但是不能调整并发线程数目。

4）Shenandoah 中可以调整并行和并发工作线程数。

5）ZGC 不受此参数控制，实现了额外的控制逻辑。

HeapSizePerGCThread	JDK 8、JDK 11、JDK 17	Parallel GC/CMS/G1/ZGC/Shenandoah

这是一种在允许 GC 工作线程动态调整的实现中（参数 UseDynamicNumberOfGCThreads
为 true 时）智能推断 GC 线程个数的方法。具体方法为：使用整个堆内存的大小除以参
数 HeapSizePerGCThread，得到线程的个数，假定用此种方式推测出 GC 工作线程个数为
Number_Worker1。该方法的逻辑是，假设每个 GC 工作线程处理的内存大小为 HeapSize-
PerGCThread。

GC 工作线程调整的另外一种智能推断 GC 线程个数的方法如下：将正在允许的 Java 线
程个数的两倍作为一个上限，假定此种方式推测出 GC 工作线程的个数为 Number_Worker2。

动态 GC 工作线程的预测值为 Min(Max(Number_Worker1, Number_Worker2), ParallelGC-Threads)。

参数 HeapSizePerGCThread 在不同的平台中的默认值不同，在 32 位系统中的默认值为 128MB，在 64 位系统中的默认值为 128MB × 1.3（注意 1.3 是一个平台系数）。

GCTaskTimeStampEntries	JDK 8、JDK 11	Parallel GC

该参数表示 GC 线程在运行的时候可以记录线程运行的时间信息，使用一个数组记录这些数据，当数据输出之后，所有的数据将被清除。该参数只有在 debug 的日志下才会生效。参数的默认值为 200，表示每间隔 200 毫秒记录一次信息。

由于 JVM 内部重构了参数动态调整的实现，因此该参数不再有效，在 JDK 14 中被移除。

ActiveProcessorCount	JDK 8、JDK 11、JDK 17	All

该参数用于指定 ncpu 的值。该值会影响并行 / 并发线程的个数。如果指定了该参数，JVM 将不再使用运行环境中真实 CPU 的个数。参数的默认值为 –1，表示不指定 ncpu 的值，由 JVM 通过系统 API 获得真实的 CPU 个数。

注意，运行环境可能是 Docker 容器，也可能是真实的物理机。

9.1.3　内存设置相关参数

Hotspot 提供了参数用于控制堆空间大小、分代 GC 各个代的大小等。本节介绍相关参数。

MaxRAM	JDK 8、JDK 11、JDK 17	All

该参数用于设置 JVM 最大可以使用的物理内存，适用于所有的垃圾回收器。该参数是平台相关的参数（例如在 X86 32 位系统中该值默认为 1GB）。当没有设置最大堆空间时，使用该参数智能推断堆空间大小。如果参数没有设置，将使用操作系统 API 获取系统的物理内存，用于进行堆空间的计算。单位是 B，可以兼容 G/K/M 等符号，如设置为 4GB。

MaxHeapSize Xmx MaxRAMPercentage MaxRAMFraction MinRAMPercentage MinRAMFraction	JDK 8、JDK 11、JDK 17	All

参数 MaxHeapSize 和 Xmx 用于设置 JVM 最大可用的堆空间，在 32 位系统中，参数的默认值为 96MB。若没有设置参数 MaxHeapSize，则会通过可用物理内存（记为 physical_memory）来估算并修正默认值。修正的方式如下：

1）当 physical_memory 或者 MaxRAM 指定的可用物理空间小于系统参数默认值的 2 倍时（例如 32 位系统，物理空间小于 $96 \times 2 = 192MB$），MaxHeapSize = physical_memory × $\dfrac{\text{MinRAMPercentage}}{100}$。

2）否则 MaxHeapSize = physical_memory × $\dfrac{\text{MaxRAMPercentage}}{100}$。

参数 MaxRAMPercentage 和参数 MinRAMPercentage 的默认值分别是 25 和 50，含义是 MaxHeapSize 理想空间是物理空间的 25%，如果物理空间特别小，那么 MaxHeapSize 不少于物理空间的 50%。

参数 MaxRAMFraction 和参数 MaxRAMPercentage 的作用类似，两者存在换算关系，如下：

$$\text{MaxRAMPercentage} = \frac{1}{\text{MaxRAMFraction}}$$

参数 MinRAMFraction 和参数 MinRAMPercentage 的作用类似，两者存在换算关系，如下：

$$\text{MinRAMFraction} = \frac{1}{\text{MinRAMPercentage}}$$

参数 Xmx、MaxRAMFraction 和 MinRAMFraction 在 JDK 10 之后被标记为丢弃，而仅使用 MaxHeapSize、MaxRAMPercentage 和 MinRAMPercentage，原因是后者更为直观、便于理解。当然这两类参数目前都还有效，如果同时设置，那么只有后者生效。

ErgoHeapSizeLimit	JDK 8、JDK 11、JDK 17	All

该参数用于调整堆空间自动计算的边界值。当 MaxHeapSize 没有设置时，则 JVM 会自动计算参数 MaxHeapSize，如果设置了参数 ErgoHeapSizeLimit，那么 JVM 会取计算值和 ErgoHeapSizeLimit 两个之中较小的那个用于最终的计算中。

InitialHeapSize InitialRAMPercentage InitialRAMFraction	JDK 8、JDK 11、JDK 17	ALL

参数 InitialHeapSize 用于设置 JVM 启动后初始化的堆空间大小。如果初始化堆空间没有设置，则 JVM 会通过可用物理内存来估算 InitialHeapSize，计算方式如下：

$$\text{InitialHeapSize} = \text{physical\_memory} \times \frac{\text{InitialRAMPercentage}}{100}$$

参数 InitialRAMPercentage 的默认值为 1.526%（即 1/64）。参数 InitialRAMFraction 和参数 InitialRAMPercentage 的作用类似，两者存在换算关系，如下：

$$\text{InitialRAMPercentage} = \frac{1}{\text{InitialRAMFraction}}$$

参数 InitialRAMFraction 在 JDK 10 之后被标记为丢弃。

废弃 InitialRAMFraction 使用 InitialRAMPercentage 的原因是后者更为直观，便于理解。两个参数目前都还有效，如果两个参数同时设置，则只有参数 InitialRAMPercentage 生效。

MinHeapSize Xms	JDK 8、JDK 11、JDK 17	ALL

参数 MinHeapSize 和 Xms 用于设置 JVM 启动后最小可用的堆空间大小。如果最小堆空间没有设置，则 JVM 会通过可用物理内存来估算最小堆空间。计算方式如下：

$$MinHeapSize = Min(InitialHeapSize, OldSize + NewSize)$$

其中 OldSize 和 NewSizie 也是来自参数值。

NewSize Xmn	JDK 8、JDK 11、JDK 17	Serial/Parallel GC/CMS/G1

这两个参数用于设置分代垃圾回收器新生代的大小，NewSize 的默认值在 32 位系统中为 1MB。如果没有设置 NewSize，那么 JVM 会通过 InitialHeapSize 来估算 NewSize。计算方式如下：

$$NewSize = InitialHeapSize \times \frac{1}{NewRatio + 1}$$

MaxNewSize	JDK 8、JDK 11、JDK 17	Serial/Parallel GC/CMS/G1

该参数用于设置分代垃圾回收器新生代的最大值（新生代最多可用的空间大小）。如果 MaxNewSize 没有设置，则 MaxNewSize 的计算方式如下：

$$MaxNewSize = MaxHeapSize \times \frac{1}{NewRatio + 1}$$

OldSize	JDK 8、JDK 11、JDK 17	Serial/Parallel GC/CMS

该参数用于设置分代垃圾回收器老生代的大小，OldSize 的默认值在 32 位系统中为 4MB。如果没有设置老生代大小，则 JVM 会通过 MaxHeapSize 来估算 OldSize。计算方式如下：

$$OldSize = MaxHeapSize \times \frac{NewRatio}{NewRatio + 1}$$

NewRatio	JDK 8、JDK 11、JDK 17	Serial/Parallel GC/CMS/G1

该参数根据比例设置新生代大小，默认值为 2。如果没有设置 MaxNewSize 和 NewSize，可以使用 NewRatio 计算 MaxNewSize 和 NewSize；如果设置了 MaxNewSize 和 NewSize，则直接丢弃参数 NewRatio。

SurvivorRatio	JDK 8、JDK 11	Serial/Parallel GC/CMS

在分代垃圾回收器中，新生代采用复制算法，复制算法中有一个 Eden 和两个 Survivor 分区，该参数用于计算 Survivor 的大小，公式为 $Survivor = \dfrac{1}{SurvivorRatio + 2} \times NewSize$。

参数的默认值为 8，表示 Survivor 分区占整个新生代大小的 1/10。

在 Parallel GC 中，该参数不直接影响 Survivor 分区的大小，而是通过 MinSurvivorRatio 和 InitialSurvivorRatio 设置 Survivor 分区大小。而 G1/ZGC/Shenandoah 是分区设置，不需要该参数控制。

HeapBaseMinAddress	JDK 8、JDK 11、JDK 17	All

在 64 位系统中，若设置了 UseCompressedOops，则 Java 的堆从地址 HeapBaseMinAddress 开始，参数的默认值是 2GB。

压缩指针仅适用于堆空间小于 32GB 的情况。在 JVM 内部的很多地方使用 malloc 进行内存分配，这些分配的内存都将在 HeapBaseMinAddress 之下。所以在实际应用中如果遇到本地堆栈的溢出，则可以调整该参数值，避免本地堆和 Java 堆的冲突。

压缩指针的原理可以参考其他的文章⊖。

UseAdaptiveSizePolicy	JDK 8、JDK 11	Parallel GC

该参数用于动态调整新生代和老生代的大小，参数的默认值为 true。仅适用于 Parallel GC，在 CMS 中即使将该参数设置为 true，也会重新定义为 false。

在垃圾回收（包含 Minor GC 或者 Full GC）执行的最后，可以根据统计的历史数据来动态地调整各个空间的大小。

当设置参数 UseAdaptiveSizePolicy 后，会在暂停时间和吞吐量之间取得一个平衡，然后调整新生代和老生代大小。停顿时间和吞吐量的平衡点在于：

1）一个合适的最大 GC 停顿时间。

2）一个合适的最大 Minor GC 停顿时间。

3）一个合适的应用程序吞吐量。

4）一个合适的额外内存空间占用。

> 注意 在调整内存大小时，上述 4 种方法是有优先级的。停顿时间优先级最高，其次是吞吐量，最后是额外空间占用的情况。只有前面的调整策略不满足的情况下才会使用后面的调整策略。策略如下：
>
> 1）如果 GC 停顿时间大于目标暂停时间（通过参数设置，-XX:MaxGCPauseMillis = nnn）或者 Minor GC 停顿时间大于目标暂停时间（-XX:MaxGCMinorPauseMillis = nnn），则降低新生代大小以匹配目标暂停时间。

⊖ https://shipilev.net/jvm/anatomy-quarks/23-compressed-references/

2）否则，如果暂停时间合适，则考虑应用的吞吐量，通过增大新生代的大小满足吞吐量。

3）否则，如果允许调整 JVM 本地内存使用，则增加新生代的大小，减少 Full GC 的次数。

在调整过程中使用 4 个参数，分别如下：

- ❑ -XX:MaxGCPauseMillis=nnn：不能设置得过小，否则会阻碍吞吐量。如果不设置，那么不使用停顿时间调整新生代、老生代大小。
- ❑ -XX:MaxGCMinorPauseMillis=nnn：不能设置得过小，否则会阻碍吞吐量。如果不设置，那么不使用停顿时间调整新生代大小。
- ❑ -XX:GCTimeRatio=nnn：用在垃圾回收上的时间不超过应用运行时间的 $\dfrac{1}{GCTimeRatio+1}$。参数的默认值为 99，表示垃圾回收时间不应该超过整体时间的 1%。
- ❑ UseAdaptiveSizePolicyFootprintGoal：是否允许调整新生代和老生代的划分比例，以减少 JVM 本地内存消耗，默认值为 true。

UseAdaptiveSizePolicyFootprintGoal	JDK 8、JDK 11、JDK 17	Parallel GC

该参数允许调整新生代和老生代的大小以减少 JVM 本地内存的消耗。默认值为 true，表示允许调整新生代和老生代的大小。

UseAdaptiveGenerationSizePolicyAtMinorCollection	JDK 8、JDK 11、JDK 17	Parallel GC

该参数允许在 Minor GC 执行结束后动态地计算新生代、老生代的大小划分，仅适用于 Parallel GC。该参数需要在参数 UseAdaptiveSizePolicy 为 true 时才有效。参数的默认值为 true，表示在执行 Minor GC 后调整新生代、老生代的大小划分。

UseAdaptiveGenerationSizePolicyAtMajorCollection	JDK 8、JDK 11、JDK 17	Parallel GC

该参数允许在 Full GC 执行结束后动态地计算新生代、老生代的大小划分，仅适用于 Parallel GC。该参数需要在参数 UseAdaptiveSizePolicy 为 true 时才有效。参数的默认值为 true，表示在执行 Full GC 后调整新生代、老生代的大小划分。

UseAdaptiveSizePolicyWithSystemGC	JDK 8、JDK 11、JDK 17	Parallel GC

执行允许在调用 System.gc 的 GC 后动态地计算新生代、老生代的大小的划分（包含 Minor GC 和 Full GC，Minor GC 仅用于 Full GC 触发后，在执行过程中执行一次额外的 Minor GC 才符合条件，一般的 Minor GC 不满足该条件。参数 ScavenageBeforeFullGC 为 true，Parallel GC 会在 Full GC 执行前执行一次 Minor GC），仅适用于 Parallel GC。该参数必须在参数 UseAdaptiveSizePolicy 为 true 时才有效。

AdaptiveSizeThroughPutPolicy AdaptiveSizePolicyInitializingSteps	JDK 8、JDK 11、JDK 17	Parallel GC

以上参数是新生代、老生代的大小划分的控制方法之一，使用吞吐量作为目标来动态地调整（吞吐量由 GCTimeRatio 控制）新生代、老生代的大小划分。

参数 AdaptiveSizeThroughPutPolicy 将根据吞吐量调整新生代或者老生代的大小，基本逻辑是：新生代或者老生代空间变大，垃圾回收发生的概率变小，吞吐量将提高。该参数只会增加内存空间的大小⊖，不会缩小内存空间的大小⊖。当 Mutator 的吞吐量低于目标阈值时：

1）参数值设置为 0 时，直接增加的内存大小，且增加的大小通过一个简单公式调整计算。

2）参数值设置为 1 时，在执行 Minor GC 后调整新生代的大小。需要通过预测模型来估算新生代的吞吐量变化情况，如果预测吞吐量还会继续增加，则暂时不调整新生代内存的大小，否则通过一个简单的公式来调整大小；在执行 Full GC 后调整老生代的大小，需要通过预测模型来估算老生代的吞吐量变化情况，如果预测吞吐量还会继续增加，则暂时不调整老生代内存大小，否则通过一个简单公式来调整大小。由于预测模型可能会因为没有足够的历史数据而出现模型预测误差，因此在模型预测的情况下引入了一个额外的参数 AdaptiveSize-PolicyInitializingSteps，控制只有在收集一定次数的数据后才可以使用模型进行预测。

参数 AdaptiveSizeThroughPutPolicy 的默认值为 0，表示直接调整，无须考虑吞吐量变化的情况；参数 AdaptiveSizePolicyInitializingSteps 的默认值为 20，表示只有经过 20 次内存增加后才会使用模型进行预测。

内存调整过程涉及两个部分：其一，通过公式调整内存的值，公式是什么；其二，预测模型预测吞吐量的变化，预测模型是什么。这两部分都涉及一些参数。下面结合参数分别看一看公式和预测模型及模型的使用。

YoungGenerationSizeIncrement YoungGenerationSizeSupplement YoungGenerationSizeSupplementDecay	JDK 8、JDK 11、JDK 17	Parallel GC

Minor GC 和 Full GC 后控制 Eden 增加。计算公式使用了 3 个参数：

$$decay = \begin{cases} YoungGenerationSizeSupplement >> 1, 每间隔一定次数的Minor GC, 数值减半, \\ 由YoungGenerationSizeSupplementDecay控制decay, 不满足调整条件时保持原值 \end{cases}$$

$$eden\_delta = eden\_desired \times \frac{YoungGenerationSizeIncrement + decay}{100}$$

$$eden\_scaled = eden\_delta \times \frac{minor\_gc\_cost}{minor\_gc\_cost + full\_gc\_cost}$$

⊖ 增加新生代或者老生代的大小，可以减少 Minor GC 或者 Full GC 发生的概率，所以可以提高吞吐量。

⊖ 吞吐量的调整策略位于停顿时间策略后，优先级低。当停顿时间满足应用设置的目标停顿时间时，即使吞吐量高于目标吞吐量，也不需要缩小内存。

Eden 最后增加的大小为 eden_scaled。

其中参数 YoungGenerationSizeIncremen 的默认值为 20，根据公式，Eden 每次调整最少增加 20%（记为基础增幅）；参数 YoungGenerationSizeSupplement 的默认值为 80，表示 JVM 运行早期 Eden 会额外增加 80%(记为额外增幅)，但是随着 Minor GC 执行次数的增加，这个值会逐渐变小，最后额外增幅会变成 0。参数 YoungGenerationSizeSupplementDecay 的默认值为 8，控制额外增幅衰减的粒度，表示每执行 8 次 Minor GC，额外增幅减少一半，根据计算可以得到大概发生 56 次 Minor GC 后，额外增幅变为 0。

在公式中用到了 eden_desired、minor_gc_cost、full_gc_cost，它们是 Parallel GC 运行过程中 Eden、Minor GC 和 Full GC 的预测值。下面的参数会介绍它们具体的计算方法。

TenuredGenerationSizeIncrement TenuredGenerationSizeSupplement TenuredGenerationSizeSupplementDecay	JDK 8、JDK 11、JDK 17	Parallel GC

Full GC 后控制老生代增加。计算公式使用了 3 个参数：

$$decay = \begin{cases} TenuredGenerationSizeSupplement \gg 1，每间隔一定次数的 Full GC，数值减半， \\ 由 TenuredGenerationSizeSupplementDecay 控制 decay，不满足调整条件时保持原值 \end{cases}$$

$$old\_delta = promoted\_desired \times \frac{TenuredGenerationSizeIncrement + decay}{100}$$

$$old\_scaled = old\_delta \times \frac{full\_gc\_cost}{minor\_gc\_cost + full\_gc\_cost}$$

Old 最后增加的大小为 old_scaled。

其中参数 TenuredGenerationSizeIncrement 的默认值为 20，根据公式表示 Old 每次调整最少增加 promoted_desired 的 20%（记为基础增幅）；参数 TenuredGenerationSizeSupplement 的默认值为 80，表示 JVM 运行早期 Old 会额外增加 promoted_desired 的 80%（记为额外增幅），但是随着 Full GC 执行次数的增加，这个值会逐渐变小，最后额外增幅会变成 0。参数 TenuredGenerationSizeSupplementDecay 的默认值为 2，控制额外增幅衰减的粒度，表示每执行 2 次 Full GC，额外增幅减少一半，根据计算可以得到大概发生 14 次 Full GC 后额外增幅变为 0。

在公式中使用了 promoted_desired、minor_gc_cost、full_gc_cost，它们是 Parallel GC 运行过程中 promoted_desired（预期晋升内存大小）、Minor GC 和 Full GC 相关的预测值，下面的参数会介绍它们具体的计算方法。

AdaptiveSizePolicyWeight PromotedPadding AdaptiveTimeWeight PausePadding	JDK 8、JDK 11、JDK 17	Parallel GC

在 Minor GC 和 Full GC 执行过程中会收集一些历史数据，然后根据历史数据预测趋势值。在预测的时候使用衰减平均值来计算，在衰减计算中可以设置两个参数 Weight 和

Padding，分别表示最新数据的权重、预测值调整衰减方差的倍数。

在上面新生代 Eden 和 Old 调整的公式中用到 eden_desired、promoted_desired、minor_gc_cost 和 full_gc_cost，它们可以分为两类：大小的预测、时间的预测。大小的预测（eden_desired 和 promoted_desired）使用参数 AdaptiveSizePolicyWeight 和 PromotedPadding，时间的预测（minor_gc_cost 和 full_gc_cost）使用参数 AdaptiveTimeWeight 和 PausePadding。

其中 eden_desired 和 promoted_desired 使用的历史数据是每次 Minor GC 执行前 Eden 的大小及上一次执行 Minor GC 时所有晋升对象的大小（promoted）。收集每次 Eden、promoted 数据的建立序列，然后预测 eden_desired 和 promoted_desired 的值，预测时使用了参数 AdaptiveSizePolicyWeight 和 PromotedPadding。

而 minor_gc_cost 和 full_gc_cost 是通过公式变化得到的。首先收集 Minor GC、Full GC 的执行时间（分别记为 minor_pause、full_pause），然后再收集 GC 执行间隔的时间（记为 interval），minor_gc_cost 和 full_gc_cost 的计算方法如下：

$$minor\_gc\_cost = \frac{minor\_pause}{interval}$$
$$full\_gc\_cost = \frac{full\_pause}{interval}$$

收集每次 minor_gc_cost、full_gc_cost 数据的建立序列，然后预测 minor_gc_cost、full_gc_cost 的值，预测时使用了参数 AdaptiveTimeWeight 和 PausePadding。

参数 AdaptiveSizePolicyWeight、PromotedPadding、AdaptiveTimeWeight 和 PausePadding 的默认值分别为 10、3、25、1，分别表示在 size 预测时最新数据的权重为 10%，使用 3 个衰减均方差调整预测值；在时间预测时最新数据的权重为 25%，使用 1 个衰减均方差调整预测值。

除此之外，在参数 AdaptiveSizeThroughPutPolicy 为 1 时，该模型建立预测吞吐量的变化。具体方法是：建立 Minor GC 和 Full GC 内存使用和停顿时间的关系。Minor GC 使用序列 {(eden_size$_1$, minor_pause$_1$), (eden_size$_2$, minor_pause$_2$), ···, (eden_size$_i$, minor_pause$_i$)}，Full GC 使用序列 {(promoted_size$_1$, full_pause$_1$), (promoted_size$_2$, full_pause$_2$), ···, (promoted_size$_i$, full_pause$_i$)}，通过序列建立 size 和 pause 之间的关系，然后可以预测吞吐量是否发生变化。预测时使用最小二乘法建立 size 和 pause 的函数关系。下面简单介绍一下最小二乘法。

给定一个点序列 (x_1, y_1), (x_2, y_2), ···, (x_n, y_n)，寻找一条直线 $y = f(x) = ax + b$，使得所有的点到直线的距离最小，然后再根据获得的直线预测未来的值。最小二乘法的关键是寻找函数的参数 a 和 b。点序列到直线的距离记为 d，则

$$d = \sum (f(x_i) - y_i)^2 = \sum (ax_i + b - y_i)^2$$

要使得 d 最小，可以对 a 和 b 分别求导，并让其等于 0，此时 d 最小，所以可以建立以下微分方程：

$$\begin{cases} \dfrac{\partial d}{\partial a} = 2\sum x_i(ax_i + b - y_i) = 0 \\ \dfrac{\partial d}{\partial b} = 2\sum (ax_i + b - y_i) = 0 \end{cases}$$

由此方程可以得到 a 和 b 的计算公式如下：

$$a = \frac{n\sum x_i^2 - \left(\sum x_i\right)^2}{n\sum (x_i y_i) - \sum x_i \sum y_i}$$

$$b = \frac{\sum y_i - a\sum x_i}{n}$$

a 和 b 公式中的 n 表示 n 个抽样数据。

根据最小二乘法的公式可以计算得到 a 和 b，分别表示系数和截距。

1）a 大于 0，直线斜率为正，表示吞吐量的变化仍然是增加的。

2）a 小于 0，直线斜率为负，表示吞吐量的变化开始减少。

所以在模型预测时只要判断斜率 a 的变化情况就可以知道吞吐量的变化情况。当斜率 a 大于 0 时，由于吞吐量仍然增加，因此不调整 Eden 或者 Old 的大小；只有在斜率 a 小于 0 时，表示吞吐量开始减少，增加 Eden 或者 Old 的大小才可以提高吞吐量。

AdaptiveSizeDecrementScaleFactor	JDK 8、JDK 11、JDK 17	Parallel GC

在根据停顿时间和内存使用效率调整策略时，会减少 Eden 或者 Old 的大小。在减少 Eden 或者 Old 的大小时，为了避免导致 Mutator 性能下降，使用了额外的参数控制减少的比例。真实减少的数值重用了 eden_scaled 和 old_scaled 的计算方法，减少值分别记为 eden_decrement 和 old_decrement，公式如下：

$$eden\_decrement = \frac{eden\_scaled}{AdaptiveSizeDecrementScaleFactor}$$

$$old\_decrement = \frac{old\_scaled}{AdaptiveSizeDecrementScaleFactor}$$

参数 AdaptiveSizeDecrementScaleFactor 的默认值为 4，表示减少值是增加值的 1/4。

UseAdaptiveSizeDecayMajorGCCost AdaptiveSizeMajorGCDecayTimeScale	JDK 8、JDK 11、JDK 17	Parallel GC

以上参数用于设置在执行 Minor GC 和 Full GC 后，根据吞吐量调整新生代、老生代的大小时是否调整 full_gc_cost 的值，从而影响后续预测值的计算。

在老生代减少的计算过程中可能会因为 Full GC 发生的频率较低，进而导致 full_gc_cost 计算出现很大的误差。特别是会出现触发过几次 Full GC 后不再触发的情况，对于这样的情况，可以控制在计算 full_gc_cost 时是否进行额外的调整。

参数 UseAdaptiveSizeDecayMajorGCCost 为 true，表示允许在满足一定条件时对 full_ gc_cost 进行调整，参数 AdaptiveSizeMajorGCDecayTimeScale 控制条件，具体条件是当上一次执行 Full GC 到现在为止过去的时间（记为 time_since_last_full_gc）大于一定的阈值，则调整 full_gc_cost。阈值（threshold）通过公式计算得到：

$$threshold = AdaptiveSizeMajorGCDecayTimeScale \times full\_gc\_cost$$

full_gc_cost 的调整公式为：

$$full\_gc\_cost = full\_gc\_cost \times AdaptiveSizeMajorGCDecayTimeScale$$
$$\times \frac{full\_gc\_cost}{time\_since\_last\_full\_gc}$$

参数 UseAdaptiveSizeDecayMajorGCCost 的默认值为 true，表示允许调整 full_gc_cost 的值，参数 AdaptiveSizeMajorGCDecayTimeScale 的默认值为 10，表示距离上次 full_gc 发生的时间至少是 full_gc_cost 的 10 倍才会进行调整。

MaxTenuringThreshold	JDK 8、JDK 11、JDK 17	Serial/Parallel GC/CMS/G1

新生代中的对象经过一定次数的 Minor GC 以后，如果对象仍然存活才会晋升到老生代。参数表示经过 Minor GC 最多的次数的阈值，参数的默认值为 15。

InitialTenuringThreshold	JDK 8、JDK 11、JDK 17	Serial/Parallel GC/CMS/G1

晋升阈值的初始值，参数的默认值为 7。

在 Parallel GC 中，如果 UseAdaptiveSizePolicy 为 true，则初始值为 7。如果 UseAdaptiveSizePolicy 为 false，则初始值为 MaxTenuringThreshold。

UsePSAdaptiveSurvivorSizePolicy ThresholdTolerance	JDK 8、JDK 11、JDK 17	Parallel GC

该参数控制是否允许动态调整新生代中 Survivor 分区的大小及对象晋升的阈值，仅适用于 Parallel GC。该参数在参数 UseAdaptiveSizePolicy 设置为 true 时才能生效。

Survivor 分区的大小根据 Survivor 分区的历史值通过衰减平均法进行预测。

晋升阈值的调整与参数 ThresholdTolerance 相关。调整的方法根据 Minor GC 和 Full GC 回收时间（即 minor_gc_cost 和 full_gc_cost）决定。参数 ThresholdTolerance 用于控制两个停顿时间的比例，晋升阈值调整的方法为：

1）如果 $minor\_gc\_cost > full\_gc\_cost \times \frac{100 + ThresholdTolerance}{100}$，则增加晋升阈值。

2）如果 $full\_gc\_cost > minor\_gc\_cost \times \frac{100 + ThresholdTolerance}{100}$，则减小晋升阈值。

参数 UsePSAdaptiveSurvivorSizePolicy 的默认值为 true。参数 ThresholdTolerance 的默认值为 10，表示 minor_gc_cost 和 full_gc_cost 的比值在 ±10% 内不调整阈值。

SurvivorPadding	JDK 8、JDK 11、JDK 17	Parallel GC

在 Parallel GC 中会动态地计算 Survivor 分区的大小。需要收集 Survivor 分区的大小，然后采用衰减平均预测。为了修正预测的准确性，使用参数 AdaptiveSizePolicyWeight 和 SurvivorPadding，分别控制最新 Survivor 分区的大小的权重及预测时调整衰减均方差的倍数。

参数 SurvivorPadding 的默认值为 3，表示预测 Survivor 分区大小使用 3 倍的衰减均方差进行调整。

UseAdaptiveGCBoundary	JDK 8、JDK 11	Parallel GC

该参数允许动态调整 Parallel GC 新生代和老生代的边界（不仅仅是大小，关于边界的调整请参见 5.1.1 节），这将增大或者减小新生代或者老生代最大的可用空间。该参数在参数 UseAdaptiveSizePolicy 设置为 true 时才能生效。

> 注意　使用该选项可能会触发 JVM 内部潜在的一些 bug，该选项在 JDK 15 中正式被移除。

AdaptiveSizePolicyOutputInterval	JDK 8、JDK 11、JDK 17	Parallel GC

该参数用于在 Parallel GC 中控制是否输出内存调整前后的信息。该参数值为 0，不输出。参数值不为 0，表示每间隔 AdaptiveSizePolicyOutputInterval 次 GC 后进行一次输出。参数的默认值为 0。

BaseFootPrintEstimate	JDK 8、JDK 11、JDK 17	Parallel GC

JVM 使用本地内存的估算值，默认值为 256MB。该值不会影响 JVM 的运行，仅仅用于信息输出。无须设置。

MinSurvivorRatio	JDK 8、JDK 11、JDK 17	Parallel GC

在 Parallel GC 中，因为新生代和老生代可以动态调整（UseAdaptiveSizePolicy 设置为 true），其中 Survivor 的大小可以通过公式计算得到：

$$Survivor = \frac{1}{MinSurvivorRatio} \times NewSize$$

如果设置参数 MinSurvivorRatio，那么参数值必须大于等于 3，如果小于 3，该值会被强制设置为 3。参数的默认值为 3，表示在允许调整 Survivor 分区的情况下，表示 Survivor 分区为新生代的 1/3。当 SurvivorRatio 设置而该值没有设置时，MinSurvivorRatio = SurvivorRatio + 2。

InitialSurvivorRatio	JDK 8、JDK 11、JDK 17	Parallel GC

在 Parallel GC 中，当新生代和老生代不能调整时，Survivor 设置为

$$Survivor = \frac{1}{InitialSurvivorRatio} \times NewSize$$

如果设置参数 InitialSurvivorRatio，那么参数值必须大于等于 3，如果小于 3，该值会

被强制设置为 3。参数的默认值为 8，表示在不允许调整 Survivor 分区的情况下，Survivor 分区最大为新生代的 1/8。

另外，当设置 SurvivorRatio，而没有设置参数 InitialSurvivorRatio 时，MinSurvivorRatio = SurvivorRatio + 2。

9.1.4　停顿时间相关参数

部分垃圾回收器实现了 GC 执行时应用最大停顿时间的功能，所以提供参数用于应用控制停顿时间。另外，GC 为了满足停顿时间，会设计和实现一些动态算法来调整堆空间，从而满足停顿时间这个目标。本节介绍相关参数。

MaxGCPauseMillis	JDK 8、JDK 11、JDK 17	Parallel GC/G1

该参数表示 GC 的最大的停顿时间。不同 GC 对于该参数的行为不一致，具体来说：

1）若 Parallel GC 中 GC 执行的时间超过该值，将导致调整新生代和老生代的大小（参数 UseAdaptiveSizePolicy 设置为 true）。参数的默认值为 4 294 967 295，大约为 50 天（所以通常不会触发这个调整策略）。

2）若 G1 中 GC 执行的时间超过该值，将导致调整新生代的大小和混合回收时分区的个数（如果没有固定新生代大小就会自动调整）。参数在 G1 中的默认值为 200，表示 GC 的最大停顿时间为 200 毫秒。

3）在 CMS 中设置参数无效果。

GCPauseIntervalMillis	JDK 8、JDK 11、JDK 17	G1

该参数表示两次 Minor GC 发生之间最小的间隔时间。参数的默认值为 0，自动被设置为 MaxGCPauseMillis+1，表示 GC 最小间隔 1 毫秒。

MaxGCMinorPauseMillis	JDK 8、JDK 11、JDK 17	Parallel GC

该参数表示 Minor GC 最大的目标停顿时间。从 JDK 8 开始被标记为丢弃，与 MaxGCPauseMillis 功能类似。使用该参数在 UseAdaptiveSizePolicy 设置为 true 时才生效。参数的默认值为 4 294 967 296，大约为 50 天。

GCTimeRatio	JDK 8、JDK 11、JDK 17	Parallel GC、G1

该参数是垃圾回收时间与非垃圾回收时间的比值，垃圾回收时间占比期望为 $\dfrac{1}{1+GCTimeRatio}$。例如，-XX : GCTimeRatio = 19 时，表示 5% 的时间用于垃圾回收。

1）默认值为 99，即 1% 的时间用于垃圾回收。

2）在 G1 中该默认值被修改为 9，即 10% 的时间用于垃圾回收。

3）在 CMS 中设置无效果。

9.1.5　执行效率相关参数

本节介绍执行效率相关参数，对 GC 来说，效率主要体现在分配和回收上。以分配为例，为了能高效地分配，设计了 TLAB 的分配方法，减少了多个 Mutator 分配时锁的竞争。但是 TLAB 的使用可能带来碎片化的问题，所以提供了一系列的参数用于设置 TLAB 大小、TLAB 自动调整等参数。以回收为例，一些 GC 实现会提供局部标记栈来加速 GC 的执行，而局部标记栈的大小会影响执行效率，所以提供参数用于设置其大小。其他与 GC 执行效率相关的参数都在本节介绍。

ParGCArrayScanChunk	JDK 8、JDK 11、JDK 17	Parallel GC、G1

在复制对象时（并行复制中会涉及转移对象），如果待转移对象是数组类型，将数组拆分成多个子对象，便于线程的并行化复制。在 Parallel GC 和 G1 中行为稍有不同：

1）Parallel GC 中参数 PSChunkLargeArrays 为 true 且数组的长度超过 $1.5 \times$ ParGCArray-ScanChunk 时，数组会被截断成多个小对象转移。

2）G1 中，在复制对象时，如果待转移对象是数组类型，当数组的长度超过 $2 \times$ ParGCArray-ScanChunk 时，数组会被截断成多个小对象转移。

AlwaysTenure	JDK 8、JDK 11、JDK 17	Parallel GC

在 Parallel GC 中控制新生代对象晋升到老生代的阈值。如果该参数为 true，则表示不允许调整晋升阈值，并且对象晋升的阈值为最大值（0）。即只需要经过一次 Minor GC，对象就会晋升到老生代。参数的默认值为 false。

NeverTenure	JDK 8、JDK 11、JDK 17	Parallel GC

该参数为在 Parallel GC 中控制新生代对象晋升到老生代的阈值。如果该参数为 true，则表示不允许调整晋升阈值，并且晋升的阈值为最大值（15）。即需要经过 15 次 Minor GC，对象才能晋升到老生代。参数的默认值为 false。

ScavengeBeforeFullGC	JDK 8、JDK 11、JDK 17	Parallel GC/CMS

在进行 Parallel GC 的串行 / 并行压缩时，该参数为 true，会先执行 Minor GC。

在进行 Serial GC 的串行压缩时，以及在 CMS 的 Full GC、CMS 中进行再标记时，该参数为 true，会先执行 Minor GC。

> 注意　在 Parallel GC 中该参数为 true，在 Serial GC 和 CMS 中默认会被设置为 false。在 CMS 中可能需要将该参数设置为 true，原因是在 CMS 中新生代是再标记的根，执行一次 Minor GC 可有助于减少再标记阶段的执行时间。

ExplicitGCInvokesConcurrent	JDK 8、JDK 11、JDK 17	CMS/G1/Shenandoah

如果 GC 请求来自 Java 应用代码 System.gc，当该参数为 true 时，并发执行垃圾回收；当该参数为 false 时，CMS 串行执行，G1/Shenandoah 并行执行。参数的默认值为 false。

GCLockerInvokesConcurrent	JDK 8、JDK 11	CMS/G1/Shenandoah

如果 GC 请求来自 JNI Locker，当该参数为 true 时，并发执行垃圾回收；当该参数为 false 时，CMS 串行执行，G1/Shenandoah 并行执行。参数的默认值为 false。

该参数在 JDK 15 中被移除，原因是参数可能导致潜在的死锁。更多信息可以参考 Jira[⊖]。

GCLockerEdenExpansionPercent	JDK 8、JDK 11、JDK 17	CMS/G1

在 G1 中，当调整新生代的大小时，额外扩展一定比例的内存。参数的默认值为 5，表示额外扩展 5% 的新生代大小。

注意，在原文注释中，该参数用于 GC Locker 的情况，但是现在的作用已经发生了变化。

GCLockerRetryAllocationCount	JDK 8、JDK 11、JDK 17	All

在执行 GC Locker 请求时又触发了 GC 的情况下，因为 GC 动作需要等待 JNI Locker 释放才能执行，为了避免 JNI Locker 阻塞时间太长而导致 GC 执行不及时，从而影响 Mutator 可用的内存，所以设计了重试机制，该参数控制 GC 重试的次数。

参数的默认值为 2，表示 JNI Locker 释放后最多连续执行 2 次垃圾回收来满足 Mutator 的内存分配请求，超过 2 次 GC 则分配失败。

为什么只在 GC Locker 的情况下才会重试？一个可能的情况是：当多个线程执行的时候，有线程请求执行 GC；有线程正在执行 JNI 的代码访问 Java 对象，此时多个线程的分配请求将推迟到 GC 完成之后。当 JNI 代码退出时，如果发现执行期间其他线程有 GC 请求，会设置 GC Locker 活跃。但多个线程会同时请求分配内存，这可能会导致一些线程连续多次不能分配成功，所以希望再尝试几次回收，避免线程无法成功分配到内存。

UseTLAB	JDK 8、JDK 11、JDK 17	ALL

Mutator 使用 TLAB 分配内存，可以减少锁冲突。关于 TLAB 的信息，可以参考 3.2.1 节。参数的默认值为 true，表示使用 TLAB。

ResizeTLAB	JDK 8、JDK 11、JDK 17	Serial/ParNew/Parallel GC/G1/Shenandoah

该参数用于在 GC 运行结束后动态地调整 TLAB 的大小，适用于 Serial/ParNew/Parallel GC/G1/Shenandoah。

ZeroTLAB	JDK 8、JDK 11、JDK 17	Serial/ParNew/Parallel GC/G1/Shenandoah

该参数将 Mutator 新分配的 TLAB 初始化为 0。参数的默认值为 false，表示不初始化 TLAB。

⊖　https://bugs.openjdk.java.net/browse/JDK-8233280

MinTLABSize	JDK 8、JDK 11、JDK 17	Serial/ParNew/Parallel GC/G1/Shenandoah

该参数表示 TLAB 块的大小的最小值。默认为 2KB，当小于该值时，TLAB 将使用 2KB。

TLABSize TLABAllocationWeight TLABWasteTargetPercent	JDK 8、JDK 11、JDK 17	Serial/ParNew/Parallel GC/G1/Shenandoah

该参数表示 TLAB 块的初始值大小。参数的默认值为 0。如果没有设置，那么 JVM 一般会自动推断，推断的方法是根据所有线程历史使用的 TLAB 个数和堆空间大小计算。

在 TLAB 的使用过程中会记录分配 TLAB 的个数，在 GC 执行时会将个数存放在历史数据中，然后预测未来 TLAB 使用的个数。参数 TLABAllocationWeight 控制的是预测时最新一次 TLAB 个数对预测值的贡献。参数的默认值为 35，表示最新个数在预测值中会贡献 35%，记预测值为 desired_tlab。

另外，在 TLAB 使用过程中可能存在浪费的情况，按照概率，平均浪费为 50%（实际浪费率远低于该值）。为了准确地控制浪费率，提供了参数 TLABWasteTargetPercent，浪费率 $= \dfrac{100}{2 \times \text{TLABWasteTargetPercent}}$，记为 refill_target，参数 TLABWasteTargetPercent 的默认值为 1，表示 TLAB 有 50% 的浪费率，如果将参数 TLABWasteTargetPercent 设置为 5，则表示 TLAB 有 10% 的浪费率。

TLABSize 的推断公式为

$$\text{desired\_size} = \frac{\text{eden\_size}}{\text{desired\_tlab} \times \text{refill\_target}}$$

TLABRefillWasteFraction TLABWasteIncrement	JDK 8、JDK 11、JDK 17	Serial/ParNew/Parallel GC/G1/Shenandoah

进行 TLAB 分配时，当请求的内存字节数小于一定阈值 $\left(\dfrac{\text{TLABSize}}{\text{TLABRefillWasteFraction}}\right)$ 时，参数 TLABRefillWasteFraction 的默认值为 64，即 TLAB 剩余 1/64 的空间大小，且无法满足 Mutator 的分配请求时将被丢弃。丢弃意味着这部分剩余空间将被填充一个 dummy 对象。

还有另外一种情况，如果遇到 TLAB 剩余空间不足，无法满足 Mutator 的分配请求，但还不能丢弃的情况（剩余空间还比较多），此时会直接在堆（Heap）中分配对象。这种情况每发生一次，将 TLAB 浪费（丢弃）的阈值 $\left(\dfrac{\text{TLABSize}}{\text{TLABRefillWasteFraction}}\right)$ 的增加浪费加上参数 TLABWasteIncrement，参数的默认值是 4。

参数 TLABWasteIncrement 是为了防止出现因阈值设置较小，TLAB 一直无法丢弃，但剩余空间又无法满足 Mutator 的分配请求的情况。

| ParallelGCBufferWastePct | JDK 8、JDK 11、JDK 17 | ParNew/G1 |

在 ParNew/G1 中，对象晋升会在 PLAB 中请求内存，若 PLAB 无法满足分配请求，且 PLAB 中剩余的内存字节数小于 PLABSize 和参数 ParallelGCBufferWastePct 比例的乘积，即 $PLABSize \times \dfrac{ParallelGCBufferWastePct}{100}$，则 PLAB 剩余空间将被丢弃。参数的默认值为 10，表示若 PLAB 中剩余 10% 且无法满足对象晋升的分配请求时将被丢弃。丢弃意味着这部分剩余空间将被填充一个 dummy 对象。

参数 ParallelGCBufferWastePct 与 TLAB 中 TLABRefillWasteFraction 的含义类似。

ParNew 是在 To 空间分配，G1 在新生代分配。

| ResizePLAB
ResizeOldPLAB | JDK 8、JDK 11、JDK 17 | CMS/G1 |

以上参数控制在 Minor GC 执行结束后是否动态调整 PLAB 的大小。其中 PLAB 的作用与 TLAB 类似，不过 PLAB 分为两类，分别称为 YoungPLAB 和 OldPLAB，其中 YoungPLAB 用于 Minor GC 中活跃对象从 Eden 到 Survivor 分区的分配，而 OldPLAB 则用于 Minor GC 中活跃对象从 Survivor 到 Old 的晋升。

参数 ResizePLAB 在 ParNew 中仅仅调整 YoungPLAB 的大小；在 G1 中调整 YoungPLAB 和 OldPLAB 的大小。参数的默认值为 true，表示允许调整。

参数 ResizeOldPLAB 用于调整 CMS 中 OldPLAB 的大小。参数的默认值为 false，表示不允许调整，并且参数在 JDK 14 中被移除，所以也不适用于 JDK 17。

参数 ResizePLAB 和 ResizeOldPLAB 不适用于 Parallel GC，Parallel GC 并未实现 PLAB 大小调整的功能，而是使用固定大小。

YoungPLAB 的调整通常需要所有 GC 工作线程的统计信息，如 YoungPLAB 分配的次数、大小、碎片化，然后预测后续 YoungPLAB 的大小。YoungPLAB 使用撞针的分配方法，虽然有一定的碎片化情况（在 PLAB 的尾部可能存在碎片化），但能明显地提高性能。

在 CMS 中，OldPLAB 的设计会相对困难。通常在 CMS 中通常会避免动态调整老生代 OldPLAB。原因是动态调整 OldPLAB 可能会加剧老生代碎片化。主要是因为 CMS 老生代是 FreeList 的方式，对于大小为 [0,256] 字的对象，直接在 List 高速分配，对于超过 256 字大小的对象，在一个字典中分配。如果要在 CMS 中为 OldPLAB 增加性能效率，需要为所有不同大小的 List 分配缓存，为每一个 GC 工作线程都分配缓存，这样的 List 才能做到高效无锁的分配，但这样的设计将导致更大的碎片化。为了在分配效率和碎片化之间取得平衡，CMS 实际上是为所有的 GC 工作线程缓存一个 [0,256] 字大小的列表，但是会根据 GC 使用字大小的情况预留一些空间，比如 16 字大小可能会预留 5 个空间。使用 ResizeOldPLAB 会在每次 GC 结束后调整列表预留的个数，随着应用的执行，可能会导致碎片化越来越严重。在运行的后期可能会因为碎片化触发 Full GC。所以通常在 CMS 中禁止自动调整 OldPLAB。

YoungPLABSize OldPLABSize	JDK 8、JDK 11、JDK 17	Parallel GC/CMS/G1

参数 YoungPLABSize 指定 Parallel GC/ParNew/G1 执行过程中 YoungPLAB 的大小。参数 OldPLABSize 指定 Parallel GC/ParNew/G1 执行过程中 OldPLAB 的大小。参数 YoungPLAB-Size 的默认值为 4096，表示 YoungPLAB 缓冲区的大小为 4096 字。参数 OldPLABSize 的默认值为 1024，表示 OldPLAB 缓冲区的大小为 1024 字。

Parallel GC 中不支持动态调整 PLAB，Serial GC 是串行的，无须支持这两个参数。

TargetSurvivorRatio	JDK 8、JDK 11、JDK 17	Serial/ParNew/G1

该参数是对整个 Survivor 空间进行划分的比例。

G1 中利用该值计算 To 空间分区的大小，计算方式为 $\dfrac{\text{Survivor\_size} \times \text{TargetSurvivorRatio}}{100}$，其中 Survivor_size 是两个 Survivor 分区空间的大小，如果 TargetSurvivorRatio 增大，那么用于下一次 To 空间的空间变大，晋升到 Old 分区的概率会减小。

在 Serial 和 CMS 中可以通过该参数调整晋升对象的次数。该参数越大，To 空间越大，晋升对象溢出的概率越小。

参数的默认值为 50，表示 To 空间占 Survivor 分区的 50%。

另外，该参数还与 TargetPLABWastePct 一起用于调整 PLAB 的大小。

TargetPLABWastePct	JDK 8、JDK 11、JDK 17	CMS/G1

TargetPLABWastePct 是用于控制计算动态 PLAB 的大小参数之一。该参数与参数 TLABWasteTargetPercent 的作用类似，为了准确控制 PLAB 浪费率，提供了参数 TargetPLAB-WastePct。

在 PareNew 中，浪费率 $\dfrac{\text{TargetSurvivorRatio}}{\text{TLABWasteTargetPercent}}$ 记为 refill_target，公式的含义是将 Survivor 分区中 To 分区的浪费率看作整个 Survivor 的浪费率，在 ParNew 中参数 TargetPLAB-WastePct 不能大于参数 TargetSurvivorRatio，否则表示没有任何浪费，就没有意义。

在 G1 中的用法也与之类似，只不过公式稍有不同，参数 TargetPLABWastePct 表示浪费的比例，即 $\text{desired\_plad} = \text{wasted} \times \dfrac{\text{TargetPLABWastePct}}{\text{G1LastPLABAverageOccupancy}}$。关于 G1 的参数，在 12.2 节中还会介绍。

参数 TargetPLABWastePct 的默认值为 10，表示 PLAB 的浪费比例。

PLABWeight OldPLABWeight	JDK 8、JDK 11、JDK 17	CMS/G1

在计算 ParNew/G1 中 PLAB 的大小时，使用的是衰减平均值的方法，通过历史 PLAB 的大小预测未来 PLAB 的大小。该参数表示最新的 PLAB 大小对预测值的贡献度。

参数 PLABWeight 的默认值为 75，表示预测下一次 YoungPLABSize 时最新 YoungPLAB-Size 的贡献度为 75%。

参数 OldPLABWeight 的默认值为 50，表示预测下一次 OldPLABSize 时最新 OldPLAB-Size 的贡献度为 50%。该参数仅适用于 CMS，且在 JDK 17 中被移除。

PretenureSizeThreshold	JDK 8、JDK 11、JDK 17	Serial/CMS

Mutator 分配对象时，若对象超过一定的阈值，则直接在老生代中分配，该参数控制阈值。参数 PretenureSizeThreshold 的默认值是 0，表示对象不管多大，都是先在 Eden 中分配内存。该参数不适用于 G1、Shenandoah，它们设置了大对象分区（G1 中可以认为大对象分区是老生代分区，Shenandoah 中只有一个代），当 Mutator 分配的对象大小超过一定的阈值时，直接在大对象分区中分配。

AlwaysPreTouch	JDK 8、JDK 11、JDK 17	ALL

当 JVM 向 OS 提交内存后，把提交的内存初始化为 0，这将访问内存（可能引起 OS 的缺页中断）。在 Shenandoah 中，该参数会被强制设置为 false。使用该参数的目的是在初始化时确保内存被分配，在 Mutator 运行过程中不会再出现按需使用的情况，这会降低初始化时的性能，但能加速运行时性能。该参数的默认值为 false，表示不对提交的内存初始化。

PreTouchParallelChunkSize	JDK 8、JDK 11、JDK 17	ALL

当 JVM 向 OS 提交内存后，把提交的内存初始化为 0，多个线程并行执行提交，每个线程提交的最小值。该参数的默认值与 OS 相关，在 Linux 系统中默认值为 4MB。

MarkStackSizeMax	JDK 8、JDK 11、JDK 17	CMS/G1

Minor GC 中采用深度遍历进行复制，需要使用标记栈，通过该参数可设置标记栈的最大值。在 64 位系统中，默认值为 512MB，在非 64 位系统中为 4MB。

Parallel GC 中线程私有标记的大小是固定设置，不可以通过参数设置。在 64 位系统中，默认值为 512KB，在非 64 位系统中为 64KB。

MarkStackSize	JDK 8、JDK 11、JDK 17	CMS/G1

该参数表示 Minor GC 中标记栈的大小。在 64 位系统中默认值为 4MB，在非 64 位系统中为 32KB。

ZMarkStacksMax	JDK 11	ZGC

该参数表示 ZGC 中并发标记过程中多个 GC 工作线程标记栈的最大值。参数的默认值为 8GB。

RefDiscoveryPolicy	JDK 8、JDK 11、JDK 17	Parallel GC/CMS/G1

该参数表示 Java 语言中引用对象的标记策略控制。共分以下两种。

- ❑ 0：引用者（Reference）位于老生代，被引用者（Referent）位于新生代，只有这样的 Referent 才能作为活跃对象。该策略被称为 ReferenceBasedDiscovery。
- ❑ 1：被引用者（Referent）位于新生代，而引用者（Reference）既可以位于新生代，也可以位于老生代，将这样的 Reference 作为活跃对象进行遍历。该策略被称为 ReferentBasedDiscovery。

和策略 0 相比，策略 1 可以更快地把引用对象加入活跃对象中，但是可能会带来额外的浮动垃圾。参数的默认值为 0。

ParallelRefProcEnabled	JDK 8、JDK 11、JDK 17	Parallel GC/CMS/G1

该参数控制 Java 的引用是否并行处理，适用于 Parallel GC/CMS/G1，ZGC 和 Shenandoah 是并发执行的，故不受该参数控制。参数的默认值在不同的 GC 和不同的 JDK 版本中不同，例如在 JDK 17 中 Parallel GC 设置为 false，表示不开启并行处理；在 G1 中设置为 true，表示开启任务处理。

ParallelRefProcBalancingEnabled	JDK 8、JDK 11、JDK 17	Parallel GC/CMS/G1/Shenandoah

该参数控制 Java 的并行引用处理过程中是否使用任务均衡机制来加速引用处理。引用处理的任务均衡指的是对同一类型引用任务队列（queue）进行平衡。参数的默认值为 true，表示进行任务均衡。

UseGCOverheadLimit GCTimeLimit GCHeapFreeLimit	JDK 8、JDK 11、JDK 17	Parallel GC/CMS

这些参数用于控制是否允许在 GC 运行时检查 GC 占用的时间和空间是否超过一定的阈值，如果超过并且达到一定的次数后，在 Full GC 执行完成后对 Mutator 的对象分配请求会强制返回 NULL（表示 OOM 异常）。次数通过参数 AdaptiveSizePolicyGCTimeLimitThreshold（后被改名为 GCOverheadLimitThreshold）控制，但是该参数是开发参数，默认值为 5，不能在发布版本中修改。

GC 时间占用的比例超过参数 GCTimeLimit 定义的阈值，表示系统负载较重。参数的默认值为 98，当参数设置为 100 时，表示不进行检查，相当于将参数 UseGCOverheadLimit 设置为 false。

若堆空间中新生代和老生代可用空间的比例低于参数 GCHeapFreeLimit 定义的阈值，则表示系统几乎没有空闲的空间。参数的默认值为 2，表示当 Full GC 发生时，老生代空闲的内存小于老生代内存的 2%，且新生代空闲的内存小于新生代内存的 2%，表示系统负载较重，后续在 Full GC 进行之后可能在对象分配时强制返回 NULL。

需要注意的是，该参数仅仅统计 Full GC 的运行情况。

参数 UseGCOverheadLimit 的默认值为 true，参数 GCTimeLimit 的默认值为 98，参数 GCHeapFreeLimit 的默认值为 2。这 3 个参数可以简单总结为，当发现有 5 次 Full GC（不需要连续 5 次 GC 都是 Full GC，也不是最近 5 次 Full GC）时，垃圾回收时间占比达到 98%，并且新生代和老生代的空闲内存都小于各自分区的 2% 时，在这次 Full GC 后 Mutator 再有内存请求，将终止运行。

PrefetchCopyIntervalInBytes	JDK 8、JDK 11、JDK 17	Serial/Parallel GC/CMS/G1

在新生代的串行 / 并行复制算法中，可以使用硬件指令（prefetch）预取数据，用于减少 Cache Miss。例如 64 位 Linux 通过 prefetch0 指令将 memory 的数据预读取到 cache 中，以减少访问主存的指令执行时的延迟。在 Linux 的 64 位系统中，该值被设置为 576。该参数与硬件相关，不同的硬件中设置不同。

PrefetchScanIntervalInBytes	JDK 8、JDK 11、JDK 17	Serial/Parallel GC/CMS/G1

在新生代的串行 / 并行复制算法、并发扫描、Full GC 中，会扫描内存。在 Linux 64 位系统中，PrefetchScanIntervalInBytes 的值被设置为 576。该参数与硬件相关，不同的硬件中设置不同。

UseCondCardMark	JDK 8、JDK 11、JDK 17	CMS

该参数用于设置是否允许优化处理卡表。在执行 store 指令，C1/C2 生成代码时，如果发现卡表已经被设置，则可以不再设置卡表。在 Serial/Parallel GC 中不会涉及并发处理，所以非常简单。CMS 可能涉及并发处理卡表，所以在检查卡表时还需要通过内存屏障指令进行数据同步。参数的默认值为 false。

BindGCTaskThreadsToCPUs	JDK 8、JDK 11	Parallel GC

该参数用于设置是否允许 GC 工作线程和 CPU 绑定，目前仅支持 Solaris 系统。参数的默认值为 false，在 JDK 17 中已经被删除。

UseGCTaskAffinity	JDK 8、JDK 11	Parallel GC

使用该参数，将根据亲缘性，把 GC 任务固定到对应的线程上。GC 任务指的是 Parallel GC 中的复制 / 标记等。参数的默认值为 false，在 JDK 17 已经被删除。

如果 JVM 没有支持绑定 CPU，是否存在其他方法实现线程和 CPU 的绑定？在 Linux 系统中可以通过 taskset 命令实现绑定。

NewSizeThreadIncrease	JDK 8、JDK 11、JDK 17	Serial/CMS

在分代垃圾回收器中，每次垃圾回收完成后可以调整新生代的大小，在调整时，根据线程的个数乘以该参数值，增加到新生代的空间中。

不同平台上该参数的默认值不同。在 Linux/X86 系统中该值为 4KB。

QueuedAllocationWarningCount	JDK 8、JDK 11、JDK 17	Serial/Parallel GC/CMS/G1

该参数指定当连续进行一定次数的垃圾回收动作后，将输出警告信息（主要是进行了几次垃圾回收、请求的内存等信息）。参数的默认值为 0，表示不输出。

MarkSweepDeadRatio	JDK 8、JDK 11、JDK 17	Serial/Parallel GC/CMS/G1

根据强分代理论，如果对象长期存活，可能在后续也会继续存活，可以把这些可能长期存活的对象放在一起，然后在 Full GC 时跳过这部分空间，可以节约回收的时间。但是在运行过程中，这些长期存活的对象一定会有对象死亡，此时按照标记 – 压缩算法就需要对这些对象占用的空间进行压缩，无法节约时间。为此，引入参数 MarkSweepDeadRatio，表示当死亡对象尚未超过空间的一定阈值时，仍然不移动压缩这些活跃对象[⊖]。

参数的默认值为 5，表示死亡对象浪费的最大占比为堆空间的 5%。Parallel GC 在初始时将该参数的默认值修改为 1。

在 JDK 17 中，G1 开始支持该参数。

MarkSweepAlwaysCompactCount	JDK 8、JDK 11、JDK 17	Serial/Parallel GC/CMS

由于使用参数 MarkSweepDeadRatio 会跳过部分死亡对象，因此会导致 Full GC 压缩效率不高，所以经过一定次数的 Full GC 后，会强制执行一次不跳过任何死亡对象的标记 – 压缩。参数 MarkSweepAlwaysCompactCount 控制跳过死亡对象的标记 – 压缩次数。参数的默认值为 4，表示每 4 次跳过死亡对象后，第 5 次 Full GC 不会跳过死亡对象。

GCDrainStackTargetSize	JDK 8、JDK 11、JDK 17	Parallel GC/G1

在并行复制算法和并发标记中，可能涉及多个线程的任务均衡，从其他线程的标记栈取数据，VM 为了保证每个线程执行的效率，会为每个线程保留一定数量的对象，保留对象暂时不被其他线程窃取。参数 GCDrainStackTargetSize 控制线程标记被保留的数量，默认值为 64，表示保留 64 个对象用于线程窃取。

DisableExplicitGC	JDK 8、JDK 11、JDK 17	ALL

使用该参数，调用 System.gc() 时不触发垃圾回收。其默认值为 false，表示触发 Java 代码中调用 System.gc() 会触发 Full GC。

在一些 Java 代码 RMI 的实现中，有一个周期性线程调用 System.gc()，而 Full GC 又影响性能，当发现内存满足应用的需求时可以使用该参数。

⊖　此处要注意具体的实现，意味着需要跳过死亡对象，可以简单地认为死亡对象仍然存活，但实际上并非如此。因为死亡对象的类数据已经被回收，所以实际上是在这些死亡对象处重新插入 int[] 对象。

9.1.6 大页和 NUMA 参数

本节介绍 JVM 为使用 OS 而提供的大页和 NUMA 特性相关的参数。

UseLargePages	JDK 8、JDK 11、JDK 17	ALL

该参数控制 JVM 向 OS 请求内存时使用大页的粒度。使用该参数时需要对 OS 进行配置，只有 OS 允许时才能真正启动。参数的默认值与平台相关，一般为 false。

LargePageHeapSizeThreshold	JDK 8、JDK 11、JDK 17	Parallel GC/G1/ZGC

在允许使用大页方式向 OS 请求内存时，如果堆空间小于该阈值，则强制禁止大页使用。该参数的默认值为 128MB。

UseLargePagesIndividualAllocation	JDK 8、JDK 11、JDK 17	ALL

在允许使用大页方式向 OS 请求内存时，优先在本地节点进行分配。该参数仅适用于 Windows 系统。

LargePageSizeInBytes	JDK 8、JDK 11、JDK 17	ALL

在允许使用大页方式向 OS 请求内存时，如果 OS 提供了多种大页的设置，可通过该参数选择其中的大页设置。参数的默认值为 0，表示使用 OS 默认的大页设置。

UseNUMA	JDK 8、JDK 11、JDK 17	Parallel GC/G1/ZGC

该参数控制在 Mutator 分配内存时 JVM 优先从本地节点进行分配。参数的默认值为 false。

UseNUMAInterleaving	JDK 8、JDK 11、JDK 17	Parallel GC/G1/ZGC

当使用 NUMA 分配时，使用 Interleave 的方式在每个 NUMA 节点分配内存。

NUMAInterleaveGranularity	JDK 8、JDK 11、JDK 17	Parallel GC/G1/ZGC

当使用 NUMA 分配时，使用 Interleave 的方式在每个 NUMA 节点分配内存，可使用该参数控制每次分配的内存量。参数的默认值为 2MB，仅适用于 Windows 系统。

UseAdaptiveNUMAChunkSizing NUMAPageScanRate NUMASpaceResizeRate NUMAChunkResizeWeight	JDK 8、JDK 11、JDK 17	Parallel GC

当使用 NUMA 分配时，使用参数 UseAdaptiveNUMAChunkSizing 允许自动调整多个 NUMA 节点管理的内存量。参数的默认值为 true。

在自动调整每个 NUMA 时，可使用历史数据对未来使用的内存进行预测。参数 NUMA-ChunkResizeWeight 控制最新的数据对于预测值的贡献，默认值为 20，表示最新数据对于预测值的贡献为 20%。

参数 NUMAPageScanRate 控制 NUMA 节点调整时一次最多处理的页面数，默认值为 256，该参数的功能需要 OS 支持。

参数 NUMASpaceResizeRate 控制 NUMA 节点调整时一次最大调整的内存量，默认值为 1GB，表示一次最大调整 1GB 内存。

| NUMAStats | JDK 8、JDK 11、JDK 17 | Parallel GC |

当使用 NUMA 分配时，控制输出 NUMA 的状态信息。参数的默认值为 false。

9.1.7　GC 日志相关参数

本节介绍 GC 日志输出的相关参数。

| PrintGC | JDK 8、JDK 11、JDK 17 | ALL |

该参数打印 JVM 中 GC 相关的日志信息，默认值为 false，表示不打印。在 JDK 9 中被丢弃，等价于 -Xlog:gc。

| PrintGCDetails | JDK 8、JDK 11、JDK 17 | ALL |

该参数打印 JVM 中 GC 详细的日志信息，默认值为 false，表示不打印。在 JDK 9 中被丢弃，等价于 -Xlog:gc*。

9.1.8　其他参数

本节介绍一些 GC 周边功能的参数，如元数据、字符串回收等设置。

| AggressiveHeap | JDK 8、JDK 11、JDK 17 | ALL |

AggressiveHeap 是 JVM 早期调优参数之一，会检测主机的物理内存大小（不会使用 MaxRAM），然后调整相关的参数，使得长时间运行的、内存申请密集的任务能够以最佳状态运行。

它是早期 JVM 提供的内存优化打包方案，目前已经不推荐使用。使用 AggressiveHeap 的条件是内存大于 256MB。使用该参数后，下面的参数将被设置：

1）MaxHeapSize，如果内存大于 320MB，则 MaxHeapSize 为内存的一半；如果内存小于 320MB，则 MaxHeapSize 为内存减去 160MB。

2）InitialHeapSize、MinHeapSize，与上面最大堆空间相同。

3）NewSize，为最大堆空间的 3/8，即 $NewSize = MaxHeapSize \times \frac{3}{8}$。

4）MaxNewSize，与 NewSize 相同。

5）UseLargePages，除 BSD 和 AIX 系统外，其他系统都强制使用大页，参数设置为 true。

6）ResizeTLAB，禁止 TLAB 大小的变化，设置为 false。

7）TLABSize，大小为 256KB。

8）YoungPLABSize，大小为 256KB。

9）OldPLABSize，大小为 8KB。

10）UseParallelGC，设置为 true，使用 Parallel GC 回收。

11）ThresholdTolerance，减少 Parallel GC 中对象晋升阈值的变化。设置为 100，表示当新生代或者老生代所用的时间是对方的 2 倍时，增大或者减小晋升的阈值。

12）ScavengeBeforeFullGC，设置为 false，不允许在执行 Full GC 或者 CMS 的再标记阶段前执行 Minor GC。

13）BindGCTaskThreadsToCPUs（仅 JDK 8 和 JDK 11 中），强制开启线程和 CPU 的绑定，参数设置为 true，只在 Solaris 平台上有用。

BlockOffsetArrayUseUnallocatedBlock	JDK 8、JDK 11、JDK 17	CMS

该参数用于在 CMS 中对 BOT 结构中未分配空间的起始地址进行设置。如果设置该参数，在计算使用内存时会更加准确，在寻找 sweep 的截止点时也更加准确，否则使用空闲空间（Free 空间）的 end 作为结束点（可能会多计算一些尚未使用的空间）。该参数的默认值为 false。

> 注意 谨慎使用该参数。原因是该参数可能在并发执行时不能正确地获得未使用空间，在早期的版本中该参数会导致 CMS 运行错误。建议测试后再使用。

VerifyObjectStartArray	JDK 8、JDK 11、JDK 17	Parallel GC/CMS

该参数用于验证 BOT 中记录的对象地址是否正确（正确是指 BOT 指向的地址是一个对象）。默认值为 true，表示允许验证。该参数需要配合其他的验证参数（如 VerifyBeforeGC、VerifyAfterGC）使用，仅适用于 Parallel GC、CMS。

SafepointTimeout SafepointTimeoutDelay	JDK 8、JDK 11、JDK 17	ALL

以上参数输出线程无法进入安全点的信息。参数 SafepointTimeout 为 true 时，线程经过一定时间后（由参数 SafepointTimeoutDelay 控制）无法进入安全点，将输出信息。参数 SafepointTimeout 的默认值为 false，表示不输出；参数 SafepointTimeoutDelay 的默认值为 10 000，表示线程 10 秒无法进入安全点时才会输出信息。

ClassUnloading	JDK 8、JDK 11、JDK 17	ALL

该参数在垃圾回收时执行类卸载，参数的默认值为 true，表示进行类卸载。

ClassUnLoadingWithConcurrentMark	JDK 8、JDK 11、JDK 17	CMS/G1/Shenandoah

该参数在垃圾回收时并发执行类卸载，参数的默认值为 true，仅适用于存在并发标记

的垃圾回收。

SoftRefLRUPolicyMSPerMB	JDK 8、JDK 11、JDK 17	ALL

该参数控制 Java 软引用对象的存活时间，根据空闲内存的大小计算存活时间。参数的默认值为 1000，表示每增加 1MB 空间，软引用多存活 1 秒。

MinHeapDeltaBytes	JDK 8、JDK 11、JDK 17	Serial/Parallel GC/CMS/G1

在进行垃圾回收后可以扩展内存，由该参数控制每次扩展内存的最小量。在 32 位系统中参数的默认值为 128KB，表示一次至少可以扩展 128KB 的内存。

MetaspaceSize MaxMetaspaceSize	JDK 11、JDK 17	ALL

这两个参数分别表示元数据空间的最初大小和最大大小。在 32 位系统中，参数 MetaspaceSize 的默认值为 16MB，在 64 位系统中，参数 MetaspaceSize 的默认值为 21MB。参数 MaxMetaspaceSize 如果没有设置，则会根据不同的回收策略得到不同的值。

MetaspaceReclaimPolicy	JDK 11、JDK 17	ALL

该参数表示元数据空间的回收策略，有 3 种选择：balanced、aggressive 和 none，参数的默认值为 balanced。不同策略的内存粒度和回收方式略有不同。主要区别如下。

1）none：不回收元数据空间，分配粒度为 64KB，分配时每次都请求 64KB 的内存。

2）aggressive：回收元数据空间，分配粒度为 16KB，分配时可以重用空间。

3）balanced：回收元数据空间，分配粒度为 64KB，分配时可以重用空间。

MinMetaspaceFreeRatio MaxMetasapceFreeRatio	JDK 11、JDK 17	ALL

在垃圾回收结束后，可以动态调整元数据空间的大小，当内存使用高于一定的比例时会扩展内存，当内存使用低于一定的比例时会收缩内存。参数 MinMetaspaceFreeRatio 表示回收后空闲元数据空间至少超过该阈值，参数的默认值为 40，表示期望回收后空闲元数据空间预留占 40%，不足 40% 时会扩展内存；参数 MaxMetaspaceFreeRatio 表示回收后空闲元数据空间至多达到该阈值，参数的默认值为 70，表示期望回收后空闲元数据空间最多预留占 70%，超过的部分内存被收缩。

MinMetaspaceExpansion MaxMetaspaceExpansion	JDK 11、JDK 17	ALL

在垃圾回收后可以扩展元数据空间，该参数控制每次扩展的内存量。在 32 位系统中参数 MinMetaspaceExpansion 的默认值为 256KB。参数 MaxMetaspaceExpansion 的默认值为 4MB，表示一次扩展的内存量小于 256KB 则扩展至 256KB，扩展量为 256KB～4MB，则扩展至 4MB，扩展量大于 4MB，则扩展实际数量再加上 256KB。

StringTableSize SymbolTableSize	JDK 11、JDK 17	ALL

这两个参数表示 JVM 内部 hash table 的大小，StringTableSize 用于表示缓存字符串的个数，SymbolTableSize 用于缓存符号对象的个数。在 32 位系统中两个参数的默认值均为 1024，在 64 位系统中两个参数的默认值均为 65 536。

9.2　GC 实验参数

9.2.1　GC 选择相关参数

在 GC 演化过程中，GC 会首先成为实验 GC，一般会引入新的 GC 选择参数。

UseEpsilonGC	JDK 11、JDK 17	Epsilon

使用 Epsilon GC 进行内存管理。

准确地说，Epsilon 不能称为垃圾回收器，更准确的称谓是内存管理器，它只有内存分配相关的实现，而没有对垃圾回收对象的识别和回收。这个"垃圾回收器"用于特殊的情况（如不需要进行垃圾回收），衡量垃圾回收器的基线版本数据。

9.2.2　引用处理相关参数

本节介绍控制引用处理的相关参数。

ReferencesPerThread	JDK 11、JDK 17	Parallel GC/ParNew/CMS/G1/Shenandoah

该参数用于控制并行引用处理的线程数目，在 Java 引用并行处理的情况下（ParallelRefProcEnabled 为 true），根据引用的数量计算并行线程的个数。该参数的默认值为 1000，即每 1000 个引用对象增加一个线程（当然最多线程数目不能超过允许的最大值，例如 ParallelGCThreads）。

9.2.3　GC 任务均衡相关参数

本节介绍并行 GC 任务均衡的相关参数。

WorkStealingHardSpins WorkStealingSpinToYieldRatio WorkStealingYieldsBeforeSleep WorkStealingSleepMillis	JDK 8、JDK 11、JDK 17	Parallel GC/ParNew/CMS/G1/ZGC/Shenandoah

并发任务均衡的终止协议具体参考 5.4.2 节。在并行任务终止时需要先执行 Spin，然后执行 Yield，最后再执行 Sleep。

参数 WorkStealingHardSpins 和 参数 WorkStealingSpinToYieldRatio 控制 Spin 执行指令的最大次数（一般通过循环实现）。参数 WorkStealingHardSpins 的默认值为 4096，参数 WorkStealingSpinToYieldRatio 的默认值为 10，表示每 10 轮 Spin 之后，执行一次 Yield，每一轮 Spin 执行的次数不超过 4096（第一轮 Spin 执行的次数为 4，第 10 轮 Spin 执行的次数为 4096，按照等比数列依次从第 1 轮增加到第 10 轮）。

Yield 每 经 过 一 定 的 次 数 进 入 Sleep，控 制 Yield 的 参 数 为 WorkStealingYields-BeforeSleep，参数的默认值为 5000，表示要执行 5000 次 Yield 才会进入 Sleep。

当进入 Sleep 后，一次睡眠的时间长度由参数 WorkStealingSleepMillis 控制，参数的默认值为 1，表示每次睡眠 1 毫秒。

> 注
> 意　Yield 在 CPU 出让之后还能很快获得，Sleep 出让 CPU 之后重新调度。yield() 只是使当前线程重新回到可执行状态，所以执行 yield() 的线程有可能在进入可执行状态后马上被执行。

9.3　GC 诊断参数

9.3.1　GC 工作线程相关参数

本节介绍控制 GC 线程数的参数。

InjectGCWorkerCreationFailure	JDK 11、JDK 17	Parallel GC/CMS/G1/Shenandoah

该参数控制当 JVM 允许动态调整 GC 工作线程数时（参数 UseDynamicNumberOfGC-Threads 设置为 true），是否把创建的线程作为执行工作任务的线程池。参数 InjectGCWorker-CreationFailure 设置为 false 时，允许创建 GC 工作线程并把线程放入线程池；设置为 true 时，允许创建 GC 工作线程，但该线程不会作为工作任务的线程池使用，每当有新的工作任务时，都将创建新的线程。

> 注
> 意　在目前的实现中，并行任务都会预初始化一个线程池，所以该参数控制的是并行任务执行过程中需要更多的工作线程（超过线程池）时的处理方法。

目前建议不要修改这个设置，保持为 false。

ForceDynamicNumberOfGCThreads	JDK 11	Parallel GC/CMS/G1/Shenandoah

在允许动态改变 GC 并行 / 并发工作线程数的情况下（参数 UseDynamicNumber-OfGCThreads 设置为 true），并且设置过参数 ParallelGCThreads、ConcGCThreads，如果该参数为 true，则表示参数 ParallelGCThreads、ConcGCThreads 无效，JVM 仍然为动态地计算并行 / 并发线程的个数；如果该参数为 false，则 JVM 不会改写并行 / 并发线程数。参数

的默认值为 false。

在 JDK 17，该参数已经被移除。

9.3.2 GC 校验相关参数

本节介绍在 GC 执行的不同阶段验证内存状态是否一致的参数，例如在 GC 执行前验证内存的使用状态和额外数据结构存储的信息是否一致。

VerifyDuringStartup	JDK 8、JDK 11、JDK 17	ALL

该参数在 JVM 启动 VM 线程时做一些验证，如检查 Java 中所有对象是否有效或者为 NULL。不同 JDK 版本对于参数的支持完备度不同，例如在 JDK 11 中 ZGC 尚未实现该功能，在 JDK 17 中 ZGC 才支持该功能。参数的默认值为 false，表示不验证。

VerifyBeforeExit	JDK 8、JDK 11、JDK 17	Serial/Parallel GC/CMS/G1

JVM 在 VMThread 结束时，即 JVM 退出时会做一些验证。不同 JDK 版本对于参数的支持完备度不同。另外，ZGC 和 Shenandoah 尚未实现该功能。参数 VerifyBeforeExit 的默认值为 false，表示不验证。

VerifyBeforeGC	JDK 8、JDK 11、JDK 17	ALL

在 GC 执行之前会做一些验证。不同 GC 对于验证功能的实现不同。参数 VerifyBeforeGC 的默认值为 false，表示不验证。

VerifyDuringGC	JDK 8、JDK 11、JDK 17	ALL

该参数用于控制在 GC 执行时做一些验证。不同 GC 对于验证功能的实现不同。参数的默认值为 false，表示不验证。

VerifyAfterGC	JDK 8、JDK 11、JDK 17	ALL

该参数用于控制在 GC 执行之后做一些验证。不同 GC 对于验证功能的实现不同。参数的默认值为 false，表示不验证。

VerifyGCStartAt	JDK 8、JDK 11、JDK 17	Parallel GC/ParNew/CMS/G1

在 Parallel GC/ParNew/CMS/G1 中，当执行 GC 相关的验证时（VerifyBeforeGC/Verify-DuringGC/VerifyAfterGC），当 GC 的次数大于一定的阈值才会启动验证。阈值由参数 VerifyGCStartAt 定义，参数的默认值为 0，表示不进行额外筛选。

VerifyGCLevel	JDK 8、JDK 11、JDK 17	Serial/CMS

在分代垃圾回收时存在两个代，该参数决定验证新生代还是所有的内存。该参数的取值为 0 或者 1，当设置为 0 时，仅验证新生代；为 1 时验证新生代和老生代。该参数需要配

合参数 VerifyBeforeGC/VerifyAfterGC 才能使用。参数的默认值为 0。

VerifyGCType	JDK 8、JDK 11、JDK 17	G1

该参数为 G1 的不同阶段增加一些验证。可取的值为 young-normal、concurrent-start、mixed、remark、cleanup、full 和 All。参数的默认值为空串，表示不验证。

VerifySubSet	JDK 8、JDK 11、JDK 17	G1

在验证时，默认会针对所有的 GC Root 做验证。通过该参数可以指定验证的对象。可取的值为 threads、heap、symbol_table、string_table、codecache、dictionary、classloader_data_graph、metaspace、jni_handles、codecache_oops。目前仅 G1 实现该粒度的验证。参数的默认值为空串，表示不验证。

GCParallelVerificationEnabled	JDK 8、JDK 11、JDK 17	G1

该参数用于控制验证时是否允许进行并行多任务验证，参数的默认值为 true，表示使用多线程并行验证。目前仅 G1 实现了该功能。

VerifyRememberedSets	JDK 8、JDK 11、JDK 17	Parallel GC/G1

该参数用于验证引用集的正确性。仅适用于 Parallel GC 和 G1（G1 中会验证引用是否从老生代出发、引用中是否包含被引用的对象、卡表中对象是否是 dirty，以及引用关系修改等；Parallel GC 中验证引用关系的正确性、是否存在遗漏老生代到新生代的引用指针）。CMS 没有提供引用集相关的验证。该参数的默认值为 false，表示不验证。

VerifyObjectStartArray	JDK 8、JDK 11、JDK 17	Parallel GC

该参数用于 Parallel GC 中的 Minor GC 或 Full GC 验证老生代中对象地址和 BOT 表记录的信息是否一致。关于 BOT，可以参考 3.2.5 节。该参数的默认值为 false，表示不验证。

VerifyArchivedFields	JDK 17	ALL

对于支持 CDS（类共享机制）的 GC，可以使用该参数验证 CDS 加载后对象的关系是否正确。参数的默认值为 false，表示不验证。

9.3.3　其他参数

本节介绍 GC 执行过程中与特殊优化相关的参数，例如安全点进入控制参数。

DeferInitialCardMark	JDK 8、JDK 11、JDK 17	Parallel GC/CMS/G1

该参数用于延迟卡表的初始化。在 C2/JVMCI 编译优化下，当打开编译选项 Reduce-InitialCardMarks（默认是打开的）时，如果该参数为 true，将延迟卡表的初始化。

在执行 C2 或者 JVMCI 编译器编译出来的代码时，当遇到对象分配，可以把对象的引用关系的初始化推迟到对象分配结束再处理,这样能获得更高的性能。该参数控制是否允许卡表的初始化在对象分配结束后进行,如果设置为 true 则表示允许,否则表示不允许。参数的默认值为 false。

UseSemaphoreGCThreadsSynchronization	JDK 11	Parallel GC/ParNew/CMS/G1/ZGC/Shenandoah

该参数控制 JVM 内部 GC 工作线程的同步机制使用 Semaphore 还是早期的 Mutex 机制(该机制也是 Java 中 Synchronize 在 JVM 的实现)。Semaphore 机制依赖于 OS 的 API,Mutex 是 JVM 对 OS 的 API 进行了封装。Mutex 存在多个线程的竞争等待及通知机制,可能存在无效通知,更多的信息可参考 Jira⊖。

参数的默认值为 true,表示使用最新的 Semaphore 机制。该参数在 JDK 17 中被移除。

BlockOffsetArrayUseUnallocatedBlock	JDK 8、JDK 11	CMS

在 CMS 中,由于使用 FreeList 管理内存,因此通过参数额外对 BOT 结构中未分配空间的起始地址进行记录。如果设置该参数为 true,在计算使用内存时会更加准确,在寻找清除(Sweep)的范围时也更加准确;否则使用空闲空间(Free 空间)的 end 作为结束点(可能会多计算一些尚未使用的空间)。该参数的默认值为 false。

> 注意 谨慎使用该参数。原因是该参数可能在并发执行时不能正确地获得未使用空间,在早期的版本中该参数会导致 CMS 运行错误。建议测试后再使用。

SafepointALot GuaranteedSafepointInterval	JDK 11、JDK 17	ALL

这两个参数控制是否允许周期性地产生进入安全点的操作,执行一些常规工作,例如 intern 清理等。当参数 SafepointALot 设置为 true 时,每间隔一段时间(由参数 GuaranteedSafepointInterval 控制)就会进入安全点。参数 SafepointALot 的默认值为 false,表示不进行周期性地进入安全点操作;参数 GuaranteedSafepointInterval 的默认值为 1000,表示当允许周期性地进入安全点时,每间隔 1 秒进入一次。

9.4 可动态调整的参数

在应用运行时可以动态地调整堆空间的参数,以便在进行 GC 时调整内存使用量。本节介绍相关参数。

SoftMaxHeapSize	JDK 17	ZGC/Shenandoah

在 ZGC 和 Shenandoah 中实现了 SoftMaxHeap 的功能,该参数定义最大堆空间的工作

⊖ https://bugs.openjdk.java.net/browse/JDK-8087324

集上限，超过该阈值的内存空间在满足一定条件后可以释放给操作系统。参数的默认值为
0，表示该值与 MaxHeapSize 相同。关于 SoftMaxHeapSize 的设计信息，可参考 3.1.2 节。

MinHeapFreeRatio MaxHeapFreeRatio	JDK 8、JDK 11、JDK 17	Serial/Parallel GC/CMS/G1

在垃圾回收结束后，可以动态调整新生代、老生代使用的大小。当内存使用高于一定
的比例时会扩展内存，当内存使用低于一定的比例时会收缩内存。参数 MinHeapFreeRatio
表示回收后空闲内存至少超过该阈值，参数的默认值为 40，表示期望回收后空闲内存预留
占 40%，不足 40% 时会扩展内存；参数 MaxHeapFreeRatio 表示回收后空闲内存至多达到
该阈值，参数的默认值为 70，表示期望回收后空闲内存最多预留占 70%，超过部分内存被
收缩。

9.5　重要参数小结

通用参数通常适用于所有 GC，但是由于早期代码的规范性不够，一些 GC 特有的参数
也放在该通用参数中。本节仅总结适用于大部分 GC 的参数，一些 GC 特有的、比较重要的
则会放在后续章节中再次介绍。需要关注的参数如表 9-2 所示。

表 9-2　GC 特有参数

参　数	说　明
ParallelGCThreads	除 Serial 外所有 GC 适用，控制并行任务的个数
ConcGCThreads	除 Serial、Parallel GC 外所有 GC 适用，控制并发任务的个数
MaxHeapSize/Xmx	所有 GC 适用，控制堆最大可用空间
MinHeapSize/Xms	所有 GC 适用，控制堆最小可用空间
NewSize/Xmn	适用于分代 GC，控制新生代大小，控制 G1 最好通过停顿时间自动调整
MaxGCPauseMillis	适用于 Parallel GC 和 G1，控制 GC 的最大停顿时间
TLABSize	Mutator 并行分配时的缓存大小
YoungPLABSize/OldPLABSize	适用于分代 GC，控制复制算法在对象转移时多线程的缓存大小

Chapter 10

第 10 章

Parallel GC 参数

本章介绍并行垃圾回收使用的参数。并行垃圾回收分为新生代回收和老生代回收,新生代使用并行复制算法,老生代使用并行压缩算法。控制并行回收的多数参数在第 9 章已经介绍过,本章主要补充一些仅适用于并行回收的参数。

10.1 生产参数

10.1.1 并行压缩相关参数

Parallel GC 中执行 Full GC 时考虑了强分代理论,在压缩时会跳过部分死亡对象,以减少对象移动的成本。但是跳过死亡对象过多则会浪费可用的内存空间,所以需要控制最多跳过死亡对象占用的空间,从而取得效率和性能的平衡。跳过死亡对象占用空间通过一个较为复杂的方法进行计算,Parallel GC 为了动态调整跳过死亡对象,使用了正态分布(关于正态分布的更多信息,可以参考 8.2.5 节)。

跳过死亡对象总的大小 dead_wood_limiter = OldSpace_Capacity × Limiter。通过该公式计算得到跳过死亡对象的总大小。其中 Limiter 的计算方式如下:

$$\text{Limiter} = f\left(\frac{\text{OldSpace\_live}}{\text{OldSpace\_capacity}}\right) - f(1.0) + \frac{\text{MarkSweepDeadRatio}}{100}$$

其中 MarkSweepDeadRatio 在第 9 章已经介绍过,$f(x)$ 为正态分布函数,如下:

$$f(x) = \frac{1}{\sigma\sqrt{2\pi}} e^{-\frac{(x-u)^2}{2\sigma^2}}$$

为了平衡回收效率和内存使用的关系,Parallel GC 提供了 3 个参数用于控制 Full GC

是否跳过死亡对象。除此以外，Parallel GC 还提供了参数修正上述公式中的 σ 和 u（分别表示平均差和均值）。

HeapMaximumCompactionInterval	JDK 8、JDK 11、JDK 17	Parallel GC

第一个控制是：老生代回收每间隔一定次数之后不再跳过死亡对象，进行全量压缩。该参数的默认值为 20，表示每经过 20 次 Full GC 都会执行一次全量压缩。

HeapFirstMaximumCompactionCount	JDK 8、JDK 11、JDK 17	Parallel GC

第二个控制是：当老生代回收次数首次达到该阈值时不再跳过死亡对象，进行全量压缩。该参数的默认值为 3，表示自应用启动后，第 3 次 Full GC 会执行全量压缩。

UseMaximumCompactionOnSystemGC	JDK 8、JDK 11、JDK 17	Parallel GC

第三个控制是：由 System.gc() 触发的 Full GC 不跳过死亡对象，进行全量压缩。该参数的默认值为 true，表示 System.gc() 触发的 Full GC 会执行全量压缩。

ParallelOldDeadWoodLimiterMean	JDK 8、JDK 11、JDK 17	Parallel GC

该参数用于控制正态分布的均值，默认值为 50，表示 $\mu = 0.5$。

ParallelOldDeadWoodLimiterStdDev	JDK 8、JDK 11、JDK 17	Parallel GC

该参数用于控制正态分布的标准差，默认值为 80，表示 $\sigma = 0.8$。

对于均值为 0.5、标准差为 0.8 的正态分布，图形如图 10-1 所示。

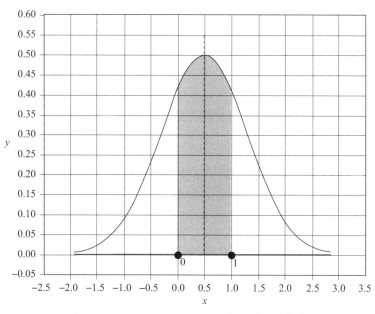

图 10-1　$\mu = 0.5$，$\sigma = 0.8$ 正态分布对应的曲线

根据正态分布计算公式可以得知，Limiter 的最大值为 0.098（活跃对象占比为 50%），最小值为 0.01（活跃对象占比为 0% 或者 100%）。

对象的活跃占比处于 [0.0, 1.0]，一般来说，活跃对象占比越高，跳过的死亡对象越少，这样才能回收更多的内存（当然需要移动的对象也越多）。从这个角度出发，应该调整正态分布的图形，让区间 [0.0, 1.0] 对应曲线斜率下降的部分（导数小于 0）。以 $\mu = 0$，$\sigma = 0.5$ 为例，图形如图 10-2 所示。

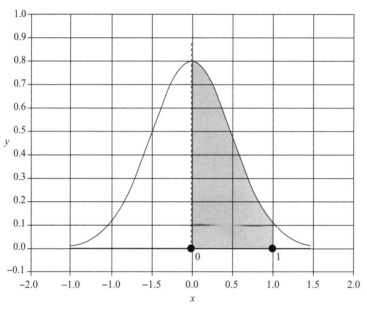

图 10-2　$\mu = 0$，$\sigma = 0.5$ 正态分布对应的曲线

10.1.2　并行复制相关参数

本节介绍并行复制执行过程中针对数组优化的控制参数。

PSChunkLargeArrays	JDK 8、JDK 11、JDK 17	Parallel GC

在 Minor GC 复制对象时，如果待转移对象是数组类型，当该参数为 true 且数组的长度超过一定的阈值时，数组会被拆分成多个小对象多次转移，每次转移仅仅处理一部分对象。参数的默认值为 true，表示允许数组被拆分。

10.2　重要参数小结

Parallel GC 中需要调整的参数比较少，重要参数已经在第 9 章中指明。除此以外，使用 Parallel GC 只需要关注如表 10-1 所示参数。

表 10-1　Parallel GC 相关参数

参　　数	说　　明
PSChunkLargeArrays	将大对象数组拆分成多次处理，一次处理对象的个数由参数 ParGCArrayScanChunk 控制（默认值为 50）

第 11 章

CMS 参数

本章介绍并发垃圾回收 CMS 使用的参数，CMS 垃圾回收算法是分代算法，新生代采用 ParNew，老生代采用狭义的 CMS 算法。

11.1 生产参数

11.1.1 老生代分配相关参数

老生代内存管理使用链表和链表树，分配内存时为了平衡内存分配效率、碎片化等，提供了一些控制参数，本节介绍相关参数。

UseCMSBestFit	JDK 8、JDK 11	CMS

从老生代分配内存时，从空闲链表分配内存使用最佳匹配法。若该参数为 true，则采用最佳匹配法，如果最佳匹配法不能成功，则采用首次匹配法。若该参数为 false，则直接采用首次匹配法。参数的默认值为 true。

最佳匹配指的是从空闲链表中分配内存，总是寻找一个和请求内存一样大小的空闲内存块，首次匹配指的是只要空闲块内存大于请求内存，就可以使用。

> 注意 虽然老生代采用多条空闲链表保存不同大小的空闲内存块，但是当某些空闲链中没有可用的空闲内存块时，使用最佳匹配法无法成功分配内存，则需要从更大的空闲内存块中请求内存并分配。

CMSIndexedFreeListReplenish	JDK 8、JDK 11	CMS

当使用最佳匹配法无法从空闲链表中成功分配内存时，将从更大的空闲链表内存块中进行分配。老生代存在多个空闲链表（不同的空闲链表保存不同大小的空闲内存块），在选择更大的空闲链表时，为了减少内存的碎片化，可以从一个整数倍大小（也称为放大系数）的空闲链表中获取一个内存块。该参数控制就是放大系数，参数的默认值为 4，表示从 4 倍大小的空闲链表中获取一个内存块。

> 注意　老生代空闲链表的最大的内存块为 256 字，超过 256 字时将从二叉树中分配一个内存块。

假设请求的内存块大小为 n，如果没有合适的空闲内存，将从 $4n$ 处获取内存块，获取成功，则将 $4n$ 拆分成 4 个内存块，返回 1 个给 Mutator，剩余 3 个保持在大小为 n 的空闲链表中。如果无法从 $4n$ 处获取内存块，则将从 4^2n 处获取；当请求的内存块超过 256 字时，将从二叉树中分配。

CMSReplenishIntermediate	JDK 8、JDK 11	CMS

该参数控制递归分配后内存块的位置。

假设请求的内存块大小为 n，如果没有合适的空闲内存，将从 $4n$ 处获取内存块；如果 $4n$ 处仍然没有可用的内存块，将从 4^2n 处获取。当从 4^2n 处成功获取内存块后，有两种处理策略：

1）分成一个 $4n$ 大小的内存块用于内存分配，并且将 3 个 $4n$ 大小的内存块放在 $4n$ 大小的空闲链表中，按照这样的方式，可以使大小为 n 和 $4n$ 的空闲链表中都有 3 个内存块。

2）将从 4^2n 处获得的内存块全部放在大小为 n 的空闲链表中，1 个用于内存分配请求，剩余 15 个内存块放在空闲链表中。

参数 CMSReplenishIntermediate 用于选择控制策略，当参数为 true 时使用第一种策略，当参数为 false 时使用第二种策略。参数的默认值为 true，默认选择第一种策略。

CMSSplitIndexedFreeListBlocks	JDK 8、JDK 11	CMS

在 Minor GC 执行过程中，对象可能会从新生代晋升到老生代，从空闲链表中获取空闲内存块，如果无法获取大小完全一致的空闲内存块，可通过该参数控制是否尝试从更大的空闲链表内存块中获取空闲内存块。参数的默认值为 true，表示从更大的空闲链表中获取空闲内存块。

由于晋升比较特殊，在晋升过程中会根据 PLAB 的历史信息推断需要每类大小的内存块的个数，当从空闲链表中无法获取空闲内存块时，会一次预分配多个内存块。假设请求的内存块大小为 s，一次请求的内存块个数为 m，如果参数设置为 true，那么当无法获取大小为 s 的内存块时，将从 $2s$、$3s$、$4s$…大小的空闲链表中依次尝试获取。由于一次性需要 m 个块，当从 $2s$ 大小的空闲链表中获取时只需要 $m/2$ 个块。如果 $2s$ 大小的空闲链表中有空闲内存块，则尽量满足 $m/2$ 的个数；但是如果数量不够也不会继续分配，即只要找到一个空闲内存块就会结束整个分配过程。

当参数为 false 时，如果无法获取大小完全一致的空闲内存块，则不会继续从空闲链表中更大的内存块中获取空闲内存块，而是直接从二叉树中获取内存块。

11.1.2 老生代合并相关参数

本节介绍 CMS 算法执行并发合并时的一些控制参数。

FLSCoalescePolicy	JDK 8、JDK 11	CMS

该参数用于设置空闲内存块合并策略，可参考 4.4.9 节。取值为 0，1，2，3，4，含义如下：

- ❏ 0 表示空闲内存块不合并。
- ❏ 1 表示只有当可以合并的内存块中左右相连的空闲内存块的大小都超过了所在空闲链表预测的内存块个数时才会合并。
- ❏ 2 表示当可以合并的内存块左相连的空闲内存块的大小超过了所在空闲链表预测的内存块个数时才会合并。
- ❏ 3 表示当可以合并的内存块左相连或者右相连的空闲内存块的大小超过了所在空闲链表预测的内存块个数时就会合并。
- ❏ 4 表示只要内存块相连就会合并，不考虑空闲链表预测的信息。

参数的默认值为 2。参数的值越大，合并策略越激进。

FLSAlwaysCoalesceLarge	JDK 8、JDK 11	CMS

该参数用于设置空闲内存块最大内存块的合并策略。在空闲链表中找到一个最大的空闲内存块，控制当可回收的内存块和最大空闲内存相连时是否进行合并。参数的默认值为 false，表示不合并；将参数设置为 true 时表示合并。

FLSLargestBlockCoalesceProximity	JDK 8、JDK 11	CMS

该参数用于设置空闲内存块中最大内存块的合并策略。在空闲链表中找到一个最大的空闲内存块，进行合并处理。但是在合并时需要考虑左右相连的内存块是否满足预测值，所以要设置一个空间范围，在最大空闲内存块往前的一定范围内，如果内存块地址和最大空闲内存块地址相连，则直接合并。参数的默认值为 0.99，表示地址位于 $[0.99 \times \text{LargestAddress}, \text{LargestAddress}]$⊖ 区间的空闲内存块都会被尝试合并到最大内存块。

11.1.3 空闲列表管理相关参数

老生代使用多条空间链表和一个二叉树管理内存空间，每个空闲链表存储固定大小的

⊖ 注意，此处区间和实现中稍有区别，实际上是 $[0.99 \times \text{LargestAddress} + 0.01 \times \text{BaseAddress}, \text{LargestAddress}]$，这样的区间才是（LargestAddress–BaseAddress）× 0.01 的长度。

空闲内存，而空闲内存块的个数和分配效率和回收效率密切相关。所以 JVM 实现了一个
数学模型，管理内存块的分配和合并。

首先为每一个空闲链表存储一些信息，主要包含如下内容：

```
ssize_t      _desired;              //期望的内存块个数
ssize_t      _coal_desired;         //清除过程中合并后期望的内存块个数，由_desired计算得到
ssize_t      _surplus;              //分配中可用的内存块个数，由_desired计算得到
ssize_t      _bfr_surp;             //清除过程执行前可用的内存块个数
ssize_t      _prev_sweep;           //上一次清除结束后的内存块个数
ssize_t      _before_sweep;         //清除过程开始前内存块的个数
ssize_t      _coal_births;          //清除过程中合并内存块增加的个数
ssize_t      _coal_deaths;          //清除过程中合并到其他内存块时减少的个数
ssize_t      _split_births;         //分配过程中拆分其他内存块增加的个数
ssize_t      _split_deaths;         //分配过程中拆分本内存块减少的个数
```

JVM 实现的整体思路如下：

1）计算从上一次清除 Sweep 结束后到现在为止需要的内存块个数，记为 demand：

demand = _prev_sweep–current_count + _split_births + _coal_births–_split_deaths–_coal_deaths

其中 current_count 是到现在为止可用的空闲内存块个数。

2）根据 Sweep 执行的历史时长，预测下一次 Sweep 执行的时间，记为 inter_sweep_estimate。同时还可以预测 Sweep 间隔的时间，记为 intra_sweep_estimate。

3）计算内存块消耗的速率，记为 rate，则 rate = demand / inter_sweep_estimate。

4）根据 rate 的数据，预测到下一次 Sweep 执行结束之前内存块的使用速率，记为 desired_rate。

5）根据 desired_rate、inter_sweep_estimate 计算 _desired，则 _desired = desired_rate × inter_sweep_estimate。

6）根据 _desired 计算 _coal_desired 和 _surplus，其中：

_coal_desired = _desired × _coal_desired_parameter（修正系数）

_surplus = current_count–_desired × _surplus_parameter（修正系数）

对于空闲链表，_coal_desired 的修正系数（_coal_desired_parameter）使用参数 CMSSmallCoalSurplusPercent，默认值为 1.05，表示空闲链表多分配几个空闲块；_surplus 的修正系数（_surplus_parameter）使用参数 CMSSmallSplitSurplusPercent，默认值为 1.1，_surplus 的值表示空闲链表中有多少个可用于拆分（小内存块不足时会从更大的内存块请求）。

对于二叉树中每一个 tree node（树节点也都是一个空闲链表），_coal_desired 的修正系数（_coal_desired_parameter）使用参数 CMSLargeCoalSurplusPercent，默认值为 0.95，表示空闲链表少分配几个空闲块；_surplus 的修正系数（_surplus_parameter）使用参数 CMSLargeSplitSurplusPercent，默认值为 1.0，_surplus 的值表示空闲链表中有多少个可用于拆分（小内存块不足时会从更大的内存块请求）。

CMS_SweepTimerThresholdMillis	JDK 8、JDK 11	CMS

在计算 _desired 的过程中，希望 inter_sweep_estimate 的时长大于一定的阈值，原因是 Sweep 执行时间太短，计算得到的 rate 误差会比较大，所以 Sweep 对于执行时间小于阈值的统计都直接丢弃。该参数的默认值为 10，表示只有执行时间达到 10 毫秒的 Sweep 才会更新统计数据，重新计算 _desired。

CMS_FLSWeight	JDK 8、JDK 11	CMS

在计算 desired_rate 的过程中需要记录 rate，并使用衰减平均值的方法预测下一次 Sweep 消耗内存的速率。衰减计算中使用了两个参数，其中第一个参数 CMS_FLSWeight 表示最近数据的权重，历史数据的权重为 100 – CMS_FLSWeight。参数的默认值为 75，表示最新 rate 在预测的 desired_rate 权重占 75%。

CMS_FLSPadding	JDK 8、JDK 11	CMS

在计算 desired_rate 的过程中，衰减计算使用的第二个参数 CMS_FLSPadding 用于调整衰减均值，衰减均值使用预测的均值加上该参数乘以衰减方差。该参数的默认值为 1。

CMSSmallCoalSurplusPercent	JDK 8、JDK 11	CMS

该参数用于调整空闲链表的 _coal_desired。_coal_desired 用于控制空闲内存块的合并策略，当合并策略 FLSCoalescePolicy 的值定义为 1、2、3 时，如果内存块个数尚未达到预测值，则新的内存块不会参与合并。该参数的默认值为 1.05。

CMSLargeCoalSurplusPercent	JDK 8、JDK 11	CMS

该参数用于设置二叉树节点的 _coal_desired。_coal_desired 用于控制空闲内存块的合并策略，当合并策略 FLSCoalescePolicy 的值定义为 1、2、3 时，如果内存块个数尚未达到预测值，则新的内存块不会参与合并。该参数的默认值为 0.95。

> 注意 二叉树节点和空闲链表的参数设置不同的原因是，二叉树中存放的内存块比较大，使用率一般较低，尽量合并可以减少内存碎片；而空闲链表采用放大系数是为了提高分配的效率。

CMSSmallSplitSurplusPercent	JDK 8、JDK 11	CMS

该参数用于调整空闲链表的 _surplus。_surplus 用于控制空闲内存块的拆分策略，该值大于 0 表示用小内存块拆分的内存块个数。该参数的默认值为 1.1。

CMSLargeSplitSurplusPercent	JDK 8、JDK 11	CMS

该参数用于调整二叉树节点的 _surplus。_surplus 用于控制空闲内存块的拆分策略，该

值大于 0 表示用小内存块拆分的内存块个数。该参数的默认值为 1.0。

CMSExtrapolateSweep	JDK 8、JDK 11	CMS

该参数用于计算空闲链表每一类型（指的是不同大小的链表）的 Freechunk 的个数。当该参数为 false 时，个数依赖于 count 和每一次 Sweep 执行的时间；当参数为 true 时，个数依赖于 count 乘以每一次 Sweep 执行的时间和 Sweep 执行之间的时间的和。默认值为 false。当参数设置为 true 时，内存中碎片的情况会更严重一些。

在计算 _desired 时使用 _desired = desired_rate × inter_sweep_estimate，并未考虑 Sweep 间隔之间老生代也会分配空间。使用该参数控制是否将 Sweep 间使用的内存块也放在 _desired 的预测过程中，如果参数 CMSExtrapolateSweep 为 true，则表示 Sweep 间使用的内存块也会考虑，此时 _desired 的计算公式调整为 _desired = desired_rate × (inter_sweep_estimate + intra_sweep_estimate)。如果参数 CMSExtrapolateSweep 为 false，则不调整 _desired 的计算方式。该参数的默认值为 false（主要原因是老生代的使用主要是 Minor GC 中对象晋升造成的，Mutator 直接分配占比相对较少，所以只需要考虑 Sweep 间的内存使用）。

CMS_SweepWeight	JDK 8、JDK 11	CMS

在计算 inter_sweep_estimate 和 intra_sweep_estimate 的过程中需要记录 Sweep 执行的时长及间隔的时长，并使用衰减平均值的方法预测下一次的值。衰减计算中使用了两个参数，其中第一个参数 CMS_SweepWeight 表示最近数据的权重，历史数据的权重为 100–CMS_SweepWeight。参数的默认值为 75，表示最新 Sweep 的执行时长和间隔时长在预测的 inter_sweep_estimate 和 intra_sweep_estimate 中权重占 75%。

CMS_SweepPadding	JDK 8、JDK 11	CMS

在计算 inter_sweep_estimate 和 intra_sweep_estimate 的过程中，衰减计算使用的第二个参数 CMS_SweepPadding 用于调整衰减平均值，衰减平均值使用预测的均值加上该参数乘以衰减方差。该参数的默认值为 1。

11.1.4　老生代预清理相关参数

本节介绍 CMS 算法执行并发清理和预清理时的一些控制参数。

CMSPrecleanRefLists1	JDK 8、JDK 11	CMS

该参数控制在清理阶段是否对发现的 Java 引用做处理（处理是指标记活跃的 Java 引用）。参数的默认值为 true，表示进行处理。

CMSPrecleanSurvivors1	JDK 8、JDK 11	CMS

该参数控制在清理阶段是否对 Survival 分区做标记（处理 Survival 分区是为了减少

Remark 阶段的执行时间，在 Remark 阶段会把新生代作为根进行重新标记）。参数的默认值为 false，表示不处理。

CMSPrecleanRefLists2	JDK 8、JDK 11	CMS

该参数控制在可终止的清理阶段是否对发现的 Java 引用做处理。参数的默认值为 false，表示不处理。

CMSPrecleanSurvivors2	JDK 8、JDK 11	CMS

该参数控制在可终止的清理阶段是否对 Survival 分区做标记。参数的默认值为 true，表示把 Survival 分区作为根重新标记。

CMSScheduleRemarkEdenSizeThreshold	JDK 8、JDK 11	CMS

若 Eden 使用的内存小于该值，则不会进入"可终止的预清理"阶段，直接进入 Remark 阶段（新生代很小，即使把整个新生代作为老生代的根，标记时长也有限）。该参数的默认值为 2MB。

> 注意 当该参数设置得超过 Eden 的大小，则永远不会进入可终止的预清理阶段。

CMSMaxAbortablePrecleanLoops	JDK 8、JDK 11	CMS

该参数用于设置可终止的预清理最多执行的次数。当参数设置为 0 时，表示不对执行次数进行控制。参数的默认值为 0。

CMSMaxAbortablePrecleanTime	JDK 8、JDK 11	CMS

该参数用于设置可终止的预清理阶段最长执行的时间，超过该时间则停止执行。参数的默认值为 5000，表示可终止的预清理阶段最多执行 5000 毫秒（即 5 秒）。

CMSAbortablePrecleanMinWorkPerIteration	JDK 8、JDK 11	CMS

该参数和参数 CMSAbortablePrecleanWaitMillis 配合使用，来控制清理和预清理阶段一次处理的对象的个数的最小值，可参考参数 CMSAbortablePrecleanWaitMillis 的介绍。

CMSPrecleaningEnabled	JDK 8、JDK 11	CMS

该参数用于设置是否允许进行预清理和可终止的预清理阶段。参数的默认值为 true，表示执行预清理和可终止预清理阶段。如果将参数设置为 false，则直接进入 Remark 阶段。

CMSPrecleanThreshold	JDK 8、JDK 11	CMS

该参数是在预清理和可终止的预清理阶段，在循环处理 MUT 时，控制循环提前终止的条件之一。若发现 MUT 中对象的个数小于该参数定义的阈值，则终止执行。参数的默认值为 1000。

CMSPrecleanIter	JDK 8、JDK 11	CMS

该参数用于在预清理和可终止的预清理阶段，控制处理 MUT 最大的循环次数。参数的默认值为 3，取值范围为 [0, 9]。

在生产环境中若该参数设置过大，可能导致后台回收时间变长，前台 GC 不能得到响应。

CMSPrecleanNumerator CMSPrecleanDenominator	JDK 8、JDK 11	CMS

上面两个参数是在预清理和可终止的预清理阶段循环处理 MUT 时，控制循环提前终止的另一种方式。

参数 CMSPrecleanNumerator 和 CMSPrecleanDenominator 配合使用，当发现前后两次从 MUT 找到的对象变化不大时终止循环执行。这两个参数分别控制前一次处理对象个数和后一次处理对象个数的缩放因子。参数的默认值分别为 2 和 3，表示新一次处理对象的个数至少是前一次处理对象个数的 2/3，否则终止循环。

CMSScheduleRemarkEdenPenetration	JDK 8、JDK 11	CMS

该参数用于进行可终止的预清理阶段的启动控制。在预清理结束后会判断是否需要启动可终止的预清理阶段。当 Eden 使用的比例超过该参数定义的阈值时，会启动可终止的预清理（如果 Eden 使用的比例较低，直接进入 Remark 阶段耗时不会太长，所以无须执行额外的可终止预清理阶段）。

参数的默认值为 50，表示 Eden 使用的比例超过 50% 时才会启动可终止的预清理阶段，否则直接进入 Remark 阶段。

CMSScheduleRemarkSamplingRatio	JDK 8、JDK 11	CMS

该参数用于控制是否对 Eden 进行抽样操作。

抽样的原因是在 Remark 阶段使用多线程进行并行处理，而且 Eden 作为 Remark 阶段的根，将 Eden 划分成多个 Chunk 以便多线程并行处理（否则将由一个 GC 工作线程将整个 Eden 视为根进行再标记）。Eden 划分成多个 Chunk 后，会记录每个 Chunk 中第一个对象的地址，这样 Remark 的并行线程就可以找到起始位置。

在预清理阶段，当 Eden 使用比例小于一定的阈值才会启动抽样操作。阈值 threshold 由参数 CMSScheduleRemarkSamplingRatio 和 CMSScheduleRemarkEdenPenetration 定义， $threshold = \dfrac{CMSScheduleRemarkEdenPenetration}{CMSScheduleRemarkSamplingRatio \times 100}$ ，此时说明 Eden 使用得不多。对 Eden 进行抽样，成本不高，且能提高 Remark 的并行执行速度。

CMSSamplingGrain	JDK 8、JDK 11	CMS

对 Eden 抽样时，需要预先对 Eden 进行划分，该参数控制 Eden 划分的粒度。参数的默

认值为 16KB，表示 Eden 按照 16KB 划分成多个 Chunk。

CMSEdenChunksRecordAlways	JDK 8、JDK 11	CMS

该参数用于控制在何时对 Eden 进行抽样。

如果将参数设置为 true，则每次使用 Eden 空间的时候（即 Mutator 分配内存时）直接执行抽样，记录每个 Chunk 中第一个对象的起始地址；如果将参数设置为 false，则在预清理和可终止的预清理阶段进行 Eden 抽样。参数的默认值为 true。

11.1.5 老生代再标记相关参数

本节介绍 CMS 算法执行再标记时的一些控制参数。

CMSParallelRemarkEnabled	JDK 8、JDK 11	CMS

该参数用于进行再标记并行执行控制。参数的默认值为 true，表示使用多线程并行执行 Remark，否则使用串行执行 Remark。

CMSParallelSurvivorRemarkEnabled	JDK 8、JDK 11	CMS

该参数用于控制是否允许在初始标记和再标记时并行处理 Survival 分区（Survival 分区会作为根，并行化后可以让多个线程处理）。参数的默认值为 true，表示允许并行处理 Survival 分区。该参数需要与 CMSParallelRemarkEnabled 配合使用，只有当两者都为 true 时，Survival 分区才能并行处理。参数的默认值为 true。

Survival 分区并行处理的思路与 Eden 并行处理基本一致，但是划分方法有所不同。将 Survival 分区划分成 ParallelGCThreads 个 Chunk 即可，这样每个线程都能处理一个 Chunk（而且 Chunk 在使用过程中会保证对象是从 Chunk 的边界开始，所以无须额外查找第一个对象的起始地址）。

CMSPLABRecordAlways	JDK 8、JDK 11	CMS

该参数用于控制在何时对 Survival 分区进行抽样。该参数需要和 CMSParallelSurvivorRemarkEnabled 配合使用，如果参数 CMSParallelSurvivorRemarkEnabled 设置为 true，那么参数 CMSPLABRecordAlways 也为 true，则在 Minor GC 过程中确定 Chunk 的边界（即在 Eden 的分配过程中主动判断 Chunk 的边界），如果参数 CMSPLABRecordAlways 为 false，则在预清理和可终止的预清理阶段重新计算 Chunk 的起始地址。

CMSScavengeBeforeRemark	JDK 8、JDK 11	CMS

该参数用于控制再标记执行之前是否执行一次 Minor GC。如果为 true，表示在执行 Remark 之前先执行一次 Minor GC。参数的默认值为 false，表示在 Remark 执行前不执行 Minor GC。

如果在 Remark 执行之前执行一次 Minor GC，可以大大减少新生代的活跃对象数（此时只有 Survival 分区存在活跃对象，Eden 为空），可以减少新生代作为 Remark 阶段的根带来的浮动垃圾。

CMSRemarkVerifyVariant	JDK 8、JDK 11	CMS

该参数用于在再标记结束后，验证标记后的内存状态。参数的默认值为 1，可选取值为 1 和 2，分别表示两种验证对象的实现。

CMSRescanMultiple	JDK 8、JDK 11	CMS

在进行并行再标记时，需要重新扫描 CT 和 MUT 覆盖的内存的所有区间，每个并行任务按照一定的粒度扫描内存。粒度由该参数控制，参数的默认值为 32，表示为 32×4096 字节，等于 128KB，即每个并行任务一次扫描 128KB 的内存。

11.1.6　Minor GC 相关参数

本节介绍并行复制算法执行时的一些控制参数。

ParGCUseLocalOverflow	JDK 8、JDK 11	CMS

该参数用于控制是否允许在 ParNew 的复制过程中标记栈溢出时是否使用线程局部溢出栈。如果参数为 true，则表示使用，否则不使用（不使用局部溢出栈时，会将所有的溢出对象放在全局链表中，全局链表尽量借助对象本身的 klass 成员，只有在特殊情况下才会在链表中分配新的节点）。参数的默认值为 false。

当使用 UseCompressedOops 时，一定要打开该参数（因为进行对象压缩时，会根据长度对数组进行划分，多次入栈。但是压缩格式之后，长度丢失，所以必须使用线程局部溢出栈），如果不打开该参数，JVM 也会强制打开。

ParGCTrimOverflow	JDK 8、JDK 11	CMS

该参数用于控制晋升过程中标记栈溢出对象处理的时机。若参数为 true，则在每个并行 GC 线程的标记栈处理结束后会立即处理溢出栈；若参数为 false，则在所有 GC 工作线程完成标记后再处理溢出标记栈。

当参数 ParGCUseLocalOverflow 为 true 时（GC 工作线程由局部溢出栈），将参数 ParGCTrimOverflow 设置为 true 可以让每个线程并行处理自己的溢出栈。参数的默认值为 true。

ParGCDesiredObjsFromOverflowList	JDK 8、JDK 11	CMS

在 CMS 的并发标记阶段和 ParNew 复制过程中都有可能出现溢出，在处理溢出对象时，将溢出栈的一些对象放入标记栈中，该参数控制一次转移的对象数。参数的默认值为 20，表示一次转移 20 个对象到线程的局部标记栈中。

CMSPrintChunksInDump	JDK 8、JDK 11	CMS

该参数用于在晋升失败时，输出所有老生代内存块的信息。参数的默认值为 false，表示不输出。

输出信息时需要确保日志级别为 trace。

CMSPrintObjectsInDump	JDK 8、JDK 11	CMS

在晋升失败时，输出所有老生代对象的信息。参数默认值为 false，表示不输出。

输出信息时需要确保日志级别为 trace。

CMSOldPLABMax	JDK 8、JDK 11	CMS

该参数表示 CMS 老生代中 PLAB 的最大值，主要用于确保 ResizeOldPLAB 自动调整 PLAB 时，PLAB 不能超过该阈值。参数的默认值为 1024。

CMSOldPLABMin	JDK 8、JDK 11	CMS

该参数表示 CMS 老生代中 PLAB 的最小值，主要用于确保 ResizeOldPLAB 自动调整 PLAB 时，PLAB 不能小于该阈值。参数的默认值为 16。

CMSYoungGenPerWorker	JDK 8、JDK 11	CMS

当没有显式地设置新生代大小相关的参数时，JVM 提供了一种计算新生代大小的方法：使用该参数乘以并行线程的个数。

该参数的意思是，在 JVM 执行过程中一个 GC 工作线程使用的内存数量。该参数与平台相关，在 X86 下是 64MB。

11.1.7　老生代 GC 触发控制相关参数

CMS 算法为了能智能地启动老生代回收，设计了多种触发 Major GC 的方案。本节介绍相关参数。

UseCMSInitiatingOccupancyOnly	JDK 8、JDK 11	CMS

这是控制如何启动并发标记的参数。若参数设置为 true，则根据内存的使用比例来判断是否启动并发标记；若参数设置为 false，将启发式推断是否需要启动并发标记。参数的默认值为 false。

CMSInitiatingOccupancyFraction CMSTriggerRatio	JDK 8、JDK 11	CMS

这两个参数用于控制并发标记启动。当参数 UseCMSInitiatingOccupancyOnly 设置为 true 时，使用这两个参数计算内存使用的阈值，如果内存使用比例达到阈值，则启动并发标记。

1）当参数 CMSInitiatingOccupancyFraction 大于等于 0 时，参数值直接作为内存使用的阈值。

2）当参数 CMSInitiatingOccupancyFraction 小于 0 时，使用 CMSTriggerRatio 计算内存使用的阈值。计算方法如下：

$$Occupancy = \frac{100 - MinHeapFreeRatio + \dfrac{CMSTriggerRatio \times MinHeapFreeRatio}{100}}{100}$$

当内存使用超过公式 Occupancy 的值时，则启动并发标记。

公式中的 MinHeapFreeRatio 的默认值为 40。当 CMSTriggerRatio 设置为 0 时，表示老生代内存使用达到 60%，启动并发标记；当 CMSTriggerRatio 设置为 100 时，表示老生代内存使用达到 100%，才能启动并发标记。参数 CMSTriggerRatio 的默认值为 80，表示老生代内存使用达到 92%，启动并发标记。

参数 CMSInitiatingOccupancyFraction 的默认值为 –1，使用 CMSTriggerRatio 计算的阈值为 92（注意，不同版本得到的计算值可能有所不同）。

CMSExpAvgFactor CMSBootstrapOccupancy CMSIncrementalSafetyFactor	JDK 8、JDK 11	CMS

在 CMS 老生代的回收启动中提到，当参数 CMSInitiatingOccupancyFraction 为 false 时，会自适应判断是否触发老生代回收，可参考 4.4.3 节。自适应计算阈值的方法如下：

1）收集 Minor GC 晋升对象的大小及 Minor GC 的执行时间，记为 promoted 和 minor_gc_period，并预测未来执行 Minor GC 时晋升所需的空间及执行时间。

2）收集 CMS 并发执行过程中 Mutator 对象分配的历史数据和执行时间，记为 cms_allocated 和 cms_period，预测未来 CMS 并发执行过程对象分配所需的空间。

3）计算 CMS 执行过程中内存的消耗比例：

$$consume\_rate = \frac{promoted + cms\_allocated}{minor\_gc\_period}$$

4）计算老生代空间除去本次 Minor GC 晋升所需空间后最长可以执行的时间 expection_time：

$$expection\_time = \frac{free - promoted}{comsume\_rate}$$

5）计算一次 CMS 并发标记和 Minor GC 的执行时间：

$$target = cms\_period + minor\_gc\_period$$

注意，这里为 target 增加了 minor_gc_period 修正误差，主要是因为大多数情况下可能都会额外执行一次 Minor GC。

6）比较 target 和 expection_time，如果 target 大于 expection_time，则启动并发标记（说明回收无法满足内存分配需求，所以需要立即启动老生代回收）。

CMS 执行时间指的是后台 CMS 执行时间。在 CMS 执行时间、Minor GC 晋升耗时都需要收集历史数据，并预测未来的值。在预测过程中也使用衰减平均值方式，参数 CMSExpAvgFactor 控制最新数据对计算结果的贡献，默认值为 50，表示最新数据对预测值贡献占比达到 50%。在使用预测模型时需要收集一些历史数据后才能预测，如果没有足够的数据就无法预测。需要定义一个初始阈值，由参数 CMSBootstrapOccupancy 定义，表示启动第一次老生代的条件是老生代内存使用比例到达阈值，启动并发标记。参数 CMSBootstrapOccupancy 的默认值为 50。

在预测老生代的最大可执行时间 expection_time 时，为了保证预测结果的准确性，对尚未使用的内存（free）做一些修正。修正方式为 $\text{free} = \text{free} \times \dfrac{100 - \text{CMSIncrementalSafetyFactor}}{100}$。参数 CMSIncrementalSafetyFactor 的默认值为 10，这样计算得到的 expection_time 时间更为保守一些（相当于留一些内存未分配）。

11.1.8　老生代并行 / 并发控制相关参数

本节介绍 CMS 算法执行时与并行或者并发控制相关的一些参数。

CMSParallelInitialMarkEnabled	JDK 8、JDK 11	CMS

该参数用于控制在并发标记过程的初始标记阶段是否使用多线程并行处理标记。参数的默认值为 true，表示并行执行。

CMSConcurrentMTEnabled	JDK 8、JDK 11	CMS

该参数用于控制在并发标记过程的并发标记阶段是否使用多线程并发处理标记。参数的默认值为 true，表示并发执行。

在参数为 true 的情况下，会判断是否存在多个并发线程（即 ConcGCThreads 是否大于 1），如果存在多个并发线程才能并发执行，否则串行执行。

CMSCleanOnEnter	JDK 8、JDK 11	CMS

这是 Remark 阶段的优化控制参数。在初始标记时，如果对象只是完成分配而尚未初始化，则此对象之后的地址的 MUT 才能被使用；当标记到该对象时，MUT 中在此对象之前的对象应该已经全部处理完成，所以可以清除 MUT，从而加快 Remark 的速度。参数的默认值为 true，表示允许优化。但是当多个线程执行并发标记时，会强制将该参数设置为 false，这里存在 bug。更多信息可以参考 Jira[⊖]。

CMSConcMarkMultiple	JDK 8、JDK 11	CMS

在并发标记阶段，每个标记线程一次会标记一块内存区。该参数控制每个标记线程工

⊖　https://bugs.openjdk.java.net/browse/JDK-6178663

作的内存区。参数的默认值为 32，表示为 32×4096 字节，即 128KB。可参考 4.4.5 节并发标记的内容。

CMSYield	JDK 8、JDK 11	CMS

在后台 CMS 标记执行时，为了防止并发操作执行时间过长（预清理、清除和复位阶段会访问空闲链表，导致 Mutator 无法在老生代分配内存），在执行过程中会主动让出 CPU 执行。该参数控制是否允许进行这一操作，如果设置为 true，则允许放弃 CPU 执行。参数的默认值为 true。

CMSYieldSleepCount	JDK 8、JDK 11	CMS

在后台 CMS 标记执行时，为了防止阻塞 Mutator 的分配，会让出 CPU 执行。为了保证能让出 CPU，并发线程会休眠（Sleep）1 毫秒（否则 Mutator 可能无法获得调用）。该参数控制并发线程 Sleep 的最大次数。参数的默认值为 0。如果遇到并发线程无法正确让出 CPU 时可以设置该值。更多信息可以参考 Jira[一]。

CMSCoordinatorYieldSleepCount	JDK 8、JDK 11	CMS

如果后台 CMS 执行过程中的并发标记阶段需要让出 CPU，但在一些情况下虽然并发标记线程让出了 CPU，但是 Mutator 还是无法获得执行（由于 OS 调度）。同样设置并发线程 Sleep 机制，该参数控制并发线程 Sleep 的最大次数。参数的默认值为 10。如果遇到并发线程无法正确让出 CPU 时可以设置该值。更多信息可以参考 Jira[二]。

CMSBitMapYieldQuantum	JDK 8、JDK 11	CMS

CMS 执行的最后阶段是复位（Reset），需要对并发标记使用的标记位图进行复位。该参数控制并发线程一次复位标记位图的最大内存范围，默认值为 10MB 空间。

CMSWorkQueueDrainThreshold	JDK 8、JDK 11	CMS

再标记阶段多个线程并行执行，在执行过程中多个线程任务可能不均衡，当线程任务执行完毕后，可以从其他线程中窃取任务进行标记。当设置该参数后，标记线程总是预留一部分对象暂不标记，在任务均衡阶段用于其他线程的任务窃取。该参数的默认值为 10，表示每个工作线程预留 10 个对象到任务窃取阶段。

11.1.9　其他参数

本节介绍 CMS 算法执行时和效率相关的其他控制参数，例如 PLAB 大小调整的控制参数。

[一]　https://bugs.openjdk.java.net/browse/JDK-6442774
[二]　https://bugs.openjdk.java.net/browse/JDK-6445193

CMSOldPLABResizeQuicker CMSOldPLABToleranceFactor CMSOldPLABNumRefills CMSOldPLABReactivityFactor	JDK 8、JDK 11	CMS

当允许动态调整 PLAB 大小时（要求 ResizeOldPLAB 为 true），通过这 4 个参数控制如何调整 PLAB 的值。

> 注意 CMS 的老生代采用多条链表和二叉树链表存储空闲内存块，所以 PLAB 是根据历史数据预测每种内存块需要的个数，也就是多条链表和二叉树链表空闲内存块的个数。

使用参数 CMSOldPLABResizeQuicker 控制 Minor GC 的晋升过程，当无法分配内存块，动态调整内存块的个数，并且一次分配多个内存块供 Mutator 使用。参数 CMSOldPLAB-ResizeQuicker 的默认值为 false，表示不调整。

如果将参数 CMSOldPLABResizeQuicker 设置为 true，那么内存块个数的计算方式如下：

1）根据历史数据，预测对应内存块的个数，记为 n_blk。

2）记录 Minor GC 过程中超过 PLAB 预测值的内存块个数，记为 count。

3）根据请求的字节数动态调整 n_blk 的大小：

$$n\_blk = n\_blk \times \left(1 + CMSOldPLABReactivityFactor \times \frac{count \times CMSOldPLABToleranceFactor}{CMSOldPLABNumRefills}\right)$$

4）根据 n_blk 的大小一次性请求多个内存块。

5）更新 count。

参数 CMSOldPLABToleranceFactor 的默认值为 2，CMSOldPLABNumRefills 的默认值为 4，CMSOldPLABReactivityFactor 的默认值为 4。

上述 4 个参数用于一次 Minor GC 中由于 Mutator 请求的内存块大小突然变化，根据变化设计的一种优化方案。

另外，参数 CMSOldPLABNumRefills 也用于调整 PLAB 的大小，在 Minor GC 执行结束后会调整每个内存块的个数。由于 Minor GC 中会临时增加内存块的个数，将临时增加的内存块个数用作 PLAB 的预测。在计算 PLAB 时，为了减少误差，将内存块个数除以CMSOldPLABNumRefills。

从这里可以看出，CMS 中 PLAB 的预测需要不断跟踪内存块的使用情况，然后将临时增加的内存块用于历史数据并作预测，所以在 CMS 中动态调整 PLAB 的成本比较高，通常会直接禁止 OldPLAB 大小的调整（即将 ResizeOldPLAB 设置为 false）。

如果禁止动态调整 PLAB，则 OldPLABSize 大小的默认值为 1024，即多条链表中每一条链表的内存块加起来是 1024 字。例如大小为 256 字的链表，有 4 个内存块。

CMSClassUnloadingEnabled	JDK 8、JDK 11	CMS

该参数用于控制并发标记过程中是否进行类回收。当参数设置为 true 时，表示可以进行类回收，设置为 false 时表示不进行类回收。参数的默认值为 true。

> 🎥 注意　当 ClassUnloading 设置为 false 时，CMSClassUnloadingEnabled 被强制设置为 false。

CMSClassUnloadingMaxInterval	JDK 8、JDK 11	CMS

这是控制并发标记过程中是否进行类回收的条件之一。当参数 CMSClassUnloading-Enabled 为 true 时，每间隔一定次数的并发标记才执行一次类回收。该参数控制次数，默认值为 0，表示每次并发标记都会执行类回收。

CMSIsTooFullPercentage	JDK 8、JDK 11	CMS

这也是控制并发标记过程中是否进行类回收的条件之一。当参数 CMSClassUnloading-Enabled 为 true，且老生代内存使用率达到该阈值之后进行类回收。该参数控制阈值，默认值为 98，表示老生代使用率超过 98% 时进行类回收。

11.2　诊断参数

11.2.1　老生代碎片化相关参数

本节介绍 CMS 算法执行时老生代内存和元数据一致性验证的参数。

FLSVerifyAllHeapReferences	JDK 8、JDK 11	CMS

该参数用于校验堆内存中所有指向老生代空间的对象都是有效的对象。有效指的是如果校验发生在标记后，则被引用者对应的卡块被标记过。该参数的默认值为 false，表示不校验。

FLSVerifyLists	JDK 8、JDK 11	CMS

该参数用于校验老生代空间多条链表和二叉树信息的正确性。信息正确指的是数据结果存储的信息和遍历链表或者树以后得到的信息（主要指内存的大小、内存块的个数）相同。该参数的默认值为 false，表示不校验。

FLSVerifyIndexTable	JDK 8、JDK 11	CMS

该参数用于校验老生代空间多条空闲链表信息的正确性。信息正确指的是数据结果存储的信息和遍历链表后得到的信息（主要指内存的大小、内存块的个数）相同。该参数的默认值为 false，表示不校验。

11.2.2　Minor GC 效率相关参数

本节介绍 ParNew 算法执行效率的一些控制参数。

ParGCCardsPerStrideChunk	JDK 8、JDK 11	CMS

在 ParNew 复制过程中，要把卡表（CT）作为根，把整个 CT 划分成多个内存块，每个线程一次处理一个内存块。参数 ParGCCardsPerStrideChunk 的默认值为 256，表示有 256 个卡块，则内存区间为 $256 \times 512 = 128KB$。

假如老生代为 4GB，则内存块有 4GB / 128KB = 32K。可参考 4.2.2 节内容。

ParGCStridesPerThread	JDK 8、JDK 11	CMS

在 ParNew 复制过程中，要把卡表（CT）作为根，把整个 CT 划分成多个内存块后，将多个内存块映射到 $n \times$ ParallelGCThread 个集合中，每个 GC 工作线程处理的集合数目为 n。这里 n 用参数控制，参数的默认值为 2，表示一个线程处理 2 个集合。可参考 4.2.2 节内容。

11.2.3　其他参数

本节介绍 CMS 算法执行时绑核的一些控制参数。

BindCMSThreadToCPU	JDK 8、JDK 11	CMS

该参数用于控制是否允许 CMS 控制线程和一个 CPU 核绑定，以提高线程执行的亲缘性。参数的默认值为 false，表示不绑定。仅 Solaris 实现了该功能。

CPUForCMSThread	JDK 8、JDK 11	CMS

当允许 CMS 控制线程与 CPU 绑定时，该参数用于指定线程与哪个 CPU 绑定。参数的默认值为 0，表示线程默认与 0 号 CPU 进行绑定。

11.3　可动态调整的参数

本节介绍 CMS 算法并发执行时一些可动态调整的参数。

CMSAbortablePrecleanWaitMillis	JDK 8、JDK 11	CMS

在预清理和可终止的预清理阶段，要求一次预清理至少处理一定数量的对象，如果脏对象的数量小于该阈值，则说明脏对象很少，GC 线程在此处休眠一段时间。该参数的默认值为 100。

另外，GC 线程的休眠时间通过参数 CMSAbortablePrecleanWaitMillis 来控制，其默认值也是 100，表示一次预清理工作中少于 100 个对象时会休眠 100 毫秒。

| CMSWaitDuration | JDK 8、JDK 11 | CMS |

这是老生代并发标记启动的控制参数。CMS 控制线程周期性地检查是否可以启动并发标记，该参数用于控制时间间隔，默认值为 2000 毫秒，表示每间隔 2000 毫秒检查一次是否存在满足并发标记的条件，如果有，则启动并发标记。

| CMSTriggerInterval | JDK 8、JDK 11 | CMS |

这是老生代并发标记启动的控制条件之一。当参数 CMSTriggerInterval 大于 0，并且距离上次 CMS 并发标记的时间间隔大于参数值时，则启动并发标记。参数的默认值为 –1，表示不使用该规则触发并发标记。

11.4　重要参数小结

CMS 中需要调整的相对比较多，除了已经在第 9 章中指明的重要参数外，使用 CMS 时还可以关注如表 11-1 所示参数。

表 11-1　CMS 相关参数

参　数	说　明
ParGCCardsPerStrideChunk	ParNew 执行时对卡表的划分粒度
ResizeOldPLAB	是否允许调整 PLAB，一般可以禁止
UseCMSInitiatingOccupancyOnly	并发标记触发的控制条件之一
CMSInitiatingOccupancyFraction	当 UseCMSInitiatingOccupancyOnly 为 true 时，使用该阈值控制并发标记的启动
ParGCUseLocalOverflow	在并发标记阶段使用线程局部溢出栈可以提高性能
CMSRescanMultiple	再标记阶段线程一次处理的内存大小
FLSCoalescePolicy	清除阶段空闲内存块的合并策略
CMSScavengeBeforeRemark	再标记阶段执行前是否执行 Minor GC
CMSConcMarkMultiple	并发标记阶段线程一次处理的内存大小

G1 参数

本章介绍并发垃圾回收 G1 使用的参数。G1 垃圾回收算法是分代算法，新生代采用并行复制，老生代采用并发标记后，老生代的内存在新生代回收中进行多次部分回收。

12.1　生产参数

12.1.1　并发标记相关参数

本节介绍并发标记相关的参数，例如何时启动并发标记、一次并发标记执行的时长等。

InitiatingHeapOccupancyPercent	JDK 8、JDK 11、JDK 17	G1

这是控制并发标记启动的参数。G1 中当老生代内存使用超过一定的内存后，启动并发标记。并发标记启动的条件如下：

$$OldSpace\_Capacity + Allocating\_ObjectSize > \frac{HeapSize \times InitiatingHeapOccupancyPercent}{100}$$

其中 OldSpace_Capacity 指的是老生代和大对象分配的空间，Allocating_ObjectSize 指的是正在分配的对象的大小。参数 InitiatingHeapOccupancyPercent 的默认值为 45。

G1UseAdaptiveIHOP	JDK 11、JDK 17	G1

这是控制并发标记自适应启动的参数。它是 JDK 9 中新引入的参数，允许 JVM 根据历史数据预测是否可以启动并发标记。参数的默认值为 true，表示允许自适应动态调整。

注意　该参数可能导致垃圾回收时间过长，使用时需要慎重，更多信息可参考 Jira[一]。

自适应动态调整参数 InitiatingHeapOccupancyPercent 的方法和非自适应动态调整有所不同。自适应动态调整的思路是：根据历史信息预测标记过程时长、老生代的分配速率，从而得到并发标记过程中晋升的内存，再加上新生代的大小，总和如果超过阈值则启动并发标记。公式大概如下：

$$ConcurrentMark\_Time \times OldGen\_Allocation\_Ratio + YoungGen\_Size > \frac{HeapSize \times InitiatingHeapOccupancyPercent}{100}$$

其中，ConcurrentMark_Time 是并发标记花费的时间，OldGen_Allocation_Ratio 是老生代的分配速率，YoungGen_Size 是新生代大小。

G1ConcMarkStepDurationMillis	JDK 8、JDK 11、JDK 17	G1

该参数表示一次并发标记执行的时间。并发标记执行时间过长时会使用增量的方式执行，防止一次执行时间过长。主要原因是：在并发标记的过程中可以执行 Minor GC，而并发标记线程也会访问对象。当 GC 执行时需要暂停执行并发标记线程，并发标记任务每间隔一段时间主动检查是否需要暂停，如果需要，则放弃执行。关于 JVM 内部线程进入安全点的相关知识可以参考 2.5 节。参数的默认值为 10，表示并发标记每次最多执行 10 毫秒。

G1RefProcDrainInterval	JDK 8、JDK 11、JDK 17	G1

该参数表示并发标记中一次处理引用对象的个数。并发标记的结束标记阶段会处理 Java 的引用对象（减少 Remark 的时间），每次标记处理引用的对象数由 G1RefProcDrainInterval 控制，参数的默认值为 1000，JDK 11 之前的默认值为 10（测试发现，该参数变大后应用性能更高[⊖]）。

G1SATBBufferSize	JDK 8、JDK 11、JDK 17	G1

该参数用于控制 SATB 队列的最大存储对象的个数。在 Remark 阶段需要重新标记 SATB 队列中 Mutator 修改过的对象（简称灰色对象）。为了减少多个 Mutator 访问同一个队列的情况，要为每个 Mutator 都设计一个队列，每个队列存放的最大灰色对象数目由该参数控制，默认值为 1KB，表示每个队列最多存放 1000 个对象。

G1SATBBufferEnqueueingThresholdPercent	JDK 8、JDK 11、JDK 17	G1

该参数用于控制 SATB 队列的使用率。当 Mutator 的 SATB 队列满了（达到参数 G1SATBBufferSize 定义的阈值）以后，首先进行过滤处理，过滤后如果使用率超过参数 G1SATBBufferEnqueueingThresholdPercent 定义的阈值，则新分配一个队列（表示队列的使用率已经很高），否则继续重用队列。过滤指的是有些对象不需要通过 SATB 处理（如在标记启动之后新分配的对象，因为这些对象被认为是活跃的，以及引用到新生代对象、大对

　⊖　https://bugs.openjdk.java.net/browse/JDK-8201527

象等情况）。该参数的默认值是 60，表示队列的使用率总是高于 60%。当参数设置为 0 时表示不过滤。

12.1.2 引用集处理相关参数

本节介绍并发引用集处理的一些控制参数，例如并发线程数、引用集处理线程的工作场景、引用集的大小等。

G1ConcRefinementThreads	JDK 8、JDK 11、JDK 17	G1

该参数表示 G1 Refine 并发线程的个数，默认值为 0，表示由 G1 启发式推断参数值，参数 ParallelGCThreads 的值作为并发线程数。其中并行线程数可以设置，也可以启发式地推断并行线程数。可以参考第 9 章相关参数的计算公式。

G1UpdateBufferSize	JDK 8、JDK 11、JDK 17	G1

该参数用于控制引用集队列的长度。指的是 Dirty Card Queue（简称 DCQ）的长度，默认值是 256。增大该值可以保存更多待处理引用关系。关于引用集信息，可以参考 6.2.2 节。

G1ConcRefinementGreenZone G1ConcRefinementYellowZone G1ConcRefinementRedZone	JDK 8、JDK 11、JDK 17	G1

该参数用于控制引用队列集合划分，用于控制负载情况，不同的负载选择使用不同的线程类型或者线程个数来处理，参考 6.2.3 节。这些参数可以通过启发式方式推断，具体如下：

1）参数 G1ConcRefinementGreenZone 定义 Green 的阈值，默认值为 0，G1 可以启发式推断。如果参数设置为 0，且动态调整关闭（额外参数控制），将导致 Refine 工作线程不工作，不进行动态调整，意味着 GC 会处理所有的队列；如果参数不为 0，表示 Refine 线程在每次工作时会留下这些区域，不处理这些 RSet。该参数在动态调整关闭的情况下才能设置生效，通常并不设置这个参数。

2）参数 G1ConcRefinementYellowZone 定义 Yellow 的阈值，默认值为 0，G1 可以启发式推断，是 Green zone 的 3 倍。

3）参数 G1ConcRefinementRedZone 定义 Red 的阈值，默认值为 0，G1 可以启发式推断，是 Green zone 的 6 倍。

> 📹 注意　不同版本中这 3 个参数的推断实现略有不同，但实现的功能基本一致。通常并不需要调整这 3 个参数，在特殊情况下，如遇到 Refine 线程处理引用集太慢时，可以尝试关闭 G1UseAdaptiveConcRefinement，然后根据 Refine 线程数目设置这 3 个参数值，确保每个 Refine 线程工作负载相对均衡。

G1ConcRefinementThresholdStep	JDK 8、JDK 11、JDK 17	G1

当引用队列集合中队列的个数位于黄区 [Green, Yellow) 时，使用该参数控制并发 Refine 线程处理的数目。该步幅值表示间隔一个步幅激活一个 Refine 线程。

该参数的默认值在 JDK 11 和 JDK 17 中为 2，在 JDK 8 中为 0。初始值不同意味着不同版本所用的启发式算法不同。

在 JDK 8 中该参数为 0，JVM 会启发式推断该参数，使用边界值 Yellow 和 Green，计算公式如下：

$$\text{G1ConcRefinementThresholdStep} = \frac{\text{Yellow} - \text{Green}}{\text{GCRefineThreads}}$$

在 JDK 11 和 JDK 17 中，可用参数 G1ConcRefinementThresholdStep 计算 Yellow 的最小边界值，即在 JDK 11 和 JDK 17 中该参数表示每个线程处理两个队列。

G1RSetUpdatingPauseTimePercent	JDK 8、JDK 11、JDK 17	G1

Refine 线程处理引用集（RSet）所花费的时间不超过 Minor GC 执行时间的比例。默认值为 10，表示 Refine 线程处理 RSet 所花费的时间不超过 Minor GC 执行时间的 10%。如果 Refine 线程花费时间超过了该参数定义的阈值，并且参数 G1UseAdaptiveConcRefinement 设置为 true，JVM 将动态调整引用集队列的 Green、Yellow、Red 工作区阈值，以将 Refine 线程的处理时间控制在目标范围内。

调整算法为：首先根据 Minor GC 的最大停顿时间计算得到 Refine 线程的目标工作时间，如果多个 Refine 线程的平均工作时间超过目标工作时间，则将 Green 的阈值减少 10%；如果 Refine 线程的平均工作时间低于目标工作时间，则将 Green 的阈值扩大 10%；然后再通过 Green 计算 Yellow 和 Red 的阈值。

G1UseAdaptiveConcRefinement	JDK 8、JDK 11、JDK 17	G1

该参数用于控制是否允许动态调整引用集队列的 Green、Yellow、Red 工作区阈值。默认值为 true，表示允许调整。

G1ConcRefinementServiceIntervalMillis	JDK 8、JDK 11、JDK 17	G1

该参数表示新生代的抽样线程间隔时间，默认值为 300。抽样线程复用了 Refine 线程（JVM 会额外分配一个 Refine 线程用于执行抽样，即总的 Refine 线程数目为 G1ConcRefinementThreads+1），由 Refine 线程每间隔 300 毫秒启动对新生代抽样。抽样指的是根据历史数据计算新生代的大小，如果发现新生代的大小需要调整，则主动进行调整。

> 注意　早期实现新生代的调整位于 GC 的执行过程中，所以比较简单。后来将新生代调整实现为并发执行。

G1ConcRSHotCardLimit	JDK 8、JDK 11、JDK 17	G1

该参数为热点引用关系阈值。在 G1 中引用关系记录在被引用对象处，如果一个对象频繁地修改对象的引用关系，会导致多个被引用者需要记录同一个对象，而实际上只有一个对象引用关系有效。例如，b.filed = a 执行结束后需要在对象 a 处保留对象 b 的地址，如果没有发生 GC，但是 Mutator 又修改对象的引用关系，例如执行 b.field = c，则需要在对象 c 处保留对象 b 的地址，那么对象 a 和对象 c 都需要保留对象 b 的引用关系，但保留对象 a 的引用关系实际上是无效的（对象引用关系被覆盖）。对于频繁地修改的对象 b，可以被识别为热点，首先将对象 b 进行缓存，最后再处理热点对象，则可以减少记录无效的引用关系。热点对象的识别通过对象修改的次数控制，次数由该参数提供，默认值为 4，表示若一个对象被修改 4 次，则被识别为热点。

在热点对象缓存时，根据地址进行散列计算找到对应槽位，然后记录对象修改的次数。如果次数小于阈值，则直接在被引用对象处记录引用关系；如果对象修改次数大于阈值，则缓存对象，暂停在被引用对象中更新引用关系（推迟到 GC 执行阶段时再进行更新）。

G1ConcRSLogCacheSize	JDK 8、JDK 11、JDK 17	G1

该参数用于控制热点对象缓存的个数。默认值为 10，即最多能缓存 2^{10}（即 1024）个对象。

由于长度有限，热点对象按照轮询的方式依次记录（等价于一个循环链表）。后识别的热点对象剔除早期识别的热点对象（LRU 方法），被剔除的热点对象会在被引用对象处记录引用关系。

G1RSetRegionEntries	JDK 8、JDK 11、JDK 17	G1

该参数用于控制引用集细粒度表的大小。参考 6.2.1 节图 6-8，G1 有 3 种方式存储引用关系，该值控制细粒度表的大小。默认值为 0，表示由 G1 启发式推断粒度表的长度。计算公式如下：

$$\log\left(\frac{\text{RegionSize}}{1\text{MB}}+1\right)\times \text{G1RSetRegionEntriesBase}$$

计算公式中使用了参数 G1RSetRegionEntriesBase，其默认值为 256，在生产环境中不可以修改。

G1RSetSparseRegionEntries	JDK 8、JDK 11、JDK 17	G1

该参数用于控制引用集稀疏表的大小。参考 6.2.1 节图 6-6，G1 有 3 种方式存储引用关系，该值控制稀疏表的大小。默认值为 0，表示由 G1 启发式推断稀疏表的长度，计算公式如下：

$$\log\left(\frac{\text{RegionSize}}{1\text{MB}}+1\right)\times \text{G1RSetSparseRegionEntriesBase}$$

计算公式中使用了参数 G1RSetSparseRegionEntriesBase，其默认值为 4，在生产环境中不可以修改。

12.1.3　内存设置相关参数

本节介绍内存设置的相关参数，例如分区大小、保留内存等。

G1ReservePercent	JDK 8、JDK 11、JDK 17	G1

该参数用于设置保留内存的比例。在初始化或内存扩展 / 收缩的时候会保留部分分区，在对象分配时这些分区不能使用，只有在 Minor GC 晋升失败的情况下才可以使用。

若 Minor GC 执行过程中出现了晋升失败的情况，则说明内存空间不足，一般会启动 Full GC，设计该参数的目的是减少晋升失败发生的概率。该参数的默认值为 10，表示最多保留 10% 的堆空间用于晋升失败时使用。该值最大不能超过 50，即最多保留 50% 的堆空间。该值过大会导致新生代可用空间减少，过小可能无法保证新生代晋升失败，使用过程中需要谨慎设置。

G1HeapRegionSize	JDK 8、JDK 11、JDK 17	G1

该参数用于指定堆分区大小。分区大小可以指定，也可以不指定。不指定时，由内存管理器启发式推断分区大小，推断的计算方法参考 6.1 节。

较大的分区值可以增加数据访问时的命中率，在释放内存时速度较快，可以增加回收的间隔时间，死亡对象可能存活的时间也增加，GC 时间也可能增加。另外，分区大小直接影响应用大对象的判断，如果大对象比较多，且长期存活，那么设置不当的分区大小可能会频繁触发 Minor GC，导致性能下降。建议可以逐渐增加该值，从 1MB、2MB、4MB、8MB、16MB 到 32MB 逐步尝试。

12.1.4　Minor GC 相关参数

本节介绍新生代回收的一些控制参数，例如 GC 工作线程处理引用集的粒度等。

G1RsetScanBlockSize	JDK 8、JDK 11	G1

该参数表示 GC 工作线程扫描引用集时一次处理的卡块的个数（RSet 作为根集合）。注意，GC 执行时是并行执行的，线程会按照分区划分来处理根，在扫描根的过程中每次处理64 个卡块。

JDK 17 已经删除该参数，原因是在处理引用集时通过引入额外的信息保存已经处理的对象，不再使用该参数。更多信息可以参考 https://bugs.openjdk.java.net/browse/JDK-8213108。

G1ConfidencePercent	JDK 8、JDK 11、JDK 17	G1

G1ConfidencePercent 指 GC 预测置信度。该值越小，说明基于过去历史数据预测得越准确，例如设置为 0 则表示收集的数据和过去的衰减均值完全相关，可以直接使用历史值预测下一次预测的时间；如果设置为 100，表示预测值和历史值存在一定的波动，波动为一个衰减标准差。该参数值越小，说明预测越准确，值越大说明预测越不准确，对于准确的情况，还需要加上衰减标准差进行修正。参数的默认值为 50，表示使用半个衰减标准差修正预测值。具体细节可以参考 6.1.2 节。

12.1.5　GC 触发控制相关参数

本节介绍 GC 触发的参数。

G1PeriodicGCInvokesConcurrent	JDK 17	G1

该参数用于控制针对周期性的 GC，执行什么类型的 GC。当参数为 true 时，执行并发 GC，否则执行并行的 Full GC。参数的默认值为 true，表示执行并发 GC。

该参数的作用是支持 G1 UnCommit 功能，可参考 6.3.4 节。在 JDK 12 引入该功能，用于向 OS 释放可回收的堆内存，在 JDK 12 以前，只有在 Full GC 中才可以释放内存，在 JDK 17 中可以通过触发并发标记，在并发标记过程中识别可释放的内存，并且通过并发线程释放内存（在 JDK 14 中是并发标记的 Remark 阶段释放内存）。

12.1.6　混合回收相关参数

本节介绍混合回收的一些控制参数，例如混合回收一次最多回收的老生代的分区等。

G1HeapWastePercent	JDK 8、JDK 11、JDK 17	G1

该参数用于控制混合回收的执行效率。当并发标记执行完成后，将待回收的老生代分区存在一个集合中。在混合回收中，会选取部分老生代分区进入 CSet 中，选取的老生代分区可回收的空间占总空间的比例大于一定比例时才会执行混合回收，否则放弃执行。参数的默认值为 5，即 CSet 中老生代可回收的垃圾超过总空间的 5% 时才会执行混合回收。

该参数值主要是为了保证混合回收执行后有足够的可使用的内存。但是该参数值过大可能导致部分老生代无法回收。

G1MixedGCCountTarget	JDK 8、JDK 11、JDK 17	G1

该参数也用于控制混合回收的执行效率。当并发标记执行完成后，将待回收的老生代分区存在一个集合中。在混合回收中，会选取部分老生代分区进入 CSet 中，为了保证混合回收不因为回收额外的老生代导致停顿时间过长，所以一次混合回收设置了最多回收老生代分区的个数，由该参数控制。

> **注意** 该参数越大，一次混合回收中回收老生代的分区越少，反之回收的分区越多。参数的默认值为 8，即一次混合回收中 CSet 中可回收的老生代最多为所有可以回收老生代的 $\dfrac{1}{\text{G1MixedGCCountTarget}}\left(\dfrac{1}{8}\right)$。该参数也可以简单地理解为，执行完并发标记后，最多执行混合回收的次数不超过 G1MixedGCCountTarget 定义的阈值（不超过该阈值的原因可能是某些混合回收因不满足其他条件被放弃，如上述 G1HeapWaste-Percent 定义的最小回收内存比例）。

12.2　实验参数

12.2.1　内存设置相关参数

本节介绍 G1 堆空间的一些控制参数，例如新生代占堆空间的最大、最小比例等。

G1LastPLABAverageOccupancy	JDK 11、JDK 17	G1

该参数为 JDK 11 和 JDK 17 新引入的参数，用于控制新生代和老生代 PLAB 自动调整。在 JDK 8 中使用 TargetPLABWastePct 控制新生代和老生代 PLAB 自动调整。

JDK 8 和 JDK 11、JDK 17 关于 PLAB 的思路差距比较大。在 JDK 8 中，通过 PLAB 浪费的情况来推断 PLAB 合理的大小；在 JDK 11、JDK 17 中，通过分区最后浪费的字节（指的是当申请一个新的分区，前一个分区最后浪费的内存）来推断 PLAB 合理的大小。

PLAB 调整的思路如下：记录所有线程浪费的内存（记为 Total_waste），期望内存浪费的比例使用参数 TargetPLABWastePct，则一次 GC 执行过程中期望浪费的内存为 Total_waste × TargetPLABWastePct / 100，这个值可以认为是 PLAB 的大小。假设内存浪费符合均匀分布，即每个缓存都有一半的空间浪费，由此得到 PLAB 为 Total_waste × TargetPLABWastePct/100 × 2，为了控制内存浪费的分布比例，可使用参数 G1LastPLAB-AverageOccupancy 或者参数 TargetPLABWastePct。以 JDK 11、JDK 17 为例，可以得到 PLAB = Total_waste × TargetPLABWastePct / G1LastPLABAverageOccupancy。然后再使用衰减平均值计算 PLAB 的大小。

G1ExpandByPercentOfAvailable	JDK 8、JDK 11、JDK 17	G1

该参数用于控制一次扩展内存的比例。在新生代的分配使用过程中，如果内存尚未达到 MaxHeapSize 或 Xmx 定义的最大值，当新生代内存空间不足时，优先进行内存扩展而不是垃圾回收，可以参考 3.2 节对象分配。因为内存扩展操作比较耗时，所以提供参数控制一次扩展的内存量。

参数的默认值为 20，表示每次都至少从未提交的内存中申请 20%。内存扩展时有下限要求：一次申请的内存不能少于 1MB，最多是当前已分配内存的一倍（既不能太多，也不能太少）。

G1MaxNewSizePercent	JDK 8、JDK 11、JDK 17	G1

该参数表示新生代占用整个堆空间的最大比例。在 6.1.2 节介绍过新生代通过衰减预测模型计算得到，但是模型预测可能有误差，所以有必要设置新生代的最大值和最小值，来保证预测得到的值总是处于一定的范围内。通过该参数计算新生代空间的最大值，计算方式为：使用整个内存和该参数的乘积计算得到新生代空间的最大值。参数的默认值为 60，即新生代最多占用堆空间的 60%。

在 G1 中建议使用该参数，而不是 Xmn，因为使用 Xmn 将固定新生代的大小，即不会使用预测模型来调整新生代的大小。

G1NewSizePercent	JDK 8、JDK 11、JDK 17	G1

该参数表示新生代占用整个堆空间的最小比例。计算方式为：使用整个内存和该参数的乘积计算得到新生代最小值。参数的默认值为 5，即新生代最少占用堆空间的 5%。

在 G1 中建议使用该参数。

> 注意 当堆空间比较大时，通过该参数计算得到的新生代最小值也比较大，而较大的新生代可能无法满足预期的停顿时间，所以在大堆内存场景及较小的预期停顿时间的场景中可能需要减少该值。在另外一些场景中，可以将该参数设置得更大，确保新生代比较大，则应用执行的效率会更高。

12.2.2 Minor GC 相关参数

本节介绍新生代回收的一些控制参数，例如对于大对象的处理等。

G1EagerReclaimHumongousObjects	JDK 8、JDK 11、JDK 17	G1

控制在 Minor GC 时是否回收大对象。参数的默认值为 true，表示在 Minor GC 时会回收大对象。

回收大对象需要将大对象所在的分区加入 CSet 中，所以可能会增加标记时间，导致回收性能低下。

> 注意 有的应用测试中遇到 Minor GC 回收大对象时会出现性能问题，如果遇到问题，可以关闭此选项。

G1EagerReclaimHumongousObjectsWithStaleRefs	JDK 8、JDK 11、JDK 17	G1

该参数用于控制在执行 Minor GC 时哪些大对象分区可以收集。参数的默认值为 true，表示

当大对象分区引用集的引用关系数小于阈值（在 JDK 8 和 JDK 11 中阈值使用 G1RSetSparse-RegionEntries，在 JDK 17 中阈值使用 G1EagerReclaimRemSetThreshold），才会把大对象分区加入 CSet 中。如果参数为 false，则只有当大对象分区的引用集中的引用数为 0 时才会加入 CSet 中。

| G1RebuildRemSetChunkSize | JDK 11、JDK 17 | G1 |

GC 执行结束以后，由于对象转移到 Survival 分区或者晋升到老生代分区，因此需要重构引用集。在 JDK 11 和 JDK 17 中，引用集的重构工作实现为并发任务。该参数控制在重构引用集时，并发工作线程一次处理的内存空间，默认值为 256KB，表示每次处理 256KB 的内存。每次处理完内存后检查是否需要进入安全点，如果不需要进入安全点，则再次处理 256KB 的内存。参数的大小可能会影响 JVM 并发工作线程进入安全点的时机。

| G1EagerReclaimRemSetThreshold | JDK 17 | G1 |

为了提高回收效率，在 Minor GC 中会尝试回收大对象，当大对象分区引用个数满足一定的阈值时才会回收，阈值由该参数控制，参数的默认值为 0，该参数在 JVM 启动后会设置为参数 G1RSetSparseRegionEntries 的值。

12.2.3　混合回收相关参数

本节介绍混合回收的一些控制参数。

| G1MixedGCLiveThresholdPercent | JDK 8、JDK 11、JDK 17 | G1 |

该参数用于控制混合回收的执行效率。当并发标记执行完成后，将待回收的老生代分区存在一个集合中，用于混合回收。加入待回收的老生代分区需要满足一定的条件，即老生代分区的活跃对象的大小占比低于一定比例。该参数的默认值为 85，表示并发标记完成后老生代分区活跃对象占比不超过 85% 才可能被回收。

| G1OldCSetRegionThresholdPercent | JDK 8、JDK 11、JDK 17 | G1 |

该参数也用于控制混合回收的执行效率。当并发标记执行完成后，将待回收的老生代分区保存在一个集合中。在混合回收中，会选取部分老生代分区进入 CSet 中，为了保证混合回收不因为回收额外的老生代而出现停顿时间过程，除了使用参数 G1MixedGCCountTarget 设置最多执行的混合回收次数以外，还会通过该参数直接控制一次回收中老生代分区的数量。参数的默认值为 10，表示一次混合回收最多回收 10% 的老生代分区。

12.2.4　其他参数

本节介绍 G1 执行效率的其他控制参数，例如是否动态调整并发标记触发阈值等。

G1AdaptiveIHOPNumInitialSamples	JDK 11、JDK 17	G1

该参数用于确定动态调整 IHOP 触发的阈值。在 G1 中动态调整 IHOP 需要收集一些历史数据以后才能采用预测模型进行调整，该参数要求 IHOP 动态调整时执行过并发标记的最少次数。参数的默认值为 3，表示最少执行 3 次并发标记后才会触发 IHOP 的动态调整。而在没有触发 IHOP 的动态调整之前，使用固定比例来触发并发标记。

这个阈值仅仅统计非周期性发生并发标记的次数（周期性并发标记作用特殊）。

G1UseReferencePrecleaning	JDK 11、JDK 17	G1

JDK 11 新引入了预清理阶段。在 Remark 阶段前，执行 Java 语言引用预清理。预清理会把 Java 引用中发现的活跃对象重新激活，不进行垃圾回收（减少 Remark 阶段的压力）。参数的默认值为 true，表示执行预清理。

12.3　可动态调整的参数

本节介绍 G1 执行过程中一些调整的参数，例如强制经过一定时间触发 GC 等。

G1PeriodicGCInterval	JDK 17	G1

每间隔一定时间强制执行垃圾回收⊖，该参数的默认值为 0，表示不触发周期性垃圾回收，该参数可以在应用运行时使用 API 动态设置。

G1PeriodicGCSystemLoadThreshold	DK 17	G1

当系统的负载大于一个阈值时，强制执行周期性垃圾回收。这个阈值由参数 G1PeriodicGCSystemLoadThreshold 控制，此参数的默认值为 0.0，表示不触发周期性垃圾回收。周期性垃圾回收会触发并发标记过程，在并发标记过程中尝试向 OS 释放内存。

12.4　诊断参数

本节介绍 G1 执行过程中内存数据状态一致性的一些控制参数。

G1SummarizeRSetStatsPeriod	JDK 8、JDK 11、JDK 17	G1

该参数用于控制采样引用集信息的频率。用法为：设置 G1SummarizeRSetStatsPeriod=n，表示发生 n 次 GC 就统计一次引用集使用的信息，参数的默认值为 0，表示不会周期性地收集信息。

⊖　这一过程称为周期性垃圾回收。周期性垃圾回收过程会强制触发并发标记并尝试向 OS 释放内存。它也是一种 Minor GC，但和一般意义上的 Minor GC 及 Mixed GC 有所不同，更多内容可以参考 6.3.5 节中图 6-16。

收集的信息主要有：引用集占用的空间、粗粒度表的个数等详细信息。使用该参数需要调整日志级别，如 JDK 11 和 JDK 17 中需要打开日志级别为 trace。

JDK 8 中还有一个参数 G1SummarizeRSetStats，控制是否允许输出信息。

G1VerifyRSetsDuringFullGC	JDK 8、JDK 11、JDK 17	G1

该参数用于在执行 Full GC 时验证引用集的正确性。G1 中会验证引用是否是从老生代出发，引用中明确地包含被引用的对象，卡表中对象脏（dirty，表示有引用关系修改）。

该参数和通用参数中的 VerifyRememberedSets 功能类似，但 G1 引入了新的参数，使用时需要注意。

G1VerifyHeapRegionCodeRoots	JDK 8、JDK 11、JDK 17	G1

该参数用于验证分区中包含编译的代码中引用的对象是否都是有效对象。参数的默认值为 false，表示不验证。

G1UsePreventiveGC	JDK 17	G1

这是在 JDK 17 中新引入的 GC 触发机制（预防性 GC），用于解决可能导致 Minor GC 晋升失败的情况。预防性 GC 的原理是在慢速分配不成功（关于慢速分配可参考 3.2 节）后，判断空闲链表中可用的分区小于 GC 晋升需要的分区会直接触发 GC（优化前会尝试继续进行加锁分配），从而减少晋升失败的概率。参数的默认值为 true，表示允许执行预防性 GC，更多细节可参考 Jira⊖。

12.5　重要参数小结

G1 中需要调整的参数相对比较多，除了已经在第 9 章中指明的重要参数外，使用 G1 时还可以关注如表 12-1 所示的参数。

表 12-1　G1 相关参数

参　数	说　明
G1HeapRegionSize	确定分区大小
G1MaxNewSizePercent	新生代空间最大值
G1NewSizePercent	新生代空间最小值
G1ConcRefinementThreads	并发 Refine 线程的个数
InitiatingHeapOccupancyPercent	并发标记触发的阈值
G1MixedGCCountTarget	并发标记后，混合回收最多执行的次数
G1HeapWastePercent	并发标记后，混合回收一次，至少回收的内存控制
G1MixedGCLiveThresholdPercent	并发标记后，能参与混合回收的老生代活跃对象占比的最大值

⊖　https://bugs.openjdk.java.net/browse/JDK-8257774

Chapter 13 | 第 13 章

Shenandoah 参数

本章介绍并发垃圾回收 Shenandoah 的一些控制参数。Shenandoah 在 G1 的基础上将并行复制增强为并发复制，所以 Shenandoah 的一些控制参数与 G1 非常类似。另外，Shenandoah 仅仅实现了单代回收，参数也少了一些。

13.1　生产参数

本节介绍 Shenandoah 支持的回收模式和回收策略，不同的回收模式和回收策略在回收效率方面的表现不同。

13.1.1　垃圾回收模式相关参数

ShenandoahGCMode	JDK 17	Shenandoah

该参数用于设置垃圾回收的模式。支持的回收模式有以下 3 种。

1）satb：使用 SATB 的并发标记方法进行垃圾回收，回收算法包括 3 个阶段，分别为标记、转移、重定位。

2）iu：使用增量的并发标记方法进行垃圾回收，回收算法包括 3 个阶段，分别为标记、转移、重定位。

3）passive：执行并行回收。

参数 ShenandoahGCMode 的默认值为 satb，这也是目前成熟的回收模式。iu 模式尚在继续演化中，而 passive 则使用并行回收而不是并发回收，不推荐使用这个模型。

13.1.2　垃圾回收策略相关参数

ShenandoahGCHeuristics	JDK 17	Shenandoah

该参数用于设置垃圾回收的策略。支持的回收策略有以下 4 种。

1）aggressive：总是启动并发垃圾回收。

2）static：使用一个静态阈值，当空闲堆空间低于阈值时触发并发回收。

3）adaptive：根据堆内存使用的情况，动态地决定是否触发并发回收。

4）compact：相对静态和动态策略，本策略触发并发回收的阈值更为激进。

参数 ShenandoahGCHeuristic 的默认值为 adaptive。回收策略仅能与 satb 或 iu 的回收模式搭配，不能与 passive 模式搭配。关于回收策略更详细的介绍，请参考 7.4.1 节。

13.2　实验参数

13.2.1　内存设置相关参数

本节介绍 Shenandoah 关于内存的一些控制参数，例如内存分区大小、大对象分区设置等。

ShenandoahRegionSize	JDK 17	Shenandoah

该参数用于设置分区的大小，默认值为 0，根据堆空间的大小自动推断，推断的方法与 G1 的方法相同，具体可以参考 6.1 节。

ShenandoahRegionSize 的取值范围与 G1 分区的取值范围相比稍有不同，默认情况下有效的取值为 256KB、512KB、1MB、2MB、4MB、8MB、16MB 和 32MB。但有效取值可以随着额外的参数最小分区和最大分区的大小而变化。

ShenandoahTargetNumRegions	JDK 17	Shenandoah

该参数用于设置堆空间按分区划分后分区的个数，默认值为 2048。

ShenandoahMinRegionSize ShenandoahMaxRegionSize	JDK 17	Shenandoah

参数 ShenandoahMinRegionSize 确定分区的最小值，参数 ShenandoahMaxRegionSize 确定分区的最大值。参数 ShenandoahMinRegionSize 的默认值为 256KB，而且要求分区最小为 256KB（如果设置为小于 256KB，则 JVM 不能正常启动）；参数 ShenandoahMaxRegion-Size 的默认值为 32MB。

ShenandoahHumongousThreshold	JDK 17	Shenandoah

该参数用于确定大对象占分区的比例。对象的大小占分区的比例达到该阈值时则被视为大对象。该参数也用于控制 TLAB 的大小，TLAB 不能超过该阈值定义的分区值。参数的默认值为 100，表示大对象的大小要大于或等于一个分区的大小。

13.2.2 垃圾回收策略及相关参数

本节介绍 Shenandoah 关于内存回收策略的一些控制参数，例如哪些分区可以被回收、分配时是否支持暂停等。

ShenandoahUnloadClassesFrequency	JDK 17	Shenandoah

以固定的间隔进行类卸载，每间隔一定次数的并发回收就执行一次类卸载，间隔次数由参数 ShenandoahUnloadClassesFrequency 控制：参数设置为 0，表示不执行类卸载；参数的默认值为 1，表示每间隔一次并发回收执行一次类卸载。

如果参数 ClassUnloadingWithConcurrentMark 设置为 false，则表示不执行并发类卸载，该参数也无效，永远不会执行类卸载。而 aggressive 策略是例外，在 aggressive 策略下，当参数 ClassUnloading 设置为 true 时，参数 ShenandoahUnloadClassesFrequency 会被重置为 1，即每间隔一次，并发回收执行一次类卸载。

ShenandoahGarbageThreshold	JDK 17	Shenandoah

在垃圾回收过程中，当标记完成后分区中垃圾达到一定阈值时，分区才会被回收。阈值由参数 ShenandoahGarbageThreshold 控制，默认值为 25，表示当分区中垃圾占比达到 25% 时分区才会被回收。

ShenandoahMinFreeThreshold ShenandoahLearningSteps ShenandoahInitFreeThreshold ShenandoahAllocSpikeFactor ShenandoahGuaranteedGCInterval	JDK 17	Shenandoah

在 Adaptive 策略中，有 6 个条件决定是否启动并发回收，分别如下：

1）空闲内存：当空闲可用内存小于一定阈值时可以触发并发回收，阈值由 ShenandoahMinFreeThreshold 定义。参数 ShenandoahMinFreeThreshold 的默认值为 10，表示可用内存小于堆空间的 10% 时将触发并发回收。

2）自适应并发回收次数：当自适应触发次数尚未到达一定阈值（阈值由参数 ShenandoahLearningSteps 定义），并且空闲可用内存小于一定阈值（阈值由参数 ShenandoahInitFreeThreshold 定义）时，可以触发并发回收。参数 ShenandoahLearningSteps 和 ShenandoahInitFreeThreshold 的默认值分别为 5 和 70，表示如果连续自适应回收执行次数小于 5，且空闲可用内存小于堆空间的 70% 时，将触发并发回收。注意，执行 System.gc 后自适应回收次数复位。这个触发条件是为了保证并发回收有足够的历史数据而设计的。

3）分配速率：空闲可用内存减去一定保留内存后，按照历史最大的分配速率预测得到的执行时间，如果小于根据 GC 历史执行时间的预测值，则触发并发垃圾回收。保留内存由参数 ShenandoahAllocSpikeFactor 定义，默认值为 5，表示使用自适应的预测触发时预留 5% 的堆内存。保留内存的目的是防止 Mutator 分配速率突变。

4）分配速率突变：最近一次垃圾回收启动前 Mutator 的分配速率超过历史 Mutator 的平均分配速率，且超过的数值通过公式 zscore（zscore 的计算方法见后文介绍）计算达到一定程度，则认为分配速率发生了突变。在分配速率突变的情况下，将空闲可用内存减去一定保留内存后，按照历史分配速率预测得到的执行时间，如果小于根据 GC 历史执行时间的预测值，则触发并发垃圾回收。

5）元数据 OOM：如果 Metasapce 发生了 OOM，则触发并发垃圾回收。

6）并发回收间隔：从上一次垃圾回收完成到现在时间间隔达到一定阈值也会触发垃圾回收，阈值由参数 ShenandoahGuaranteedGCInterval 定义，默认值为 300 000，表示 300 000 毫秒，等于 5 分钟。

前 4 个条件是 adaptive 独有的触发条件，后 2 个条件适用于所有策略。另外，在 compact 策略中，参数 ShenandoahGuaranteedGCInterval 被重定义为 30 000，表示 compact 策略并发回收的最大间隔是 30 秒。

ShenandoahAllocationThreshold	JDK 17	Shenandoah

在 compact 策略中，从上一次垃圾回收完成后到当前为止，如果 Mutator 分配的内存达到一定阈值，则启动并发垃圾回收。阈值由参数 ShenandoahAllocationThreshold 定义，默认值为 10，表示每次 Mutator 最多分配 10% 的堆空间就会触发并发垃圾回收。该参数仅适用于 compact 策略。

ShenandoahImmediateThreshold	JDK 17	Shenandoah

在并发垃圾回收的过程中，该参数用于控制是否做快速垃圾回收。快速垃圾回收指的是：如果发现没有任何活跃对象的分区的空间占所有分区中可回收垃圾的比例达到一定阈值，则可以仅仅回收这些没有任何活跃对象的分区，这样的回收称为快速回收。快速回收阈值由参数 ShenandoahImmediateThreshold 定义，默认值为 90，表示无活跃对象分区所占的空间达到所有可回收垃圾空间的 90%，仅仅回收这些无活跃对象的分区。

设置参数为 100，表示不使用该优化选项，在 compact 和 aggressive 策略中该值被重置为 100，表示在这两种策略中默认禁止使用该优化方式回收。

ShenandoahAdaptiveSampleFrequencyHz ShenandoahAdaptiveSampleSizeSeconds ShenandoahAdaptiveDecayFactor	JDK 17	Shenandoah

在 adaptive 策略中会使用分配速率来预测是否可以触发垃圾回收，分配速率使用衰减平均值法预测未来值，所以定义一些参数控制记录的数据个数及最新数据对预测值的贡献权重。

参数 ShenandoahAdaptiveSampleFrequencyHz 表示只有垃圾回收的间隔超过一定阈值时才会记录，防止过短时间由于 Mutator 分配速率的突变产生的数据波动导致预测值不够准确。参数 ShenandoahAdaptiveSampleFrequencyHz 的默认值为 10，表示间隔 0.1 秒记录一次分配速率。

参数 ShenandoahAdaptiveSampleSizeSeconds 定义了衰减平均记录的历史数据个数。参数的默认值为 10，表示记录最新的 10 个分配速率数据。

参数 ShenandoahAdaptiveDecayFactor 定义了衰减平均预测未来值时最新数据的权重，默认值为 0.5，表示最新的分配速率对预测值的贡献为 50%。

ShenandoahAdaptiveInitialConfidence	JDK 17	Shenandoah

在 adaptive 策略中使用分配速率突变预测是否可以触发垃圾回收时，使用了最大的分配速率。最大的分配速率指的是：平均分配速率加上一定的误差修正，误差修正使用衰减均方差乘以系数，系数的初始值由参数 ShenandoahAdaptiveInitialConfidence 定义，默认值为 1.8，表示使用 1.8 倍的衰减均方差修正分配速率。

> 注意　参数 ShenandoahAdaptiveInitialConfidence 控制的是系数的初始值，当发现分配速率突变时会修正系数。系数的修正方式通过归一化处理，使用 zscore，其公式为 zscore = $\frac{x-\mu}{\delta}$（其中 μ 表示均值，σ 表示衰减均方差，x 表示最新的数据）。

ShenandoahAdaptiveInitialSpikeThreshold	JDK 17	Shenandoah

在 adaptive 策略中使用分配速率预测是否可以触发垃圾回收时，在确定是否发生了突变时使用了 zscore，如果 zscore 大于参数 ShenandoahAdaptiveInitialSpikeThreshold 定义的阈值，则认为分配速率发生突变。参数 ShenandoahAdaptiveInitialSpikeThreshold 的默认值为 1.8。

ShenandoahAlwaysClearSoftRefs	JDK 17	Shenandoah

该参数用于控制在并发垃圾回收时是否回收 Java 软引用。参数的默认值为 false，表示不回收，但是在 compact 策略中该参数被重置为 true，会进行回收。

ShenandoahUncommit ShenandoahUncommitDelay	JDK 17	Shenandoah

这两个参数控制是否允许 Shenandoah 将未使用的内存归还给 OS。参数 Shenandoah-Uncommit 的默认值为 true，表示允许执行归还操作。

归还操作由 Shenandoah 的控制线程执行。为了防止内存在提交（Commit）和归还（Uncommit）之间颠簸，要求归还的内存在一定时间内没有被使用，通过参数 ShenandoahUncommitDelay 控制时间。参数的默认值为 300 000，表示内存至少 5 分钟没有使用，才能执行归还操作。由于 Uncommit 以分区为粒度，因此分区在执行 Uncommit 时距离最近的使用至少过去 5 分钟。

在 compact 策略中，参数 ShenandoahUncommitDelay 的默认值被重置为 1000，表示分区 1 秒没有被访问就可以归还给 OS。

ShenandoahRegionSampling ShenandoahRegionSamplingRate	JDK 17	Shenandoah

以上参数允许 JVM 收集内存使用信息。参数 ShenandoahRegionSampling 的默认值为 false，表示不允许收集。

当参数 ShenandoahRegionSampling 设置为 true 时，为防止过度频繁地收集信息影响 JVM 的执行，要求收集信息的时间间隔达到一定阈值，阈值由参数 ShenandoahRegion-SamplingRate 控制，默认值为 40，表示每间隔 40 毫秒收集一次数据。

ShenandoahControlIntervalMin ShenandoahControlIntervalMax ShenandoahControlIntervalAdjustPeriod	JDK 17	Shenandoah

垃圾回收控制线程触发垃圾回收频度的参数，控制线程每间隔一定时间检查是否可以执行垃圾回收，间隔时间由参数控制。

参数 ShenandoahControlIntervalMin 定义了最小的间隔时间，参数的默认值为 1，表示通常控制线程每间隔 1 毫秒检查是否能够执行垃圾回收。

但是如果堆空间发生了变化（有新的 Commit 和 Uncommit 操作），则会增大检查的时间。

参数 ShenandoahControlIntervalMax 控制时间间隔的最大值，指在时间间隔调整中不能超过该阈值。参数的默认值为 10，表示最大时间间隔为 10 毫秒检查是否能够执行垃圾回收。时间间隔的调整方法比较简单，总是将时间间隔进行倍数增加（直到参数 ShenandoahControlIntervalMax 控制的阈值）。

参数 ShenandoahControlIntervalAdjustPeriod 控制时间间隔调整的频度，默认值为 1000，表示每 1 秒进行一次时间间隔的调整。

ShenandoahEvacReserve ShenandoahEvacWaste	JDK 17	Shenandoah

在 adaptive 和 passive 策略中，为了控制一次回收的内存量使用了额外的参数控制，最大回收内存 $max\_cset = \dfrac{capacity \times ShenandoahEvacReserve}{100 \times ShenandoahEvacWaste}$。参数 ShenandoahEvacReserve 用于控制堆空间容量的保留比例，默认值为 5，表示一次回收内存不能超过容量的 5%；参数 ShenandoahEvacWaste 是保留空间的缩放因子，默认值为 1.2，即表示有 20% 的空间是浪费的。

ShenandoahEvacReserveOverflow	JDK 17	Shenandoah

该参数用于控制在 GC 转移时，如果内存不足，是否允许 GC 工作线程使用 Mutator 的内存（指的是 Mutator 正在使用的分区）。参数的默认值为 true，表示允许使用。

ShenandoahPacing	JDK 17	Shenandoah

该参数用于控制应用程序线程进行内存分配时主动触发并等待垃圾回收完成，相当于让 Mutator 运行得稍微慢一些。参数的默认值为 true，表示允许 Mutator 主动暂停等待垃圾回收完成。在 passive 策略中，该参数被重置为 false，表示不允许等待。

ShenandoahPacingMaxDelay	JDK 17	Shenandoah

该参数表示在内存不足的情况下，Mutator 在满足条件时最大的等待时间。参数的默认值为 10，表示 Mutator 最多等待 10 毫秒。

ShenandoahPacingIdleSlack	JDK 17	Shenandoah

该参数用于控制 Mutator 在什么情况下等待垃圾回收启动（不是等待 GC 完成）。JVM 设置一个内存阈值，Mutator 分配内存时从这个阈值中减少分配内存的大小，当阈值大于 0 时，说明内存还很充足，不需要等待；当阈值小于 0 时，说明内存已经不足，需要等待。在不同的状态（如初始化、标记、转移、重定位、垃圾回收完成等状态）下，JVM 计算得到的阈值不同。

参数 ShenandoahPacingIdleSlack 控制程序从初始化或者垃圾回收之后（Idle）开始分配内存的阈值，默认值为 2。该值乘以堆空间的容量即为阈值，意味着 JVM 启动之后或者 GC 完成之后，新分配的内存达到或者超过堆空间的 2%，Mutator 将等待，通知 GC 控制线程启动垃圾回收（当然能否启动依赖于 GC 线程的判断）。

参数值越大，主动等待启动 GC 的机会越小；参数值越小，会导致 Mutator 分配中因等待启动 GC 而出现分配速度变慢。

ShenandoahPacingCycleSlack ShenandoahPacingSurcharge	JDK 17	Shenandoah

在垃圾回收的几个并发阶段（标记、转移和重定位），当 Mutator 新分配的内存达到或者超过一定阈值（堆空闲内存乘以参数 ShenandoahPacingCycleSlack）时，Mutator 等待垃圾回收执行完成才能继续执行（垃圾回收已经启动，不能启动新的垃圾回收，但垃圾回收可以降级，由 JVM 内部控制，不受该参数控制）。参数 ShenandoahPacingCycleSlack 的默认值为 10，表示以空闲内存的 10% 作为阈值。

参数 ShenandoahPacingSurcharge 用于缩放阈值，默认值为 1.1，表示放大阈值 10%。

ShenandoahCriticalFreeThreshold	JDK 17	Shenandoah

在 Degenerated GC 或者 Full GC 执行结束时，如果发现堆的可用空闲内存小于一定的阈值，则说明剩余可用空间太少，需要进一步处理。对于 Degenerated GC，如果满足条件，会进一步执行 Full GC；对于 Full GC，如果下一次分配失败，会再次执行 Full GC。

阈值由堆容量和参数 ShenandoahCriticalFreeThreshold 的乘积决定，参数 ShenandoahCritical-FreeThreshold 的默认值为 1，表示当并行回收后，如果可用内存小于堆容量的 1%，则需要触发额外的 Full GC，如果可用内存大于阈值，则 Mutator 正常执行。

ShenandoahFullGCThreshold	JDK 17	Shenandoah

该参数用于控制 Degenerated GC 连续执行的最大次数。参数 ShenandoahFullGCThre-shold 的默认值为 3，表示最多连续执行 3 次 Degenerated GC，超过 3 次时进入 Full GC。

连续 Degenerated GC 指的是多个 Mutator 触发 Degenerated GC，整个过程中并未完整地执行过并发垃圾回收或者 Full GC。

ShenandoahImplicitGCInvokesConcurrent	JDK 17	Shenandoah

对于非用户触发 GC 请求（指的是 JVM 根据规则触发的垃圾回收，例如 System.gc 属于用户触发的 GC 请求），该参数用于控制执行并发垃圾回收还是并行回收。参数 Shenando-ahImplicitGCInvokesConcurrent 的默认值为 false，表示执行并行回收。但是除了 passive 策略以外，其他策略都将该参数重置为 true，即只有 passive 执行并行回收，其他策略都执行并发回收。

13.2.3　并发标记相关参数

本节介绍 Shenandoah 并发标记的一些控制参数，例如 SATB 缓存大小等。

ShenandoahMarkScanPrefetch	JDK 17	Shenandoah

该参数控制并发标记时一次预取多少个对象。参数的默认值为 32，表示一次取 32 个对象，然后依次对它们进行标记。

代码中目前可能有 bug，参数设置不要超过 256，否则可能导致 JVM 崩溃。

ShenandoahMarkLoopStride	JDK 17	Shenandoah

该参数控制并发标记的一次迭代中标记的对象数。在并发标记时，每一次标记迭代中完成一定数量对象的标记后会主动检查是否需要暂停（或取消执行）。参数的默认值为 1000，表示每迭代处理 1000 个对象就会主动检查是否暂停。

ShenandoahParallelRegionStride	JDK 17	Shenandoah

这是 Shenandoah 中并行任务一次处理的分区数目。参数的默认值为 1024，表示一个任务处理 1024 个分区。并行任务指的是初始标记和结束标记时的任务。可以根据内存的情况

设置该值。

ShenandoahSATBBufferSize	JDK 17	Shenandoah

该参数控制 SATB 队列中最多存放的对象个数。参数的默认值为 1K，即 1024，表示每个 SATB 队列中最多存放 1000 个灰色对象。其作用与参数 G1SATBBufferSize 完全一样。

ShenandoahMaxSATBBufferFlushes	JDK 17	Shenandoah

在并发标记阶段，该参数会处理 SATB 队列，但是并发标记的同时 Mutator 也会产生新的灰色对象并放入 SATB 队列中，所以需要再次处理 SATB 队列。参数 ShenandoahMaxSATB-BufferFlushes 控制并发标记中最多重复处理 SATB 队列的次数，默认值为 5，表示最多重复处理 5 次 SATB 队列，然后进入再标记阶段。

ShenandoahSuspendibleWorkers	JDK 17	Shenandoah

该参数用于判断在安全点工作时是否暂停并发应用线程的执行。参数的默认值为 false，表示 GC 工作线程在并发标记、并发转移和并发重定位时无须暂停，原因是并发阶段已经通过屏障机制保证了正确性。但是在类卸载的情况下，仍然需要并发 GC 工作线程暂停（在并发类卸载的情况下，该参数应该设置为 false）。

13.3 诊断参数

本节介绍 Shenandoah 关于验证和屏障的一些控制参数，例如堆空间状态验证等。

ShenandoahVerify	JDK 17	Shenandoah

该参数用于判断是否允许验证堆空间。验证主要是保证正确性，不同类型的验证所做的工作不同，比如分区验证，主要验证分区状态。参数的默认值为 false，表示不验证。

ShenandoahVerifyLevel	JDK 17	Shenandoah

该参数用于验证堆空间的粒度。参数取值如下：

1）0，仅验证堆空间。

2）1，除了 0 等级的验证之外，还会验证分区。

3）2，除了 1 等级的验证之外，还会验证所有的根。

4）3，除了 2 等级的验证之外，还会验证可达对象。

5）4，除了 3 等级的验证之外，还会验证所有标记对象。

参数的默认值为 4。

ShenandoahElasticTLAB	JDK 17	Shenandoah

该参数用于控制在 Shenandoah 中是否允许 TLAB 大小变化。通过该参数可控制 TLAB 的最大值，参数设置为 true，TLAB 的最大值为 ShenandoahRegionSize $\times \dfrac{1}{8}$；参数设置为 false，TLAB 的最大值与大对象分区的大小一致。参数的默认值为 true。

ShenandoahHumongousMoves	JDK 17	Shenandoah

该参数控制在并行回收的转移阶段是否移动大对象。参数的默认值为 true，表示移动大对象。

ShenandoahSATBBarrier	JDK 17	Shenandoah

该参数控制是否需要 SATB 屏障，如果需要，则在写对象时把修改前的对象放入 SATB 队列中，否则什么也不做。参数需要和垃圾回收模式的 SATB 配合使用，由于回收模式的默认参数为 SATB，所以参数 ShenandoahSATBBarrier 的默认值也为 true。在 passive 模式中，由于执行并行回收，因此会把参数 ShenandoahSATBBarrier 重置为 false。

ShenandoahIUBarrier	JDK 17	Shenandoah

该参数控制是否需要 IU 屏障（增量屏障），如果需要，则在写对象时把引用对象放入 SATB 队列中，否则什么也不做。参数需要和垃圾回收模式的 IU 配合使用，参数的默认值为 false。

ShenandoahLoadRefBarrier	JDK 17	Shenandoah

该参数使用读屏幕保证并发转移的正确性，默认值为 true。

ShenandoahCASBarrier ShenandoahCloneBarrier	JDK 17	Shenandoah

这两个参数分别控制是否需要使用 CAS 屏障和 Clone 屏障。使用 CAS 屏障进行对象比较时本质上是使用两个读屏障分别读两个对象，确保对象比较的正确性；使用 Clone 屏障在对象 Clone 时增加屏障，确保对象的引用正确。参数 ShenandoahCASBarrier 和 Shenandoah-CloneBarrier 的默认值都为 true。

笔者对这两个参数不甚理解，CAS 和 Clone 屏障在使用并发转移的写屏障中需要用到，但在读屏障并非必需的（在 JDK 12 中，Shenandoah 使用写屏障，从 JDK 13 开始使用读屏障）。

ShenandoahNMethodBarrier	JDK 17	Shenandoah

该参数支持并发类卸载的屏障。因为 Shenandoah 已经支持并发类卸载，所以需要使用该屏障。关于并发类卸载，可参考 8.4.1 节。参数的默认值为 true。

ShenandoahStackWatermarkBarrier	JDK 17	Shenandoah

该参数支持并发根扫描的屏障。因为 Shenandoah 已经支持并发根扫描，所以需要使用该屏障。关于并发根扫描，可参考 8.4.2 节。参数的默认值为 true。

| ShenandoahDegeneratedGC | JDK 17 | Shenandoah |

该参数控制是否允许执行 Degenerate GC。如果参数设置为 true，允许在并发过程（标记、转移和重定位）发生内存分配失败时进入 Degenerate GC，重用已经执行的标记或者转移阶段的结果，然后继续执行；如果参数设置为 false，并发过程发生内存分配失败时直接进行 Full GC。参数的默认值为 true。

| ShenandoahLoopOptsAfterExpansion | JDK 17 | Shenandoah |

该参数用于判断在 C2 编译优化阶段插入屏障相关的节点后，是否允许再次执行循环优化。默认值为 true。

| ShenandoahOOMDuringEvacALot | JDK 17 | Shenandoah |

该参数用于在调试情况下，模拟并发转移阶段发生 OOM。该参数的默认值为 false，表示不模拟。

> 注意　该参数不应该设置诊断模式。

| ShenandoahAllocFailureALot | JDK 17 | Shenandoah |

该参数提供参数模拟在内存分配时内存不足的场景。如果将参数值设置为 true，当 Mutator 从 TLAB 分配失败后，不会进行全局堆锁的内存分配，而是直接进入分配失败的场景（尝试多次进行垃圾回收）。该参数的默认值为 false，表示不模拟内存不足的场景。

| ShenandoahSelfFixing | JDK 17 | Shenandoah |

该参数用于判断在 LoadBarrier 执行后，是否立即更新对象的引用关系。参数的默认值为 true，表示立即更新；参数设置为 false 时，通过 LoadBarrier 进行更新（参数设置为 true，性能略有提升）。

13.4　重要参数小结

Shenandoah 中虽然参数不少，但需要调整的参数并不多。除了已经在第 9 章中指明的重要参数外，使用 Shenandoah 时还可以关注如表 13-1 所示参数。

表 13-1　Shenandoah 相关参数

参　数	说　明
ShenandoahGCMode	确定垃圾回收的模式，iu 性能更高，但是成熟度不够
ShenandoahGCHeuristics	确定垃圾回收的策略
ShenandoahRegionSize	确定分区的大小
ShenandoahAllocSpikeFactor	确定在 adaptive 模式中根据内存分配速率触发垃圾回收

第 14 章 *Chapter 18*

ZGC 参数

本章介绍并发回收 ZGC 的一些控制参数，本章参数较少。一方面，ZGC 是单代回收，提供的参数较少；另一方面，ZGC 的设计者期望通过数学模型完成功能实现，尽量减少使用者的负担。

14.1　生产参数

本节介绍 ZGC 生成可以配置的一些控制参数，例如回收策略、标记栈空间大小等。

ZPath	JDK 11	ZGC
AllocateHeapAt	JDK 11、JDK 17	ZGC

以 Linux 为例，该参数指定堆空间存储使用的文件系统的挂载点，文件系统仅支持 tmpfs 或者 hugetlbfs，默认值为 NULL（表示使用匿名内存文件系统）。由于 ZGC 使用 mmap 文件映射的方式申请内存，ZPath 未设置则优先创建匿名内存文件，当匿名内存文件创建失败时，会在 tmpfs（/dev/shm，/run/shm）或者 hugetlbfs（/dev/hugepages，/hugepages）默认路径中创建普通文件。

使用 ZPath 或者 AllocateHeapAt 选项时需要注意，堆空间最大值 MaxHeapSize 或 Xmx 会受路径下 tmpfs 或者 hugetlbfs 空间大小的限制，即实际可以使用的堆空间最大值为 min（filesystem_space_size, MaxHeapSize）。

> 注意　ZGC 在内部提供了检查机制，如果遇到类似 " ***** WARNING! INCORRECT-SYSTEM CONFIGURATION DETECTED! ***** "这样的告警信息，则说明系统配置有误。除了检查文件系统空间大小外，ZGC 还会检查进程使用虚拟地址区域的数量，通过 proc/sys/vm/max_map_count 配置。

如果出现如下告警:

```
[7.713s][error][gc] Failed to allocate backing file (No space left on device)
[8.460s][error][gc,init] Not enough space available on the backing filesystem to
    hold the current max
[8.460s][error][gc,init] Java heap size (XXXM). Forcefully lowering max Java
    heap size to XXXM (XX%)
```

表示默认路径下文件系统空间不足，影响最大内存申请，当前只能申请到文件系统剩余可用内存，但是不影响运行。可以设置路径下文件系统的空间。

如果出现如下告警:

```
[7.713s][error][gc,init] The system limit on number of memory mappings per
    process might be too low for the given
[8.460s][error][gc,init] max Java heap size ( XXXM). Please adjust XXX to allow
    for at /proc/sys/vm/max_map_count
[8.460s][error][gc,init] least XXX mappings (current limit is XXX ). Continuing
    execution with the current
[8.460s][error][gc,init] limit could lead to a fatal error, due to failure to
    map memory.
```

可以根据提示修改 max_map_count 的值。

ZAllocationSpikeTolerance	JDK 11、JDK 17	ZGC

该参数为垃圾回收分配速率触发的修正预测参数，该参数越大，垃圾回收执行得越频繁。默认值为 2，可参考 8.2.5 节。

ZFragmentationLimit	JDK 11、JDK 17	ZGC

该参数指定页面参与转移和回收的最小比例，默认值为 25，即在标记完成后，只有页面中垃圾占比达到 25% 时才会参与转移和回收。同时该参数也确保垃圾回收后可重用的页面至少占回收页面的 25%。

该参数调整该值会影响垃圾回收执行的效率和执行时间，在内存不足的情况下可以适当减小该值，以回收更多的页面。

ZStallOnOutOfMemory	JDK 11	ZGC

该参数指定 JVM 在内存不足时是等待垃圾回收完成，还是直接抛出 OOM 异常。默认值为 true，表示 Mutator 等待垃圾回收完成；如果设置为 false，Mutator 遇到内存不足时直接抛出 OOM 异常。但该参数在 JDK 13 中被移除。

ZMarkStacksMax	JDK 11	ZGC
ZMarkStackSpaceLimit	JDK 17	ZGC

该参数标记栈的最大空间，标记过程中如果标记栈的空间达到该值，则 JVM 会直接退出。默认值为 8GB，该参数的取值范围为 [32MB, 1024GB]。

ZCollectionInterval	JDK 11、JDK 17	ZGC

该参数允许自定义执行垃圾回收的间隔，默认值为 0，表示不执行自定义触发的规则。可参考 8.2.5 节。

ZProactive	JDK 11、JDK 17	ZGC

该参数主动触发垃圾回收，默认值为 true，表示会主动触发 GC。在 JDK 11 中，该参数为诊断参数。

ZUncommit	JDK 17	ZGC

该参数表示是否允许 ZGC 主动向 OS 归还未使用的内存。默认值为 true，表示允许归还。ZGC 中采用并发线程执行 Uncommit 动作。

ZUncommitDelay	JDK 17	ZGC

在允许向 OS 主动归还未使用的内存时，需要满足两个条件：过去一段时间没有执行 commit 动作；归还的内存页面过去一段时间没有被使用。该参数控制时间，默认值为 300，单位为秒，表示以上两个条件的时间间隔都为 300 秒。

归还内存是一个相当耗时的动作，该参数设置过小时可能会引起内存使用的颠簸（即释放内存后又很快请求内存），从而导致性能下降。

注意，归还操作还依赖于 OS 的支持。

14.2 诊断参数

本节介绍 ZGC 执行过程中内存验证功能及与优化相关的一些参数。

ZStatisticsInterval	JDK 11、JDK 17	ZGC

该参数输出统计信息的时间间隔，默认值为 10，表示每 10 毫秒输出一次统计信息。JDK 11 中该参数为生产参数。

ZStressRelocateInPlace	JDK 17	ZGC

该参数在转移阶段进行就地转移，即活跃对象转移前后所在的页面是相同的。参数的默认值为 false，表示不总是允许就地转移，只有在转移阶段无法成功分配到新的页面时才会执行就地转移。

ZVerifyRoots	JDK 17	ZGC

该参数在 GC 执行阶段验证 Root 引用的对象状态是否正确（状态主要是指 M0、M1 和 Remapped），在调试模式下默认值为 true，表示进行验证。

ZVerifyObjects	JDK 17	ZGC

该参数在 GC 执行阶段验证所有对象的状态是否正确（状态主要是指 M0、M1 和 Remapped），默认值为 false，表示不进行验证。

ZUnmapBadViews	JDK 11	ZGC
ZVerifyViews	JDK 17	ZGC

这两个参数用于设置是否把虚拟地址视图映射到 3 个地址视图（M0、M1 和 Remapped）中，默认值为 false，表示仅仅把当前有效地址映射到当前正在使用的地址视图中（因为只有一个地址视图，所以在内存分配的过程需要多次执行 map）。

ZVerifyMarking	JDK 11、JDK 17	ZGC

该参数在标记开始和标记结束的时候验证标记栈应该为空，默认值为 false，不进行验证。

ZVerifyForwarding	JDK 11、JDK 17	ZGC

该参数用于在并发转移中验证转移表（Forwarding）页面中活跃对象个数和活跃对象占用的空间和统计值相同，默认值为 false，表示不进行验证。

14.3 重要参数小结

ZGC 中需要调整的比较少，重要参数已经在第 9 章中指明。除此以外，使用 ZGC 还可以关注表 14-1 中所示参数。

表 14-1 ZGC 相关参数

参　数	说　明
UseNUMA	使用 NUMA，一般可以取得较好的性能
ZFragmentationLimit	根据可使用内存的情况调整参数，确保执行效率和内存使用取得平衡
ZCollectionInterval	根据可使用内存的情况调整参数，确保及时执行垃圾回收动作，弥补预测模型不准确的场景

ARM 服务器上的
GC 挑战和优化

JVM 为了能让字节码运行在多种架构和平台之上，必须将字节码解释为能够运行在相关平台的后端指令。然而由于不同硬件的发展及市场占用情况不同，JVM 在不同硬件上的支持力度和完备度也有所不同。目前市场上最主流的服务器是以 X86 架构为主，因此 JVM 对 X86 硬件特性的支持也最为完善，健壮性也最高。但随着时间的推移，ARM 架构的服务器作为新秀开始进入服务器市场中，和 X86 架构的服务器相比，两者最大的差异是指令集不同。除了指令集不同以外，ARM 服务器在芯片架构、内存访问等方面与 X86 服务器也有所不同。这些不同将导致以下问题：

1）JVM 需要适配不同的硬件，在解释执行或者编译执行时必须生成平台相关的机器代码。幸运的是 JVM 的设计和实现对各种平台和硬件的支持做了解耦，添加一款新的后端支持的工作量也是可控的[⊖]。与后端相关的知识超出了本书的覆盖范围，此处不做进一步介绍。

2）JVM 需要考虑芯片架构的特性，优化 GC 工作线程并行、并发的执行方式。

3）JVM 需要根据芯片内存一致性的设计和实现，在保证正确性的前提下高效访问内存。

4）JVM 需要根据服务器内存的布局，提高内存的访问效率。

为了让读者清晰地理解架构以及对 GC 的影响，本节以 ARM 服务器为例展开介绍。分为以下两章：

第 15 章介绍泰山服务器，以华为公司的泰山服务器为例介绍 ARM 芯片相关的特性及 ARM 服务器的相关概念。

第 16 章介绍 AArch64 平台上的 GC 挑战和优化，主要关注在 ARM 服务器上如何正确、高效地实现 GC。

本节内容仅仅介绍芯片、服务器架构对 JVM 性能、正确性的影响，对于软 / 硬件协调优化则不在本部分的介绍范围内，感兴趣的读者可以参考其他书籍。

⊖ 华为公司已经成功在 JDK 11 和 JDK 17 中支持了 RISC-V 架构后端，并且开源到毕昇 JDK 中，感兴趣的读者可以访问网址 https://gitee.com/openeuler/bishengjdk-11/tree/risc-v 获得源码和相关文档。目前 OpenJDK 社区已经同意建立 RISCV-Port 用于接受相关代码。

泰山服务器概述

鲲鹏（Kunpeng）处理器是华为公司基于 ARM 架构生产的企业级处理器，目前已经覆盖算（计算）、存（存储）、传（传输）、管（管理）、智（人工智能）五大应用领域。基于鲲鹏处理器，华为公司推出了泰山服务器，它是华为公司的数据中心服务器，主要面向互联网、分布式存储、云计算、大数据、企业业务等领域，具有高性能计算、大容量存储、低能耗、易管理、易部署等优点。

处理器和服务器的设计和实现直接决定应用程序的运行性能。为了充分发挥硬件的能力，虚拟机需要根据硬件的特性进行设计和实现。而硬件相关的设计和实现非常复杂，且远远超过本书的覆盖范围，本章仅仅介绍 ARM 架构、处理器和服务器的基本知识，便于读者理解虚拟机如何发挥硬件能力。

在正式介绍泰山服务器之前，先来了解一下指令集。

指令集是指中央处理单元（Central Processing Unit，CPU）用来计算和控制计算机系统的一套指令的集合，每一种新型的 CPU 在设计时定义了一系列与其硬件电路相配合的指令系统。指令集包含基本数据类型、寄存器、寻址模式、中断、异常处理及外部的 I/O 操作。

现阶段主流体系结构使用的指令集可分为复杂指令集（Complex Instruction Set Computing，CISC）和精简指令集（Reduced Instruction Set Computing，RISC）两种，其中 X86 架构是 CISC 的代表，ARM 架构是 RISC 的代表。CISC 和 RISC 相比有以下不同：

1）CISC 指令复杂，由微指令码控制单元实现指令（可以简单地理解为硬件仅需要支持基础的微指令，用户可见的指令通过一段微指令码片段实现）；RISC 指令大多数由硬件实现，较少的指令以软件组合的方式实现。

2）CISC 寄存器很少，提供较多的寻址模式，而 RISC 寄存器相对来说较多，但只有很少的寻址模式。

3）CISC 指令格式长短不一，执行时的周期次数也不统一，而 RISC 指令简单，通常在一个周期就可以完成指令的执行。

从指令集角度来看，CISC 以增加处理器本身的复杂度为代价，换取更高的性能，例如 X86 架构提供了复杂的数学运算指令，如 MMX、SSE、AVX 等；而 RISC 大幅度简化架构，仅保留所需要的指令，可以让整个处理器更为简化，拥有体积小、效能高的特性，但是其相关的高级指令演进缓慢，仍以数学运算指令为例，早期仅仅提供了 NEON 指令，在 ARMv8 的后期版本中才提供了 SVE 指令。

15.1　ARM 架构

ARM（Advanced RISC Machine）有 3 种含义，分别是：一个公司的名称、一种技术的名称、一类微处理器的通称。下面分别简要介绍。

15.1.1　ARM 介绍

1. ARM 公司

ARM 公司最早成立于 20 世纪 90 年代末，从一家位于英国剑桥的 Acorn Computers 公司拆分而来，这家公司曾经是英国教育市场上著名的个人台式计算机供应商（现已不复存在）。

20 世纪 80 年代中期，Acorn 公司开始一个项目，为下一代计算机挑选合适的处理器。经过相当长时间的摸索后，他们得出一个结论：无法找到与之相符的产品。于是 Acorn 决定自己设计处理器。1985 年 4 月 26 日，第一台原型机正式运行，这台原型机被称为 Acorn RISC Machine。后因 Acorn 公司转向衰落，处理器设计部门被分了出来，组成了一家新公司，最初叫作高级精简指令集机器（Advanced RSIC Machines Ltd，ARM），现在公司和处理器都简称为 ARM。

ARM 公司最为出名的是 RISC 处理器，同时也提供满足芯片设计师、软件开发者的技术支持，例如知识产权（Intellectual Property，IP）、软件模型和开发工具、图形处理器，以及外围设备。ARM 公司并不生产芯片，主要通过设计、授权 ARM 处理器架构来盈利，这意味着全世界任何一家半导体厂商都可以通过购买 ARM 架构授权来设计生产自己的芯片。目前市面上大部分的 ARM 设备都是由 ARM 公司的授权商制造的。

2. ARM 的架构

ARM 内核由 ARM1、ARM2、ARM6、ARM7、ARM9、ARM10、ARM11 和 Cortex，以及对应的修改版或增强版组成，越靠后的内核初始频率越高、架构越先进，功能也越强。

ARM 处理器产品分为 Classic（经典）ARM 处理器系列和最新的 Cortex 处理器系列。

其中经典系列处理器架构如下。

1）ARM7 微处理器系列：1994 年推出，是使用范围最广的 32 位嵌入式处理器系列，采用三级流水线和冯·诺依曼结构。该系列处理器提供 Thumb 16 位压缩指令集和

EmbededICE 软件调试方式，适用于大规模的 SoC 设计中。

2）ARM9 微处理器系列：采用哈佛体系结构，是五级流水线。指令和数据分属不同的总线，可以并行处理。主要应用于音频技术以及高档工业级产品中。

3）ARM9E 微处理器系列：ARM9E 是 ARM9 的增强版，提供了 DSP 增强处理能力，很适合于那些需要同时使用 DSP 和微控制器的应用场合。

4）ARM10E 微处理器系列：ARM10E 微处理器内核提供了微控制器、DSP、Java 应用系统的解决方案，极大地减少了芯片的面积和系统的复杂程度。ARM10E 也使用哈佛结构，是六级流水线。

5）ARM11 微处理器系列：这是 ARM 公司近年推出的新一代 RISC 处理器，也是 ARMv6 的第一代设计实现。该系列主要有 ARM1136J、ARM1156T2 和 ARM1176JZ 三个内核型号，分别针对不同应用领域。

ARM11 以后的产品改用 Cortex 命名，并分成 A、R 和 M 三类，旨在为各种不同的市场提供服务。Cortex-A 系列、Cortex-R 系列和 Cortex-M 系列分别对应应用处理器、实时处理器和微控制器处理器，主要区别如下。

1）**应用处理器**（application processor）：面向移动计算、智能手机、服务器等市场的高端处理器。这类处理器运行在很高的时钟频率（超过 1GHz），支持 Linux、Android、Windows 和移动操作系统等，以及操作系统需要的内存管理单元（MMU）。

2）**实时处理器**（real-time processor）：面向实时应用的高性能处理器系列，如硬盘控制器、汽车传动系统和无线通信的基带控制。多数实时处理器不支持 MMU，不过通常具有 MPU、Cache 和其他针对工业应用设计的存储器功能。实时处理器运行在比较高的时钟频率（例如 200MHz 到 1^+GHz），响应延迟非常低。一般不能运行完整版本的 Linux 和 Windows 操作系统，但通常支持实时操作系统。

3）**微控制器处理器**（micro-controller processor）：微控制器处理器通常设计得面积很小、能效比很高。通常处理器的流水线很短，最高时钟频率很低。微控制器处理器主要用于单片机和嵌入式系统中。

3. ARM 芯片

通过 ARM 架构授权来设计、生产的芯片均可称为 ARM 芯片。当前市场上由第三方公司使用 ARM 架构或者基于 ARM 指令集自行设计架构所开发的 ARM 芯片，广泛使用于嵌入式设备、移动设备和服务器设备中。

（1）常见的手机芯片产品

1）苹果 A 系列芯片：目前苹果手机和平板电脑产品所使用的最新处理器芯片全部属于 ARM 芯片。

2）高通骁龙系列芯片：骁龙（Snapdragon）是高通公司（Qualcomm）推出的高度集成的"全合一"移动处理器系列平台，覆盖入门级智能手机乃至高端智能手机、平板电脑，以及下一代智能终端。最新的骁龙 888 于 2021 年 6 月发布，基于 ARMv8 指令集，采用大小核的异构设计，拥有 1 颗 Cortex A-X1 超级大核，3 颗 Cortex A78 普通大核和 4 颗 Cortex A55 小核。

3）华为麒麟系列芯片：是当前最成功的国产手机芯片。海思公司于 2009 年发布首款应用于智能手机的处理器芯片 K3v1，到现在已发展成为位居全球前五的芯片制造公司。其最新的手机芯片产品麒麟 9000 5G 基于 ARMv8.2 架构，使用台积电 5 纳米制程工艺，内置巴龙 5G 芯片。

此外，较常见的 ARM 手机芯片还包括：三星的猎户座（Exynos）系列，以及联发科的曦力（Helio）系列。

（2）用于服务器的 ARM 芯片产品

1）亚马逊公司的 Graviton 服务器处理器与 EC2 弹性计算云：2018 年 11 月，AWS 发布了 Graviton 第一代，拥有 16 核。2019 年，亚马逊发布的 AWS Graviton 2，拥有 64 核，官方宣称其性能高于 Intel Xeon-based 第五代处理器的 40%。

2）Marvell/Cavium 公司的 ThunderX 系列服务器处理器：ThunderX 系列服务器处理器的第一代发布于 2016 年，最新产品是于 2020 年发布的 ThunderX3，该处理器芯片可容纳多达 96 个 ARMv8.3+ 自定义核，这些内核以高达 3GHz 的全内核频率运行。其主要特点之一是具有 4 个 128 位 SIMD 执行单元，这与 AMD 和 Intel 内核的向量执行吞吐量相匹配。另外，ThunderX3 支持 SMT4（单核超线程），96 核的芯片可以在一个插槽中最多扩展 384 个线程，这是迄今为止市场上支持的最高线程数。

3）Ampere 公司的 eMAG/Altra 系列服务器处理器：Altra 系列服务器芯片拥有可选 24～80 核，最高主频为 3.3GHz，热设计功耗为 250W。

4）飞腾公司 FT2000+ 系列服务器处理器：FT-2000+/64 处理器芯片集成 64 个自主开发的 ARMv8 指令集兼容处理器内核 FTC662，采用片上并行系统（SoC）体系结构。

5）华为公司鲲鹏系列服务器处理器：鲲鹏系列服务器所使用的最新的芯片产品为鲲鹏 920。鲲鹏 920 提供强大的计算能力，基于海思自研的具有完全知识产权的 ARMv8 架构，最多支持 64 核，支持多达 8 组 72 位（含 ECC）、数据率最高 3200MT/s 的 DDR4 接口。鲲鹏 920 还集成以太网控制器、SAS 控制器、PCIe 控制器。另外，鲲鹏 920 还集成安全算法引擎、压缩解压缩引擎、存储算法引擎等加速引擎进行业务加速。

15.1.2　ARMv8-A 特性

由于服务器产品使用的均是 ARMv8-A 的处理器，下面对 ARMv8-A 做一些介绍，主要介绍 ARMv8-A 的架构、执行状态、指令集和数据类型。当然 ARMv8-A 还支持虚拟机结构、调试、中断等，由于这些内容与 JVM 的实现关系暂时不密切，限于篇幅，不再一一介绍。 ⊖

⊖　注意，一些新型技术的发展会影响上层应用的性能，例如目前非常热门的新型网络加速技术 RDMA（Remote Direct Memory Access）可以将原本的 TCP/IP 卸载到网卡上，无须 CPU 的参与、减少内核介入，直接实现应用到新的网络缓冲区的数据传递，从而提升应用的性能。当 JVM 使能这样的特性以后就可以加速 Java 应用的网络传输，目前在社区中已经有相关的草案讨论对相关特性的支持，当然这些特性可能还需要一段时间才能成熟，所以本书也不展开介绍。

1. ARMv8-A 处理单元的核心架构

2011 年 11 月，ARM 公司发布首款支持 64 位指令集的新一代 ARMv8 处理器架构，引入了一系列新特性，也成为 ARM 处理器进军服务器处理器市场的技术基础。从 2013 年起，ARM 公司陆续发布了 ARMv8-A 架构的标准文档《ARM 体系结构参考手册 ARMv8：ARMv8-A 架构概述》（*Arm Architecture Reference Manual ARMv8, for ARMv8-A architecture profile*），简称 ARMv8-A 架构规范，其中详尽地定义了新一代 ARM 处理器的架构。

ARMv8-A 架构属于 64 位处理器架构，向下兼容 ARMv7 架构。ARMv8-A 架构增加的 A64 指令集是全新设计的 64 位指令集。为保持向后兼容，ARMv8-A 架构同时支持 ARMv7 体系结构的 32 位 A32 指令集（以前被称为 "ARM 指令集"），并且保留、扩展了 ARMv7 架构的 TrustZone 技术、虚拟化技术及增强的 SIMD（Single Instruction Multiple Data，主要指 NEON）技术等所有特性。

需要注意的是，A64 指令集并非直接在原有 32 位指令集上增加了 64 位扩展支持，主要原因是简单的指令扩展将导致复杂性提高而且效率低下。

2. ARMv8-A 的执行状态

在 ARM 架构中，执行状态定义了处理单元的执行环境，包括其所支持的寄存器宽度、支持的指令集，以及异常模型虚拟存储系统体系结构和编程模型的主要特征等。

ARMv8 架构包含两种执行状态（execution state）：AArch64 和 AArch32。AArch64 执行状态针对 64 位处理技术，引入了一个全新指令集 A64，可以在 64 位寄存器中保存地址，并允许指令使用 64 位寄存器进行计算。AArch32 执行状态将支持现有的 ARM 指令集，使用 32 位寄存器保存地址，32 位寄存器进行计算。AArch32 执行状态支持 T32 指令集和 A32 指令集，并可以支持 AArch64 状态中包含的某些功能。其中，T32 指令集在 ARMv8 架构之前被称为 "Thumb 指令集"，是 32 位和 16 位长度混合的指令集，无对应的 64 位版本。当 ARMv8-A 架构的处理器执行 64 位指令时，支持 32 位指令集的部件并不工作，从而可以保证处理器在低功耗状态下完成 64 位计算。目前的 ARMv7 架构的主要特性都将在 ARMv8 架构中得以保留或进一步拓展，例如 TrustZone 技术、虚拟化技术及 NEON Advanced SIMD 技术等。

不管是 64 位的 A64 指令集还是 32 位的 A32 指令集，指令长度依然保持 32 位（4 字节）。从程序员角度看，这两种类型的指令集的本质区别是其工作寄存器的位数不同，A32 指令集使用 32 位工作寄存器，而 A64 指令集则使用 64 位工作寄存器，并使用 64 位计算模式。

ARMv8 架构的两个执行状态图如图 15-1 所示。

3. AArch64 执行状态

AArch64 为 64 位执行状态，该状态的特征首先表现为支持单一的 A64 指令集。

AArch64 放弃了传统 ARM 处理器的处理器模式、优先级级别等概念，定义了全新的

ARMv8 异常模型，支持最多 4 个异常等级（Exception Level）：EL0～EL3，构筑了一个异常权限的层次结构。相应地，AArch64 执行状态对每个系统寄存器使用后缀命名，以便指示该寄存器可以被访问的最低异常等级。

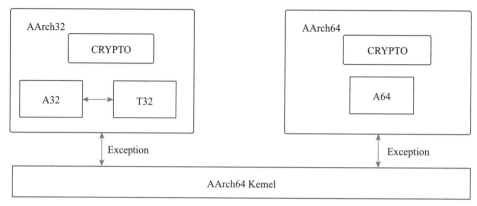

图 15-1　ARMv8 架构的两个执行状态

AArch64 执行状态支持用 64 位寄存器存储虚地址（Virtual Addressing），系统支持的物理地址长度最高达 48 位甚至 52 位，这使得处理器能够支持的地址范围超出 32 位设备的 4GB 限制，让每个应用都可以拥有自身的超大存储器地址空间。

AArch64 执行状态的通用寄存器的数量增加到 31 个，即 64 位通用寄存器 X0 ~ X30。其中 X30 被当作过程链接寄存器（Procedure Link Register）。更多的寄存器也能够显著提升系统性能，例如程序员在按照 ARM 架构过程调用标准（ARM Architecture Procedure Call Standard，AAPCS）执行函数调用时，如果传递不多于 8 个参数时可以使用寄存器传递，而不需要使用堆栈。AArch64 执行状态提供了 32 个 128 位寄存器支持 SIMD 向量和标量浮点操作。

AArch64 架构提供一个 64 位程序计数器 PC（Program Counter）、堆栈指针 SP（Stack Pointer）寄存器和若干异常链接寄存器 ELR（Exception Link Register）。

AArch64 架构对程序状态寄存器的改进是定义了一组处理状态 PSTATE（Process State）参数，用于保存处理单元的状态。A64 指令集中增加了直接操作 PSTATE 参数的指令。

4. AArch32 执行状态

AArch32 为 32 位执行状态，该状态支持 A32 和 T32 两种指令集。

AArch32 执行状态提供 13 个 32 位通用寄存器和 1 个 32 位程序计数器 PC、堆栈指针 SP 及链接寄存器 LR。其中，LR 寄存器同时被用作异常链接寄存器 ELR 和过程链接寄存器。某些寄存器还配置了若干后备（banked）实例，用于支持处理单元的不同模式。AArch32 执行状态提供了 32 个 64 位寄存器用于增强 SIMD 向量和标量浮点运算支持。

AArch32 执行状态提供单一异常链接寄存器 ELR，用于从 Hypervisor 模式异常返回。

在 AArch32 执行状态下，ARM 同样定义了一组处理状态 PSTATE 参数用于保存处理单元的状态。A32 和 T32 指令集中包含了直接操作各个 PSTATE 参数的指令，以及通过应用程序状态寄存器（Application Program Status Register，APSR）和当前程序状态寄存器（Current Program Status Register，CPSR）访问 PSTATE 参数的指令。

AArch32 执行状态支持 ARMv7-A 基于处理单元模式的异常模型，并将该模型映射为基于异常等级的 ARMv8 异常模型。

AArch32 执行状态支持 32 位虚地址。

5. 交互处理

在 AArch64 和 AArch32 这两种执行状态之间的相互转换称为交互处理（inter-processing）。处理单元只有在改变异常等级时才能转换执行状态，这与传统 ARM 处理器从 ARM 指令集转换到 Thumb 指令集的交互操作方式不同。这意味着应用程序、操作系统内核及虚拟机管理器（hypervisor）等在不同异常等级执行的不同层次的软件可以在不同的执行状态下执行。

ARMv8-A 架构允许在不同层次等级支持 AArch64 和 AArch32 这两种执行状态。例如，某个 ARMv8-A 架构的实现可以只支持 AArch64，或者在支持 AArch64 的同时还支持在 AArch32 状态运行的操作系统或虚拟机，又或者在支持 AArch64 的同时在应用层（非特权状态）支持 AArch32 执行状态。在 ARMv8 中通过异常等级切换完成状态的切换。

由于鲲鹏处理器是面向服务器市场的，而当前市场环境并没有特别需要保持 32 位应用兼容性的需求，因此鲲鹏处理器内置的处理器核仅支持 AArch64 执行状态。

6. ARMv8-A 架构支持的指令集

ARMv8-A 架构处理器可以使用的指令集依赖于其执行状态。

在 AArch64 执行状态下，ARMv8-A 架构处理器只能使用 A64 指令集，该指令集的所有指令均为 32 位等长指令字。

在 AArch32 执行状态下，可以使用两种指令集：A32 指令集对应 ARMv7 架构及其之前的 ARM 指令集，为 32 位等长指令字结构；T32 指令集则对应 ARMv7 架构及其之前的 Thumb/Thumb-2 指令集，使用 16 位和 32 位可变长指令字结构。AArch32 执行状态下的指令集状态决定处理单元当前执行的指令集。在 ARMv8-A 架构下，A32 指令集和 T32 指令集均有扩展。

7. ARMv8-A 支持的数据类型

除了 32 位架构已经支持的 8 位字节数据类型、16 位半字数据类型、32 位字数据类型和 64 位双字数据类型外，ARMv8-A 架构还支持 128 位的四字（quad-word）数据类型。

此外，还扩展了浮点数据类型，有 3 种浮点数据类型：半精度（half-precision）浮点数据、单精度（single-precision）浮点数据和双精度（double-precision）浮点数据。

ARMv8-A 架构也支持字型和双字型定点数和向量类型。向量数据由多个相同类型的数据组合而成。A64 架构支持两种类型的向量数据处理：一是增强 SIMD（Advanced SIMD），也称为 NEON；二是可伸缩向量扩展（Salable Vector Extension，SVE）。

在 ARMv8-A 架构中，寄存器文件被分成两个：通用寄存器文件和 SIMD 与浮点寄存器文件。这两种寄存器文件的寄存器宽度依赖于处理单元所处的执行状态。

在 AArch64 状态下，通用寄存器文件包含 64 位通用寄存器，指令可以选择以 64 位宽度访问这些寄存器，也可以选择以 32 位方式访问这些寄存器的低 32 位。而 SIMD 与浮点寄存器文件包含 128 位寄存器，四字整型数据类型和浮点数据类型仅用于 SIMD 与浮点寄存器文件。AArch64 的向量寄存器支持 128 位向量，但是其有效宽度可以是 128 位，也可以是 64 位，取决于所执行的 A64 指令。

在 AArch32 状态下，通用寄存器文件包含 32 位通用寄存器，两个 32 位寄存器可以组合起来支持双字类型数据，32 位通用寄存器也可以支持向量格式。SIMD 与浮点寄存器文件包含 64 位寄存器，但 AArch32 状态不支持四字整型数据类型和浮点数据类型。两个连续的 64 位寄存器可以组合成 128 位寄存器。

8. ARMv8-A 的异常等级与安全模型

现代处理器的软件通常都被划分为不同模块，每个模块会被赋予访问处理器资源和系统资源的不同权限。例如，操作系统内核比应用程序具有更高的系统资源访问权限，且应用程序修改系统配置的权力是受限的。

ARMv8-A 架构支持多级执行权限。由于程序的执行权限只有在异常处理时才能够改变，共有 4 个执行权限等级，用 EL0~EL3 四个异常等级标识，异常等级的数字越大，软件的执行权限越高。

EL0 是最低权限等级，通常也称为非特权（Unprivileged）等级，在该等级执行的程序被称为非特权执行（Unprivileged Execution）。与此相对应，EL1~EL3 都属于特权等级，在这些异常等级执行的程序被称为特权执行。

EL2 异常等级提供了虚拟化（Virtualization）支持。

为了更好地支持对权限的管理，ARMv8-A 架构在 ARMv7 安全扩展的基础上新增了安全模型（Security Model），以支持安全相关的应用需求。ARMv8-A 架构设置了两个安全状态等级：安全（Secure）状态和非安全（Non-Secure）状态。每个安全状态都有相应的物理存储器地址空间，不同安全状态下可以访问的物理地址空间是不同的：处于安全状态的处理单元可以访问安全物理地址空间和非安全物理地址空间；而处于非安全状态的处理单元仅能访问非安全物理地址空间，不能访问安全系统控制的资源。

EL3 异常等级支持在安全状态和非安全状态这两个状态之间切换。

虽然每个程序使用哪一个异常等级并不是由 ARMv8-A 架构约定的，但异常等级有其典型的应用模型：EL0 异常等级通常用于运行应用程序；EL1 异常等级通常用于操作系统及需要特权才能实现的功能；EL2 异常等级通常用于支持虚拟化操作，运行虚拟机管理器（Hypervisor）；EL3 异常等级通常用于底层固件或者安全相关的代码，例如运行安全监控程序（Secure Monitor）。

一般而言，程序的权限主要涉及两个方面：一是存储系统的访问权限，二是访问处理器资源的权限。二者都与当前的异常等级密切相关。

ARMv8-A 架构的虚拟存储器是由存储管理单元（Memory Management Unit，MMU）负责管理的。MMU 支持软件对存储器的某个特定区域赋予其属性，例如读 / 写权限的组合。而特权等级和非特权等级可以被分别赋予不同的访问配置。当处理单元在 EL0 异常等级运行时，将会依据非特权访问许可的权限检查其访问存储器的请求。而当处理单元在 EL1、EL2 和 EL3 异常等级运行时，将会依据特权访问许可的权限检查其访问存储器的请求。因此，软件需要合理地通过 MMU 配置相关存储区域的访问权限。而修改 MMU 配置需要用到系统寄存器的访问权限，这也受到当前的异常等级的限制。

异常等级还存在于特定的安全状态下。程序可以访问的资源同时受到异常等级和安全状态的制约。程序在某个异常等级执行时，处理单元可以访问当前异常等级和当前安全状态组合下可用的资源，也可以访问所有更低异常等级可用的资源，前提是这些资源在当前安全状态下可用。因此，如果程序在 EL3 异常等级执行，处理单元无论在哪个安全状态下都可以访问所有异常等级可用的资源。

在实现了 EL3 异常等级的 ARMv8-A 架构处理器中，EL3 异常等级仅存在于安全状态。从非安全状态切换到安全状态仅允许发生在异常处理进入 EL3 异常等级时；从安全状态切换到非安全状态仅允许发生在异常从 EL3 异常等级返回时。EL2 异常等级仅存在于非安全状态。

15.2　鲲鹏处理器

华为鲲鹏处理器是以 ARMv8-A 架构为基础的。目前华为公司最新的芯片是 2019 年 1 月发布鲲鹏 920，它采用 7nm 制程，芯片大小为 60mm × 75mm，基于 ARMv8.2 指令集[⊖]，而早期上市的 Hi610、Hi616 基于 ARMv8.1 指令集。本节以鲲鹏 920 为例介绍相关设计，主要关注 CPU 的逻辑图，并介绍内存访问的差异等。

15.2.1　芯片架构

结合 2019 年 HPC[⊖]大会中关于鲲鹏服务器的介绍，我们可以部分还原鲲鹏 920 处理器的逻辑图（以芯片 7265 为例）。

芯片包含 64 个 CPU 核，分布在两个 CPU Die（芯片中具体的晶元描述），所以每个

⊖　https://www.hikunpeng.com/compute/kunpeng920

⊖　https://static.linaro.org/event-resources/arm-hpc-2019/slides/BenchmarkingHuaweiARMMulti-CoreProcessors-forHPCworkloads6.pdf

CPU DIE 包含了 32 个 CPU 核。根据大会的材料得知，一个 CPU 核包含独立的 L1、L2 Cache，如图 15-2 所示。

每 4 个 CPU 核为一组，称为 Core Cluster，简称 CCL，如图 15-3 所示。

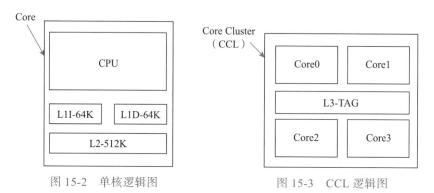

图 15-2　单核逻辑图　　　　　　图 15-3　CCL 逻辑图

其中 L3 Cache 分为 L3 TAG 和 L3 DATA，DATA 是 Cache-Line 的数据，而 TAG 是 Cache-Line 的描述信息。一个 CCL 仅共享 L3 TAG 数据。

一个 CPU Die 包含了 6~8 个 CCL（根据不同的芯片型号，例如高端 7265 包含 8 个 CCL，而低端的芯片可能只包含 6 个 CCL）和对应的 L3 Data。另外，IO Die 包含一些支持 IO 的功能，例如 PCIe、网络、加解密、压缩等。鲲鹏 920 系列的一款具体芯片 7265 的逻辑图大概如图 15-4 所示。

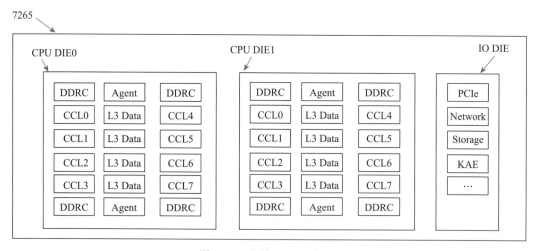

图 15-4　芯片 7265 逻辑图

在该芯片中 L3 共计为 64MB。对于 L3 还有不同的工作模式，影响使用的性能。查阅使用手册可以得知，工作模式分为以下 3 种。

1）Private：每个 CCL 独占自己的 L3 Cache，在图 15-4 中为 4MB。不同的 CCL 之间并不通信。

2）Shared：CCL 可以使用所有的 L3 Cache。

3）Partition：类似于 private，但是 CCL 之间对应的 L3 Cache 可以在 Agent 的帮助下进行通信。

芯片内部还有：POE_ICL（芯片内包保序模块）、HAC_ICL（硬件加速模块）、NetWork_ICL（网络模块）、IO_MGMT_ICL（IO 管理模块）、PCIe_ICL（PCIe 模块）、IMU（智能监控模块）、Hydra 接口（芯片间互联模块）等内容。因为这些内容与本书介绍的内存管理关系并不密切，所以并没有体现在上述芯片逻辑图中。

另外，芯片还支持多个芯片互联。两颗芯片构成的服务器方案示例如图 15-5 所示。

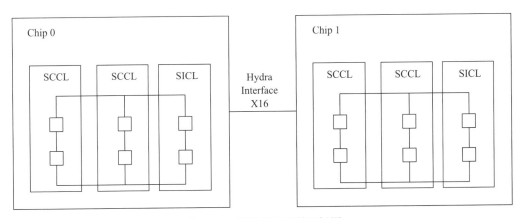

图 15-5　两颗芯片互联逻辑图

每颗芯片各提供两个 SCCL 和一个 SICL。芯片之间通过片间 Cache 一致性接口连接，片间带宽高达 480Gbps，即 X16 Hydra 接口。当然，鲲鹏芯片还支持更多芯片互联，这里不展开介绍，更多信息可以参考鲲鹏官方网站。

15.2.2　内存管理子系统

内存管理子系统（System Memory Management Unit，SMMU）为设备提供地址转换和访问保护功能。

当某个 CCL 或 ICL 访问物理内存空间时，内存空间在页表、内存属性行为等方面的配置和行为均遵循 ARMv8 架构。CCL 访问的内存空间的属性由 MMU 中的页表控制，ICL 访问的内存空间的属性由 SMMU 中的页表或源设备控制。SMMU 中的页表可以通过硬件自动同步到 CCL 中的 MMU 中，也可以单独配置。

鲲鹏 920 是众核架构，在内存管理时使用 NUMA 架构。NUMA 架构属于分布式共享存储（Distributed Shared Memory，DSM）架构，存储器分布在不同节点上。NUMA 架构通过限制任何一条内存总线上的处理器核数量并依靠高速互连通道连接各个节点，从而缓解各个处理器核竞争共享内存总线造成的访问瓶颈的影响。

在 NUMA 架构中，每个处理器与本地存储器单元（Local Memory Unit）间距离更短，而与远程存储器（Remote Memory，其他处理器所属的本地存储器）间距离更长。因此，处理器访问本地存储器的存储器延迟（Memory Latency）比访问远程存储器更短。所以说，NUMA 架构的系统中存储器访问周期是不固定的，取决于被访问存储器的物理位置。关于 NUMA 的更多信息参考 15.3 节。

15.2.3　流水线技术

CPU 流水线技术是一种将指令分解为多步，并让不同指令的各步操作重叠，从而实现几条指令并行处理，以加速程序运行过程的技术。指令的每步有各自独立的电路来处理，每完成一步，就进到下一步，而前一步的电路流水继续处理一个新的指令。

采用流水线技术后，并没有加速单条指令的执行，每条指令的操作步骤也没有减少，只是多条指令的不同操作步骤同时执行，因而从总体上看加快了指令流速度，缩短了程序执行时间。

鲲鹏 920 的流水线主要分为以下几个阶段。

1）取指（Fetch）：提取指令并计算下一次取指的地址。主要功能包括指令缓存、分支预测（branch prediction）、分支目标、缓存器（branch target buffer）、返回地址栈（return address stack）。

2）译码（Decode）：分解指令流到独立指令，理解指令语义，包括指令类型（Control、Memory、Arithmetic 等）、运算操作类型、需要什么资源（读和写需要的寄存器等）。

3）分配（Allocate）：资源分配。

4）发射（Issue）：分发指令到相应执行单元，从这开始进入乱序执行阶段。

5）执行（Execute）：指令执行阶段。

6）写回（Write Back）：将执行结果写入 Register File、Reorder Buffer（简称 ROB）等。

7）提交（Commit）：重整执行结果次序，决定 Speculative Execution 正确性，最终输出结果。

取指阶段是超标量发射（一次可以取多条指令，取指数量因芯片数不同而略有不同）。另外，鲲鹏 920 在执行时有多个部件同时以乱序的方式执行。整个流水线逻辑图如图 15-6 所示。

指令在执行时可以乱序执行（Out-Of-Order），乱序执行意味着处理器不按程序规定的顺序执行指令，它根据内部功能部件的空闲状态动态地分发执行指令，但是指令结束的顺序还是按照原有程序规定的顺序。乱序执行时处理器内部功能部件并行运转，避免了不必要的阻塞，有效提高了处理器执行指令的性能。同时，乱序执行需要处理器分析影响执行结果的指令，避免出现有显式的数据依赖和控制依赖的乱序（特殊情况下的读写乱序可能影响程序执行结果，需要软件甄别）。芯片还有一个 Order Buffer 用于保证乱序执行的结果和顺序执行结果一样。关于乱序的更多信息可以参考计算机体系结构的相关书籍。

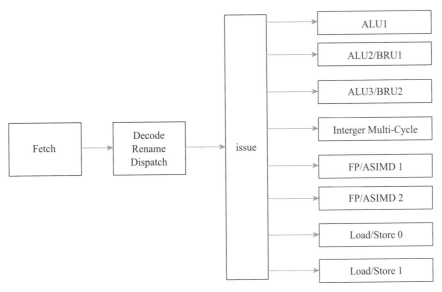

图 15-6　流水线示意图

乱序对编译器的影响是什么？乱序解决了硬件冲突（硬件冲突指的是使用相同硬件部件的指令无法同时执行），但是无法根本解决数据冲突（数据冲突指的是数据依赖的指令无法流水执行）。编译器或者虚拟机可以优化数据冲突避免流水线停顿。另外，通常来说编译器看到指令的范围更大，所以可以优化部分乱序无法看到的硬件冲突，但是乱序技术可以在硬件层面获得更为准确的信息，特别是内存使用的信息。所以乱序可以利用动态内存歧义消除等手段更为准确地调度。毕昇编译器团队在 GCC 中优化了鲲鹏流水线的执行，提高了程序执行的性能。在 JVM 中暂未实现该功能。有兴趣的读者可以参考相关文献。

15.2.4　内存一致性

现代处理器具有多个核，且普遍采用超标量技术、乱序发射及乱序执行等技术来提高指令级并行的效率，因此指令的执行序列在处理器的流水线中有可能被打乱，与程序代码编写时的序列不一致。例如，在一个系统中含有 n 个处理器 $P_1 \sim P_n$，假设每个处理器包含 S_i 个存储器操作，那么从全局来看，可能的存储器访问序列有多种组合（$n \times S_i$ 种组合）。为了保证内存访问的一致性，需要按照某种规则来选出合适的组合，这个规则以保证正确性为前提，同时也要保证多处理器访问有较高的并行度。

另外，目前多核计算机模型是 Shared Memory Multiprocessor，即多核共享使用内存。这里关注多核访问内存的正确性问题，特别是多核 CPU 经过 L1 Cache、L2 Cache、L3 Cache 和 Memory 路径后如何保证内存访问的正确性。

常见的共享内存是多核 CPU 通信的机制，这里涉及两个概念：顺序一致性（Sequential Consistency，SC）和缓存一致性（Cache Coherence，CC）。

1）顺序一致性是一个最直观、最易理解的多线程程序执行顺序的模型，但现在的硬件和编译器出于性能的考虑会对程序做出违反 SC 的优化，而这种优化会影响多线程程序的正确性。

2）缓存一致性是多核 CPU 在硬件中已经实现的一种机制，确保了在多核 CPU 的 Cache 中一个地址的读操作一定会返回那个地址最新的（被写入）值。缓存一致性通常由硬件完成，例如大家所熟知的缓存一致性协议 MESI 就是用来保证缓存一致性。

CC 和 SC 其实是相辅相成的，前者保证对单个地址的读写正确性，后者保证整个程序对多个地址读写的正确性，两者共同保证多线程程序执行的正确性。

从实现角度来看，顺序一致性模型主要有以下 3 种。

1）**强一致性模型**（Strong Consistency）：用于并发编程模型中的一致性模型，一般用于分布式共享内存（Distributed Shared Memory）、分布式事务（Distributed Transaction）。一个协议满足强一致性模型，必须满足下面的条件：所有并行执行的进程（节点、处理器等）看到的是一样的存取顺序，也就是只有一种状态被所有的并行进程观察到。

2）**处理器一致性模型**（Processor Consistency）：在一个处理器上完成的所有写操作，将会被以它实际发生的顺序通知给所有其他的处理器，但是在不同处理器上完成的写操作也许会被其他处理器以不同于实际执行的顺序看到。

3）**弱一致性模型**（Weak Consistency）：最弱的内存模型，可能的读读、写写、读写、写读操作均可乱序。这个模型期望在多线程程序的正确性和性能间寻找一个平衡点。对广大程序员来说，可以依赖高级语言内建的内存模型帮助，保证多线程程序的正确性。

不同的架构和实现支持的一致性不同，在 X86 系列 CPU 使用的 TSO（Total Store Order）是处理器一致性模型的一个版本，而 ARM 架构的 CPU 通常使用的 RMO（Relaxed Memory Order）是弱一致性模型（当然 ARM 架构的 CPU 实现也可以实现 TSO 等一致性，例如苹果公司的 M1 芯片）。

弱一致性模型是从性能最优、实现复杂性角度出发，提出的一个顺序模型。弱一致性模型会导致并发编程困难。JVM 是一个并发编程的应用程序，为提高访问内存的性能，需要用好 ARM 提供的内存序指令，确保正确性。关于 JVM 如何使用内存序指令，将在第 16 章介绍。

另外，鲲鹏 920 还有完善的 IO 子系统，如网络子系统、PCIe 子系统、SAS 子系统。由于这些内容暂时与内存管理无关，因此不做进一步介绍。

最后提一下，在鲲鹏 920 芯片中，还有一个单独的 IO Die，其中包含了加解密、压缩 / 解压的硬件电路，用于进行加速。这些功能需要在 JDK 中支持，Java 开发者才可以使用。华为公司提供的毕昇 JDK 提供了相关的实现，更多内容可以参考毕昇 JDK 官网。由于这些内容暂时与内存管理无关，因此也不做进一步介绍。

15.3　泰山服务器

泰山（TaiShan）服务器是基于鲲鹏处理器设计的数据中心服务器。目前泰山服务器以鲲鹏 920 芯片为主，其中使用广泛的服务器（如 TaiShan 200）都集成了两颗鲲鹏 920 芯片。泰山服务器典型的优点有功耗低、成本低、集成度高，适合端、边、云全场景同构互联与协同。

由于泰山服务器集成了两颗鲲鹏 920 芯片，需要使用芯片互联的方式进行通信，同时芯片需要访问多片内存。在 JVM 开发中有两个影响：一是多核架构如何保证程序高效执行，二是在内存访问时如何高效地使用内存。前者通常通过 OS 调度来保证线程调度的亲缘性，而后者通常需要 JVM 进行额外的管理，但是 OS 通常将内存访问封装为统一的 NUMA 来使用。

服务器架构从单核到多核的 SMP（Symmetrical Multiprocessor），再从 SMP 到 NUMA（Non-Uniform Memory Access）。在 SMP 架构中，多个 CPU 统一通过内存控制器访问内存，由于 CPU 个数增加，通过统一总线访问资源必然会增加内存访问的冲突，这将对充分发挥 CPU 性能造成影响。经验表明，SMP 架构中 CPU 利用率较高的场景是拥有 2～4 颗 CPU。SMP 架构的示意图如图 15-7 所示。

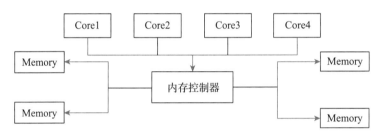

图 15-7　SMP 架构示意图

而 NUMA 架构将多个核组成一个节点（Node），每一个节点相当于一个对称多处理机（SMP），一块 CPU 的节点之间通过 On-chip Network 通信，不同的 CPU 之间采用 Hydra Interface 实现高带宽低时延的片间通信。NUMA 架构示意图如图 15-8 所示。

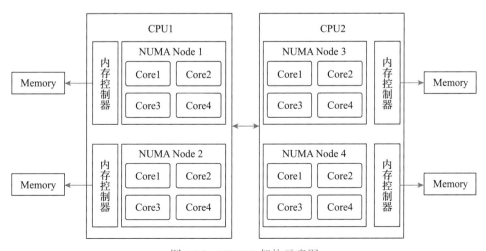

图 15-8　NUMA 架构示意图

从图 15-8 中可以看到，不同的 NUMA 节点访问不同内存的距离不同，这意味着不同 NUMA 节点访问不同内存的时延也不同。对于 NUMA 系统来说，目前可以通过 OS 提供的 numactl 命令观测内存访问的时延。华为泰山服务器的内存访问时延如图 15-9 所示。

值越小表示时延越低，值越大表示时延越高。

在实际系统中，NUMA 访问的时延不仅与 CPU 设计相关，还与服务器设计相关。以鲲鹏 S920X00 主板[一]为例，如图 15-10 所示。在主板上能看到包含了两颗鲲鹏 920 的处理器，每个处理称为一个 Socket 或者 Package。

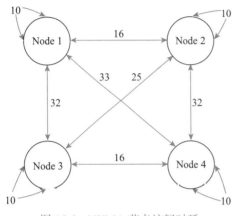

图 15-9　NUMA 节点访问时延

图 15-10　泰山服务器主板效果图

在官网[一]上可以查到鲲鹏 920 SoC 的示意图，如图 15-11 所示。

图 15-11　鲲鹏 920 SoC 示意图

从图 15-10 和图 15-11 中可以看到，一台服务器包含两个 Socket，每个 Socket 包含两个 CPU Die，一台服务器刚好有 4 个 CPU Die，那么 4 个 CPU Die 是否刚好是 4 个 NUMA 节点？对于华为的泰山服务器来说，默认情况是 4 个 CPU Die 刚好是 4 个 NUMA 节点，

⊖ https://www.huaweicloud.com/kunpeng/product/server_motherboard.html

⊖ https://www.huaweicloud.com/kunpeng/product/kunpeng920.html

NUMA 节点的距离由硬件决定。在多个节点之间存在高速总线互联。实际情况如图 15-12 所示。

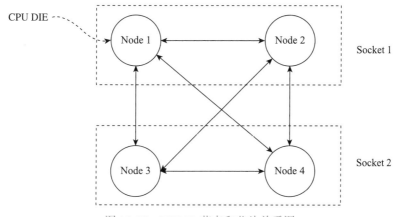

图 15-12　NUMA 节点和芯片关系图

在服务器的 BOIS 设置中可以配置 NUMA 的相关设置。主要有以下 3 个配置：

1）Die Interleaving：默认为 Disable。当开启后，主板上内存插法满足 Die 交织的要求时，每个 Socket 自动整合为一个 NUNA 节点。Die 交织（主要指 Die 间交织）指的是当两个 Die 之间的 DDR 容量相等时，可以将访问按特定算法均匀分配至两个 Die，进一步实现流量均衡。

2）NUMA：默认值为 Enable，是 NUMA 总开关，关闭后 NUMA 功能无法使用。

3）One Numa Per Socket：默认值为 Disable。开启后，每个 Socket 是一个 NUMA 节点。

除了 NUMA 节点之间因为内存距离而使 CPU 访问内存时延有所不同以外，CPU 架构的设计也会影响 CPU 访问内存。

从 CPU 和芯片逻辑图中可以得到在内存访问的时延会不同，简单总结如下：

1）访问寄存器最快，通常只需要 1 个 CPU 周期。

2）访问 L1 Cache 其次快，通常需要几个（一般小于 10 个）CPU 周期。

3）访问 L2 Cache 慢一些，通常需要 10 个 CPU 周期左右。

4）访问本地的 L3 Cache 更慢一些，通常需要几十个 CPU 周期（40～60）。

5）访问其他 CCL 的 L3 Cache 还要再慢一些，要经过 Die 内高速互联总线。

6）访问本地的 DDR 还要更慢一些，通常需要 100～200ns。

7）访问远端的 L3 Cache 或者 DDR 时最慢，此时需要经过 Die 间的互联总线，通常会大于 200ns，有时可以达到 400ns 左右。

当然，不同的 CPU 架构对于不同内存介质访问的时长并不相同，下面总结了 ARM 和 Intel Skylake 这两款 CPU 在访问不同介质时的时延，如表 15-1 所示。

表 15-1 不同芯片内存访问时延

时 延	ARM CPU Cycles（ns）	Skylake Cycles（ns）
Register	1	1
L1 Cache	4	4
L2 Cache	8	14
L3 Cache	40	55
DRAM	71～221	83～143

在毕昇 JDK 中优化了 G1 GC 对鲲鹏 CPU 架构的适配，通过引入 CPU 缓存和 NUMA 节点缓存来加速内存的访问。

在实际工作中，如果遇到垃圾回收器尚未支持 NUMA-Aware 的情况，可以尝试通过设置线程的 CPU 亲和性来优化内存的访问[⊖]。

⊖ 注意，在 openEuler 系统中通过优化 NUMA-Aware 的锁机制，在多个核之间既可以保证访问本地节点性能更高，同时又能保证多核之间任务均衡，故通过 JVM.OS 和硬件的协同优化，能得到更高的性能。

AArch64 平台上的
GC 挑战和优化

AArch64 是 ARM 芯片的一种执行状态，本节主要讨论 3 个与 GC 相关的特性，分别是：内存序、众核架构和 NUMA 访问。通过这 3 个特性的介绍演示 JVM 如何进行软硬件协同优化，在保证正确性的同时尽可能地发挥硬件的特性，提高应用程序执行的效率。

16.1　内存序

上一章中介绍了内存一致性。顺序一致性存在巨大的性能瓶颈，它不允许存储器访问中出现重叠或者乱序，无法充分地让 CPU 的流水线并行工作，导致 CPU 的利用率不高。其中重叠和乱序的含义如下。

- ❑ 重叠：指的是 store 和 load 指令可以重用指令执行后的结果。
- ❑ 乱序：指的是调整指令之间的执行顺序，以便充分利用流水线的深度以加速指令执行的效率。

ARM 服务器通常采用内存弱一致性，而弱一致性模型和顺序一致性模型相比，程序执行的行为会发生变化，即引发了正确性问题。解决正确性问题的方法是使用内存屏障指令。内存屏障指令的作用是：流水线中在屏障之后的存储器访问都被刷新。load 指令必须从高速缓存获得数据（包含整体取数逻辑），而 store 指令必须访问高速存储并且产生总线请求。

为了保证程序执行的正确性，在代码中正确地插入屏障指令是 JVM 开发人员的职责。最好做到在需要屏障的地方都有相应的指令，同时为了保证程序执行的效率，要尽量确保没有额外冗余的屏障指令，也就是说在保证多线程并发执行正确性的前提下，可以允许一定的指令乱序存在。

在提到乱序时，经常会遇到写写乱序、写读乱序、读读乱序和读写乱序这些名词，它们具体指的是什么？假设有 a 和 b 两个变量，在读、写操作时如果发生了乱序意味着它们的结果和代码的顺序不一致。

1）写写乱序：如果代码顺序为 a = 1; b = 2，乱序后结果为 b = 2; a = 1。

2）写读乱序：如果代码顺序为 a = 1; load(b)，乱序后结果为 load(b); a = 1。

3）读读乱序：如果代码顺序为 load(a); load(b)，乱序后结果为 load(b); load(a)。

4）读写乱序：如果代码顺序为 load(a); b = 2，乱序后结果为 b = 2; load(a)。

当然，结果的乱序可能是硬件操作导致的，也有可能是编译器造成的（编译器会根据代码进行分析调试数据的读写，尽量让 CPU 部件忙碌）。乱序后在一些场景中引入正确性问题，下面通过一个例子来演示一下，如图 16-1 所示。

假设 CPU0 和 CPU1 执行上述代码，由于程序乱序，结果可能不正确。CPU0 因为乱序，a 和 flag 谁先执行并不确定，如果 flag 先被赋值，在 CPU1 执行的线程看到 flag 已经设置为 1，会对 c 进行赋值，而此时 CPU0 中的线程尚未对变量 a 赋值，此时变量 c 访问的就不是 a 的最新值，从而造成程序的异常。

解决的方法是在代码中插入内存屏障，确保变量访问的顺序，代码如图 16-2 所示。

图 16-1　多 CPU 乱序示意图　　　　图 16-2　引入读、写屏障保证多线程内存访问顺序

在 CPU0 执行的代码中插入 write_memory_barrier（对应图 16-2 中的 wmb），表示 CPU0 在执行完 a = 1 后，确保变量 a 写完后才允许对变量 flag 进行写操作；在 CPU1 执行的代码中插入 read_memory_barrier（对应图 16-2 中的 rmb），表示在变量 c 读取变量 a 的值以前一定经过了 flag == 1 的判断（隐含了 flag 的读发生在变量 a 读之前）。

> 注意　如果仅仅在 CPU0 中增加了写屏障，还不能保证 CPU1 的正确执行，因为 CPU1 可能发生读读乱序，首先读到 a，然后读 flag，仍然可能导致访问到的变量 a 不是最新值。

不同的 CPU 架构在支持乱序中的实现不同。ARM 和 X86 读写乱序小结如表 16-1 所示。

表 16-1　ARM 和 X86 读写乱序小结

类　型	ARM	X86
写写乱序（Store-Store）	允许	不允许
写读乱序（Store-Load）	允许	允许
读读乱序（Load-Load）	允许	不允许
读写乱序（Load-Store）	允许	不允许

> 注
> 意
> 为什么 X86 平台只有 Store-Load 需要显式的屏障？主要原因与硬件设计相关：由于 store 指令可能在写缓冲区排队，然后再执行。CPU 支持 Store-Load 乱序是为了加速 load 指令的执行效率，允许 load 指令可能在 store 指令尚未执行时从内存（或高速缓存区）读取数据。其他 3 种乱序不被允许，是因为 CPU 设计者觉得对性能影响不大，同时可以有效减少程序员的开发工作。

Store-Load 的优化在不同的硬件上实现方式也不相同。有些系统允许 load 可以读取写缓冲区较早一条 store 指令的值，还有系统允许 load 读取尚未完成的全局 store 指令的值。我们所熟知的 TSO（Total-Store-Ordering）只是其中的一种实现而已。

因为 ARM 架构允许所有的乱序发生，所以 ARM 提供的内存屏障指令也较为丰富。提供的屏障指令如下：

1）DMB：数据存储器隔离。DMB 指令保证，仅当所有在它前面的存储器访问操作都执行完毕后，才提交在它后面的存储器访问操作；使用 DMB 指令，该指令之后引起的内存访问只能在该指令执行结束后开始，其他数据处理指令等可以越过 DMB 屏障乱序执行。

2）DSB：数据同步隔离。比 DMB 更严格，仅当所有在它前面的存储器访问操作都执行完毕后，才执行在它后面的指令（即任何指令都要等待存储器访问操作）；DSB 指令完成之前，其后的任何指令都不能执行。

3）ISB：指令同步隔离。最严格，它会清洗流水线，以保证所有它前面的指令都执行完毕之后，才执行它后面的指令。

使用 DMB 和 DSB 指令时需要携带一个参数，参数用于指定内存共享域。在 ARM 架构中，共享域分为 4 种，如表 16-2 所示。

表 16-2　内存屏障中共享域

类　型	描　述
Non-Shareable	处于该域的内存只有当前 CPU Core 可以访问。由于内存独享，因此不用考虑和其他 CPU Core 之间的数据同步问题
Inner-Shareable	处于该域的内存可以由当前域所有的 CPU Core 访问，并且由硬件完成内存访问的一致性。一个系统可以划分为多个 Inner 域，不同域之间的操作互不影响
Outer-Shareable	处于该域的内存可以由多个域所有的 CPU Core 访问，并且由硬件完成内存访问的一致性
Full System	内存的修改可以被系统所有模块感知

ARM 官方文档[一]中有一幅展示共享域的图例，如图 16-3 所示。

具体的实现和硬件相关，例如在 Cortex-A15 MPCore[二]这个产品中，所有的设备内存被定义为 Outer-Shareable。

[一]　参考文档 *ARM Cortex-A Series Programmer's Guide for ARMv8-A*，图 13-4。

[二]　https://developer.arm.com/ip-products/processors/cortex-a/cortex-a15

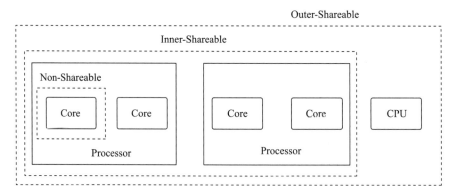

图 16-3　Inner-Outer 共享域示意图

　　根据 Load/Store 不同操作及共享域的定义，ARMv8 定义了以下内存屏障指令参数供应用使用，如表 16-3 所示[⊖]。

表 16-3　内存屏障指令参数介绍

指令参数	访问顺序（before-after）	共享域
OSHLD	Load-Load，Load-Store	Outer-Shareable
OSHST	Store-Store	
OSH	Any-Any	
ISHLD	Load-Load，Load-Store	Inner-Shareable
ISHST	Store-Store	
ISH	Any-Any	
NSHLD	Load-Load，Load-Store	Non-Shareable
NSHST	Store-Store	
NSH	Any-Any	
LD	Load-Load，Load-Store	Full System
ST	Store-Store	
SY	Any-Any	

　　在 JVM 开发或者系统软件开发中该使用哪种内存屏障？首先我们给出结论，需要使用 Inner-Shareable 共享域的参数。也就是说对于不同的读写乱序，可以使用 ISH 前缀的指令，具体对应情况如表 16-4 所示。

表 16-4　乱序对应的 DMB 指令参数

类　型	DMB 指令使用的参数	类　型	DMB 指令使用的参数
写写乱序（Store-Store）	ISHST	读读乱序（Load-Load）	ISHLD
写读乱序（Store-Load）	ISH	读写乱序（Load-Store）	ISHLD

⊖　https://developer.arm.com/documentation/100941/0100/Barriers?lang=en

为什么系统开发中都选择 ISH 前缀相关指令？在 ARMv8 官方文档[⊖]中说明，当所有的 PU Core 使用一个 OS 或者 Hypervisor 时，所有 CPU Core 被认为是一个 Inner 共享域，此时只能选择 ISH 前缀指令。

ARMv8 中加入了一种 one-way barrier 机制，进一步放宽对内存的访问限制，具体的指令就是 load-acquire（LDAR）和 store-release（STLR）。这两个指令的含义如下：

1）LDAR 表示指令其下的内存操作与其代码本身顺序保持一致，也就是 CPU（包括本核和其他核）一定会先看到 LDAR，再看到其下的内存操作。LDAR 不限制其上的内存的操作顺序。

2）STLR 表示指令其上的内存操作与其代码本身顺序保持一致，也就是 CPU（包括本核和其他核）一定会先看到其上的内存操作，再看到 STLR。STLR 不限制其下的内存的操作顺序。

one-way barrier 机制示意图如图 16-4 所示。

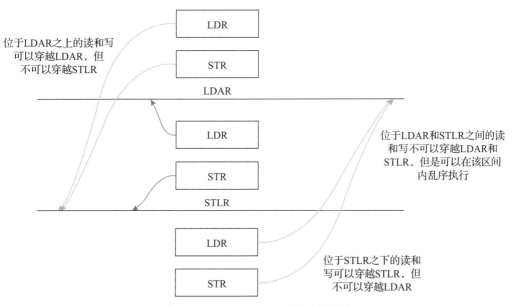

图 16-4　one-way barrier 机制示意图

与 DMB 比较，LDAR 和 STLR 的限制更少一点，允许上面的操作和下面的操作在更大范围内执行。它们仅仅是单向顺序的控制，因此被称为 one-way barrier。

除了 LDAR/STLR 指令以外，ARM 还提供了 LDAXR/STLXR 指令。LDAXR/STLXR 指令是在 LDAR/STLR 之上增加了独占（Exclusive）状态。

为了在硬件层面支持读写互斥，就需要判断一个地址是否已经被其他处理器或核心修改。在 ARM 处理器中包含被称为 Exclusive Monitor 的状态机来维护内存的互斥状态，从

⊖　参考 *Arm Architecture Reference Manual*（*Armv8, for A-profile Architecture*）中 " The AArch64 Application Level Memory Model"。

而保证读写一致性。

如图 16-5 所示，状态机的开始状态为 Open，对于某地址进行 Load-Exclusive 读操作前，会将读取的地址标记为 Exclusive 状态；在对同一地址进行 Store-Exclusive 写操作前，会先检查 Monitor 是否处于 Exclusive 状态，若处于 Exclusive 状态，则将内容写入，并将状态置为 Open；如果在写入前发现 Monitor 已经处于 Open 状态，则说明有其他处理器或核心已经写入内容，本次写入失败。

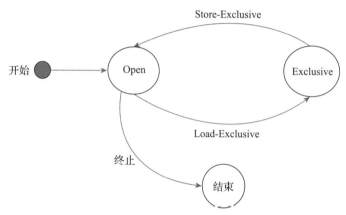

图 16-5　Exclusive 状态机状态转换示意图

简而言之，Load-Exclusive 读指令将读取的地址标记为 Exclusive，Store-Exclusive 执行时只能写入状态为 Exclusive 的地址，并在成功后将地址重新标记为 Open。通过这种方式即可保证多读单写，既保证了读取效率，又防止了多次写入带来的一致性问题。

LDAXR/STLXR 就是带有 Exclusive 状态的 LDAR/STLR 指令，在进行内存读写操作时可以保证内存读写的一致性，同时不影响其他指令的乱序执行。从测试情况来看，LDAXR/STLXR 实现锁的功能要比 LDAR/STLR 内存屏障指令性能高。

> 🎯提示　glibc 中的 CAS 指令在不同的体系结构中的实现不同，X86 中采用 CMPXCHGL 指令；ARM 中默认采用 LDAXR/STLXR 指令。⊖

值得一提的是，内存序问题不仅影响 JVM 的实现，还影响 Java 编程。众所周知，Java 提供了 Java Memory Model（JMM）规范，而 JMM 的实现也需要考虑内存序，例如在 Java 中支持 volatile 关键字，那么对于一般的变量访问和 volatile 变量的访问是否允许乱序呢？是否在存在乱序访问的情况下仍然能保证 JMM 语义？Doug Lea 针对这一问题进行过详细

⊖　注意，ARMv8 架构定义了 LDXR/STXR 和 CAS（LSE atomic）两种原子操作，从实现原理来看，CAS 将"读取 – 比较 – 写入"操作合并为一条机器指令，但这并不意味着 CAS 性能总是比 LDXR/STXR 性能高。通常来说，在 CPU 核数较少或者锁竞争不激烈的情况下，LDXR/STXR 指令的性能要好一些，而在多核情况下，特别是在 NUMA 架构下，CAS 效率更高。在 openEuler 系统中提供内核参数 lse 选择原子指令的实现，默认使用 CAS 指令。

的解答。更多内容可以参考文档 The JSR-133 Cookbook[⊖]。

16.2　众核架构对性能的影响

在介绍 ARM 服务器的时候提到，ARM 服务器的 CPU Core 一般比较多，例如泰山服务器支持两颗鲲鹏 920 芯片，最大可以支持 128 个核，远高于 Intel 同类产品的 CPU Core 数。CPU Core 增加以后，理论上并行度增加，可以使用更多的线程执行指令。但是在一些场景中也会因为核数增加而使性能下降。

从应用程序的角度来看，如果要利用好 ARM 服务器的众核优势，应用可以使用更多的线程并行 / 并发执行，同时应用也要考虑并行 / 并发编程的同步问题，尽量减少同步的范围和粒度，从而加速应用的执行。当然，现在的 Java 应用一般都使用很大的线程池，所以通常不存在 CPU Core 利用不充分的问题，然而在一些场景中，多个线程的同步问题可能会导致性能劣化。实际上，JVM 的 GC 实现也采用了并行 / 并发执行，所以在一些场景中也会触发类似的问题。

以典型的 Minor GC 为例，在执行 Minor GC 时通常采用并行执行（如 Parallel GC、ParNew、G1）。并行执行一个外在的表现是并行任务执行的个数，即任务并行度。并行度可以通过参数（ParallelGCThreads）设置，如果没有设置该参数，通常需要根据服务器硬件支持的 CPU Core 计算得到。ParallelGCThreads 的计算公式见 9.1.2 节。

由于 ARM 服务器中 CPU Core 更多，因此计算得到 ParallelGCThreads 的数字比 Intel 服务器上的数字更大。

由于 ParallelGCThreads 更大，因此意味着并行 GC 的线程数更多。这在以下两方面可能存在问题：

1）过多的 GC 线程会导致系统资源消耗过高，从而影响服务器其他应用的运行。

2）过多的 GC 线程在任务不足时会加剧任务均衡的空等待，导致 CPU 空转，资源浪费。

对于这样的问题，目前在社区中均有相应的解决方案，如下：

1）动态调整 GC 线程数目，将 ParallelGCThreads 计算得到的线程数作为最大的线程数，GC 工作在执行时可以根据以往的历史情况动态地减少执行 GC 的线程数，避免资源消耗过多。

2）针对任务均衡，在 GC 线程数目动态调整的基础上优化任务均衡算法，避免过多的 GC 线程空等待。

上述优化在笔者维护的毕昇 JDK 8 和毕昇 JDK 11 中均已实现，有兴趣的读者可以在毕昇 JDK 官网上下载并使用。

[⊖]　http://gee.cs.oswego.edu/dl/jmm/cookbook.html

16.3 NUMA 对性能的影响

ARM 服务器众核架构也会影响内存的访问，例如在泰山服务器上，CPU 访问内存的时延随着介质的不同而不同。CPU 访问 L1 Cache 效果最好，访问本地内存性能次之，访问跨芯片的远端内存性能最差。幸运的是，在 OS 层面提供了 NUMA 接口可以感知 NUMA 结构，从 NUMA 结构 CPU Core 可以得到访问内存的速度。

NUMA 的使用可以优化 GC 的分配效率，JVM 目前只有 Parallel GC、G1 和 ZGC 支持 NUMA，且 G1 是在 JDK 12 中才支持 NUMA。毕昇 JDK 8 和毕昇 JDK 11 移植了高版本中 G1 关于 NUMA 的支持，优化了 G1 的分配效率。

同时笔者所在的团队不断优化 NUMA 的使用，针对 G1 基于引入 NUMA 缓存、NUMA 距离优化等技术点，进一步减少访存的时延。这些功能已经开源。

关于 NUMA 的更多信息，可以参考 15.3 节，关于 GC 支持 NUAM 的相关实现，可以参考 5.1.2 节、6.3.3 节和 8.1.2 节。

16.4 其他影响

由于 RISC 和 CISC 指令集不同，因此指令长度也不同。其中一个体现是在 JIT 编译产生的执行代码，基于不同指令集的平台产生的代码大小会有所不同，有论文研究过相同功能使用不同指令集产生的汇编代码大小差异的情况，详细信息可以参考相关资料⊖。

代码的大小在一些情况下会影响应用性能。主要原因是：JVM 在进行 JIT 编译时，需要把产生的代码放在一个缓存中保存，这个区域被称为 CodeCache，CodeCache 容量直接影响 JVM 可以缓存的优化代码。如果 JIT 优化后的代码超过了 CodeCache 的容量，JVM 通常不会继续编译相关代码，未编译的方法只能解释执行，所以会对应用的性能产生影响。

对于一般应用而言，在 ARM 和 Intel 平台上，JIT 编译后代码大小会有多大的差距呢？笔者针对一些测试套（Dacapo）验证过在 AArch64 和 X86 两种平台上 CodeCache 的大小，经统计发现，AArch64 平台上 CodeCache 明显比 X86 的 CodeCache 大，不同的测试组件差距为 5%～20%。

由于 CodeCache 的容量会影响性能，而不同平台上 JIT 编程产生的 CodeCache 有所不同，因此在不同的平台上需要设置不同的 CodeCache 容量，来保证应用的性能不会因缓冲区的大小受到影响。JVM 使用者可以设置 CodeCache 相关的参数来调整容量。CodeCache 的主要相关参数如表 16-5 所示。

⊖ http://web.eece.maine.edu/~vweaver/papers/iccd09/ll_document.pdf

表 16-5　CodeCache 相关参数

参　　数	描　　述
InitialCodeCacheSize	初始的 CodeCache 容量（单位：字节）
ReservedCodeCacheSize	预留的 CodeCache 容量，即最大 CodeCache 容量（单位：字节）
CodeCacheExpansionSize	CodeCache 每次扩展的大小（单位：字节）

如果没有设置相关参数，JVM 会自动计算相关参数的大小，例如 ReservedCodeCache-Size 参数的默认值为 240M[⊖]（AArch64 和 X86 参数值相同）。在使用不同平台的 JVM 时，最好根据应用情况调整相关参数的大小。

除了上述介绍的需要 JVM 处理平台差异性以外，在 JVM 的开发工作中还需要注意 GCC 编译器在 AArch64 和 X86 平台上的不同，特别是类型相关操作、字节对齐等细节处理。例如，AArch64 平台中的 char 类型默认是无符号数，而在 X86 平台中 char 类型是有符号数，这就导致 char 类型在不同平台上两者的数据范围有所不同。在不同的平台上，如果都使用 char 类型的变量用于数值计算，非常容易发生运行期错误。当然，可以在 AArch64 平台上编译 JVM 时为 GCC 添加额外的参数 -fsigned-char，用于保证其行为与在 X86 平台上的行为一致。读者在 AArch64 平台上进行 JVM 的开发或者其他应用的开发时需要注意这些细节。

⊖　此处 M 表示数值 1024×1024。

推荐阅读

Effective Java中文版（原书第3版）

作者：［美］约书亚·布洛克（Joshua Bloch） ISBN：978-7-111-61272-8 定价：119.00元

  Java之父James Gosling鼎力推荐、Jolt获奖作品全新升级，针对Java 7、8、9全面更新，Java程序员必备参考书

  包含大量完整的示例代码和透彻的技术分析，通过90条经验法则，探索新的设计模式和语言习惯用法，帮助读者更加有效地使用Java编程语言及其基本类库

推荐阅读

JavaScript编程精解（原书第3版）

作者：Marijn Haverbeke ISBN：978-7-111-64836-9 定价：99.00元

世界级JavaScript程序员力作，JavaScript之父Brendan Eich高度评价并强力推荐

本书从JavaScript的基本语言特性入手，提纲挈领地介绍JavaScript的主要功能和特色，包括基本结构、函数、数据结构、高阶函数、错误处理、正则表达式、模块、异步编程、浏览器文档对象模型、事件处理、绘图、HTTP表单、Node等，可以帮助你循序渐进地掌握基本的编程概念、技术和思想。而且书中提供5个项目实战章节，涉及路径查找、自制编程语言、平台交互游戏、绘图工具和动态网站，可以帮助你快速上手实际的项目。此外，本书还介绍了JavaScript性能优化的方法论、思路和工具，以帮助我们开发高效的程序。

本书与时俱进，这一版包含了JavaScript语言ES6规范的新功能，如绑定、常量、类、promise等。通过本书的学习，你将了解JavaScript语言的新发展，编写出更强大的代码。

推 荐 阅 读

Java核心技术 卷II 高级特性（原书第10版）

书号：978-7-111-57331-9 作者：Cay S. Horstmann 定价：139.00元

Java领域最有影响力和价值的著作之一，与《Java编程思想》齐名，10余年全球畅销不衰，广受好评

根据Java SE 8全面更新，系统全面讲解Java语言的核心概念、语法、重要特性和开发方法，包含大量案例，实践性强

本书为专业程序员解决实际问题而写，可以帮助你深入了解Java语言和库。在卷II中，Horstmann主要提供了对多个高级主题的深度讨论，包括新的流API、日期/时间/日历库、高级Swing、安全、代码处理等主题。